FÍSICA
com Aplicação Tecnológica

*Eletrostática, Eletricidade, Eletromagnetismo
e Fenômenos de Superfície* | **Volume 3**

Blucher

DIRCEU D'ALKMIN TELLES

JOÃO MONGELLI NETTO

Organizadores

FÍSICA
com Aplicação Tecnológica

Eletrostática, Eletricidade, Eletromagnetismo
e Fenômenos de Superfície | **Volume 3**

Física com aplicação tecnológica – Organizadores: Dirceu D'Alkimin Telles e João Mongelli Netto
© 2015 Volume 3 – Eletrostática, eletricidade, eletromagnetismo e fenômenos de superfície
Direitos reservados pela Editora Edgard Blücher Ltda.
Capa: Alba Mancini – Mexerica Design

Blucher

Rua Pedroso Alvarenga, 1245, 4º andar
04531-934 – São Paulo – SP – Brasil
Tel.: 55 11 3078-5366
editora@blucher.com.br
www.blucher.com.br

Segundo o Novo Acordo Ortográfico, conforme
5. ed. do *Vocabulário Ortográfico da Língua
Portuguesa*, Academia Brasileira de Letras,
março de 2009.

É proibida a reprodução total ou parcial por
quaisquer meios sem autorização escrita da
Editora.

Todos os direitos reservados pela Editora Edgard
Blücher Ltda.

Ficha Catalográfica

Física com aplicação tecnológica: eletrostática,
eletricidade, eletromagnetismo e fenômenos de
superfície – v. 3 / organização de Dirceu D'Alkmin
Telles, João Mongelli Netto. – São Paulo: Blucher,
2015.

Vários autores
ISBN 978-85-212-0929-4

1. Física 2. Eletricidade I. Telles, Dirceu D'Alkmin II.
Mongelli Netto, João

15-0689	CDD 530

Índices para catálogo sistemático:
1. Física

APRESENTAÇÃO

A publicação de uma obra como *Física com aplicação tecnológica* representa uma oportunidade de contribuir para a transferência e a difusão do conhecimento científico e tecnológico. Nós, da Fundação de Apoio à Tecnologia (FAT), temos o prazer de participar da edição e da divulgação desta obra.

A Fundação, criada em 1987 por um grupo de professores da Faculdade de Tecnologia de São Paulo (FATEC-SP), nasceu com o objetivo principal de ser um elo entre o setor produtivo e o ambiente acadêmico.

A participação neste livro insere-se no conjunto de ações da FAT, que oferece também assessorias especializadas, cursos, treinamentos em diversos níveis, consultorias e concursos para entidades públicas e privadas.

A obra *Física com aplicação tecnológica – Volume 3: Eletrostática, eletricidade, eletromagnetismo e fenômenos de superfície*, que abrange as teorias físicas e suas aplicações tecnológicas, será fundamental para o desenvolvimento acadêmico de alunos e professores dos cursos superiores de Tecnologia, Engenharia e bacharelado em Física e para estudiosos da área.

No processo de elaboração da obra, os autores tiveram o cuidado de incluir textos, ilustrações e orientações para solução de exercícios. Isso faz com que a obra possa ser considerada ferramenta de aprendizado bastante completa e eficiente.

O esforço de instituições como a FAT em prol da difusão do conhecimento visa à conscientização social e à promoção da cidadania.

A FAT, assim, parabeniza os autores da obra.

Professor César Silva
Presidente da FAT – Fundação de Apoio à Tecnologia
www.fundacaofat.org.br

PREFÁCIO

Os docentes de Física do Departamento de Ensino Geral da Faculdade de Tecnologia de São Paulo (FATEC-SP), sob a coordenação do Prof. João Mongelli Netto e do Prof. Dr. Dirceu D'Alkmin Telles, em continuidade ao trabalho iniciado anteriormente, lançam o terceiro volume da coleção *Física com Aplicação Tecnológica: Eletrostática, Eletricidade, Eletromagnetismo e Fenômenos de Superfície.*

Destinado a alunos e professores, este livro representa mais uma obra de grande valor para as diversas instituições de ensino superior com cursos na área de exatas.

Quero externar meus cumprimentos aos docentes pela incansável disposição para valorizar a educação, que é, indiscutivelmente, o elemento de maior relevância para o desenvolvimento de nosso país.

Profª. Drª. Luciana Reyes Pires Kassab

Diretora da FATEC-SP

SOBRE OS AUTORES

JOÃO MONGELLI NETTO

Licenciado em Física pela Universidade de São Paulo. Autor de *Física Básica*, pela Editora Cultrix: vol. 1 Mecânica; vol. 2 Hidrostática, Termologia e Óptica; coautor de *Física Geral – curso superior – Mecânica da Partícula e do Sólido*, sob coordenação do Professor Tore Johnson. Leciona atualmente essa disciplina na Faculdade de Tecnologia de São Paulo.

mongelli@fatecsp.br

DIRCEU D'ALKMIN TELLES

Engenheiro, Mestre e Doutor em Engenharia Civil – Escola Politécnica – USP. Consultor nas áreas de Irrigação e de Recursos Hídricos. Professor do Programa de Pós-Graduação do Ceeteps. Colaborador da Fundação FAT (Fundação de Apoio à Tecnologia). Coordenador e Professor de Curso de Especialização da FATEC-SP. Foi Presidente da Associação Brasileira de Irrigação e Drenagem, Professor e Diretor da FATEC-SP, Coordenador de Projetos de Irrigação do DAEE e Professor do Programa de Pós-Graduação da Escola Politécnica da USP.

datelles@fatecsp.br; dirceu.telles@fundacaofat.org.br

EDUARDO ACEDO BARBOSA

Bacharel em Física pelo Instituto de Física da Universidade de São Paulo. Mestre em Física pela Unicamp. Doutor em Tecnologia Nuclear pelo IPEN. Professor e pesquisador da Faculdade de Tecnologia de São Paulo na área de lasers, holografia e metrologia óptica.

ebarbosa@fatecsp.br

FRANCISCO TADEU DEGASPERI

Bacharel em Física pelo Instituto de Física da Universidade de São Paulo. Mestre e Doutor pela FEEC-Unicamp. Trabalhou por 24 anos no IFUSP e atua em tempo integral na FATEC-SP desde 2000. Montou e coordena o Laboratório de Tecnologia do Vácuo da FATEC-SP. Realiza trabalhos acadêmicos e industriais, desenvolvendo Processos, Metrologia e Instrumentação na área de Vácuo.

ftd@fatecsp.br

GILBERTO MARCON FERRAZ

Graduado em Física pela Pontifícia Universidade Católica de São Paulo (PUC-SP). Mestre em Física Aplicada à Medicina e Biologia pela Faculdade de Filosofia, Ciências e Letras de Ribeirão Preto da Universidade de São Paulo. Doutor em Ciências – área Física do Estado Sólido – pelo Instituto de Física da Universidade de São Paulo. Lecionou na FATEC-SP e atualmente é professor de Física da FEI.

gmarconf@uol.com.br

EDSON MORIYOSHI OZONO

Licenciado em Física pela Universidade de Mogi das Cruzes. Bacharel em Física e Doutor em Física de Plasmas pelo Instituto de Física da USP. Professor de Física da graduação na Faculdade de Tecnologia de São Paulo. Pesquisador e Coordenador do Laboratório de Plasma desta Instituição.

emozomo@uol.com.br

VALDEMAR BELLINTANI JUNIOR

Bacharel em Física, Mestre e Doutor em Física de Plasmas pelo Instituto de Física da Universidade de São Paulo. Professor Associado de Física na graduação da FATEC-SP. Humanista convicto. A música é uma das artes que mais aprecia.

vabeju@gmail.com

LUIZ TOMAZ FILHO

Bacharel em Física pelo Instituto de Física da USP. Doutor em Ciências na área de Física Nuclear pelo Instituto de Física da USP. Professor responsável pela Disciplina Física I na Universidade São Judas Tadeu e Professor Assistente na FATEC-Mauá.

prof.tomaz.fis@usjt.br

CONTEÚDO

Volume 3

Introdução   **CIÊNCIA E TECNOLOGIA CAMINHAM DE MÃOS DADAS**   *13*

Capítulo 1   **LEI DE COULOMB**   *17*

Capítulo 2   **CAMPO ELÉTRICO E LEI DE GAUSS**   *43*

Capítulo 3   **POTENCIAL ELÉTRICO**   *83*

Capítulo 4   **CAPACITÂNCIA**   *121*

Capítulo 5   **CORRENTE ELÉTRICA E RESISTÊNCIA**   *149*

Capítulo 6   **CAMPO MAGNÉTICO E FORÇA MAGNÉTICA**   *179*

Capítulo 7   **FONTES DE CAMPO MAGNÉTICO**   *217*

Capítulo 8   **INDUÇÃO ELETROMAGNÉTICA**   *265*

Física com aplicação tecnológica – Volume 3

Capítulo 9 **CIRCUITOS ELÉTRICOS TRANSIENTES E DE CORRENTE ALTERNADA** 327

Capítulo 10 **EQUAÇÕES DE MAXWELL** 397

Capítulo 11 **FENÔMENOS DE SUPERFÍCIE** 423

BIBLIOGRAFIA GERAL 469

João Mongelli Netto

Nos volumes 1 e 2 da coleção *Física com aplicação tecnológica* foram tratados os assuntos referentes à Mecânica e à Termodinâmica, temas desenvolvidos principalmente no final do século XVII e na primeira metade do século XVIII. O século XIX foi o período da elaboração do Eletromagnetismo, teoria que é objeto do presente volume.

A retomada das observações acerca dos fenômenos elétricos na época do Renascimento ocorreu com a publicação, em 1600, da obra em que William Gilbert (1544-1603) apresenta suas teorias sobre os corpos magnéticos e sobre as atrações elétricas. Em meados do século XVII, Otto von Guericke (1602-1686) inventou um gerador de fricção e Charles Du Fay (1698-1739) descreveu, pela primeira vez em termos de cargas elétricas de duas espécies, a existência da atração e da repulsão elétricas.

Benjamin Franklin (1706-1790), admirado político dos Estados Unidos, dedicou-se por alguns anos ao estudo da ciência e ficou famoso por suas experiências com a eletricidade e a invenção do para-raios.

A lei que rege a força de atração ou de repulsão entre cargas elétricas foi proposta por Charles Augustin de Coulomb (1736-1806), engenheiro e cientista experimental francês, em 1785, aproximadamente um século após a formulação por Isaac

Newton da lei da gravitação universal, que relaciona a força atrativa entre duas massas à distância entre elas. Essas duas leis apresentam a mesma forma: a força diminui com o quadrado da distância. A balança de torção inventada por Coulomb para medir as interações elétricas serviu de inspiração para Cavendish, em 1797, determinar a constante universal da gravitação, que Newton não conseguira encontrar.

As concepções de carga, força, campo e potencial elétricos conduziram à explicação de inúmeros fenômenos físicos ligados à eletricidade. Luigi Galvani, fisiologista italiano, percebeu que os músculos da perna de uma rã dissecada sofriam contrações quando conectados por fios condutores aos seus músculos lombares. O também italiano Alessandro Volta (1745-1827) descobriu, no final do século XVIII, que a eletricidade também podia ser gerada por "pilhas" constituídas de camadas alternadas de cobre, papelão e zinco. As pilhas passaram a fornecer correntes elétricas que alimentaram circuitos elétricos de corrente contínua, permitindo muitas aplicações práticas, aliadas a um grande avanço no estudo da eletricidade e, posteriormente, do Eletromagnetismo.

Michael Faraday (1791-1867), notável físico inglês, introduziu a ideia de campos e descobriu a indução eletromagnética, princípio de funcionamento de motores e transformadores elétricos. O alemão Carl Friederich Gauss (1777-1851) relacionou carga elétrica e campo elétrico em situações estáticas, ainda na primeira metade do século XIX.

No mundo de hoje somos dependentes da energia elétrica, que faz funcionar os incontáveis aparelhos elétricos de que dispomos para maior bem-estar. Correntes elétricas interligam elementos dos circuitos elétricos de aparelhos projetados para as mais diversas finalidades.

Na primeira metade do século XIX, o físico francês André Marie Ampère (1775-1836), além de estabelecer uma lei fundamental do eletromagnetismo, foi o primeiro a utilizar técnicas de medidas elétricas; Georg Simon Ohm (1789-1854), físico alemão, apresentou uma lei sobre a resistência dos condutores, colaborando para o estudo dos circuitos elétricos e suas aplicações; e o físico dinamarquês Hans Christian Oersted (1777-1851) percebeu a existência de ligação entre a eletricidade e o magnetismo, deixando claro que uma corrente elétrica tem a capacidade de alterar a orientação da agulha de uma bússola colocada próxima a um fio condutor de corrente elétrica. Assim, correntes elétricas produzem campo magnético. Por outro lado, um campo magnético variável pode produzir um campo elétrico capaz de alterar o movimento de cargas.

James Clerk Maxwell (1831-1879), físico e matemático escocês, publicou entre 1861 e 1862 as equações que levam o seu nome e que compõem a base do eletromagnetismo clássico, envolvendo também a óptica clássica.

Em 1879, o grande inventor americano Thomas Alva Edson (1847-1931) inventou a lâmpada elétrica de filamento, precursora de todos os tipos de lâmpadas usadas hoje em dia.

Todo esse desenvolvimento teórico contribuiu para a revolução tecnológica que se seguiu a partir do final do século XIX pelas décadas seguintes.

Esta segunda Revolução Industrial (a primeira seguiu-se ao estabelecimento das leis da Termodinâmica), de maneira análoga, também modificou substancialmente a sociedade e os meios de produção, preparando o terreno para o advento da Física Moderna, desenvolvida no primeiro quarto do século XX.

Os capítulos iniciais deste terceiro volume são dedicados à Eletrostática, seguindo-se, então, o estudo das cargas elétricas em movimento (Eletricidade) e do Eletromagnetismo. Certos fenômenos, já familiares aos estudantes, como as forças de tensão superficial e a capilaridade, encontram explicação na natureza atômico-molecular da matéria, ocorrendo essencialmente na superfície dos corpos. O último capítulo é dedicado a tais fenômenos, como aplicação também da teoria anteriormente apresentada.

Ao estudante, cabe sentir-se motivado e dedicar-se com bastante esforço ao estudo da fantástica parte da Física apresentada neste 3° volume, ficando o professor incumbido de facilitar esta tarefa, com incentivo e orientação aos alunos.

7 LEI DE COULOMB

Edson Moriyoshi Ozono

1.1 INTRODUÇÃO

A eletricidade e o magnetismo tiveram uma inegável participação no desenvolvimento das ciências físicas e, como consequência, trouxeram notáveis avanços no desenvolvimento tecnológico.

As primeiras observações de fenômenos elétricos remontam à antiga Grécia, quando o filósofo grego Tales (640-546 a.C.), da cidade de Mileto, friccionou um pedaço de âmbar, uma resina fóssil amarela, e percebeu que ela adquiriu a propriedade de atrair pedaços de palha.

O inglês William Gilbert (1544-1603) publicou, em 1600, a obra *De magnete, magneticisque corporibus, et de magno magnete tellure* (*Sobre os ímãs, os corpos magnéticos e o grande ímã terrestre*), em que apresenta suas teorias acerca dos corpos magnéticos e da eletrização.

Uma aplicação da eletrização por atrito foi feita por Otto von Guericke (1602-1686). Ele desenvolveu um gerador de fricção que funcionava com o atrito das mãos contra uma esfera girante de enxofre. O pesquisador francês Charles Du Fay (1698-1739) demonstrou claramente que a força elétrica podia ser tanto atrativa como repulsiva e descobriu que todos os corpos isolados podiam ser eletrizados pelo atrito. Concluiu também que algumas substâncias conduziam bem a eletricidade, enquanto outras não o faziam.

O eletroscópio, aparelho utilizado para confirmar a presença de eletricidade, foi construído somente na segunda metade do século XVIII.

A invenção da primeira forma de armazenar eletricidade deveu-se a Kleist que, em 1745, inventou a garrafa de *Leyden*, cujo nome vem da cidade onde se deu a invenção, em detrimento do nome do inventor. Os italianos Galvani e Alessandro Volta descobriram, no final do século XVIII, mais precisamente em 1785, que a eletricidade podia ser gerada por "pilhas" constituídas de camadas alternadas de cobre, papelão e zinco. Puderam-se realizar, então, experiências com corrente contínua.

A denominação de eletricidade positiva e negativa se deve a Benjamin Franklin, em 1747, na época em que a eletricidade era imaginada como um *fluido contínuo*. Nessa época, também foram tratadas a natureza e a formação das descargas atmosféricas desencadeadas no interior das nuvens pelo atrito das gotículas de água com o ar.

Mais tarde, experimentos foram realizados com uma barra de vidro sendo atritada com um pedaço de seda e outra barra de plástico atritada com lã animal. Sabemos agora que, no caso da barra de vidro atritada com um pedaço de seda, uma quantidade de elétrons é transferida do vidro para a seda. No outro caso, friccionando-se um pedaço de plástico com pele de animal, elétrons da pele do animal são transferidos para o pedaço de plástico. Quando aproximamos duas barras de vidro ou duas barras de plástico, friccionadas como descrito, em ambos os casos percebemos que ocorre o *fenômeno de repulsão entre elas*. Entretanto, quando aproximamos uma barra de vidro de uma barra de plástico, notamos um *fenômeno de atração*.

Portanto, esse pequeno experimento de repulsão e de atração elétrica demonstra a existência de duas espécies de eletricidade, a *positiva* e a *negativa*. A eletricidade positiva foi associada à barra de vidro, e a eletricidade negativa, associada à barra de plástico, ambas eletrizadas conforme descrito.

Atualmente, a tecnologia tem-se aproveitado das vantagens da eletricidade estática, que favorece o funcionamento das copiadoras ou das cabinas eletrostáticas de pinturas. Entretanto, a eletricidade estática tem-se manifestado como vilã para o funcionamento de equipamentos que necessitam ser blindados ou aterrados para minimizar a ocorrência de acidentes de trabalho ou para reduzir os indesejáveis ruídos.

Neste capítulo, iniciamos o estudo da eletrostática, que trata das cargas elétricas em repouso, e, no Capítulo 5, serão vistas as cargas elétricas em movimento, quando será tratada a corrente elétrica.

1.2 CARGA ELEMENTAR

Não podemos imaginar a eletricidade sem a presença da matéria, porque a estrutura atômica da matéria é a responsável pelas propriedades elétricas.

Escolhemos para descrição da matéria o modelo de Bohr, pela facilidade de entendimento. Nesse modelo, os átomos são constituídos de um núcleo massivo 10^4 vezes menor do que o átomo, formado por prótons e nêutrons, e a eletrosfera, formada pelos elétrons mantidos em órbita em torno do núcleo, conforme mostra a Figura 1.1.

Associamos *carga elétrica positiva* ao próton e *carga elétrica negativa* ao elétron do átomo, enquanto os nêutrons não possuem cargas elétricas.

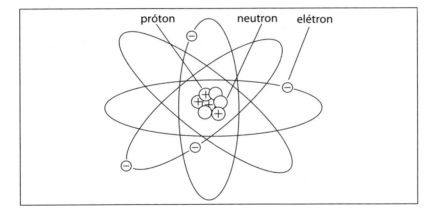

Figura 1.1
Constituição do átomo segundo o modelo de Bohr, com um núcleo massivo 10^4 vezes menor do que o átomo, formado por prótons e nêutrons, e com elétrons orbitando na eletrosfera.

Existem duas constatações importantes na eletricidade devido à existência dessas duas espécies de cargas elétricas. A primeira é que as cargas elétricas de mesmo sinal se *repelem*, enquanto cargas elétricas de sinais opostos se *atraem*. E uma segunda diz respeito à constituição discreta de cargas elétricas, isto é, as cargas elétricas não variam continuamente, mas são formadas por unidades básicas de carga elétrica mínima.

Essa menor quantidade de carga elétrica contida em um elétron ou próton é chamada de *carga elementar* e tem um valor absoluto igual a:

$$e = 1{,}6 \times 10^{-19} \text{ C}$$

O elétron possui exatamente carga de $1{,}6 \times 10^{-19}$ C negativa, enquanto o próton possui uma carga igual a $1{,}6 \times 10^{-19}$ C positiva.

A natureza granular da eletricidade não se manifesta em experiências macroscópicas devido à grande quantidade de cargas elétricas que passam despercebidas nas experiências diárias, da mesma forma que não percebemos as moléculas de água no leito de um rio.

Devido ao trabalho árduo de um pesquisador americano, *Robert Millikan,* foi possível descobrir a natureza corpuscular da carga elementar. Ele usou um compartimento adaptado com um capacitor de voltagem variável. Na sua parte superior foram borrifadas gotas de óleo, como pode ser visto na Figura 1.2. Algumas gotas que penetraram no compartimento foram eletrizadas com raio X. O uso de uma ocular permitiu acompanhar o movimento de cada uma das gotas de óleo. Quando submetidas a um equilíbrio entre a força elétrica $\vec{F}$, o peso $\vec{P}$ e a força de resistência viscosa $\vec{R}$, foi possível medir a quantidade de carga elétrica contida nas gotas de óleo. Após avaliação estatística, constatou-se que qualquer carga elétrica é sempre múltipla da carga elementar $1{,}6 \times 10^{-19}$ C, sem jamais ter sido constatada uma carga menor do que essa carga elementar.

Figura 1.2
Entre as placas de um capacitor de voltagem variável foram borrifadas gotas de óleo.

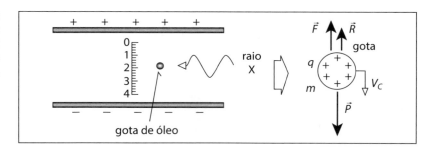

1.3 CARGA ELÉTRICA

Todos os materiais apresentam uma enorme quantidade de cargas elétricas positivas em quantidade exatamente igual à quantidade de cargas elétricas negativas, portanto, os materiais são *eletricamente neutros*.

Mas, quando as quantidades de cargas elétricas positivas e negativas são desbalanceadas, surge um saldo de carga líquida, positiva ou negativa, e o corpo torna-se eletrizado. A eletrização de um corpo é um desbalanceamento do número de elétrons em relação ao número de prótons, isto é, quando ocorre um excedente de prótons ou de elétrons contidos no corpo eletrizado.

Assim, a *carga elétrica* q de um corpo eletrizado está de acordo com a expressão:

$$q = ne, \tag{1.1}$$

onde e é a carga elementar e n é o número excedente de elétrons ou de prótons. Ou seja, a carga elétrica de um corpo eletrizado é um múltiplo da carga elementar em n vezes. A unidade da carga elétrica é o coulomb, ou C, no Sistema Internacional de Unidades, o SI.

A carga elétrica tem caráter algébrico, isto é, as cargas elétricas positivas têm a capacidade de anular as negativas ou de se somarem umas às outras quando são de mesmo sinal.

Exemplo I

Vamos determinar a quantidade total de carga elétrica positiva contida em uma moeda de cobre de 5 centavos de real com massa de 3,11 gramas. A quantidade de cargas positivas neutraliza a quantidade de cargas elétricas negativas na moeda. O cobre tem número atômico $Z = 29$ e massa molar, isto é, massa de 1 mol, igual a 63,5 gramas. Essa quantidade pode ser tanto em número de mols, n, quanto em quantidades múltiplas do número de Avogadro, $N_A = 6,02 \times 10^{23}$:

$$n = N/N_A = m/Mol$$

Calculando a quantidade de átomos de cobre contidos em 3,11 gramas usando a relação $N = N_A \, (m/Mol)$, chegamos a $N = 2,95 \times 10^{22}$ átomos.

Assim, pela relação da carga elétrica $q = ne$, obtemos que a carga elétrica contida na moeda

$$q = ZNe = 29 \, (2,95 \times 10^{22}) \, (1,6 \times 10^{-19} \text{ C}) = 1,37 \times 10^5 \text{ C}.$$

1.4 MATERIAIS ELÉTRICOS

O elétron tem uma notável mobilidade, ou capacidade de se locomover, através da matéria devido à massa do elétron, de $9,11 \times 10^{-31}$ kg, ser 1839 vezes menor do que a massa do próton, de $1,67 \times 10^{-27}$ kg. Isso faz com que o elétron seja o responsável direto pelos efeitos de eletrização e de condução da corrente elétrica.

1.4.1 CONDUTORES OU METAIS

Os materiais condutores, como os metais cobre, ferro, alumínio e mercúrio, apresentam menos de quatro elétrons na camada de valência de seus átomos. Segundo a matéria condensada, os metais apresentam a banda de condução contígua com a banda de valência na escala de energia. Esse fato contribui para que os elétrons estejam fracamente ligados ao núcleo, podendo deslocar-se livremente através da banda de condução como num gás de elétrons.

Nos materiais condutores, qualquer excesso de carga elétrica migra rapidamente para a *superfície externa* do condutor devido à repulsão mútua entre as cargas elétricas.

1.4.1.1 Eletrização dos condutores por indução

É um processo de eletrização de um corpo sem haver a necessidade de contato com outro. Por exemplo, quando um corpo negativamente eletrizado A, conhecido como **indutor**, é aproximado, sem tocar, de um segundo condutor neutro B, conhecido como **induzido**, os elétrons do corpo induzido são deslocados com grande liberdade para a extremidade oposta à do corpo eletrizado A, deixando a extremidade próxima de B positivamente carregada, conforme a Figura 1.3.

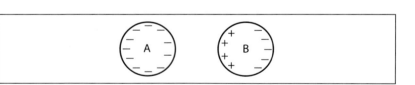

Figura 1.3 Separação de cargas elétricas do corpo induzido.

Se um aterramento de massa for conectado na região negativa do corpo B, os elétrons desta região serão escoados para a Terra e o corpo B ficará eletrizado com carga elétrica de sinal oposto ao de A. Numa eletrização por indução, o corpo induzido fica eletrizado com carga elétrica de sinal oposto ao do indutor.

O processo de eletrização por indução pode ser ilustrado pelo funcionamento de uma máquina de Wimshurst, desenvolvida por um engenheiro britânico, James Wimshurst, em 1883. Ela é composta de dois discos que giram em sentidos opostos. Os discos apresentam setores de alumínio que, a partir de uma pequena eletrização por atrito com as cerdas de cobre do aterramento, induzem uma enorme quantidade de eletrização por realimentação promovida pelos setores dos dois discos. As cargas elétricas são armazenadas nos capacitores e podem ser descarregadas por terminais extensores montados acima dos dois discos.

Uma máquina de Wimshurst dupla construída por um aluno da FATEC-SP é mostrada na Figura 1.4.

Figura 1.4
Máquina de Wimshurst, de indução eletrostática, construída por um aluno da FATEC-SP.

1.4.1.2 Eletrização dos condutores por contato

A eletrização por contato elétrico de um condutor eletrizado A com um condutor neutro B faz com que o excedente de cargas elétricas do corpo eletrizado A seja redistribuído pela superfície dos dois condutores A e B.

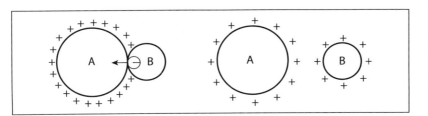

Figura 1.5
Na eletrização por contato, ocorre uma redistribuição de cargas elétricas entre os dois condutores.

Na eletrização por contato os corpos envolvidos são eletrizados com cargas elétricas de mesmo sinal.

Eletroscópio

O eletroscópio é uma aplicação prática e imediata da eletrização por indução e por contato dos condutores. É um aparelho usado para a detecção de cargas elétricas em corpos eletrizados. O eletroscópio é montado com duas folhas de ouro muito finas e flexíveis penduradas por um condutor central. Inicialmente as folhas estão fechadas, conforme a Figura 1.6.

Quando um corpo eletrizado positivamente é aproximado da esfera do eletroscópio, os elétrons livres das folhas são atraídos para a esfera metálica, as folhas ficam com falta de elétrons e, portanto, com carga positiva, e se afastam uma da outra. Se o corpo eletrizado é removido para longe do eletroscópio, as folhas de ouro se fecham.

No entanto, se o metal do eletroscópio é tocado pelo objeto positivamente eletrizado, as duas folhas adquirem o mesmo sinal positivo e se separam devido à repulsão elétrica. O ângulo de separação é a medida indicativa da quantidade de prótons contidos no corpo eletrizado.

Figura 1.6
O eletroscópio é utilizado para a detecção de cargas elétricas.

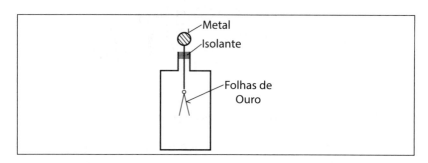

1.4.2 DIELÉTRICOS, ISOLANTES OU AMETAIS

Os materiais dielétricos, ou isolantes, possuem mais do que quatro elétrons na camada de valência, e isso faz com que os elétrons nos dielétricos estejam fortemente ligados ao núcleo.

De acordo com a matéria condensada, os materiais dielétricos apresentam a banda de valência separada da banda de condução por uma banda proibida de 10 eV, que dificulta a passagem do elétron da banda de valência para a banda de condução.

Os materiais dielétricos podem ser eletrizados apenas localmente por contato. Podem, no entanto, sofrer eletrização por atrito ou por indução.

1.4.2.1 Eletrização dos materiais dielétricos por atrito

Existe uma lista conhecida como *Lista de Tribologia*, montada por J. Jeans, que é formada por uma sequência de materiais dielétricos, como: lã animal, vidro, marfim, seda, cristal de rocha, mão, madeira, enxofre, flanela, goma-laca, borracha, resina, guta-percha etc.

Quando dois materiais dessa lista, pela ordem nela indicada, são atritados, o primeiro material fica eletrizado *positivamente*, enquanto o segundo material fica eletrizado *negativamente*. Ou seja, o primeiro material perde elétrons, enquanto o segundo material recebe elétrons do primeiro. Quanto mais distantes os dois materiais forem escolhidos dentro da lista, maior será a eletrização entre eles.

O gerador eletrostático de Van de Graaff, desenvolvido por Robert Jamison Van de Graaff no início de 1931, tem o seu funcionamento baseado na eletrização de dois materiais dielétricos. O movimento de uma correia de látex, que sofre o processo de atrito com dois roletes, transporta uma quantidade de eletricidade para o interior de uma redoma metálica. Pelo efeito do poder das pontas e repulsão das cargas elétricas de mesmo sinal, a redoma torna-se eletrizada com uma grande quantidade de cargas elétricas contidas em sua superfície.

Um gerador de Van de Graaff foi construído por um aluno da FATEC-SP, como mostrado na Figura 1.7.

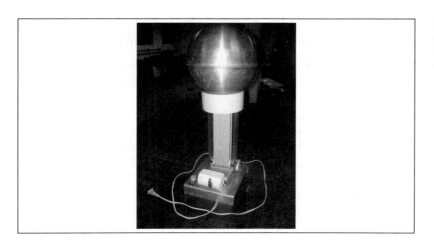

Figura 1.7
Gerador de Van de Graaff construído por um aluno da FATEC-SP.

1.4.2.2 Eletrização dos dielétricos por indução

Pela característica dos elétrons nos materiais dielétricos de estarem fortemente ligados a seus átomos, no processo de eletrização dos dielétricos ocorre um pequeno deslocamento dos elétrons de suas posições de equilíbrio nos átomos. Essa separação é responsável pela formação de dipolos elétricos, conhecida como *polarização*, conforme mostra a Figura 1.8.

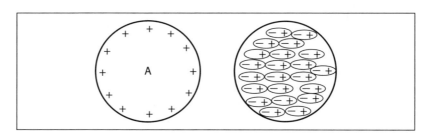

Figura 1.8
A formação de dipolos elétricos alinhados no interior de um dielétrico.

No interior do material dielétrico, as cargas elétricas desses dipolos elétricos adjacentes se cancelam, contribuindo para formar uma baixa densidade volumétrica de carga elétrica. Em contrapartida, nas extremidades superficiais do dielétrico, mais próxima e mais distante do indutor, é induzida uma apreciável densidade superficial de cargas elétricas.

Portanto, o efeito global dessa polarização superficial de cargas elétricas é o de uma força de atração entre o dielétrico e o indutor devido à proximidade da carga elétrica de sinal oposto à do indutor.

Assim se explica a atração que um pente ou uma caneta de plástico atritados nos cabelos exercem sobre pequenos pedaços de papel picado. Ou quando, pela mesma razão, um filete de água que cai de uma torneira é atraído por um corpo eletrizado.

Entretanto, mesmo nos dielétricos pode ocorrer uma condução elétrica promovida pela umidade atmosférica, que algumas vezes dissolve sais na sua superfície, e a solução salina propicia a condução de eletricidade.

Apesar de todos os esforços no detalhamento das propriedades elétricas dos materiais, condutores e dielétricos, devemos nos lembrar de que, na natureza, não existem condutores ou dielétricos perfeitos.

1.5 LEI DE COULOMB

A lei de Coulomb, deduzida por Charles Augustin Coulomb em 1785, afirma que a força eletrostática entre duas cargas puntiformes q_1 e q_2 aumenta com o produto das cargas q_1 e q_2 e diminui com o quadrado da distância r, conforme a expressão seguinte.

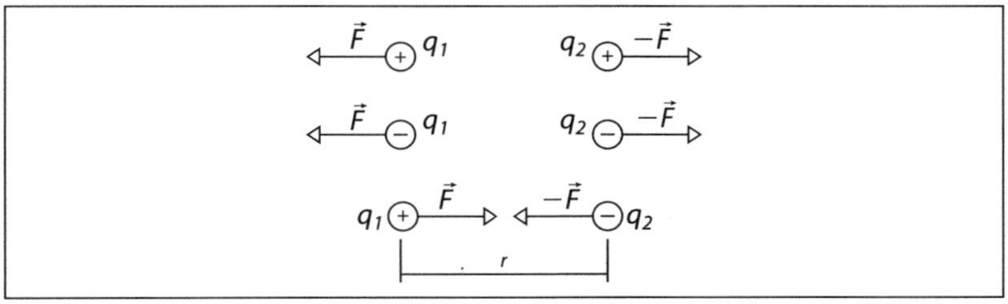

Figura 1.9
A força diminui com o quadrado da distância.

$$F_e = k\frac{q_1 q_2}{r^2} \qquad (1.2)$$

onde k é a constante eletrostática que depende do meio em que estão inseridas as duas cargas elétricas e, para o vácuo, vale:

$$k_0 = \frac{1}{4\pi\varepsilon_0} = 8,99\times10^9 \ \text{Nm}^2/\text{C}^2$$

Nesta expressão, ε_0 é a *permissividade elétrica*, igual a $8,85\times10^{-12}$ C^2/Nm^2 no vácuo.

Uma carga elétrica pode ser considerada puntiforme quando suas dimensões são desprezíveis em relação à distância que a separa de outras cargas elétricas.

A força descrita pela lei de Coulomb é uma força de campo, isto é, não se exige o contato mecânico entre as duas cargas puntiformes para que a força exista. Um campo elétrico intermediador permite que uma carga elétrica q_1 interaja com a outra carga puntiforme q_2 a distância r. São forças de *ação e reação*, aplicadas entre dois corpos eletrizados e sempre aos pares.

A direção da força eletrostática é a da reta que une as duas cargas puntiformes. O sentido da força de Coulomb é de *atração* quando as cargas elétricas tiverem sinais opostos e de *repulsão* quando as cargas elétricas forem de sinais iguais.

A lei de Coulomb mostra-se válida para todos os testes experimentais conhecidos até hoje. Ela encontra um paralelo na gravitação universal de Newton, que descreve uma força gravitacional atrativa que existe entre dois corpos de massas m_1 e m_2. A força aumenta com o produto das massas e diminui com o quadrado da distância r que as separa:

$$F_g = G \frac{m_1 m_2}{r^2},$$

onde G é a constante gravitacional que vale $G = 6,67 \times 10^{-11}$ m³/(kg × s²). Essa unidade de medida também pode ser escrita como Nm²/kg².

Exemplo II

Vamos usar a lei de Coulomb para determinar a força necessária para manter afastada de uma distância de 100 m a carga total positiva da moeda de cobre de 5 centavos, de $1,37 \times 10^5$ C, da carga total negativa, de $-1,37 \times 10^5$ C, do Exemplo I deste capítulo. Para manter separados esses dois pacotes de cargas elétricas a uma distância de 100 m, necessitamos de uma força de:

$$Fe = \frac{1}{4\pi\varepsilon_0} \frac{q^2}{r^2} = (8,99 \times 10^9)\left(\frac{1,37 \times 10^5}{100}\right)^2,$$

que vale aproximadamente $1,7 \times 10^{16}$ N.

Notamos que seria necessária uma força imensa para a eletrização completa da moeda, sendo que haveria uma enorme dificuldade para manter separados esses dois pacotes devido à elevada repulsão entre as cargas elétricas de cada pacote.

A lei de força de Coulomb obedece ao princípio da superposição, isto é, quando na presença de mais de duas cargas elétricas puntiformes, cada par de cargas elétricas puntiformes interage separadamente.

Exemplo III

Três cargas elétricas puntiformes de 2 µC são colocadas nos vértices de um triângulo equilátero ABC de lado 20 cm, e somente a carga do vértice A é negativa. Vamos determinar a força de Coulomb resultante sobre a carga posicionada no vértice A. Pelo princípio da superposição, cada par de cargas elétricas puntiformes interage separadamente. Usando a expressão da lei de Coulomb,

$$F_{AB} = F_{BC} = \frac{1}{4\pi\varepsilon_0} \frac{q_1 q_2}{\ell^2} = (8,99 \times 10^9)\frac{2 \times 10^{-6} \; 2 \times 10^{-6}}{0,2^2},$$

o que resulta em valores iguais a $F_{AB} = F_{BC} = 0,9N$ para cada par. Então, servindo-nos da lei dos cossenos para a resultante vetorial,

$$F_A^2 = F_{AB}^2 + F_{BC}^2 + 2F_{AB}F_{BC}\cos 60°,$$

chegamos a um resultado de 1,56 newtons, no sentido contrário ao do eixo y, ver a Figura 1.10.

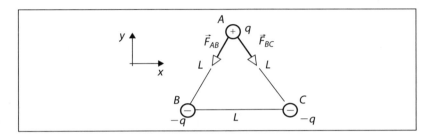

Figura 1.10
A força diminui com o quadrado da distância.

1.6 LEI DA CONSERVAÇÃO DAS CARGAS ELÉTRICAS

A lei da conservação das cargas elétricas na eletricidade é tão fundamental quanto a lei da conservação da energia na mecânica. Ela garante que, em qualquer experimento científico envolvendo cargas elétricas, não se constata qualquer criação ou aniquilação de cargas elétricas, mas apenas troca de cargas elétricas entre os participantes.

Em um *sistema eletricamente isolado*, a soma algébrica das cargas elétricas é *constante* antes e após a ocorrência do evento,

$$\Sigma q_i = \text{constante}$$

Vamos considerar um sistema de dois corpos eletrizados e eletricamente isolados com cargas elétricas q_1 e q_2, antes da ocorrência de um evento. Admitindo que, de certo modo, tenha ocorrido uma interação e trocas de cargas elétricas entre os dois corpos, de tal maneira que as cargas elétricas finais ficaram q_1' e q_2', então podemos escrever que:

$$q_1 + q_2 = q_1' + q_2'$$

Exemplo IV

Numa usina nuclear de fissão nuclear, há o aproveitamento da energia nuclear de um núcleo atômico de urânio 235 liberada pelo núcleo de urânio quando bombardeado por um nêutron lento. Como produto dessa reação nuclear, são obtidos dois elementos, o césio 141 e o rubídio 93, ocorrendo ainda a produção de dois nêutrons rápidos (Figura 1.11).

$$^{235}U_{92} + n > \to {}^{141}Cs_{55} + {}^{93}Rb_{37} + 2n + \text{Energia liberada}$$

Aqui podemos conferir a conservação das cargas elétricas envolvidas: antes da fissão, igual a 92 prótons, é a soma das cargas elétricas depois de ocorrida a fissão, isto é, 55 + 37 prótons.

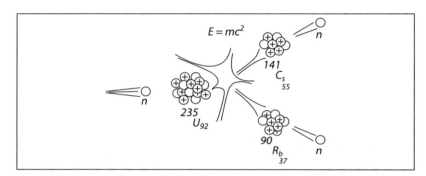

Figura 1.11
Conservação das cargas elétricas em uma reação nuclear de fissão.

Exemplo V

No promissor reator a fusão nuclear *International Tokamak European Reactor* (ITER), previsto para entrar em funcionamento em 2035, a energia é obtida a partir de fusão de elementos leves, como os núcleos dos isótopos de hidrogênio, o deutério e o trítio. Esses elementos sofrem intensas colisões para produzir núcleos de hélio e nêutrons, acompanhadas da geração de uma soma gigantesca de energia (Figura 1.12).

$$^{2}H_1 + {}^{3}H_1 \to {}^{4}He_2 + n + 17{,}59 \text{ MeV}$$

Durante a reação de fusão, a conservação de cargas elétricas também é respeitada. A colisão de dois isótopos de hidrogênio (deutério e trítio), somando duas cargas positivas, produz como produto da reação um núcleo de He, com núcleo de duas cargas positivas.

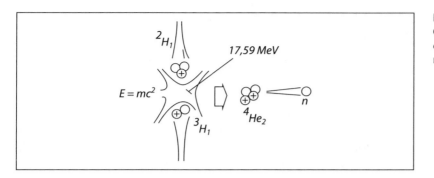

Figura 1.12
Conservação de cargas elétricas em uma reação nuclear de fusão.

1.7 AS QUATRO FORÇAS NATURAIS

Na natureza encontramos a manifestação dos quatro principais tipos de forças naturais, a saber, da mais intensa para a mais fraca: nuclear forte, nuclear fraca, elétrica e gravitacional.

A força nuclear forte é responsável por manter a estabilidade no núcleo atômico, numa região muito compacta, 10^4 vezes menor do que o átomo. A presença da partícula méson é responsável pela estabilidade nuclear, devido ao potencial de Yukawa com força da ordem de 10^3 N, de acordo com a expressão:

$$F = -\frac{A}{r}\exp\left(-\frac{r}{r_0}\right)$$

A força nuclear fraca, com ordem de grandeza de 10^{-11} N, é a causa da instabilidade nuclear do átomo responsável pela produção da radioatividade com a emissão de partículas alfa, beta e raios gama do núcleo.

Em terceira posição segue a força elétrica entre cargas elétricas dos átomos, da ordem de 10^{-8} N.

A força gravitacional é a mais fraca de todas as forças naturais conhecidas, possuindo magnitude da ordem de 10^{-47} N.

1.8 DISTRIBUIÇÃO CONTÍNUA DE CARGAS ELÉTRICAS

Apesar de as cargas elétricas terem natureza discreta, a eletrização de corpos extensos é tratada continuamente usando recursos do cálculo diferencial. As cargas elétricas podem estar distribuídas de forma linear, superficial ou volumétrica, dependendo de o material ser condutor ou dielétrico. Os corpos eletrizados com formato filiforme são convenientemente descritos com a densidade linear λ

$$\lambda = \frac{q}{\ell},$$

que corresponde à quantidade de cargas elétricas q distribuída ao longo do comprimento do fio l. Portanto, a carga total contida no comprimento do material pode ser obtida pela somatória das contribuições de cada trecho elementar do fio.

O mesmo conceito pode ser estendido para as densidades superficial e volumétrica, como na Figura 1.13.

$$\sigma = \frac{q}{s} \qquad\qquad \rho = \frac{q}{V}$$

Figura 1.13
Distribuição linear λ, superficial σ e volumétrica ρ de cargas elétricas.

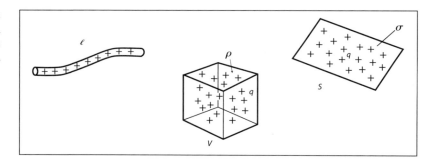

As cargas elétricas também podem ser produzidas no interior dos dielétricos por meio de uma radiação eletromagnética, como acontece quando um pedaço de cristal é bombardeado por um feixe eletrônico. A eletrização no interior das nuvens durante a formação de uma tempestade é outro exemplo de eletrização volumétrica, em que o movimento de cristais de gelo no interior das nuvens baixas e adjacentes ao solo promove eletrização por atrito.

De modo geral, a concentração de cargas elétricas é difícil de ser medida dentro de um dielétrico, mas pode ser inferida a partir do campo elétrico produzido.

EXERCÍCIOS RESOLVIDOS

1) Vamos considerar dois discos, um deles feito de cobre e outro de plástico, que são tocados pelo ponto central por uma esfera metálica eletrizada positivamente. Rascunhar

um esquema da distribuição de cargas elétricas na área do disco de cobre e do de plástico.

Solução:

O disco de cobre sofre uma indução elétrica com a aproximação da esfera positivamente eletrizada, então ocorre uma concentração de elétrons na parte central do disco e uma eletrização positiva na borda do disco devido à polarização. A densidade superficial assume variação contínua negativa no centro para positiva na borda.

Entretanto, quando o disco de cobre é tocado pela esfera condutora, parte da carga positiva da esfera é transferida para o disco, e a carga positiva acaba migrando para a borda do disco de cobre, resultando em densidade superficial nula no centro e crescente positiva para a borda, conforme a Figura 1.14.

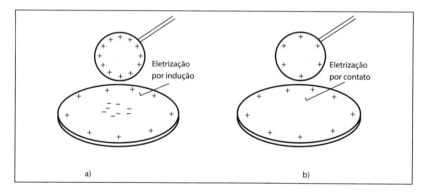

Figura 1.14
Distribuição superficial σ na eletrização de um disco de cobre: a) por indução; e b) por contato com um disco de cobre.

Na aproximação da esfera positivamente carregada sobre o disco de plástico, as moléculas do disco dielétrico ficam polarizadas com o centro carregado negativamente e com densidade superficial crescente positivamente em direção à borda, mas bem menos intensa do que no disco condutor. Após o contato da esfera com o disco de plástico, a parte central do disco fica localmente eletrizada com carga positiva com densidade superficial positiva decrescente para a borda.

2) Um anel de raio R tem densidade linear de cargas elétricas em função do ângulo azimutal θ, conforme a Figura 1.15. Argumente se o anel é condutor ou dielétrico e informe a sua carga elétrica total.

Figura 1.15 A variação da densidade linear de cargas elétricas do anel em função de θ.

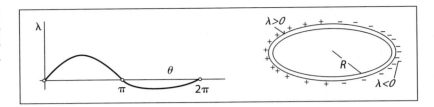

Solução:

O anel jamais poderia ser um condutor pela distribuição linear apresentada pelo gráfico da Figura 1.15, por apresentar uma distribuição linear variável tanto na grandeza como no sinal ao longo do anel. Caso fosse um condutor, apresentaria uma distribuição constante e de mesmo sinal, com as cargas elétricas o mais distante umas das outras. Portanto, neste exemplo, trata-se de um anel dielétrico polarizado com densidade linear positiva maior do que a densidade linear negativa, que, portanto, deixa a carga total do anel positiva.

3) Três cargas negativas iguais a $-q$ foram colocadas nos vértices de um triângulo equilátero de lado L, e uma carga positiva Q foi posicionada no seu centro geométrico. Determinar:

   a) a força sobre a carga positiva Q;

   b) o valor da carga Q para que a força em cada carga negativa seja nula;

   c) se é possível o sistema estar em equilíbrio estável.

Solução:

Figura 1.16

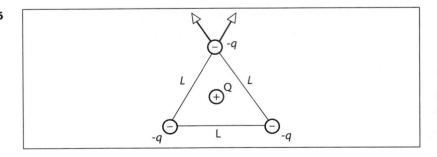

a) Como a carga elétrica Q se encontra no baricentro do triângulo equilátero, na mesma distância entre as três cargas elétricas negativas $-q$, o módulo da força elétrica com cada carga negativa é o mesmo. Portanto, a força resultante sobre a carga Q é nula.

b) A força repulsiva que cada carga negativa $-q$ da base do triângulo exerce sobre a terceira carga negativa $-q$ na Figura 1.16 tem valor:

$$F_e = \frac{q^2}{4\pi\varepsilon_0 L^2}$$

e a força repulsiva resultante da duas cargas negativas na direção da altura do triângulo será:

$$R = 2F_e \cos 30° = \frac{\sqrt{3}q^2}{4\pi\varepsilon_0 L^2}$$

Portanto, a força atrativa exercida pela carga positiva Q, necessária para o equilíbrio da carga elétrica negativa superior, tem módulo igual a R.

Usando a lei de Coulomb, para a carga negativa superior e a carga positiva Q, podemos escrever:

$$R = \frac{\sqrt{3}q^2}{4\pi\varepsilon_0 L^2} = \frac{1}{4\pi\varepsilon_0}\frac{qQ}{x^2},$$

onde x é a distância do vértice ao centro do triângulo equilátero, igual a

$$x = \frac{L}{\sqrt{3}}.$$

Depois de um pouco de álgebra, chegamos ao resultado

$$Q = \frac{\sqrt{3}}{3}q.$$

c) Se deslocarmos a carga positiva Q do centro do triângulo equilátero, o sistema perde o equilíbrio, com Q afastando-se desse ponto para pontos mais próximos das cargas negativas, pois a força eletrostática aumenta com o quadrado da distância.

4) É dado um segmento de reta AB com 6 cm de comprimento, conforme a Figura 1.17, eletrizado com densidade linear de cargas elétricas com variação uniforme desde a extre-

midade A de -4 µC/cm até a extremidade B de 8 µC/cm. Determinar a carga total no segmento AB.

$$Q = \frac{\sqrt{3}}{3} q$$

Figura 1.17
A variação da densidade linear de cargas elétricas do fio em função de x.

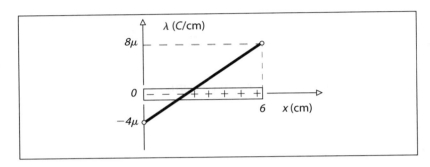

Solução:

Montemos inicialmente a equação da variação da densidade linear de cargas elétricas do tipo $y = a + bx$. A reta intercepta o eixo da densidade no ponto -4 µC/cm e passa pelo ponto (6 cm, 8 µC/cm). A densidade linear ao longo do segmento AB é dada por $\lambda = 2\mu(x - 2)$, em coulombs por centímetro. Como $dq = \lambda dx$,

$$q = \int_0^6 \lambda dx = \int_0^6 2\mu(x-2)dx.$$

Resolvendo a integral, chegamos a q = 12 µC de carga elétrica total.

EXERCÍCIOS COM RESPOSTAS

1) Um corpo apresenta-se eletrizado com carga elétrica $q = 32$ µC. Qual é o número de elétrons retirados do corpo?

   Resposta:

   2×10^{14} elétrons.

2) Um pedaço de cobre eletricamente isolado contém 6×10^{10} elétrons em excesso. Para que o metal adquira uma carga de $3{,}2 \times 10^{-9}$ C, quantos elétrons devem ser removidos do pedaço de cobre?

Resposta:

8×10^{10} elétrons livres.

3) Quatro esferas metálicas condutoras A, B, C e D, idênticas, estão isoladas entre si. Sabe-se que somente a esfera A está eletrizada com a carga q, estando as demais neutras. Coloca-se a esfera A em contatos sucessivos com as esferas B, C e D. Determinar:

a) as cargas finais de cada esfera;

b) as cargas elétricas finais das esferas A, B e C, quando postas em contato simultâneo após os contatos do item (a).

Respostas:

a) $q/8$, $q/2$, $q/4$ e $q/8$;

b) $(7/24)\ q$ para cada uma delas.

4) Determine a intensidade da força de repulsão entre duas cargas elétricas iguais a $1,0 \times 10^{-8}$ C, situadas no vácuo e a 1 m de distância uma da outra.

Resposta:

9×10^{-7} N.

5) Duas cargas elétricas puntiformes positivas e iguais a q estão situadas no vácuo a 2 m de distância. Sabe-se que a força de repulsão mútua tem intensidade de 0,1 N. Calcule q.

Resposta:

$2/3 \times 10^{-5}$ C.

6) Duas cargas puntiformes, com cargas $3q$ e q, encontram-se distantes de d. A força eletrostática que uma carga exerce sobre a outra vale F. Então, colocam-se as duas esferas em contato até que atinjam o equilíbrio eletrostático. Calcule a intensidade da força que age sobre cada esfera quando estão separadas novamente de uma distância d.

Resposta:

$4\ F/3$.

7) Um anel de massa 45 gramas está carregado com carga elétrica $q_1 = -0,2$ µC e pode deslizar livremente numa haste vertical isolante. No pé da haste foi colocada uma segunda carga elétrica q_2. Verifica-se que o anel ficou em equilíbrio estável a 20 cm da segunda carga elétrica. Determinar a carga elétrica q_2. Adotar g = 9,8 m/s^2.

Resposta:

$q_2 = -10 \; \mu C.$

8) No modelo de Bohr para o átomo de hidrogênio, o raio do elétron tem órbita igual a $5,3 \times 10^{-11}$ m. O elétron tem massa igual a $9,11 \times 10^{-31}$ kg e o próton tem massa de $1,67 \times 10^{-27}$ kg.

    a) Compare os módulos das forças eletrostática e gravitacional médias que atuam entre essas duas partículas.

    b) Determine a velocidade periférica e a energia cinética do elétron.

    Adote o valor da carga elementar igual $1,6 \times 10^{-19}$ C e o valor da *Constante Universal da Gravitação*:

$$G = 6,67 \times 10^{-11} \; \frac{m^3}{kg \cdot s^2} \, .$$

Respostas:

    a) $F_e = 8,2 \times 10^{-8}$ N, $F_g = 3,6 \times 10^{-47}$ N.

    A força elétrica é $2,3 \times 10^{39}$ vezes maior do que a força gravitacional. O significado disso é que no mundo atômico existe uma supremacia das forças elétricas sobre as forças gravitacionais, mas, em contrapartida, nas dimensões astronômicas prevalecem as forças gravitacionais.

    b) $2,2 \times 10^6$ m/s e $2,3 \times 10^{-18}$ J.

9) Duas cargas $q_1 = 1 \times 10^{-6}$ C e $q_2 = 4 \times 10^{-6}$ C estão fixas nos pontos A e B e separadas pela distância de $d = 30$ cm no vácuo. Determine:

    a) a intensidade da força elétrica de repulsão;

    b) a intensidade da força elétrica resultante sobre uma terceira carga $q_3 = 2 \times 10^{-6}$ C, colocada no ponto médio do segmento que une q_1 e q_2;

    c) a posição em que q_3 deve ser colocada livre no alinhamento para ficar em equilíbrio sob a ação exclusiva de forças elétricas;

    d) o tipo de equilíbrio em que se encontra a carga elétrica q_3 na situação do item (c).

    e) Explique o que ocorreria se trocássemos o sinal da carga q_3.

Respostas:

    a) 0,4 N;

b) 2,4 N;

c) a 10 cm de q_1;

d) o equilíbrio é estável pois, empurrando a carga para cada um dos lados, teríamos um aumento de força elétrica dirigida para a posição de equilíbrio;

e) o equilíbrio seria instável!

10) Duas cargas puntiformes $q_1 = 45 \times 10^{-9}$ C e $q_2 = -5 \times 10^{-9}$ C estão posicionadas distantes 30 cm uma da outra. Determinar:

a) a posição sobre a reta que une as duas cargas em que devemos colocar uma terceira carga elétrica puntiforme para que ela fique em equilíbrio;

b) o sinal que a terceira carga elétrica deveria ter para que ocorra o equilíbrio.

Respostas:

a) a 45 cm de q_1 e a 15 cm de q_2;

b) uma carga teste de sinal positivo ou negativo terá um equilíbrio instável.

11) Duas esferas estão positivamente carregadas. O valor total das duas cargas é de $5,0 \times 10^{-5}$ C. Sabendo-se que cada esfera é repelida pela outra com força eletrostática de 1,0 N quando a distância entre elas é de 2,0 m, determinar a carga de cada esfera.

Resposta:

$1,15 \times 10^{-5}$ C e $3,85 \times 10^{-5}$ C.

12) Na Figura 1.18, quais são as componentes horizontal e vertical da força eletrostática resultante que atua sobre a carga no vértice inferior esquerdo do quadrado, sendo $q = 1,0 \times 10^{-7}$ C e $a = 5$ cm?

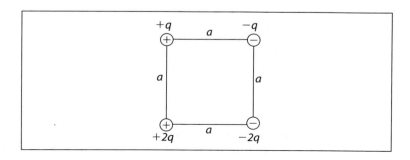

Figura 1.18

Resposta:

$\vec{F}_R = (0169\,\text{N})\hat{i} - (0{,}047\,\text{N})\hat{j}$

13) Duas esferas condutoras idênticas, mantidas fixas, atraem-se com uma força eletrostática de módulo igual a 0,108 N quando separadas por 50,0 cm. As esferas são então ligadas por um fio condutor fino. Quando o fio é removido, as esferas se repelem com uma força eletrostática de módulo igual a 0,0360 N. Determinar as cargas iniciais das esferas.

Resposta:

$-1{,}0 \times 10^{-6}$ C e $3{,}0 \times 10^{-6}$ C.

14) Duas pequenas esferas condutoras idênticas, de massa m e carga q, estão suspensas por fios não condutores de comprimentos L, como mostrado na Figura 1.19. Suponha θ tão pequeno que tgθ possa ser substituída por senθ.

Figura 1.19

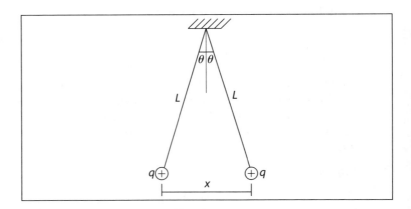

a) Mostre que, no equilíbrio, x é a separação entre as esferas e é:

$$x = \left(\frac{q^2 L}{2\pi\varepsilon_0 mg} \right)^{1/3}.$$

b) Sendo $L = 120$ cm, $m = 10$ g e $x = 5{,}0$ cm, determinar o valor de q.

Resposta:

b) $2{,}38 \times 10^{-8}$ C.

15) Na estrutura cristalina do composto CsCl, cloreto de césio, os íons Cs$^+$ formam os vértices de um cubo e um íon Cl$^-$ está no centro do cubo, conforme a Figura 1.20.

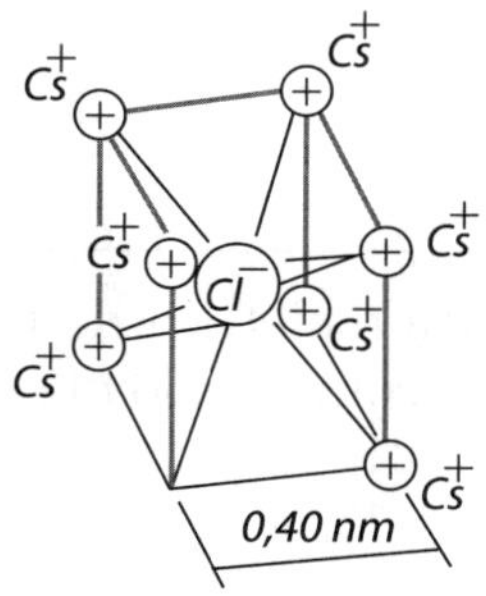

Lei de Coulomb

41

Figura 1.20

O comprimento da aresta do cubo é de 4×10^{-10} m. Em cada íon Cs^+ falta um elétron, e o íon Cl^- tem um elétron em excesso. Determinar o módulo da força eletrostática líquida exercida sobre o íon Cl^- pelos *sete* íons Cs^+ nos vértices do cubo.

Resposta:

$1,92 \times 10^{-9}$ N.

16) Um arco de circunferência condutora, de raio a, que subentende um ângulo central θ_0, está eletrizado com densidade linear uniforme em toda a sua extensão, cuja carga total é q. Determinar a densidade linear de cargas do arco.

Resposta:

$$x = \frac{q}{a\theta_0}$$

17) Uma carga total está distribuída numa lâmina retangular, de 2 cm por 8 cm e de espessura desprezível, com densidade superficial de cargas elétrica $\sigma = kxy$, onde $k = 0,5$ μC/cm^4 é uma constante. Determinar a carga elétrica total da lâmina.

Resposta:

32 μC.

18) Um disco de raio R é eletrizado com uma densidade superficial $\sigma(x,y) = \sigma_0\sqrt{x^2 + y^2}$, sendo σ_0 uma constante. Determinar:

a) a carga total sobre o disco;

b) a dimensão de σ_0.

Respostas:

a) $q = 2/3\pi\sigma_0 R^3$;

b) $Q^1 L^{-3}$.

19) Uma casca esférica dielétrica de raio a acha-se eletrizada em sua superfície com densidade $\sigma = \sigma_0 \cdot \cos\theta$, conforme idealiza a Figura 1.21.

Figura 1.21

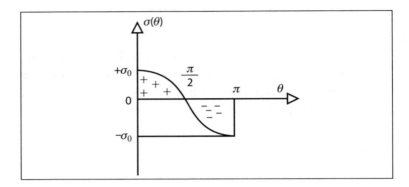

Fazer um esquema da distribuição elétrica e determinar a carga elétrica total.

Resposta:

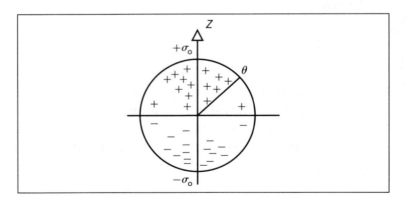

A carga elétrica total é nula

CAMPO ELÉTRICO E LEI DE GAUSS

Edson Moriyoshi Ozono
João Mongelli Netto

2.1 CAMPO ELÉTRICO

2.1.1 INTRODUÇÃO

A temperatura de um forno pode ser estimada em vários pontos ao seu redor, constituindo o seu *campo de temperatura*. Da mesma forma, o *campo elétrico* de uma carga elétrica puntiforme Q pode ser avaliado movendo-se uma *carga-teste positiva*, $q_0 > 0$, na vizinhança da carga, como na Figura 2.1. A carga-teste será repelida ou atraída com a atuação de uma força elétrica $\vec{F}_e$, cujo módulo é, segundo a lei de Coulomb,

$$F_e = \frac{1}{4\pi\varepsilon_0}\frac{Qq_0}{r^2}$$

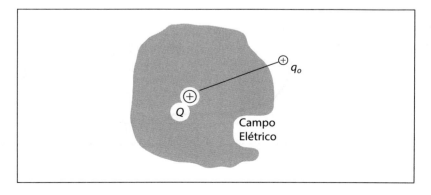

Figura 2.1
Campo elétrico: região de influência de uma carga elétrica. A carga q_0 é movida ao redor da carga elétrica Q, para mapear o campo elétrico devido à carga elétrica Q geradora.

Esta carga de prova deve ser suficientemente pequena para que a sua presença não perturbe o campo elétrico da carga Q.

Podemos afirmar que o *campo elétrico*, conceito proposto por *Faraday*, é um *agente intermediador* das interações elétricas entre as cargas elétricas.

O campo elétrico $\vec{E}$ é definido como o quociente entre a força elétrica $\vec{F}_e$ e a carga-teste, q_0. Sua direção e seu sentido são os mesmos da força elétrica aplicada, e a intensidade é o quociente do módulo da força pela carga-teste. Dessa forma,

$$\vec{E} = \frac{\vec{F}_e}{q_0} \qquad (2.1)$$

Sua unidade de medida é N/C, newton por coulomb, no SI.

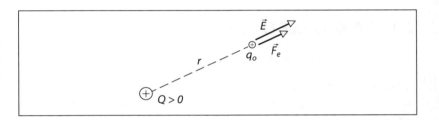

Figura 2.2 O campo elétrico tem a mesma orientação da força elétrica aplicada na carga-teste.

Partindo da definição acima do campo elétrico e da lei de Coulomb entre as duas cargas elétricas Q e q_0, chegamos ao campo elétrico gerado por uma carga elétrica Q,

$$E = \frac{1}{4\pi\varepsilon_0} \frac{Q}{r^2} \qquad (2.2)$$

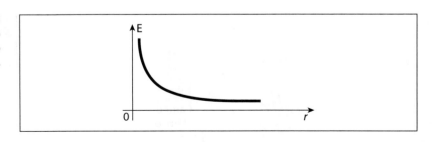

Figura 2.3 A intensidade do campo elétrico diminui com o quadrado da distância r.

Podemos exemplificar a intensidade de alguns campos elétricos mais conhecidos pela tabela a seguir.

Campo elétrico	E(N/C)
Ruptura elétrica no ar	3×10^6
Copiadora eletrostática	10^5
Tubo de raios catódicos	10^5
Átomo de hidrogênio	5×10^{11}

2.1.2 LINHAS DE FORÇA DO CAMPO ELÉTRICO

Foi Michael Faraday quem introduziu o modelo de *linhas de força* para representar o campo elétrico ao redor de uma carga elétrica Q.

O vetor campo elétrico é sempre tangente às linhas de força no ponto considerado, indicando sua direção e seu sentido. Nas regiões em que a densidade de linhas de força é maior, isto é, onde as linhas de força estão mais próximas umas das outras, o campo elétrico é intenso; entretanto, se a densidade de linhas é baixa, ou seja, onde as linhas estão mais afastadas, a intensidade do campo elétrico é mais fraca.

A intensidade do campo elétrico gerado por uma carga elétrica puntiforme Q diminui com o quadrado da distância à carga elétrica. Se a carga geradora for *positiva*, $Q > 0$, ela repele a carga-teste positiva, e o campo elétrico gerado por Q tem direção radial e divergente representado por *linhas de força* que se afastam da carga Q, conforme a Figura 2.4.

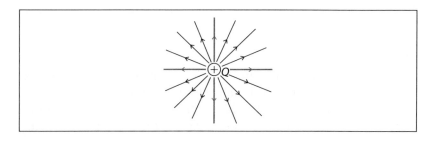

Figura 2.4
As linhas de força de uma carga puntiforme Q positiva afastam-se radialmente.

Entretanto, se o campo elétrico for gerado por uma carga elétrica negativa $Q < 0$, o campo elétrico tem direção radial convergente representado por linhas de força que se aproximam da carga Q, como na Figura 2.5.

Figura 2.5
As linhas de força de uma carga puntiforme Q negativa aproximam-se radialmente.

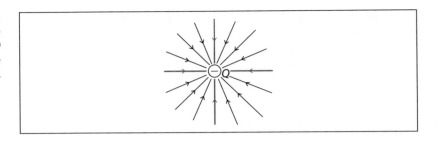

Concluindo, podemos afirmar que as linhas de força são divergentes para cargas positivas e convergentes para cargas negativas.

2.1.3 DISTRIBUIÇÃO DISCRETA DE CARGAS

O campo elétrico resultante num ponto P, devido a um grupo de cargas elétricas puntiformes em uma região do espaço, pode ser obtido aplicando-se o *princípio da superposição*. Cada carga elétrica gera seu próprio campo elétrico naquele ponto P de forma independente da presença de outras cargas elétricas. O campo elétrico resultante é a soma vetorial dos campos elétricos independentes (Figura 2.6), tal que:

$$\vec{E} = \vec{E}_1 + \vec{E}_2 + ... + \vec{E}_n$$

Figura 2.6
Superposição de campos elétricos.

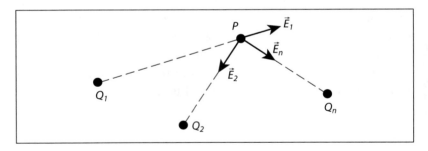

Exemplo I

Determinar o vetor campo elétrico resultante no ponto do eixo $y = 2$ m de um plano cartesiano, devido a uma carga $q_1 = 20$ μC posicionada na origem do plano cartesiano e de uma segunda carga elétrica $q_2 = 10$ μC posicionada no ponto do eixo $x = 1$ m.

Solução:

Vamos inicialmente determinar a posição do ponto P calculada em termos dos vetores posição $\vec{r}_1$ e $\vec{r}_2$ das cargas q_1 e q_2, respectivamente, conforme a Figura 2.7:

$$\vec{r}_1 = 2\hat{j} \quad e \quad \vec{r}_2 = -\hat{i} + 2\hat{j}$$

O vetor posição $\vec{r}_2$ tem módulo igual a 2,24 m.

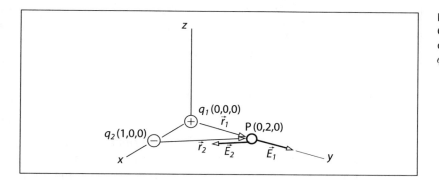

Figura 2.7
Campo elétrico resultante de duas cargas elétricas q_1 e q_2.

Usaremos as expressões dos dois campos elétricos, escritos na forma de seus vetores unitários, a seguir:

$$\vec{E}_1 = \frac{1}{4\pi\varepsilon_0}\frac{q_1}{r_1^2}\hat{u}_1 = \frac{1}{4\pi\varepsilon_0}\frac{q_1}{r_1^3}\vec{r}_1 \quad e$$

$$\vec{E}_2 = \frac{1}{4\pi\varepsilon_0}\frac{q_2}{r_2^2}\hat{u}_2 = \frac{1}{4\pi\varepsilon_0}\frac{q_2}{r_2^3}\vec{r}_2$$

Substituindo os valores da constante eletrostática 9×10^9 Nm^2/C^2, das cargas elétricas e de suas posições correspondentes nas expressões acima, obteremos

$$\vec{E}_1 = \left(4,5 \times 10^4 \, N/C\right)\hat{j}$$

$$\vec{E}_2 = \left(0,805 \times 10^4 \, N/C\right)\hat{i} - \left(1,61 \times 10^4 \, N/C\right)\hat{j}$$

Portanto, a resultante do campo elétrico no ponto P é a soma vetorial dos campos elétricos, como segue:

$$\vec{E}_p = \left(0,805 \times 10^4 \, N/C\right)\hat{i} + \left(2,89 \times 10^4 \, N/C\right)\hat{j}$$.

Na Figura 2.8, as linhas de força do campo elétrico gerado por duas cargas elétricas de mesmos sinais dão a ideia de repulsão. Elas não apresentam conexões entre as duas cargas elétricas e se separam.

Figura 2.8
Configuração de linhas de força entre duas cargas elétricas de mesmos sinais.

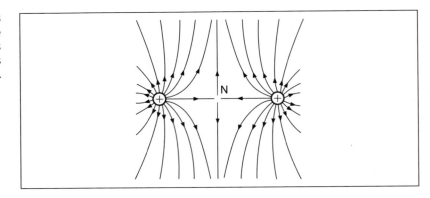

Já a configuração de linhas de força de duas cargas de sinais opostos apresenta a ideia de atração entre as duas cargas elétricas, conforme a Figura 2.9, e as linhas de força fazem a conexão da carga positiva para a carga elétrica negativa.

Figura 2.9
Configuração de linhas de força entre duas cargas elétricas de sinais opostos.

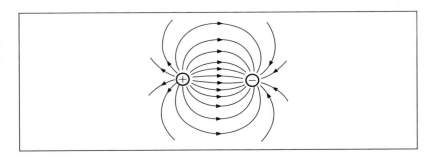

Mas, quando uma das cargas apresenta um módulo inferior ao da outra carga elétrica, o campo elétrico da carga de módulo menor distorce o campo elétrico, cujas linhas de força seriam retas. A Figura 2.10 realça a predominância da carga elétrica de maior intensidade.

Figura 2.10
Configuração de linhas de força quando uma carga elétrica é menor do que a outra.

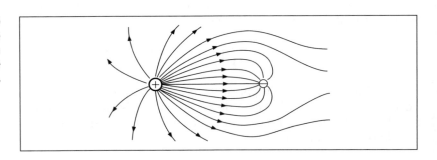

2.1.4 DIPOLO ELÉTRICO

Nos materiais dielétricos, os elétrons estão fortemente ligados ao núcleo atômico. Mas, sob a influência de campos elétricos externos, o centro de cargas dos elétrons fica ligeiramente deslocado de seu respectivo centro das cargas dos prótons, formando os *dipolos elétricos*.

O campo elétrico resultante de um dipolo elétrico, calculado a partir do ponto médio do espaçamento d entre o elétron e o próton, em função de z, é igual a:

$$E = \frac{q}{4\pi\varepsilon_0}\left(\frac{1}{(z-d/2)^2} - \frac{1}{(z+d/2)^2}\right)$$

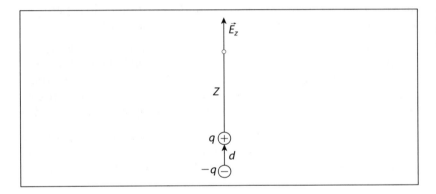

Figura 2.11
Campo elétrico de um dipolo elétrico.

Com um pouco de álgebra, chegamos a:

$$E = \frac{q}{(4\pi\varepsilon_0)z^2}\left[\left(1-\frac{d}{2z}\right)^{-2} - \left(1+\frac{d}{2z}\right)^{-2}\right]$$

Para distâncias z muito maiores do que d, $z \gg d$, podemos expandir até o termo linear nos dois parênteses dentro do colchete por meio do uso do *binômio de Newton*,

$$(1+x)^n \approx 1 + nx$$

Assim,

$$E = \frac{\sigma}{4\pi\varepsilon_0 z_2}\left[\left(1+\frac{d}{z}+\frac{3}{4}\left(\frac{d}{z}\right)^2+..\right) - \left(1-\frac{d}{z}+\frac{3}{4}\left(\frac{d}{z}\right)^2+...\right)\right]$$

Como $d/z \ll 1$, os termos de ordens superiores $(d/z)^2$, $(d/z)^3$ etc. podem ser desprezados. Assim,

$$E = \frac{\sigma}{4\pi\varepsilon_0}\frac{2d}{z^3} = \frac{1}{2\pi\varepsilon_0}\frac{qd}{z^3}$$

O produto $\vec{p} = q\vec{d}$, conhecido como *momento de dipolo elétrico*, está orientado da carga negativa para a carga positiva. O campo elétrico de um dipolo elétrico diminui com o cubo de r, podendo ser escrito

$$E = \frac{1}{2\pi\varepsilon_0}\frac{p}{r^3} \qquad (2.3)$$

A expressão acima indica que o campo elétrico de um dipolo elétrico decresce muito mais rapidamente do que o campo de uma carga puntiforme devido ao cancelamento dos campos de duas cargas elétricas de sinais opostos quando a distância de separação d do dipolo é desprezível em relação à distância considerada r.

A partir de agora, vamos considerar os campos elétricos gerados por distribuições contínuas de cargas, distribuições lineares, superficiais ou volumétricas. Nessas distribuições, usaremos o cálculo diferencial e integral para determinar o campo elétrico resultante admitindo situações de simetria para simplificar a resolução.

Admite-se que os elementos infinitesimais de comprimento, de área ou de volume possuam uma quantidade mínima de cargas elétricas e possam ser considerados cargas puntiformes.

2.1.5 FIO FINITO

Vamos calcular o campo elétrico gerado por um fio finito a partir do seu ponto médio. O fio tem comprimento ℓ e está eletrizado com densidade linear de cargas λ, conforme a Figura 2.12.

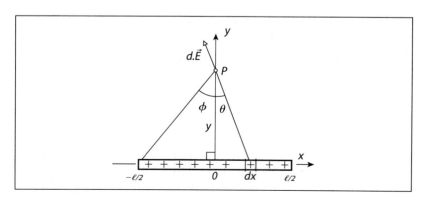

Figura 2.12 Campo elétrico de um fio finito eletrizado.

O elemento dx contribui com um campo elétrico diferencial, no ponto P, segundo a lei de Coulomb,

$$dE = \frac{1}{4\pi\varepsilon_0}\frac{\lambda dx}{y^2 + x^2}$$

Pela simetria, as componentes do vetor campo elétrico diferencial na direção de x, dos elementos equidistantes ao eixo y, são canceladas. Somente as componentes na direção y não são anuladas e se somam para formar o campo elétrico resultante, na direção y.

Então, $dE_y = dE\cos\theta = \dfrac{1}{4\pi\varepsilon_0}\dfrac{y\lambda dx}{\left(y^2 + x^2\right)^{3/2}}$,

já que $\cos\theta = \dfrac{y}{\left(y^2 + x^2\right)^{1/2}}$

Assim,

$$E = \int dE_y = \int dE\cos\theta = \frac{y\lambda}{4\pi\varepsilon_0}\int_{-\ell/2}^{\ell/2}\frac{dx}{\left(y^2 + x^2\right)^{3/2}}$$

A integral pode ser resolvida pela substituição trigonométrica $x = y\cdot\mathrm{tg}\theta$, assim como pelo uso de sua diferencial $dx = y\sec^2\theta\,d\theta$:

$$E_y = \frac{\lambda y^2}{4\pi\varepsilon_0 y^3}\int_{-\phi}^{\phi}\frac{\sec^2\theta}{\left(1 + tg^2\theta\right)}d\theta = \frac{\lambda}{4\pi\varepsilon_0 y}\int_{-\phi}^{\phi}\cos\theta\cdot d\theta$$

$$E_y = \frac{\lambda}{4\pi\varepsilon_0 y}\int_{-\phi}^{\phi}\cos\theta\cdot d\theta = \frac{\lambda}{4\pi\varepsilon_0 y}\left[\mathrm{sen}\phi - \mathrm{sen}\left(-\phi\right)\right] = \frac{\lambda}{2\pi\varepsilon_0 y}\mathrm{sen}\phi$$

O ângulo ϕ da extremidade do fio finito pode ser escrito em função do comprimento ℓ e da altura y,

$$\mathrm{sen}\phi = \frac{\ell}{\sqrt{\ell^2 + 4y^2}},$$

e chegamos finalmente em:

$$E_y = \frac{\lambda}{2\pi\varepsilon_0}\frac{\ell}{y\sqrt{\ell^2 + 4y^2}} \qquad (2.4)$$

Essa fórmula é válida para o cálculo do campo elétrico somente no plano perpendicular passando pelo ponto médio do fio, onde todas as linhas de força têm direção retilínea. Mas, em outras regiões, as linhas de força apresentam curvatura, conforme a Figura 2.13. Nesse caso, o cálculo dos campos elétricos requer aproximações numéricas.

Figura 2.13 Configuração de linhas de força de um fio finito eletrizado.

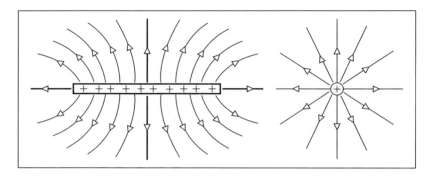

2.1.6 FIO INFINITO

Podemos usar a expressão do cálculo do campo elétrico de um fio finito visto anteriormente para obter a expressão de campo elétrico de um fio infinito. Vamos supor o comprimento ℓ do fio muito maior do que a distância y:

$$E_y = \frac{1}{2\pi\varepsilon_0}\frac{\lambda}{y} \qquad (2.5)$$

Suas linhas de força são paralelas, equidistantes e perpendiculares ao fio infinito eletrizado, mas a intensidade diminui com a distância y, conforme a Figura 2.14.

Figura 2.14 Configuração de linhas de força de um fio infinito eletrizado.

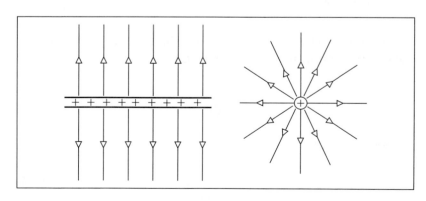

Exemplo II

Vamos comparar o campo elétrico de um fio finito de comprimento ℓ eletrizado com densidade linear de cargas λ com o campo elétrico de um fio infinito carregado com a mesma densidade linear de cargas. Faremos a suposição de que a diferença entre o campo elétrico do fio infinito e o fio finito, calculados para um mesmo ponto y, seja de apenas 10% do campo elétrico de um fio infinito. Então,

$$\frac{\lambda}{2\pi\varepsilon_0}\left[\frac{1}{y} - \frac{\ell}{y\sqrt{\ell^2 + 4y^2}}\right] = \frac{1}{10}\frac{\lambda}{2\pi\varepsilon_0}\frac{1}{y}$$

Após um pouco de álgebra, chegamos a $324 \times y^2 = 19 \times \ell^2$. O fio finito eletrizado terá um comprimento de 4,13 vezes a distância y para que a intensidade do campo elétrico tenha diferença de 10% do campo elétrico de um fio infinito.

Podemos exemplificar: o campo elétrico de um fio infinito, eletrizado com densidade linear de cargas $1{,}27 \times 10^{-7}$ C/m, tem intensidade de $2{,}86 \times 10^4$ N/C para um ponto afastado de 8 cm do fio. Entretanto, o campo elétrico produzido por um fio finito, de comprimento de 4,13 vezes a distância y, ou seja, de 34,9 cm, eletrizado com a mesma densidade linear e na mesma distância de 8 cm, tem valor igual a $2{,}60 \times 10^4$ N/C, portanto, diferindo apenas 10% do valor do campo elétrico do fio infinito.

2.1.7 ANEL ELETRIZADO

O cálculo do campo elétrico de um anel eletrizado na direção z, perpendicular ao seu plano, apresenta uma solução mais simples do que a do fio finito. O anel tem raio R e apresenta-se eletrizado uniformemente com densidade linear de cargas λ, conforme a Figura 2.15.

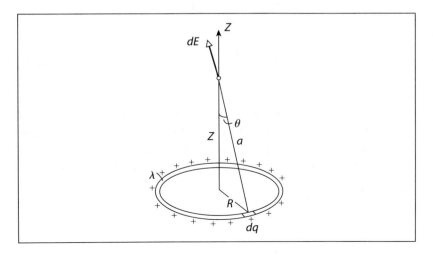

Figura 2.15
Anel eletrizado uniformemente
$dq = \lambda d\ell = \lambda R d\theta$.

O elemento de carga $dq = \lambda dl = \lambda R d\theta$ gera um campo elétrico na altura z,

$$dE = \frac{1}{4\pi\varepsilon_0} \frac{dq}{a^2} = \frac{\lambda R}{4\pi\varepsilon_0} \frac{d\theta}{\left(R^2 + z^2\right)}$$

Por questões de simetria, as componentes horizontais dos elementos do anel diametralmente opostas ao eixo z se anulam. Somente as componentes projetadas na direção de z, segundo a relação

$$\cos\theta = \frac{z}{\left(R^2 + z^2\right)^{1/2}} \, ,$$

não são anuladas e compõem o campo elétrico resultante na direção de z, isto é,

$$dE_z = dE \cos\theta = \left[\frac{\lambda R}{4\pi\varepsilon_0} \frac{d\theta}{\left(R^2 + z^2\right)}\right] \frac{z}{\left(R^2 + z^2\right)^{1/2}}$$

Daí, chegamos à expressão:

$$dE_z = \frac{\lambda R}{4\pi\varepsilon_0} \frac{d\theta}{\left(R^2 + z^2\right)^{3/2}}$$

Somando as contribuições de todos os elementos em toda a volta 2ϖ do anel, obtemos:

$$E = \int dE_z = \int dE \cos\theta = \frac{\lambda}{4\pi\varepsilon_0} \frac{Rz}{\left(R^2 + z^2\right)^{3/2}} \int_0^{2\pi} d\theta$$

$$E_z = \frac{\lambda}{2\varepsilon_0} \frac{Rz}{\left(R^2 + z^2\right)^{3/2}} \tag{2.6}$$

A expressão indica que a linha de força do campo elétrico ao longo do eixo z se configura numa linha reta. E as demais linhas de força são linhas curvas que requerem conhecimentos de cálculo numérico para a sua configuração, conforme a Figura 2.16.

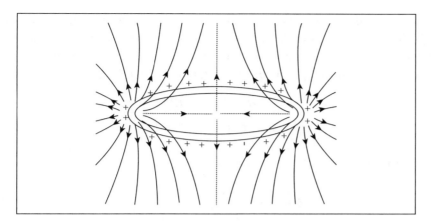

Figura 2.16
Configuração de linhas de força de um anel eletrizado.

2.1.8 DISCO ELETRIZADO

Vamos usar a expressão final anterior do campo elétrico de um anel eletrizado para calcular o campo elétrico de um disco eletrizado. O disco eletrizado é composto por vários anéis eletrizados de raio r e espessura dr, com r variando desde 0 até R, conforme a Figura 2.17. Cada um desses anéis contribui com um campo elétrico diferencial na direção de z.

Vamos usar a expressão do campo elétrico do anel em função da carga total $q = \lambda 2\pi R$. Então, a expressão

$$E_z = \frac{q}{4\pi\varepsilon_0} \frac{z}{\left(R^2 + z^2\right)^{3/2}}$$

pode ser utilizada para o cálculo do campo elétrico do disco.

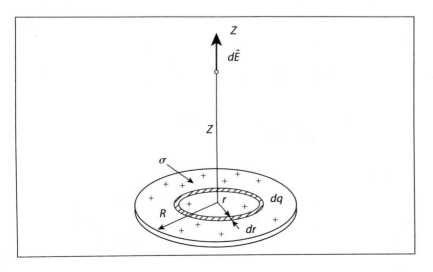

Figura 2.17
Disco de raio R eletrizado.

A carga elétrica contida em cada elemento anular de raio r e espessura dr tem densidade superficial σ, dada por $dq = \sigma(2\varpi r dr)$. Sendo substituída na expressão do anel em termos de q, temos que o campo elétrico na posição z fica:

$$dE = \frac{z}{4\pi\varepsilon_0}\frac{dq}{\left(r^2+z^2\right)^{3/2}} = \frac{z\sigma 2\pi}{4\pi\varepsilon_0}\frac{rdr}{\left(r^2+z^2\right)^{3/2}}$$

e, integrando de 0 a R, obtém-se:

$$E = \int dE = \frac{z\sigma}{2\varepsilon_0}\int_0^R \frac{rdr}{\left(r^2+z^2\right)^{3/2}}$$

Fazendo a mudança de variável $y = z^2+r^2$ e de sua diferencial $dy = 2rdr$, chega-se a:

$$E = \frac{z\sigma}{4\varepsilon_0}\int\frac{dy}{y^{3/2}} = \frac{z\sigma}{4\varepsilon_0}\int y^{-3/2}dy = (-2)\frac{z\sigma}{4\varepsilon_0}\left[\frac{1}{\sqrt{y}}+cte\right] =$$

$$= \frac{-z\sigma}{2\varepsilon_0}\left[\frac{1}{\left(r^2+z^2\right)^{1/2}}+cte\right]_0^R = \frac{z\sigma}{2\varepsilon_0}\left[\frac{1}{z}-\frac{1}{\left(R^2+z^2\right)^{1/2}}\right]$$

que, finalmente, fica:

$$E = \frac{\sigma}{2\varepsilon_0}\left[1-\frac{z}{\left(R^2+z^2\right)^{1/2}}\right] \tag{2.7}$$

Também podemos apresentar o campo elétrico do disco em termos da carga total q, como:

$$E = \frac{\sigma\pi R^2}{2\pi\varepsilon_0 R^2}\left[1-\frac{z}{\left(R^2+z^2\right)^{1/2}}\right] = \frac{q}{2\pi\varepsilon_0 R^2}\left[1-\frac{z}{\left(R^2+z^2\right)^{1/2}}\right]$$

Na Figura 2.18, apresentamos algumas linhas de força geradas pelo disco eletrizado.

Exemplo III

Calculemos o campo elétrico de um disco de raio $R = 5$ cm, carregado com carga elétrica $q = 4,0 \times 10^{-8}$ C, num ponto na direção perpendicular ao disco, distante de 5 cm do seu centro.

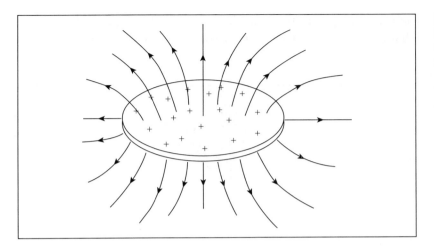

Figura 2.18
Configuração de linhas de força de um disco eletrizado.

A carga elétrica está uniformemente distribuída na área circular de 0,00785 m², o que resulta em 5,09 × 10⁻⁶ C/m² de densidade superficial. Então, substituindo os dados na fórmula do campo elétrico de um disco, temos:

$$E = \frac{5{,}092 \times 10^{-6}}{2 \cdot 8{,}84 \times 10^{-12}}\left[1 - \frac{0{,}05}{\left(0{,}05^2 + 0{,}05^2\right)^{1/2}}\right],$$

que resulta num campo elétrico igual a 8,44 × 10⁴ N/C.

2.1.9 PLANO INFINITO

O cálculo do campo elétrico gerado por um plano infinito é imediato e pode ser obtido estendendo-se o resultado do campo elétrico de um disco. Isso pode ser feito de duas maneiras, calculando o campo elétrico para pontos muito próximos do plano carregado, $z \ll R$, ou considerando um disco de raio muito grande. A expressão

$$E = \frac{\sigma}{2\varepsilon_0}\left[1 - \frac{z}{\left(R^2 + z^2\right)^{1/2}}\right] = \frac{\sigma}{2\varepsilon_0}\left[1 - \frac{z}{R}\right]$$

tem o termo z/R desprezado para se chegar em:

$$E = \frac{\sigma}{2\varepsilon_0} \qquad (2.8)$$

As linhas de força geradas por um plano infinito são paralelas, perpendiculares ao plano e equidistantes umas em relação às outras, e a intensidade do campo elétrico não depende da distância ao plano carregado (Figura 2.19).

Figura 2.19
Configuração de linhas de força de um plano infinito eletrizado.

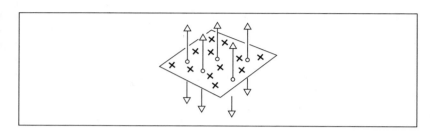

Exemplo IV

Vamos repetir o raciocínio utilizado no Exemplo II e comparar o campo elétrico gerado pelo plano infinito com aquele gerado por um disco de raio R. Ambos são eletrizados com a mesma densidade superficial de cargas elétricas σ, e impomos que o campo elétrico do disco numa altura z tenha uma diferença de 10% do campo elétrico do plano infinito.

$$\frac{\sigma}{2\varepsilon_0} - \frac{\sigma}{2\varepsilon_0}\left[1 - \frac{z}{\left(R^2 + z^2\right)^{1/2}}\right] = \frac{1}{10} \times \frac{\sigma}{2\varepsilon_0}$$

Com um pouco de álgebra, chegamos a $99z^2 = R^2$, o que significa que o disco eletrizado terá um raio de 9,95 vezes a distância z.

2.1.10 APROXIMAÇÕES DE CÁLCULO DE CAMPO ELÉTRICO

Os cálculos do campo elétrico de carregamentos, vistos anteriormente, como fios finitos, anéis e discos, tendem para o de um *campo coulombiano* quando forem calculados para pontos muito distantes do elemento. Isto é, para pontos distantes, a forma geométrica da distribuição de cargas torna-se irrelevante, e o tratamento obedece à lei de Coulomb de uma carga puntiforme, como sugere a Figura 2.20.

Podemos exemplificar com o campo elétrico de um disco carregado calculado para pontos bem distantes dele:

$$E = \frac{\sigma}{2\varepsilon_0}\left[1 - \frac{z}{z\left(1 + R^2/z^2\right)^{1/2}}\right] = \frac{\sigma}{2\varepsilon_0}\left[1 - \left(1 + \frac{R^2}{z^2}\right)^{-1/2}\right],$$

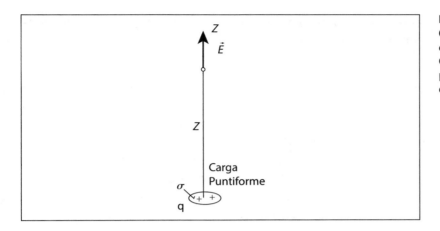

Figura 2.20
O cálculo do campo elétrico pela lei de Coulomb pode ser usado para pontos a grande distância.

onde usaremos dois termos da expansão binomial de Newton, $(1+x)^n = 1 + nx$, para expressar a potência dentro dos parênteses acima. Com o segundo termo $(R/z)^2$, muito menor do que a unidade, a expressão toma a forma:

$$E = \frac{\sigma}{2\varepsilon_0}\left[1-\left(1-\frac{R^2}{2z^2}\right)\right] = \frac{\sigma}{2\varepsilon_0}\left[1-1+\frac{R^2}{2z^2}\right] = \frac{\sigma R^2}{4\varepsilon_0 z^2}\frac{\pi}{\pi},$$

o que, de fato, representa a lei do inverso do quadrado da distância,

$$E = \frac{1}{4\pi\varepsilon_0}\frac{q}{z^2}$$

2.1.11 MATERIAIS CONDUTORES

Nenhum excesso de carga será encontrado no interior do volume de um material condutor eletrizado em equilíbrio eletrostático. O condutor tem *campo elétrico interno nulo* pelo fato de o excedente de cargas elétricas ter migrado para a superfície do condutor. Entretanto, se o campo elétrico na superfície do condutor não for nulo, terá a sua direção perpendicular à superfície do condutor. Caso contrário, haveria uma componente tangencial à superfície do condutor que aceleraria as cargas elétricas ali presentes, gerando uma corrente elétrica superficial.

Exemplo V

Representamos graficamente as linhas de força do campo elétrico gerado por uma esfera metálica, de raio R, eletrizada com densidade superficial de cargas elétricas σ uniforme, conforme a Figura 2.21.

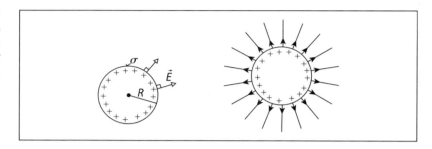

Figura 2.21
As linhas de força são perpendiculares à superfície do condutor esférico.

2.2 LEI DE GAUSS

2.2.1 FLUXO ELÉTRICO DE UM CAMPO VETORIAL

A palavra fluxo, de origem latina, se relaciona com o ato de fluir ou escoar. No estudo dos fluidos (Capítulo 3 do segundo volume desta coleção) vimos linhas de corrente num escoamento estacionário e estabelecemos um campo de velocidade do fluido que escoa. O campo de velocidade indica a velocidade nos pontos do escoamento. Uma vez que a velocidade é constante em cada ponto, pode-se representar estaticamente o fluxo substituindo o movimento real das partículas do fluido pelo campo de velocidade.

Seja uma área A imersa perpendicularmente às linhas de corrente do campo de escoamento de um fluido (Figura 2.22a). O módulo do fluxo do campo de velocidade que atravessa a área A é:

$$\Phi = vA$$

A unidade de medida do fluxo no SI é m^3/s, representando a vazão, ou seja, a taxa de escoamento do fluido através da área A.

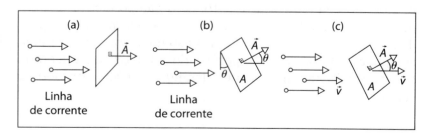

Figura 2.22
O número de linhas de campo que atravessam a área é menor quando a área tem projeção na transversal, A cos θ.

Se a área A gira de um ângulo θ, a projeção da área na direção perpendicular à corrente é $A \cos \theta$ (Figura 2.22b). Nesse caso, o número de linhas de campo que atravessam a área é menor do que no caso (a), e o fluxo tem módulo $\Phi = v\, A \cos \theta$. Na Figura 2.22c, a área é representada por um vetor $\vec{A}$ perpendicular ao plano que contém a área A.

Vemos, então, que o fluxo pode ser calculado pelo produto escalar

$$\Phi = \vec{v} \cdot \vec{A} \qquad (2.9)$$

Se considerarmos um elemento infinitesimal de área $d\vec{A}$ na superfície de uma superfície fechada que envolve a fonte, o fluxo elementar nessa área é, portanto,

$$d\Phi = \vec{v} \cdot d\vec{A}$$

Em toda a superfície, o fluxo total é a soma das contribuições de todos os elementos de área $d\vec{A}$

$$\Phi = \oint \vec{v} \cdot d\vec{A}$$

O círculo no sinal da integral indica que o cálculo deve ser feito para todas as áreas infinitesimais $d\vec{A}$ de uma superfície fechada que envolve a fonte de fluxo.

Utilizamos o exemplo de um fluxo de fluido, que mede de forma concreta a eficiência com que se transporta a matéria fluida.

No Capítulo 2 do segundo volume desta coleção, vimos que uma onda é capaz de transportar energia, sem, no entanto, transportar massa. Falamos de um fluxo de energia.

No item 5.1 – Transferência de calor, do Capítulo 5, também parte do segundo volume, vimos um fluxo térmico ao estudarmos a condução do calor.

O que flui não precisa ser uma quantidade material. No caso do campo elétrico, mesmo sem estar associada ao transporte de matéria, a ideia de fluxo elétrico faz sentido, graças à semelhança entre as linhas do campo elétrico e as linhas de corrente usadas para descrever o fluxo.

Trataremos, agora, tão somente do campo elétrico gerado pelas cargas elétricas. O fluxo Φ de linhas de força do campo elétrico que atravessam uma superfície fechada em torno de uma carga elétrica q tem origem na própria carga elétrica q.

O fluxo total Φ é descrito pela integral do produto escalar

$$\Phi = \oint \vec{E} \cdot d\vec{A} \qquad (2.10)$$

O vetor $d\vec{A}$ tem módulo igual à área da superfície elementar, é normal à superfície e é orientado positivamente para fora dela. Se a carga envolvida pela superfície for positiva, então, como o campo elétrico é dirigido para fora, o fluxo é positivo.

Se a carga que origina o campo for negativa, então, como o campo elétrico é dirigido para a carga, o fluxo é negativo.

2.2.2 A LEI DE GAUSS

A lei de Gauss, idealizada por Carl Friedrich Gauss, estabelece uma relação entre a intensidade de um campo elétrico e a carga elétrica que o produz. Ela é uma das leis mais úteis e importantes da eletricidade, sendo consequência da lei de Coulomb. Por meio da lei de Gauss, podemos determinar o campo elétrico se for conhecida a carga que o produz, ou podemos determinar a carga geradora do campo elétrico se conhecermos o campo elétrico. Os exemplos que virão a seguir nos mostrarão a conveniência do uso da lei de Gauss nos casos em que os campos elétricos apresentem uma adequada simetria. Nesses casos, chega-se mais facilmente ao resultado desejado; do contrário, não se recomenda a sua aplicação.

A superfície fechada imaginária, escolhida para a aplicação da lei de Gauss, geralmente é chamada superfície gaussiana, não constituindo uma superfície real.

A lei de Gauss pode ser assim enunciada:

> O fluxo do campo elétrico, produzido por uma carga q, puntiforme ou distribuída, através de uma superfície fechada que envolve a carga q, é igual à razão entre a carga q e a permissividade elétrica ε do meio a que pertence a superfície.

Assim,

$$\Phi = \oint \vec{E} \cdot d\vec{A} = \frac{q}{\varepsilon} \qquad (2.11)$$

Relembramos que o vácuo ou o ar têm permissividade:

$$\varepsilon = \varepsilon_0 = 8{,}85 \times 10^{-12} \ C^2/Nm^2.$$

Se a carga estiver imersa em um material dielétrico de rigidez dielétrica k_r, a permissividade do meio vale $\varepsilon = k_r.\varepsilon_0$. Por exemplo, a rigidez dielétrica k_r da água a 20 °C é igual a 80, a do silício é 12 e a da cerâmica é 130. Em qualquer desses meios o fluxo elétrico será menor.

A lei de Gauss é uma relação matemática que liga a intensidade de uma fonte de emissão à medida do fluxo Φ produzido pela fonte através de uma superfície fechada, chamada de *superfície gaussiana*, que envolve a própria fonte. As linhas de força desse fluxo da fonte atravessam a superfície fechada com intensidade de fluxo proporcional à intensidade da fonte.

A Figura 2.23 mostra que o fluxo das linhas de força atravessa um mesmo número de pontos, qualquer que seja o formato ou a dimensão da superfície gaussiana que envolve a carga elétrica.

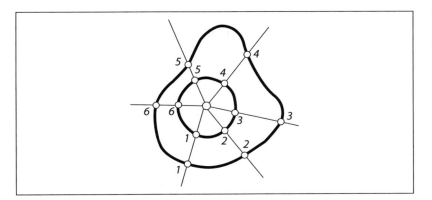

Figura 2.23
Fluxo do campo elétrico de uma carga envolta por uma superfície gaussiana.

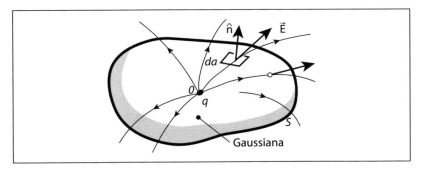

Figura 2.24
O fluxo é proporcional à carga elétrica envolvida.

O significado do produto escalar permite concluir que cada elemento de área da superfície gaussiana seja projetado na direção transversal ao vetor campo elétrico, conduzindo a uma *simetria esférica*. Cada elemento de área, à distância r da carga elétrica, tem um crescimento com r^2; entretanto, o fluxo é constante porque a diminuição do campo elétrico com o inverso do quadrado da distância, $1/r^2$, compensa aquele aumento de área com o quadrado da distância, r^2. Dessa forma, qualquer que seja o formato ou a distância da superfície gaussiana, como a carga elétrica no interior é constante, o fluxo é o mesmo, ainda que a posição da carga elétrica seja alterada no interior da superfície gaussiana.

Portanto, pode-se determinar adequadamente o campo elétrico de uma distribuição de cargas elétricas fazendo uso de superfícies que apresentam simetria esférica ou cilíndrica, conforme a distribuição de cargas elétricas.

A lei de Gauss é considerada uma das quatro equações de Maxwell utilizada na eletrostática. Sua aplicação, juntamente com o cálculo diferencial e integral, tem facilitado os processos operacionais nos cálculos de campo elétrico eletrostático, como mostraremos a seguir.

2.2.3 APLICAÇÕES DA LEI DE GAUSS

2.2.3.1 Lei de Coulomb

Consideremos uma carga elétrica puntiforme positiva no centro de uma superfície esférica gaussiana de raio r onde o vetor campo elétrico está sendo determinado. Pela simetria da superfície esférica escolhida, o vetor campo elétrico tem a mesma direção e o mesmo sentido do elemento de área normal, conforme a Figura 2.25. O vetor elemento de área, por convenção, tem o seu sentido adotado para fora da superfície gaussiana.

$$\oint E \times dA \times \cos 0° = \frac{q}{\varepsilon_0} \Rightarrow E \oint dA = \frac{q}{\varepsilon_0}$$

O campo elétrico $\vec{E}$ tem seu módulo constante na integral da gaussiana e é colocado fora da integral. O restante da integral corresponde à área da superfície esférica, igual a $4\varpi r^2$, escolhida pela simetria. Assim, a expressão do campo elétrico na forma coulombiana é encontrada,

$$E\left(4\pi \varepsilon r^2\right) = \frac{q}{\varepsilon_0} \quad \therefore E \frac{1}{4\pi \varepsilon_0} \frac{q}{r^2}$$

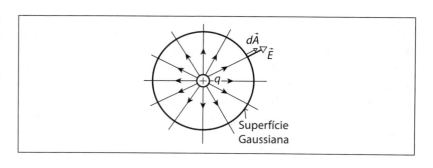

Figura 2.25
Uma carga elétrica positiva é posicionada no centro de uma superfície esférica gaussiana de raio r.

2.2.3.2 Esfera condutora

A lei de Gauss é muito apropriada para determinar o campo elétrico nas diversas regiões de um material elétrico eletrizado, seja ele condutor ou isolante. Vamos determinar o campo elétrico dentro e fora de um condutor metálico, de raio a, eletrizado com densidade superficial de cargas elétricas σ, conforme a Figura 2.26.

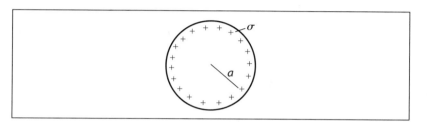

Figura 2.26
Cálculo do campo elétrico de um corpo esférico metálico eletrizado com densidade superficial σ.

Uma superfície gaussiana de raio $r < a$, no centro da esfera condutora, não apresenta nunhuma carga elétrica porque todo o excedente de carga elétrica se encontra na superfície do condutor. Portanto, o fluxo elétrico nessa superfície gaussiana de raio r é nulo, e o campo elétrico em todos os pontos interiores da esfera condutora, $r < a$, é zero, $E_1 = 0$.

Entretanto, a superfície gaussiana na parte externa, $r > a$, da esfera condutora apresenta o vetor campo elétrico paralelo ao elemento de área da superfície gaussiana,

$$\oint E_2 \cdot dA = \frac{\sigma(4\pi a^2)}{\varepsilon_0}$$

O módulo do campo elétrico é uma constante e é colocado fora da integral da lei de Gauss, deixando o restante da integral igual à área da superfície esférica, igual a $4\pi r^2$. Portanto,

$$E_2(4\pi r^2) = \frac{\sigma(4\pi a^2)}{\varepsilon_0}$$

A carga elétrica no interior da gaussiana é a carga da superfície da esfera e vale $4\pi a^2 \sigma$. O campo elétrico num ponto da superfície gaussiana é:

$$E_2 = \frac{\sigma a^2}{\varepsilon_0} \frac{1}{r^2}$$

2.2.3.3 Fio infinito

Para o tratamento do campo elétrico de um fio infinito, eletrizado uniformemente com densidade linear λ positiva, escolhemos uma superfície cilíndrica simétrica, de raio r e altura h, com eixo no fio infinito, apresentando em seu interior um trecho do fio eletrizado com carga $q = \lambda\, h$. Para fazer o cálculo do fluxo pela lei de Gauss, a superfície é dividida em três regiões, a saber, duas bases circulares e a lateral do cilindro.

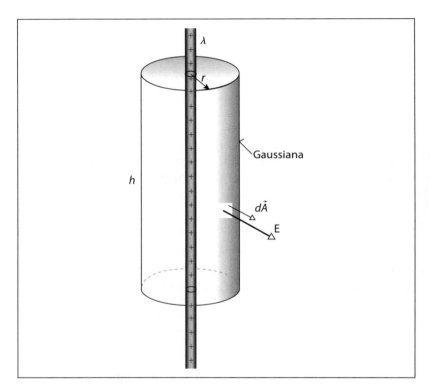

Figura 2.27
Uma superfície cilíndrica simétrica centrada com o fio infinito eletrizado uniformemente.

$$\oint \vec{E} \cdot d\vec{A} = \frac{q}{\varepsilon_0}$$

$$\int_{Base} EdA\cos 90° + \int_{Base} EdA\cos 90° + \int_{Lateral} EdA\cos 0° = \frac{q}{\varepsilon_0}$$

As linhas de força perpendiculares ao fio infinito não atravessam as superfícies das bases, uma vez que os elementos de área são perpendiculares aos campos elétricos e seus produtos escalares são nulos.

Portanto, somente o fluxo na superfície lateral do cilindro é diferente de zero,

$$\int_{Lateral} E\,dA = \frac{q}{\varepsilon_0} \qquad E\int dA = \frac{\lambda h}{\varepsilon_0}$$

O módulo do campo elétrico na lateral do cilindro é constante, e o restante da integral é a área lateral, igual a $2\pi rh$. A carga elétrica contida no cilindro é $q = \lambda h$, tal que:

$$E 2\pi rh = \frac{\lambda h}{\varepsilon_0}$$

Portanto, o campo elétrico do fio infinito diminui com a distância ao fio:

$$E = \frac{\lambda}{2\pi\varepsilon_0}\frac{1}{r}$$

2.2.3.4 Plano infinito

O campo elétrico gerado por um plano infinito eletrizado uniformemente com densidade superficial σ pode ser analisado utilizando-se um cilindro reto de área da base igual a A e de altura h. O cilindro é posicionado perpendicularmente à superfície do plano, com a metade do cilindro acima e a outra metade abaixo da superfície. Portanto, uma porção de carga $q = \sigma A$ está contida no cilindro.

A integral da lei de Gauss é dividida em duas bases e uma lateral do cilindro. As linhas de força, perpendiculares ao plano infinito, indicam um fluxo nulo na lateral do cilindro.

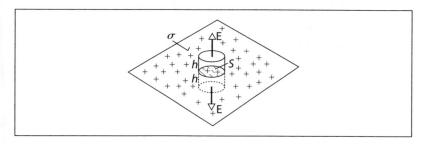

Figura 2.28
O cilindro é posicionado perpendicularmente à superfície do plano, com a metade do cilindro acima e outra metade abaixo da superfície.

$$\oint \vec{E}\cdot d\vec{A} = \frac{q}{\varepsilon_0}$$

$$\int_{Base} EdA\cos 0° + \int_{Base} EdA\cos 0° + \int_{Lateral} EdA\cos 90° = \frac{q}{\varepsilon_0}$$

Os fluxos das bases são diferentes de zero, pelo fato de os vetores campo elétrico estarem na mesma direção e no mesmo sentido que os elementos de área das bases. Assim,

$$2EA = \frac{\sigma A}{\varepsilon_0}$$

Pelo resultado, o campo elétrico não depende da distância à superfície do plano infinito carregado. Isso é a confirmação de um campo elétrico uniforme, em módulo, direção e sentido, em qualquer ponto do espaço:

$$E = \frac{\sigma}{2\varepsilon_0}$$

Uma analogia pode ser feita com o campo gravitacional terrestre, considerando distâncias bem próximas da superfície da Terra.

No caso da análise do campo elétrico de um plano finito, as mesmas considerações acima podem ser verdadeiras para pontos próximos da superfície e bem distantes das bordas.

2.2.4 MATERIAIS CONDUTORES

Quando se estabelece o equilíbrio eletrostático na eletrização de um condutor de qualquer formato, como na Figura 2.29, a densidade superficial de cargas elétricas é mais intensa nas regiões pontiagudas do que nas regiões lisas. Isso será demonstrado no Capítulo 3, sobre os potenciais elétricos.

O campo elétrico próximo à superfície do condutor tem direção perpendicular à superfície do condutor, pois, se assim não fosse, haveria uma componente tangencial responsável por uma corrente superficial, contrariando a ideia de equilíbrio eletrostático.

$$\oint \vec{E} \cdot d\vec{A} = \frac{q}{\varepsilon_0} \Rightarrow EA = \frac{\sigma A}{2} \therefore E = \frac{\sigma}{\varepsilon_0}$$

Para o cálculo do campo elétrico bem próximo da superfície do condutor, usaremos um cilindro de área de base A e altura h, com direção perpendicular à superfície do cilindro,

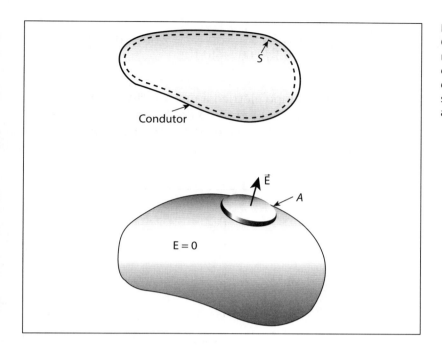

Figura 2.29
O interior do condutor não apresenta campo elétrico, e o campo elétrico próximo à superfície é perpendicular a ela.

metade do cilindro no interior do condutor e a outra metade fora do condutor. A base do cilindro no interior do condutor não apresenta um fluxo elétrico, pois seu campo elétrico é nulo. Somente a base do cilindro do lado de fora tem fluxo diferente de zero, sendo o campo elétrico igual a:

$$E = \frac{\sigma}{\varepsilon_0} \qquad (2.12)$$

EXERCÍCIOS RESOLVIDOS

1) Determinar o campo elétrico gerado por um fio finito de 6 cm de comprimento, carregado uniformemente com carga elétrica $q = 6$ μC, a uma distância de 10 cm do fio tomada na perpendicular do ponto médio do fio.

   Solução:

   Para o cálculo do campo elétrico empregamos a fórmula desenvolvida de um fio finito, como segue:

$$E_y = \frac{\lambda}{2\pi\varepsilon_0} \frac{\ell}{y\sqrt{\ell^2 + 4y^2}}$$

   Como a densidade linear de carga elétrica é de $\lambda = 6$ μC/0,1 m $= 6 \times 10^{-7}$ C/m, substituindo as distâncias obtemos a resposta:

$$E_y = 9 \times 10^9 \frac{0{,}06}{0{,}1\sqrt{0{,}06^2 + 40{,}1^2}} = 2{,}59 \times 10^{10} \text{ N}/\text{C}$$

2) Determinar o campo elétrico a uma distância de 10 cm, na direção do eixo z, de um disco de 20 cm de diâmetro que apresenta um furo de 8 cm de diâmetro, carregado com 30×10^{-8} C de carga elétrica uniforme.

Figura 2.30

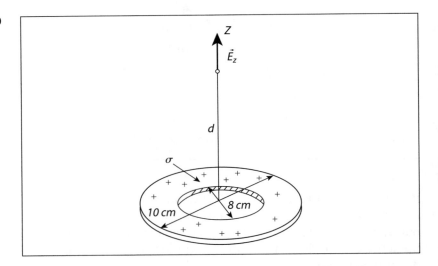

Solução:

O disco furado é um disco cheio de 20 cm sem o disco central de diâmetro igual a 8 cm. Portanto podemos calcular o campo elétrico resultante na direção z subtraindo o campo elétrico de um disco cheio menos o campo elétrico de um disco de 8 cm que foi extraído do primeiro disco. Então o campo elétrico E_1 do disco cheio pode ser obtido da expressão (2.7), que fica:

$$E_1 = \frac{30 \times 10^{-8}}{2(8{,}84 \times 10^{-12})}\left[1 - \frac{0{,}1}{\left(0{,}1^2 + 0{,}1^2\right)^{1/2}}\right] \therefore E_1 = 1{,}88 \times 10^5 \text{ N}/\text{C}$$

O campo elétrico E_2 do disco que foi extraído também pode ser calculado com a expressão (2.7), tal que:

$$E_2 = \frac{30 \times 10^{-8}}{2(8{,}84 \times 10^{-12})}\left[1 - \frac{0{,}1}{\left(0{,}1^2 + 0{,}04^2\right)^{1/2}}\right] \therefore E_2 = 0{,}46 \times 10^5 \text{ N}/\text{C}$$

Portanto, o campo elétrico resultante na direção do eixo z é a diferença dos campos E_1 e E_2.

$$E_z = E_1 - E_2 = 1,42 \times 10^5 \, \text{N}/\text{C}$$

3) Uma esfera dielétrica, de raio a, está carregada com uma densidade volumétrica de carga r uniforme, conforme a Figura 2.31. Use a Lei de Gauss para determinar
   a) o campo elétrico nos pontos dentro da esfera;
   b) o campo elétrico nos pontos fora da esfera.

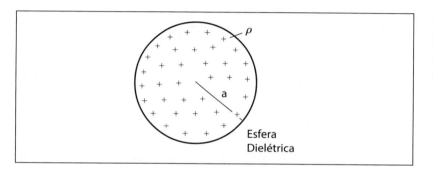

Figura 2.31
Esfera dielétrica de raio a eletrizada com densidade volumétrica de carga elétrica uniforme.

Solução:

a) Pela simetria da distribuição elétrica na esfera dielétrica vamos utilizar uma superfície gaussiana esférica, concêntrica com esta esfera, de raio menor do que a. A superfície gaussiana contém uma quantidade de carga elétrica em seu interior, menor do que a carga total, dada por $q = \rho \, (4/3 \, \pi \, r^3)$. Substituindo na lei de Gauss, fica

$$E_2 \left(4\pi r^2 \right) = \frac{\rho}{\varepsilon_0} \frac{4}{3} \pi r^3 \qquad \therefore E_1 = \frac{\rho}{3\varepsilon_0} r$$

b) O campo elétrico do lado externo à esfera dielétrica, de raio maior do que o raio da esfera dielétrica a, é descrita por uma superfície gaussina que contém toda a carga elétrica da esfera dielétrica igual a $q = \rho \, (4/3 \, \pi \, a^3)$,

$$E_2 \left(4\pi r^2 \right) = \frac{\rho}{\varepsilon_0} \frac{4}{3} \pi a^3 \qquad \therefore E_2 = \frac{\rho}{3\varepsilon_0} \frac{a^3}{r^2}$$

c) O gráfico do campo elétrico em todo o espaço tem o aspecto da Figura 2.32.

Figura 2.32
Gráfico do campo elétrico em todo o espaço.

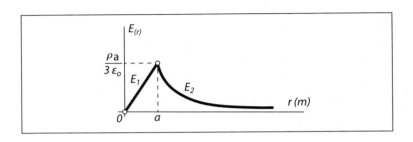

EXERCÍCIOS COM RESPOSTAS

1) Calcule o módulo de uma carga pontual tal que o campo elétrico, a uma distância de 50 cm, tenha módulo igual a 2,0 N/C.

   Resposta:

   $5,6 \times 10^{-11}$ C.

2) Duas cargas iguais e opostas, de módulo $2,0 \times 10^{-7}$ C, estão 15 cm distantes uma da outra. Determinar:

   a) o módulo do campo elétrico a meia distância entre as cargas;

   b) o módulo da força que agiria sobre um elétron ali localizado.

   Respostas:

   a) $6,4 \times 10^5$ N/C;

   b) $1,0 \times 10^{-13}$ N.

3) Duas cargas $+q$ e $-2q$ estão fixas e separadas por uma distância d, como na figura abaixo.

Figura 2.33

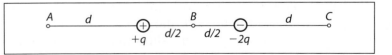

   a) Determine o módulo do campo elétrico nos pontos A, B e C.

   b) Esboce as linhas de força.

Respostas:

Em A → $E/2$ para a esquerda, em B → $12E$ para a direita, em C → $7E/4$ para a esquerda, sendo o valor de $E = \dfrac{1}{4\pi\varepsilon_0} \dfrac{q}{d^2}$.

4) Duas cargas, $q_1 = 2{,}1 \times 10^{-8}$ C e $q_2 = -4q_1$, estão fixas e distantes 50 cm uma da outra. Determine o ponto ao longo da linha reta que passa pelas duas cargas no qual o campo elétrico é zero.

Resposta:

50 cm à esquerda de q_1.

5) Determinar o vetor campo elétrico no centro do quadrado da figura abaixo, sabendo-se o valor de $q = 1{,}0 \times 10^{-8}$ C e o lado do quadrado $a = 5$ cm.

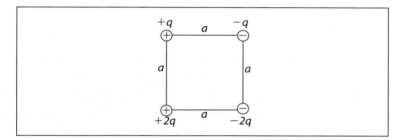

Figura 2.34

Resposta:

$3{,}02 \times 10^5$ N/C para direita.

6) Calcule o campo elétrico resultante no ponto $P(0,0,5\text{m})$ devido às cargas elétricas

$$q_1 = 0{,}35\ \mu\text{C} \quad \text{e} \quad q_2 = -0{,}55\ \mu\text{C},$$

localizadas nos pontos (0,4m,0) e (3m,0,0), respectivamente.

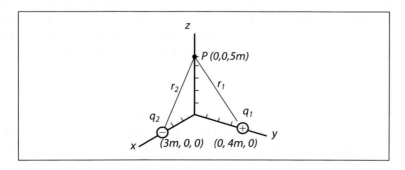

Figura 2.35

Resposta:

$$E = 74,94\hat{i} - 48,06\hat{j} - 64,82\hat{k} \quad \text{em} \quad \text{N}\!\big/\!\text{C}$$

7) Perto da superfície terrestre, em um campo elétrico uniforme, uma partícula com carga $-2,0 \times 10^{-9}$ C está submetida a uma força elétrica descendente de $3,0 \times 10^{-6}$ N.

a) Qual é o módulo do campo elétrico?

b) Quais são o módulo, a direção e o sentido da força elétrica exercida sobre um próton colocado nesse campo?

c) Qual é a força gravitacional que atua sobre o próton?

d) Qual é a razão entre a força elétrica e a força gravitacional?

Respostas:

a) $1,5 \times 10^3$ N/C ascendente;

b) $2,4 \times 10^{-16}$ N ascendente;

c) $1,6 \times 10^{-26}$ N;

d) $1,5 \times 10^{10}$.

8) Um elétron, que se move a uma velocidade de $5,0 \times 10^8$ cm/s, é projetado paralelamente a um campo elétrico, de intensidade igual a $1,0 \times 10^3$ N/C, que está disposto de forma a retardar seu movimento. Adote massa do elétron igual a $9,11 \times 10^{-31}$ kg e carga elementar igual a $1,6 \times 10^{-19}$ C. Determinar:

a) a distância que o elétron percorre até alcançar o repouso;

b) o tempo até o repouso.

Respostas:

a) 71 mm;

b) $2,8 \times 10^{-8}$ s.

9) Na experiência de Millikan, uma gota de raio igual a 1,64 µm e densidade de massa de 0,851 g/cm^3 está em equilíbrio quando aplicamos um campo elétrico de módulo igual a $1,92 \times 10^5$ N/C. Calcule a carga da gota em termos de e.

Resposta:

$8,03 \times 10^{-19}$ C $= 5e$.

10) Calcular o campo elétrico gerado por um fio infinito, carregado com densidade de carga $\lambda = 1,27 \times 10^{-7}$ C/m, à

distância perpendicular $d = 5$ cm. Comparar esse resultado com um campo elétrico de um fio finito de $l = 4$ m à mesma distância $d = 5$ cm e de mesma densidade linear $\lambda = 1{,}27 \times 10^{-7}$ C/m.

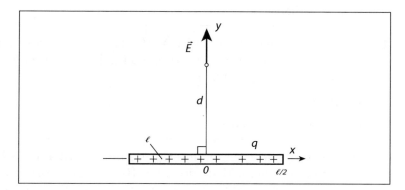

Figura 2.36

11) Calcular o campo elétrico gerado por um anel condutor de raio $R = 5$ cm, carregado com carga $q = 4{,}0 \times 10^{-8}$ C, numa distância perpendicular $d = 5$ cm, a partir do seu centro.

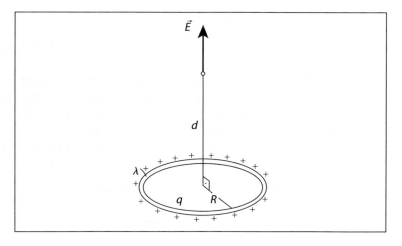

Figura 2.37

Resposta:

$E = 5{,}08 \times 10^4$ N/C.

12) Calcular o campo elétrico resultante a uma altura de 8 cm no eixo z de um disco de 16 cm e que apresenta um furo de 8 cm concêntrico. O disco está eletrizado uniformemente com carga elétrica de 8×10^{-8} C.

Resposta:

$5,63 \times 10^4$ N/C.

13) Um elétron é acelerado de $1,8 \times 10^9$ m/s^2, na direção leste, por um campo elétrico. Determine o módulo, a direção e o sentido do campo elétrico.

Resposta:

0,0102 N/C para oeste.

14) Um feixe de elétrons, no interior de uma válvula, é projetado com uma velocidade de $1,0 \times 10^9$ cm/s, na horizontal, numa região entre duas placas horizontais de 2,0 cm^2, distantes entre si de 2 cm. A voltagem entre as placas é de 120 volts. Determine:

a) o tempo necessário para os elétrons passarem entre as placas;

b) o deslocamento vertical do feixe entre as placas;

c) a velocidade do feixe, assim que sai da região entre as placas.

Respostas:

a) $1,4 \times 10^{-9}$ s;   b) 1 mm;   c) $1,02 \times 10^9$ cm/s.

15) Uma placa grande não condutora possui uma densidade de carga σ uniforme. Um pequeno furo circular de raio R está situado bem no meio da placa, como mostrado na figura a seguir. Despreze a distorção das linhas de força ao redor das bordas e calcule o campo elétrico no ponto P, a uma distância z do centro do furo, ao longo de seu eixo.

Sugestão: Use o princípio da superposição.

Figura 2.38

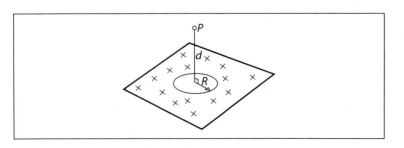

Resposta:

$$E = \frac{\sigma}{2\varepsilon_0} \frac{d}{\sqrt{d^2 + R^2}}$$

16) A figura a seguir mostra uma carga +q, uniformemente distribuída sobre uma esfera não condutora de raio a e localizada no centro de uma casca esférica, condutora, de raio interno b e raio externo c. A casca externa possui uma carga $-q$. Determine:

   a) o campo elétrico no interior da esfera, $r < a$;
   b) o campo elétrico entre a esfera e a casca, $a < r < b$;
   c) o campo elétrico dentro da casca, $b < r < c$;
   d) o campo elétrico fora da casca, $r > c$;
   e) as cargas que surgem sobre as superfícies interna e externa da casca.

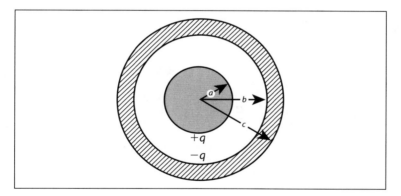

Figura 2.39

Respostas:

a) $E = \dfrac{q}{4\pi\varepsilon_0} \dfrac{r}{a^3}$;

b) $E = \dfrac{q}{4\pi\varepsilon_0} \dfrac{1}{r^2}$;

c) 0;

d) 0;

e) $-q$ interna à casca e carga nula na superfície externa.

17) A figura mostra uma casca esférica com densidade de carga ρ uniforme. Determinar o campo elétrico:

a) na região de raio menor do que a, $0 < r < a$;
b) na casca dielétrica, $a < r < b$;
c) fora da casca dielétrica, $r > b$.
d) Faça um gráfico de todo o espaço.

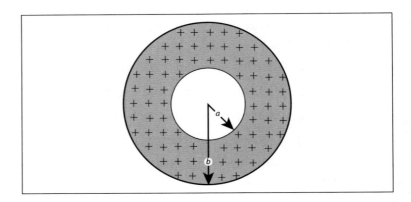

Respostas:

a) $E_1 = 0$;

b) $E_2 = \dfrac{\rho}{3\varepsilon_0} \dfrac{r^3 - a^3}{r^2} \quad a < r < b$;

c) $E_3 = \dfrac{\rho}{3\varepsilon_0} \dfrac{b^3 - a^3}{r^2} \quad r > b$;

d)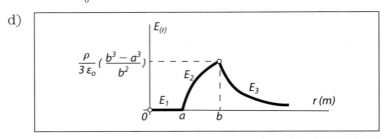

18) Uma esfera maciça, não condutora, de raio a, possui uma distribuição de carga não uniforme, com densidade de cargas

$$\rho = \dfrac{\rho_0}{a} r,$$

onde ρ_0 é uma constante e r é a distância ao centro da esfera.

Determinar:

a) a carga total da esfera;

b) o campo elétrico no interior da esfera, $r < a$;

c) o campo elétrico fora da esfera, $r > a$.

Respostas:

a) $q = \pi \rho_0 a^3$;

c) $E = \dfrac{\rho_0 a^3}{4\varepsilon_0} \dfrac{1}{r^2}$.

b) $E = \dfrac{\rho_0}{4a\varepsilon_0} r^2$;

---

19) Uma linha infinita de carga produz um campo de $4{,}5 \times 10^4$ N/C a uma distância de 2,0 m. Calcule a densidade linear de carga.

Resposta:

$5{,}0 \times 10^{-6}$ C/m.

---

20) O tambor condutor da máquina de fotocópia de uma copiadora tem 42 cm de comprimento e diâmetro de 12 cm. Calcule a carga total sobre o tambor se o campo elétrico imediatamente próximo da sua superfície tem módulo igual a $2{,}3 \times 10^5$ N/C.

Resposta:

$3{,}2 \times 10^{-7}$ C.

---

21) Um cilindro dielétrico, de raio a, muito longo está carregado com densidade de carga ρ, uniformemente distribuída no seu volume. Use a lei de Gauss para determinar o campo elétrico:

a) nos pontos dentro do dielétrico;

b) nos pontos fora do dielétrico.

c) Construa o gráfico do campo elétrico em todo o espaço.

Respostas:

a) $E_1 = \dfrac{\rho}{2\varepsilon_0} r$;

b) $E_2 = \dfrac{\rho}{2\varepsilon_0} \dfrac{a^2}{r}$;

c)
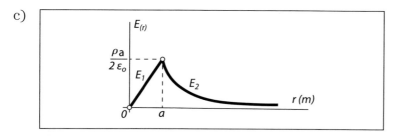

22) Um cilindro condutor muito longo, de raio a, eletrizado com uma densidade de carga elétrica de $+\lambda$, é envolvido por uma casca cilíndrica condutora, de raio interno b e raio externo c, carregado com densidade linear de carga elétrica negativa -2λ, conforme a figura. Use a lei de Gauss e determine o campo elétrico:

a) no interior do condutor cilíndrico $r < a$;

b) no espaço $a < r < b$;

c) dentro da casca condutora $b < r < c$;

d) fora da casca condutora $r > c$.

e) Determine a distribuição da quantidade de carga elétrica negativa -2λ.

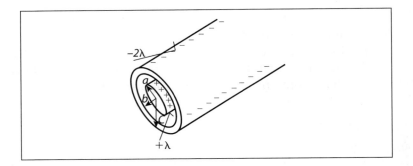

Respostas:

a) $E_1 = 0$

b) $E_2 = \dfrac{\lambda}{2\pi\varepsilon_0} \dfrac{1}{r}$;

c) $E_3 = 0$;

d) $E_4 = -\dfrac{\lambda}{2\pi\varepsilon_0} \dfrac{1}{r}$;

e) metade da densidade linear $-\lambda$ concentra-se no raio interno $r = b$ e a outra metade $-\lambda$ no raio externo $r = c$.

A distribuição de campo elétrico em todo o raio fica conforme o gráfico a seguir.

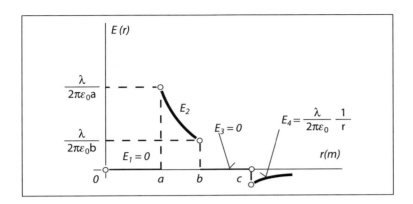

23) Uma placa metálica de 8,0 cm de lado possui uma carga total de $6,0 \times 10^{-6}$ C.

   a) Usando a aproximação de uma placa infinita, calcule o campo elétrico 0,50 mm acima da superfície da placa e próximo do centro.

   b) Estime o valor do campo a uma distância de 30 m.

Respostas:

a) $5,3 \times 10^7$ N/C;

b) 59,9 N/C.

POTENCIAL ELÉTRICO

Valdemar Bellintani Jr.

3.1 VOLTAGEM

Imaginemos um corpo eletrizado, assim como o mostrado na Figura 3.1. Nas proximidades desse corpo, tomemos dois pontos A e B.

Ao abandonarmos uma carga positiva q (carga de prova) no ponto A, ela se deslocará para o ponto B, sob a ação da força elétrica $\vec{F}$ atuante nela. Nesse deslocamento, essa força realiza um trabalho τ_{AB}, isto é, cede energia à carga q. Existe uma grandeza física chamada diferença de potencial elétrico, ou voltagem, $V_A - V_B$, entre os pontos A e B, definida pela equação:

$$V_A - V_B = \frac{\tau_{AB}}{q} \qquad (3.1)$$

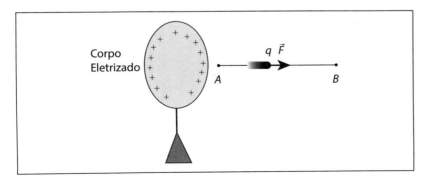

Figura 3.1
O potencial elétrico entre os pontos A e B envolve o trabalho realizado pela força $\vec{F}$ e a carga de prova q.

No Sistema Internacional de unidades, a unidade de medida para a diferença de potencial elétrico é o volt (V) e, pela equação (3.1), temos:

$$1V = \frac{1J}{1C} \tag{3.2}$$

Exemplo I

Uma carga de $2,8 \times 10^{-6}$ C sofre um deslocamento entre os pontos A e B da Figura 3.1. Nesse deslocamento, a força elétrica envolvida realiza um trabalho igual a $2,1 \times 10^{-3}$ J. Calcule a diferença de potencial entre os pontos A e B, isto é, $V_A - V_B$.

Solução:

Vimos que a diferença de potencial é obtida pela razão entre o trabalho realizado pela força e a carga que se desloca. Portanto, neste caso, temos:

$$V_A - V_B = \frac{\tau_{AB}}{q} \therefore V_A - V_B = \frac{2,1 \times 10^{-3}}{2,8 \times 10^{-6}} \frac{J}{C}, \text{ e, então:}$$

$$V_A - V_B = 7,5 \times 10^2 \, V$$

3.2 DIFERENÇA DE POTENCIAL EM UM CAMPO ELÉTRICO CONSTANTE

Suponhamos duas placas A e B igualmente eletrizadas e separadas pela distância d, conforme a Figura 3.2. Na placa A, escolhemos um ponto qualquer ao longo de sua superfície interna. Fazemos o mesmo para um ponto B localizado na placa B.

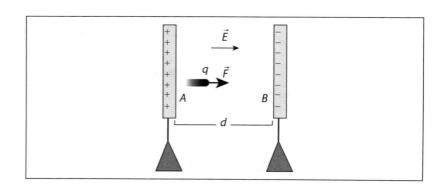

Figura 3.2
Entre duas placas paralelas o potencial elétrico é proporcional à separação d e ao campo elétrico $\vec{E}$.

Desejamos calcular o potencial elétrico entre as placas e, para isso, abandonamos uma carga positiva q bem próximo à placa A. O trabalho τ_{AB} ao longo do deslocamento a ela imposto pelo campo elétrico $\vec{E}$, constante entre as placas, é:

$$\tau_{AB} = qE \cdot d \qquad (3.3)$$

O potencial elétrico pode então ser obtido tomando-se a razão entre o trabalho e a carga q, ou seja:

$$V_A - V_B = \frac{\tau_{AB}}{q} \Rightarrow V_A - V_B = E \cdot d \qquad (3.4)$$

Portanto, para um campo elétrico uniforme, a expressão acima permite calcular a diferença de potencial entre os pontos A e B.

Esse resultado permite ainda calcular o campo elétrico entre as duas placas a partir da medida da diferença de potencial V_{AB}, facilmente obtida com o auxílio de um voltímetro.

Exemplo II

Um voltímetro foi usado para medir a diferença de potencial elétrico entre duas placas, como as da Figura 3.2, encontrando-se o valor de 540 V. Uma medida experimental da distância entre elas resultou em 0,6 mm.

Tomando esses dados como referência, obtenha o campo elétrico $\vec{E}$ entre as placas.

Solução:

Neste problema, temos $V_{AB} = 540$ V e $d = 0,6$ mm. Para o campo elétrico, temos então:

$$E = \frac{V_{AB}}{d} = \frac{540V}{6,0 \times 10^{-4}\,\text{m}} \therefore E = 9,0 \times 10^5\,\frac{\text{V}}{\text{m}},$$

ou ainda, $E = 9,0 \times 10^5\,\dfrac{\text{N}}{\text{C}}$

Imagine que a carga q mostrada na Figura 3.2 seja igual a $3,0 \times 10^{-8}$ C. Qual é o valor da força elétrica $\vec{F}$ que atua sobre ela?

Solução:

A força F pode ser obtida a partir do campo elétrico, da seguinte forma:

$$F = qE = (3{,}0 \times 10^{-8}\,\text{C}) \times \left(9{,}0 \times 10^{5}\,\frac{N}{C}\right) \therefore F = 2{,}7 \times 10^{-2}\,\text{N}$$

Nesse deslocamento, a força elétrica realiza um trabalho τ_{AB} sobre a carga. Calcule esse trabalho.

Solução:

O trabalho τ_{AB} é calculado a partir da separação entre as placas de acordo com a expressão:

$$\tau_{AB} = Fd = (2{,}7 \times 10^{-2}\,\text{N}) \times (0{,}6 \times 10^{-3}\,\text{m}) \therefore \tau_{AB} = 1{,}62 \times 10^{-5}\,\text{J}$$

O mesmo resultado seria obtido pelo produto da carga pela diferença de potencial elétrico entre as placas.

3.3 VALOR DO POTENCIAL EM UM PONTO

Introduzido o método para calcular as diferenças de potencial, podemos ir além e atribuir um determinado potencial a cada ponto do espaço. Um ponto qualquer A terá então seu próprio potencial, denominado V_A.

Para isso, escolhemos arbitrariamente qualquer ponto B e atribuímos a ele o potencial nulo, isto é, $V_B = 0$. Esse ponto de referência é chamado de *nível de potencial*. Em seguida, calculamos a diferença $V_A - V_B$ como anteriormente, pelo trabalho executado pela força elétrica sobre uma carga de prova positiva q. Assim, temos:

$$V_A = V_A - 0 = V_A - V_B = \frac{\tau_{AB}}{q} \Rightarrow V_A = \frac{\tau_{AB}}{q} \qquad (3.5)$$

Qualquer outro ponto terá seu próprio potencial, uma vez que o nível de potencial foi previamente informado.

3.4 VALOR DO POTENCIAL NO CAMPO DE UMA CARGA PUNTIFORME

A expressão $V_{AB} = \tau_{AB}/q$ nos permite obter a diferença de potencial elétrico em qualquer situação, inclusive no campo elétrico criado por uma carga puntiforme Q. Porém, ao contrário do campo elétrico entre duas placas paralelas, constatamos que a força sobre a carga de prova q não permanece constante ao longo do deslocamento entre os pontos arbitrários A e B (Figura 3.3).

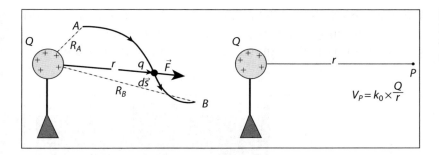

Figura 3.3
Diagrama para o cálculo do potencial devido a uma carga puntiforme Q.

O cálculo do trabalho é feito tomando-se o limite da soma do produto de um pequeno deslocamento $d\vec{s}$ da carga de prova pelo valor da força $\vec{F}$ naquele ponto. Quando o deslocamento fica muito pequeno, a quantidade de parcelas desta soma cresce. Esse limite é chamado integral, e temos:

$$\tau_{AB} = \int_A^B \vec{F} \cdot d\vec{s} \qquad (3.6)$$

Sendo a força elétrica $F = k_0 \cdot Qq/r^2$ e a diferença de potencial $V_A - V_B = \tau_{AB}/q$, segue que:

$$V_A - V_B = k_0 \cdot \frac{Q}{R_A} - k_0 \cdot \frac{Q}{R_B}$$

Na expressão acima vemos que, se o ponto B for tomado no infinito, temos $V_B = 0$. Observa-se ainda que esse limite é independente do caminho escolhido entre A e B, mostrando que a força elétrica é conservativa. Portanto, o potencial no ponto A será:

$$V_A = k_0 \cdot \frac{Q}{R_A}$$

Na Figura 3.4 a) é mostrada a dependência do potencial elétrico V em pontos do espaço, distando r da carga puntiforme, com relação à distância entre o ponto e a carga. Na Figura 3.4 b) vemos uma representação em perspectiva da mesma função. A carga está localizada na origem do sistema de coordenadas e os anéis sobre a curva representam regiões de mesmo potencial. A constante k_0 é ajustada conforme o sistema de unidades utilizado.

Quando dispomos de uma série de cargas puntiformes, tais como q_1, q_2 e q_3 na Figura 3.5, podemos ainda calcular o potencial em qualquer ponto, tal como o ponto P. Para tanto, basta adicionarmos algebricamente o potencial em P devido a cada carga separadamente. Esta é uma consequência importante do princípio da superposição, já analisado anteriormente. A adição algébrica é possível porque o potencial é uma grandeza escalar.

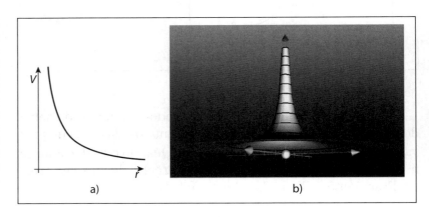

Figura 3.4: (a) Comportamento do potencial de uma carga puntiforme, em função da distância *r*. Esta dependência é proporcional ao inverso da distância à carga. (b) Gráfico deste comportamento no espaço tridimensional. Os anéis circulares indicam regiões de potencial constante (linhas equipotenciais).

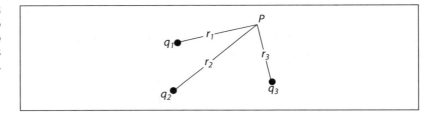

Figura 3.5 Arranjo para o cálculo do potencial no ponto P devido a três cargas puntiformes.

Exemplo III

Para o arranjo visto na Figura 3.3, suponha que a distância R_A do ponto A até a carga Q seja de 0,30 m e a distância R_B do ponto B até Q seja igual a 0,50 m. Sabendo-se que a carga Q mede +4,5 nC, calcule a diferença de potencial entre os pontos A e B.

Solução:

Tomando a expressão para o potencial de uma carga puntiforme, podemos calcular os potenciais nos pontos A e B:

$$V_A = k_0 \frac{Q}{R_A} = \left(9 \times 10^9 \frac{\text{NC}^2}{\text{m}^2}\right) \frac{4,5 \times 10^{-9}}{3 \times 10^{-1}} \frac{\text{C}}{\text{m}} \therefore V_A = +1,35\text{V}$$

$$V_B = k_0 \frac{Q}{R_B} = \left(9 \times 10^9 \frac{\text{NC}^2}{\text{m}^2}\right) \frac{4,5 \times 10^{-9}}{3 \times 10^{-1}} \frac{\text{C}}{\text{m}} \therefore V_B = +0,81\text{V}$$

Portanto, a diferença de potencial entre os pontos A e B será:

$$V_A - V_B = 1,35\text{V} - 0,81V \therefore V_A - V_B = +0,54\text{V}$$

3.5 POTENCIAL DE UMA ESFERA ELETRIZADA

O campo elétrico gerado em pontos externos a uma esfera eletrizada com carga Q é o mesmo gerado por uma carga puntiforme de mesmo valor, localizada no centro da esfera. Esse resultado foi verificado anteriormente, quando estudamos a lei de Gauss.

Dessa forma, para calcularmos o potencial em pontos externos a ela, podemos proceder como anteriormente, e utilizar a expressão para o potencial gerado por uma carga puntiforme ($k_0 \cdot Q/r$). Portanto, conforme mostrado na Figura 3.6, o potencial gerado no ponto P devido a uma esfera uniformemente eletrizada com carga Q é dado por:

$$V = k_0 \cdot \frac{Q}{r}$$

onde r é a distância do ponto P ao centro da esfera.

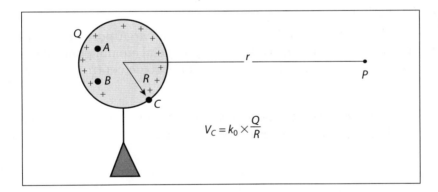

Figura 3.6
Esquema para o cálculo do potencial devido a uma esfera eletrizada.

Em um ponto muito próximo da superfície esférica, tal qual o ponto C, temos $r = R$. Logo, em pontos localizados sobre a esfera, o potencial será dado por:

$$V_C = k_0 \times \frac{Q}{R}$$

Observemos agora o comportamento do potencial elétrico para pontos internos à superfície, tais como A e B na Figura 3.6. Já sabemos que o campo elétrico é nulo na região interna a uma esfera uniformemente eletrizada. Como o potencial entre os pontos A e B é dado pela conhecida expressão $V_A - V_B = \tau_{AB}/q$, basta calcularmos o trabalho realizado pela força entre os dois pontos e dividir pelo valor da carga de prova q. Ocorre que esse trabalho é nulo, em virtude da ausência do campo elétrico.

Concluímos então que $V_A - V_B = 0$ e, portanto, o potencial não varia entre dois pontos arbitrários internos à esfera.

Se, alternativamente, procurássemos calcular a diferença de potencial entre os pontos A e C, poderíamos utilizar o fato de conhecermos o potencial em C, ou seja:

$$V_C = k_0 \times \frac{Q}{R} \, .$$

Como a diferença $V_A - V_C$ deve ser nula, pois o ponto A é interno, concluímos que o potencial no ponto A vale

$$V_A = k_0 \times \frac{Q}{R}$$

Este será também o valor do potencial no ponto B, em virtude da ausência do campo elétrico, conforme discutido acima.

Exemplo IV

Uma esfera metálica carregada com carga positiva q possui um raio igual a R. Obtenha o potencial em um ponto P externo à superfície, distante de um diâmetro do centro da esfera.

Solução:

Conhecemos a expressão para o potencial devido a uma esfera homogeneamente carregada, ou seja:

$$V = k_0 \frac{q}{r}$$

Tomemos como sendo $2R$ a distância do ponto P ao centro da esfera. Assim, teremos para o potencial nesse ponto:

$$V(P) = k_0 \frac{q}{2R}$$

Cabe lembrar que a expressão para o potencial acima se refere a pontos externos à superfície considerada, sendo constante o potencial interno à esfera.

3.6 SUPERFÍCIES EQUIPOTENCIAIS

Podemos imaginar uma carga Q e um ponto P, situado a uma distância r dessa carga, conforme mostrado na Figura 3.7. Já vimos que o potencial elétrico em P é dado por:

$$V = k_0 \times \frac{Q}{r}$$

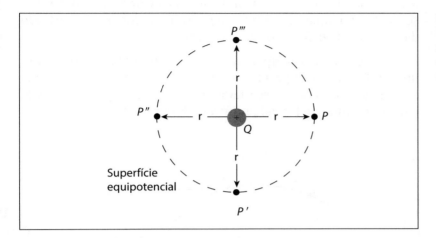

Figura 3.7
Diagrama mostrando uma superfície equipotencial ao redor de uma carga puntiforme positiva Q.

Observamos que os pontos P', P'' e P''' também estão distantes da carga Q do mesmo valor r atribuído ao ponto P. Concluímos, então, que os potenciais nesses pontos são todos iguais ao potencial em P.

Os pontos de mesmo potencial estão, portanto, situados em uma superfície esférica com centro na carga Q. Essas superfícies nas quais o valor do potencial não muda são chamadas **superfícies equipotenciais**. Outras superfícies esféricas com centro em Q mas a distâncias diferentes serão também superfícies equipotenciais, como mostra a Figura 3.8.

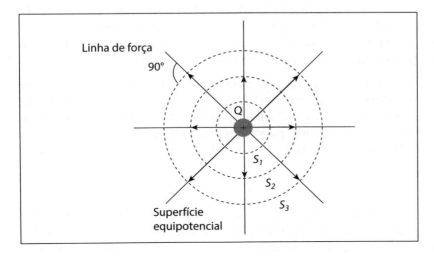

Figura 3.8
Esquema das linhas de força e das superfícies equipotenciais devidas a uma carga positiva puntiforme Q.

Assim, as superfícies S₁, S₂ e S₃ são equipotenciais, cada uma caracterizada por um valor do potencial elétrico diferente das outras. São mostradas ainda algumas **linhas de força**, desenhadas ao longo do raio (direção radial), com setas partindo da carga central Q e apontando "para fora".

Podemos afirmar que, dado um ponto qualquer sobre a linha de força, o campo elétrico ali terá a direção da reta que tangencia a linha de força naquele ponto. Isso pode ser visto para uma linha de força genérica na Figura 3.9.

Figura 3.9
O campo elétrico $\vec{E}$ tem a direção da reta tangente à linha de força no ponto P.

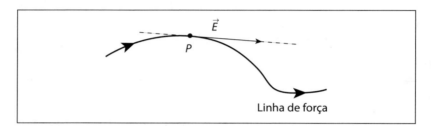

As setas indicam o sentido do vetor campo sobre a reta tangente já determinada. Retornando à carga puntiforme positiva da Figura 3.8, as linhas de força mostram que o campo elétrico E em um dado ponto aponta "para fora" na direção radial. Obviamente, para uma carga negativa, teríamos a mesma configuração radial para o campo, exceto que este apontaria "para dentro", com a linha chegando na carga central $-Q$.

É importante perceber que as linhas de força serão sempre perpendiculares às linhas equipotenciais. Podemos explicar isso afirmando que deve ser nulo o trabalho realizado pela força elétrica para um deslocamento da carga de prova em um caminho escolhido sobre uma superfície equipotencial. Essa condição só é satisfeita caso a força (e, portanto, o campo) seja perpendicular ao deslocamento da carga de prova.

Como seriam as superfícies equipotenciais para um campo elétrico uniforme? Para responder a essa questão, observemos o ponto P localizado a uma distância d de uma das placas paralelas mostradas na Figura 3.10. Sabemos que a diferença de potencial entre a placa A e o ponto P é dada por:

$$V_A - V_P = Ed$$

Notamos então que a diferença de potencial no ponto P depende somente da distância de P à placa A, pois o campo elétrico é constante nesse arranjo geométrico das placas. Portanto, os pontos denotados por P, P' e P" compartilharão o mesmo valor de potencial. O lugar geométrico desses pontos é uma superfície, tal como S_1 na Figura 3.10, plana e paralela à placa A. Essa superfície é então uma superfície equipotencial. Observe que as superfícies planas S_2 e S_3 são também superfícies equipotenciais, embora com diferentes valores para o potencial.

São mostradas ainda algumas linhas de força, todas elas perpendiculares às superfícies equipotenciais, conforme discutimos anteriormente.

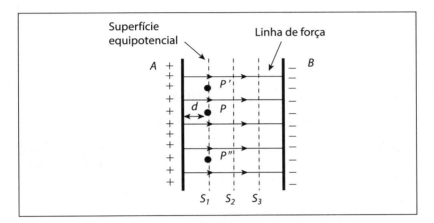

Figura 3.10
As superfícies equipotenciais são perpendiculares às linhas de força do campo elétrico.

Voltemos agora nossa atenção aos materiais condutores. Vimos que, em pontos próximos à superfície de um condutor em equilíbrio eletrostático, a direção do campo elétrico é perpendicular a essa superfície. Suponha uma carga de prova q sendo transportada sobre essa superfície, do ponto A ao ponto B, conforme mostrado na Figura 3.11.

Ao longo desse caminho, a carga de prova estará sujeita a uma força sempre perpendicular ao seu deslocamento, sendo portanto nulo o trabalho τ_{AB} realizado por essa força. Temos, então,

$$V_A - V_B = \frac{\tau_{AB}}{q} \Rightarrow V_A - V_B = 0, \text{ ou seja: } V_A = V_B$$

Concluímos assim que todos os pontos da superfície de um condutor em equilíbrio estão no mesmo potencial e, portanto, essa superfície é uma superfície equipotencial.

Como o campo elétrico é sempre nulo no interior desse condutor, pontos tais como C e D também estarão no mesmo potencial. Verifica-se facilmente que $V_A = V_C$ e, então, concluímos que todos os pontos de um condutor com qualquer formato encontram-se também no mesmo potencial elétrico. Esse resultado foi obtido anteriormente para uma esfera carregada. Vemos agora que ele é válido para condutores de formato arbitrário.

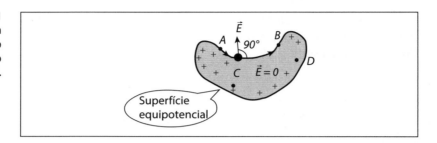

Figura 3.11
Todos os pontos de um condutor em equilíbrio eletrostático têm o mesmo potencial.

3.7 DISTRIBUIÇÃO DE CARGAS ENTRE DOIS CONDUTORES

Imaginemos dois objetos metálicos 1 e 2, carregados com cargas Q_1 e Q_2. Atribuímos o potencial V_1 ao primeiro objeto e V_2 ao segundo. Portanto, todos os pontos do primeiro objeto terão potencial V_1, e os pontos do objeto 2, potencial V_2.

Ao colocarmos esses condutores em contato elétrico, conforme mostrado na Figura 3.12, o que ocorrerá com os potenciais e as cargas nos dois objetos?

Lembremos que as cargas elétricas tendem a se mover de um ponto a outro quando existe uma diferença de potencial entre eles, portanto, isso ocorre caso $V_1 \neq V_2$. Nessa situação, os elétrons livres ali presentes vão se deslocar da região de menor potencial para a região de maior potencial, conforme já aprendemos.

Nesse processo, haverá uma mudança nos valores das cargas Q_1 e Q_2 e dos potenciais elétricos V_1 e V_2 em ambos os objetos. O fluxo de cargas cessa quando os potenciais V_1 e V_2 se igualarem, isto é, $V_1 = V_2$. Nesse instante, atinge-se o equilíbrio eletrostático entre os dois condutores.

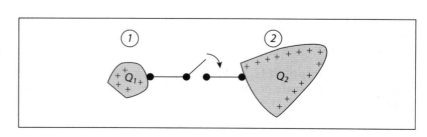

Figura 3.12
O contato elétrico entre dois condutores produz um fluxo de cargas até que se igualem os potenciais elétricos.

Exemplo V

Suponha duas esferas condutoras 1 e 2, a esfera 1 de raio R_1 eletrizada positivamente e a esfera 2 (raio R_2), inicialmente descarregada. Faz-se, então, contato elétrico entre as duas esferas. O arranjo é mostrado na Figura 3.13.

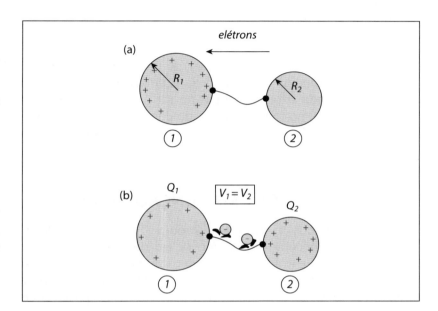

Figura 3.13
Diagrama para o Exemplo V.

a) Como se dá o fluxo de cargas de uma esfera para a outra?

Solução:

A carga positiva presente na esfera 1 lhe confere um potencial V_1 maior que o potencial V_2, pois a segunda esfera está descarregada ($V_2 = 0$). Uma vez feito o contato entre elas, os elétrons livres da esfera 2 serão atraídos pelo potencial maior, presente na esfera 1 (Figura 3.13a). A esfera 2 ficará carregada positivamente (perdeu carga negativa), ao passo que a esfera 1 terá sua carga positiva reduzida (embora ainda positiva). O fluxo eletrônico permanece até que V_1 se iguale a V_2, conforme mostrado na Figura 3.13b).

b) Qual será a relação entre as cargas Q_1 e Q_2 após atingido o estado de equilíbrio eletrostático?

Solução:

Quando o equilíbrio é estabelecido, os potenciais V_1 e V_2 serão iguais. Sabemos que o potencial da esfera é dado por $k_0 \cdot Q/R$. Portanto:

$$k_0 \frac{Q_1}{R_1} = k_0 \frac{Q_2}{R_2}, \text{ ou seja: } \frac{Q_1}{R_1} = \frac{Q_2}{R_2}$$

Vemos que, no equilíbrio, a carga em cada esfera será proporcional ao seu raio. A esfera maior armazenará mais carga.

c) Ao ligarmos uma das esferas à Terra, verificamos que ela se descarrega. Por quê?

Solução:

Suponhamos que a esfera 2 seja a Terra. Nesse caso, seu raio será muito maior que o raio da primeira esfera. Como a carga armazenada é proporcional ao raio, praticamente toda a carga presente no sistema antes do contato se escoará para a Terra. A esfera 1 pode então ser considerada como estando descarregada.

3.8 GRADIENTE DE UMA FUNÇÃO ESCALAR

Já aprendemos a obter a diferença de potencial elétrico quando conhecemos o campo E em determinada região. Veremos agora que é possível fazer o caminho inverso, ou seja, dada a função potencial, é possível calcular o campo elétrico. Olhando para a equação (3.6), notamos que o campo elétrico deve ser algum tipo de derivada da função potencial. Vamos explorar essa ideia introduzindo o conceito de gradiente de uma função escalar. Imaginemos uma função $f(x,y,z)$, contínua e diferenciável, das coordenadas. Construiremos em cada ponto do espaço um vetor cuja projeção ao longo do eixo x seja igual à taxa local da variação de f nessa direção. Em outras palavras, tomamos a derivada parcial df/dx para a componente de nosso vetor na direção x. Repetimos esse procedimento para as coordenadas y e z, e o vetor fica completamente determinado. Vamos dar a ele o nome de *gradiente de f*, e notaremos grad$f$ ou $\vec{\nabla}f$.

$$\vec{\nabla}f = \hat{x}\left(\frac{\partial f}{\partial x}\right) + \hat{y}\left(\frac{\partial f}{\partial y}\right) + \hat{z}\left(\frac{\partial f}{\partial z}\right) \qquad (3.7)$$

Portanto, o vetor $\vec{\nabla}f$ nos informa como varia a função f nas proximidades de um ponto. Sua componente x indica a taxa de variação de f num deslocamento ao longo dessa direção. A direção do vetor **grad** f, em qualquer ponto, é a direção na qual devemos nos deslocar a partir desse ponto para encontrarmos o crescimento mais rápido da função f. Imagine que estamos lidando com uma função de duas variáveis, x e y, de modo que ela possa ser descrita por uma superfície no espaço tridimensional. Quando colocamo-nos de pé em algum ponto dessa superfície, observamos que ela se eleva em determinada direção e decresce na direção oposta. Existe uma direção na qual, dando um pequeno passo, nos elevaremos mais do que dando um passo da mesma magnitude em qualquer outra direção. O *gradiente* da função será então um vetor ao longo dessa direção de máxima inclinação ascendente, e sua intensidade será o valor da inclinação medida ao longo dessa direção.

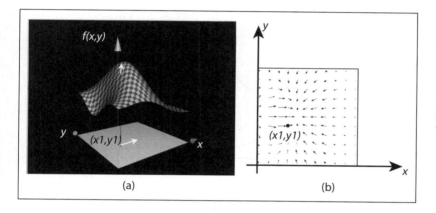

Figura 3.14
(a) Superfície representando a função escalar f(x,y). O vetor no ponto (x1,y1) indica o sentido da maior inclinação da f(x,y). (b) Setas representando a função vetorial *grad f(x,y)*.

A Figura 3.14 nos ajudará a compreender nosso problema. Suponha que uma determinada função de duas variáveis $f(x,y)$ seja representada pela superfície mostrada na Figura 3.14a. Na posição (x_1,y_1), a superfície cresce mais acentuadamente numa direção que faz um ângulo aproximadamente igual a 10° com o semieixo x positivo. O gradiente de $f(x,y)$ é uma função vetorial das variáveis x e y. A característica de $\vec{\nabla} f$ é mostrada na Figura 3.14b por vários vetores em alguns pontos do espaço bidimensional, incluindo o ponto (x_1,y_1). A função vetorial $\vec{\nabla} f$ definida na equação (3.7) é uma extensão desse procedimento para o espaço em três dimensões. Lembramos que a Figura 3.14a não mostra o espaço tridimensional real xyz, pois aí a terceira coordenada representa somente o valor de $f(x,y)$.

Para ilustrar como seria o gradiente de uma função no espaço tridimensional, suponhamos que f seja função apenas de r, sendo r a distância a um ponto fixo O. Sobre uma superfície esférica de raio r_0 centrada em O, $f = f(r_0)$ será constante. Sobre uma superfície esférica ligeiramente maior de raio $r_0 + d_r$, f também será constante, de valor $f(r_0 + d_r)$. Se desejarmos passar de $f(r_0)$ a $f(r_0 + d_r)$, o caminho mais curto que podemos escolher é o radial (de A para B) ao invés de A para C, conforme ilustrado na Figura 3.15. A taxa de crescimento de f é então máxima ao longo do raio e, portanto, $\vec{\nabla} f$ em qualquer ponto é um vetor apontando na direção radial. Com efeito, sabe-se que $\vec{\nabla} f = \hat{r} \partial f / \partial r$ nesse caso, $\hat{r}$ significando, em qualquer ponto P, um versor na direção radial.

Figura 3.15
O menor deslocamento para uma dada variação em f é o passo radial AB, se f for uma função só de r.

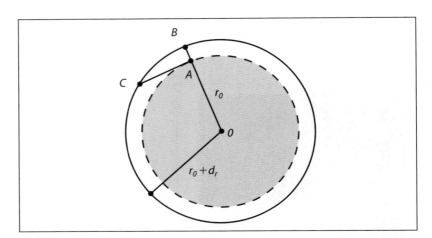

3.9 DEDUÇÃO DO CAMPO A PARTIR DO POTENCIAL

Ficou então mais fácil perceber que a relação entre uma função escalar f e a função vetorial $\vec{\nabla} f$ é a mesma que a relação entre o potencial V e o campo $\vec{E}$, a menos do sinal negativo. Vamos pensar no valor de V em dois pontos muito próximos $V(x,y,z)$ e $V(x+dx, y+dy, z+dz)$. A variação de V, quando se vai do primeiro para o segundo ponto, é:

$$dV = dx \frac{\partial f}{\partial x} + dy \frac{\partial f}{\partial y} + dz \frac{\partial f}{\partial z} \qquad (3.8)$$

Contudo, observando a definição de V, essa variação pode ser escrita como:

$$dV = -\vec{E} \cdot d\vec{s} \qquad (3.9)$$

O vetor deslocamento infinitesimal $d\vec{s}$ é exatamente $\hat{x} dx + \hat{y} dy + \hat{z} dz$. Portanto, se identificarmos $\vec{E}$ com $-\vec{\nabla} V$, as equações (3.8) e (3.9) tornam-se idênticas. Logo, o campo elétrico é o contrário do gradiente do potencial:

$$\vec{E} = -\vec{\nabla} V \qquad (3.10)$$

O sinal negativo na equação 3.10 mostra que o campo elétrico aponta no sentido decrescente de V, enquanto o vetor $\vec{\nabla}V$ é definido de tal forma a indicar a direção de V crescente.

3.10 POTENCIAL DE UMA DISTRIBUIÇÃO DE CARGAS

Aprendemos a calcular o potencial produzido por uma carga pontual isolada a partir do trabalho necessário para trazer uma carga às vizinhanças de outra. O potencial devido a uma tal carga pontual é, em qualquer ponto, igual a $k_0 \cdot q/r$, sendo r a distância do ponto considerado até a fonte q. Assume-se ainda que, em pontos muito distantes da carga q, o potencial é nulo.

O princípio da superposição deve valer tanto para os potenciais como para os campos. Assim, na presença de várias fontes, a função potencial seria a soma dos potenciais produzidos por cada fonte separadamente, desde que fizéssemos uma escolha consistente do potencial nulo em cada caso. No caso de as fontes estarem restritas a uma região finita, costuma-se atribuir o potencial nulo no infinito. Assim procedendo, o potencial de qualquer distribuição de carga será dado pela integral:

$$V(x,y,z) = k_0 \int_{\text{todas as fontes}} \frac{\rho(x',y',z')}{r}dx'dy'dz' \qquad (3.11)$$

onde r é a distância entre o elemento infinitesimal de volume $dx'dy'dz'$ e o ponto (x,y,z) no qual se calcula o potencial, conforme mostrado na Figura 3.16. Isto é, $r = \sqrt{(x-x')^2 + (y-y')^2 + (z-z')^2}$.

Cabe observar a diferença entre esta integral e aquela que fornece o campo elétrico

$$\left(\vec{E}(x,y,z) = k_0 \int \frac{\rho(x',y',z')\,\hat{r}\,dx'dy'dz'}{r^2} \right)$$

para uma distribuição de cargas. Aqui temos r no denominador, e não r^2, e a integral é uma grandeza escalar, ao invés de um vetor. Portanto, a função potencial $V(x,y,z)$ nos fornece sempre o campo elétrico, bastando tomarmos o negativo do gradiente de V.

Figura 3.16
Cada elemento da distribuição de carga ρ (x',y',z') contribui para o potencial V no ponto (x,y,z). O potencial nesse ponto será a soma de todas essas contribuições.

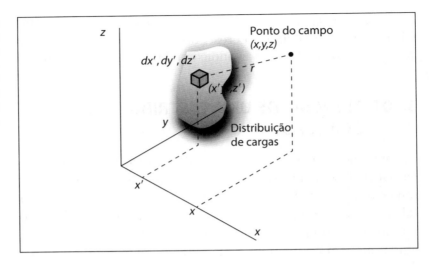

3.11 POTENCIAL DE DUAS CARGAS PUNTIFORMES

Estudemos agora um exemplo simples, o potencial devido a duas cargas pontuais (Figura 3.17). Uma carga positiva de 10 nC está distante de 9 m de uma carga negativa de –4 nC. O potencial em qualquer ponto do espaço é a soma algébrica dos potenciais devidos a cada carga isoladamente. Os potenciais de alguns pontos escolhidos estão anotados na Figura 3.17. Nenhuma soma vetorial aparece aqui, somente adições algébricas de valores escalares. Por exemplo, no ponto embaixo do arranjo, distante 11 m da carga positiva e 10 m da negativa, o potencial tem o valor: $k_0 \cdot (+10 \times 10^{-9})/11 + k_0 \cdot (-4 \times 10^{-9})/10 = +4,6$. A unidade neste caso é o volt, equivalente a joule/coulomb.

Figura 3.17
Magnitude do potencial elétrico V em vários pontos de um sistema de duas cargas pontuais. V se aproxima de zero no infinito, e é dado em volts.

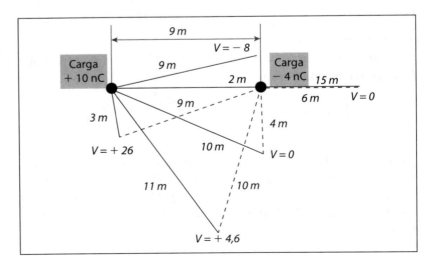

Potencial elétrico

O potencial tende a zero em pontos muito distantes do arranjo das duas cargas. Um trabalho igual a 4,6 joules seria necessário para trazer uma carga unitária desde o infinito até um ponto onde $V = +4,6$ volts. Repare que dois dos pontos mostrados no diagrama têm $V = 0$. O trabalho para trazer qualquer carga desde o infinito até um desses pontos é nulo. Perceba que existe uma quantidade infinita de tais pontos, formando uma superfície no espaço, envolvendo a carga negativa. Essa superfície, cujos pontos têm um determinado valor de V, é chamada superfície equipotencial, que apareceria em nosso diagrama bidimensional como uma curva.

3.12 POTENCIAL DEVIDO A UM FIO LONGO ELETRIZADO

A equação que fornece o potencial elétrico tem uma limitação: a equação (3.11) só é válida se todas as fontes estiverem contidas em uma região finita. Um exemplo da dificuldade encontrada quando as cargas estão distribuídas em regiões infinitas pode ser visto no cálculo do potencial devido a um fio longo eletrizado, cujo campo elétrico foi estudado anteriormente (campo radial, $E_r = k_0 2\lambda / r$, sendo λ a densidade linear de carga). Se trabalharmos com nossa equação tentando atribuir potencial nulo em pontos muito distantes, a integral diverge, produzindo um resultado infinito. Não é difícil se conscientizar das dificuldades, pois as regiões distantes daquela onde desejamos definir nossa função potencial elétrico contêm a maioria do fio! Esse problema não aparece no cálculo do campo elétrico do fio infinito, devido à dependência em $1/r^2$. Certamente, seria melhor escolher o ponto de potencial zero mais perto da origem, para um sistema com distribuição infinita de cargas. Assim, o problema fica reduzido ao cálculo da diferença de potencial V_{21} (ou $V_A - V_B$) entre um ponto de referência qualquer e o ponto escolhido, conforme mostrado no início deste capítulo.

Para ilustrar a utilização da teoria, coloquemos arbitrariamente o ponto de referência P_1 a uma distância r_1 do fio. Então, para se levar uma carga de P_1 até outro ponto qualquer P_2 à distância r_2, será necessário realizar um trabalho por unidade de carga

$$V_{21} = -\int_{P_1}^{P_2} \vec{E} \cdot d\vec{s} = -k_0 \int_{r_1}^{r_2} \left(\frac{2\lambda}{r}\right) dr =$$

$$= -k_0 2\lambda \ln(r_2) + k_0 2\lambda \ln(r_1)$$

(3.12)

Esse resultado mostra que o potencial elétrico devido ao fio infinito pode ser escrito como

$$V = -k_0 2\lambda \ln(r) + \text{constante} \qquad (3.13)$$

O termo $k_0 2\lambda$ ln (r_1) não tem qualquer influência quando queremos retornar ao campo $\vec{E}$, pois trata-se de uma constante. Portanto,

$$E = -\hat{r}\frac{dV}{dr} = k_0 \frac{2\lambda}{r}\hat{r} \qquad (3.14)$$

3.13 DISCO UNIFORMEMENTE ELETRIZADO

Vamos nos debruçar agora sobre um exemplo real, o potencial elétrico e o campo devidos a um disco uniformemente eletrizado. Trata-se de uma distribuição de cargas sobre uma área limitada. O disco plano de raio a mostrado na Figura 3.18 tem uma carga positiva distribuída na superfície, de densidade constante σ, em coulomb/m². Tal película é única, não existindo outra com carga negativa no lado oposto, sendo a carga total dada por $\sigma\pi a^2$. Distribuições superficiais de carga são frequentes em condutores, contudo nossa distribuição circular não é um condutor. Se fosse, a carga não permaneceria homogeneamente distribuída, concentrando-se na periferia do disco. Nosso arranjo é, portanto, um material isolante, tal como uma película plástica.

Iniciamos calculando o potencial num ponto P_1 no eixo de simetria, posicionado ao longo do eixo y.

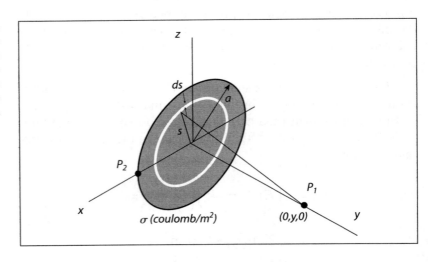

Figura 3.18 Elementos para o cálculo do potencial num ponto P_1 situado em um eixo de simetria de um disco uniformemente carregado.

Todas as cargas distribuídas numa coroa circular do disco encontram-se à mesma distância de P_1. Denominando de u o raio desse segmento anular e du a sua largura, sua área vale $2\pi u du$. A quantidade de carga ali presente, dq, é igual a $\sigma 2\pi u du$. Qualquer parte desse anel está à mesma distância de P_1, ou seja, $r = \sqrt{y^2 + u^2}$, sua contribuição ao potencial em P_1 sendo dada por $k_0 dq/r$, ou $k_0 2\pi\, u du/\sqrt{v^2 + u^2}$. A contribuição do disco inteiro é obtida integrando-se sobre todos os anéis:

$$V(0, y, 0) = k_0 \int \frac{dq}{r} = k_0 \int \frac{2\pi\sigma u du}{\sqrt{y^2 + u^2}} =$$

$$= k_0 2\pi\sigma \left[\sqrt{y^2 + u^2} \right]_{u=0}^{u=a} \qquad (3.15)$$

Notamos que a integral obtida foi simplificada; tomando $s = y^2 + u^2$, ela se reduz à conhecida forma $\int s^{-\frac{1}{2}} ds$. Colocando os limites, obtemos:

$$V(0, y, 0) = k_0 2\pi\sigma \left[\sqrt{y^2 + a^2} - y \right]; \; y > 0 \qquad (3.16)$$

Cabe aqui uma observação: o resultado obtido acima para o potencial é válido para os pontos do eixo onde y é positivo. É claro que, devido à simetria física (não existe nenhuma diferença entre um lado e o outro do nosso disco), o potencial deve ter o mesmo valor para y positivo e negativo, como é possível depreender do termo y^2 que aparece na equação (3.15). Contudo, fizemos uma opção pelo sinal positivo para a raiz de y^2 na equação (3.16), daí sua validade somente para valores positivos de y. Tomando-se a outra raiz, obtemos a expressão correta para $y < 0$, ou seja:

$$V(0, y, 0) = k_0 2\pi\sigma \left[\sqrt{y^2 + a^2} + y \right]; \; y < 0 \qquad (3.17)$$

Portanto, não devemos ficar surpresos ao encontrar uma singularidade de $V(0,y,0)$ em $V = 0$. De fato, a função apresenta uma mudança drástica em sua inclinação, conforme mostrado no gráfico do potencial em função de y (Figura 3.19). O potencial no centro do disco é $V(0,0,0) = k_0 2\pi\sigma a$. Representa o trabalho necessário para trazer uma carga unitária e positiva por um caminho arbitrário, desde o infinito até o centro do disco.

O comportamento de $V(0,y,0)$ em pontos com y muito grande é interessante. Para $y \gg a$, a equação (3.16) pode ser assim aproximada:

$$\sqrt{y^2+a^2}-y = y\left[\sqrt{1+\frac{a^2}{y^2}}-1\right] = y\left[1+\frac{1(a^2)}{2y^2}\right] \approx \frac{a^2}{2y} \quad (3.18)$$

Logo,

$$V(0,y,0) \approx K_0 \frac{\pi a^2 \sigma}{y}; \; y \gg a \quad (3.19)$$

Observando-se que $\pi a^2 \sigma$ é a carga total q do disco, vemos que a equação (3.19) é exatamente a expressão do potencial de uma carga pontual dessa magnitude. Como já era esperado, a uma distância considerável do disco (relativamente ao seu raio), não interessa muito de que forma a carga está distribuída. Em primeira aproximação, importa apenas a carga total. Na Figura 3.19 mostramos em linha tracejada a função $k_0 \, \pi a^2 \sigma / y$.

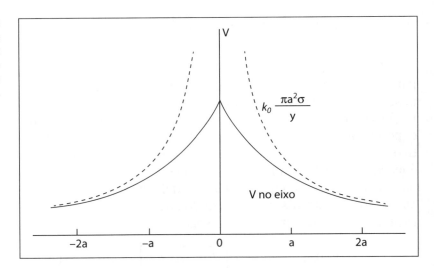

Figura 3.19
Gráfico do potencial sobre o eixo do disco. A curva pontilhada mostra o potencial para uma carga pontual $q = \pi a^2 \sigma$.

Podemos perceber que a função potencial no eixo do disco aproxima-se rapidamente de sua forma assintótica.

Não é tão fácil calcular o potencial em pontos genéricos fora do eixo de simetria, porque a integral definida que se obtém não é tão simples. É uma integral chamada integral elíptica. Essas funções são bem conhecidas e tabeladas, mas não há razão para discutir aqui os pormenores matemáticos peculiares a um problema especial. Um outro cálculo bastante simples pode ser instrutivo. Podemos obter o potencial num ponto P_2 (Figura 3.20) situado na borda do disco.

Para isso, consideremos o segmento de um anel centrado em P$_2$. Como se pode ver na Figura 3.20, a carga desse segmento é $dq = \sigma \times 2r\theta\, dr$. Sua contribuição para o potencial elétrico no ponto P$_2$ é $k_0\, dq/r = k_0\, 2\sigma\theta\, dr$.

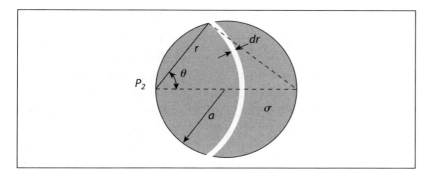

Figura 3.20
Cálculo do potencial em um ponto P$_2$ localizado na borda de um disco uniformemente carregado.

Da geometria do triângulo retângulo da Figura 3.20, vem $r = 2a \cos\theta$, de modo que $dr = -2a\, \text{sen}\theta\, d\theta$. Isso nos permite usar θ como variável de integração. Quando θ varia de $\pi/2$ até zero, percorremos todo o disco. Então:

$$V = k_0 \int \frac{dq}{r} = k_0 \int_{\pi/2}^{0} 2\sigma\theta(-2a\,\text{sen}\theta\, d\theta)$$

$$= k_0 \int_{0}^{\pi/2} 4\sigma a\theta\,\text{sen}\theta\, d\theta = 4\sigma a[\text{sen}\theta - \theta\cos\theta]_{0}^{\pi/2} = k_0\, 4\sigma a \quad (3.20)$$

(é possível integrar $\int \theta \,\text{sen}\theta\, d\theta$ por partes).

Comparando esse resultado com $k_0\, 2\pi\sigma a$, o potencial no centro do disco, vemos que, como seria de se esperar, o potencial decai do centro para a periferia. O campo elétrico, portanto, deve ter uma componente dirigida para fora, no plano do disco. Foi por esse motivo que ressaltamos anteriormente o fato de que, se a carga pudesse mover-se livremente, distribuir-se-ia na borda do disco. Em outras palavras, a menos que as cargas se tornem livres e possam se rearranjar, nosso disco uniformemente eletrizado não é uma superfície de potencial constante, coisa que qualquer superfície condutora deve ser.

O campo elétrico no eixo de simetria pode ser calculado diretamente da função potencial:

$$E_y = -\frac{\partial V}{\partial y} = -\frac{\partial}{\partial y} k_0\, 2\pi\sigma\left(\sqrt{y^2+a^2}-y\right) \quad (3.21)$$

fornecendo

$$E_y = k_0 2\pi\sigma \left[1 - \frac{y}{\sqrt{y^2 + a^2}}\right]; (y > 0) \qquad (3.22)$$

(é certo que não é difícil calcular E_y diretamente a partir da distribuição de cargas, para pontos no eixo).

Quando y tende a zero, pelo lado positivo, E_y tende a $k_0\, 2\pi\sigma$. No lado de y negativo, que denominaremos o reverso do disco, $\vec{E}$ aponta no outro sentido, e sua componente E_y é $-k_0\, 2\pi\sigma$. Esse é o mesmo resultado que foi obtido para o campo devido a uma película plana e infinita uniformemente eletrizada com densidade superficial σ, como deveria ser, pois, para os pontos próximos do centro do disco, a presença ou ausência de cargas fora da borda do disco não faz muita diferença. Em outras palavras, qualquer película parecerá infinita quando vista de perto. Com efeito, E_y tem o valor $k_0\, 2\pi\sigma$, não somente no centro, como também em qualquer ponto sobre o disco.

Figura 3.21
Aplicação da lei de Gauss ao disco carregado.

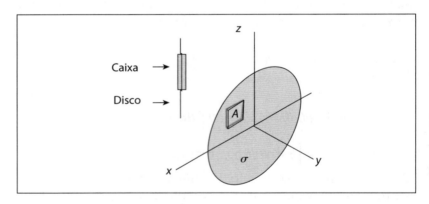

Para mostrar isso, podemos invocar a lei de Gauss, porém com certa cautela, porque o campo elétrico em um ponto genérico sobre o disco não é perpendicular ao plano do disco. Imaginemos qualquer porção do disco, de área A, envolvida por uma caixa fina e plana, conforme mostrado na Figura 3.21. Seja E_{y+} a componente y do campo, nas vizinhanças da parte frontal dessa porção de superfície eletrizada, e E_{y-} a componente segundo y nas vizinhanças da parte oposta.

O fluxo resultante do campo ($\oint_{\text{Superfície da caixa}} \vec{E} \cdot d\vec{A}$) para fora da caixa é

$$\Phi = AE_{y+} - AE_{y-} + \text{(fluxo através das paredes laterais)} \qquad (3.23)$$

O segundo termo tem o sinal de menos, porque o vetor representativo da superfície de trás da caixa está orientado no sentido negativo do eixo y. Contudo, lembremos que a componente E_y é negativa. O fluxo através das paredes laterais da caixa pode ser feito tão pequeno quanto se queira, pela redução da espessura da caixa. Isso não altera a carga envolvida, que permanece igual a σA. No limite, então, a lei de Gauss nos permite escrever:

$$AE_{y+} - AE_{y-} = k_0 4\pi\sigma A \qquad (3.24)$$

ou

$$E_{y+} - E_{y-} = k_0 4\pi\sigma \qquad (3.25)$$

Na equação (3.25), temos um resultado geral que vale para qualquer distribuição superficial de carga, uniforme ou não. Quando σ é a densidade superficial de carga num ponto qualquer de uma película de cargas, haverá nesse local uma mudança abrupta, ou descontinuidade, na componente do campo elétrico, perpendicular a essa película. A magnitude dessa descontinuidade é $k_0 4\pi\sigma$. No nosso problema, σ é constante sobre o disco. Além disso, pelo fato de que os campos nos dois lados devem ser simétricos, não havendo outra fonte de campo, devemos ter $E_{y+} = -E_{y-}$, fornecendo então $E_{y+} = |E_{y-}| = k_0 2\pi\sigma$ sobre todo o disco.

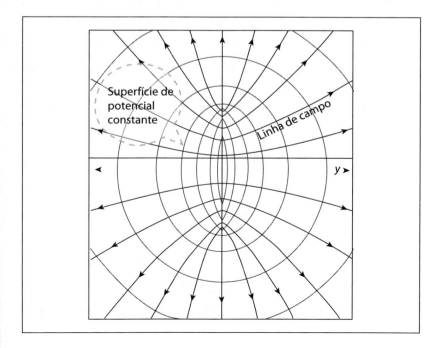

Figura 3.22
O campo elétrico do disco uniformemente carregado. As curvas escuras são as linhas de campo. As curvas claras são interseções, com o plano da figura, de superfícies de potencial constante.

Na Figura 3.22 mostramos algumas linhas de campo desse sistema, e também, assinaladas em tracejado, as interseções das superfícies equipotenciais com o plano yz. Perto do centro do disco essas superfícies têm o aspecto de uma lente, enquanto que a distâncias muito maiores do que elas se aproximam da forma esférica, como no caso das superfícies equipotenciais em torno de uma carga puntiforme.

A Figura 3.22 ilustra uma propriedade geral das linhas de campo e superfícies equipotenciais. Uma linha de campo que passa por determinado ponto e a superfície equipotencial que passa por esse ponto são *perpendiculares entre si*; tal como num mapa topográfico de um terreno montanhoso, a inclinação é maior nas direções perpendiculares às linhas de nível desse mapa.

Isso deve acontecer porque, se o campo em cada ponto tivesse uma componente paralela à superfície equipotencial que passa por esse ponto, seria necessário realizar trabalho para mover uma carga de prova sobre uma superfície de potencial constante.

EXERCÍCIOS RESOLVIDOS

1) Duas esferas metálicas 1 e 2 de raios $R_1 = 10$ cm e $R_2 = 5$ cm encontram-se suspensas no ar por fios isolantes. A esfera 2 está carregada negativamente com 30 pC e a esfera 1 encontra-se descarregada.

a) Calcule os potenciais V_1 e V_2 de cada esfera.

b) Estabelecendo-se o contato elétrico entre elas, em qual sentido se dará o fluxo eletrônico?

c) Calcule os potenciais elétricos V_1 e V_2 após o contato.

Solução:

a) O potencial da esfera é dado por $V = k_0\ Q/R$. Para a esfera 2, temos:

$$V_2 = k_0 \frac{Q_2}{R_2} \Rightarrow V_2 = 9 \times 10^9 \frac{\text{Nm}^2}{C^2} \cdot \frac{(-30 \times 10^{-12}\,C)}{0,05\ \text{m}} \therefore V_2 = -5,4\ \text{V}$$

Como a esfera 1 não possui carga, $V_1 = 0$.

b) Os elétrons vão fluir da região de menor potencial para a de maior potencial. Utilizando o resultado do item anterior, concluímos que o fluxo se dará da esfera 2 para a esfera 1.

c) Devemos primeiramente calcular as novas cargas Q_1' e Q_2', no equilíbrio. Pela conservação da carga, temos:

$Q_1' + Q_2' = Q_T$ (1). Ou seja: $Q_T = -30$ pC.

Devido à igualdade dos potenciais após o contato elétrico, temos:

$\dfrac{Q_1'}{R_1} = \dfrac{Q_2'}{R_2}$ (2). Levando esse resultado à equação (1), vem:

$Q_1' = \dfrac{Q_T}{R_2/R_1 + 1} \Rightarrow Q_1' = \dfrac{-30 \text{ nC}}{5 \text{ cm}/10 \text{ cm} + 1} \therefore Q_1' = -20 \text{ nC}$

Podemos agora obter o potencial na superfície da esfera 1 facilmente:

$V_1 = k_0 \dfrac{Q_1'}{R_1} = 9 \times 10^9 \dfrac{\text{Nm}^2}{\text{C}^2} \cdot \left(\dfrac{-20 \times 10^{-12} \text{ C}}{1 \times 10^{-1} \text{ m}} \right) \therefore V_2 = -1{,}8 \text{ V}$

A esfera 2 terá, portanto, o mesmo potencial da esfera 1.

2) Duas esferas idênticas, com cargas $+5{,}0 \times 10^{-6}$ C e $-1{,}0 \times 10^{-6}$ C, a uma distância D uma da outra, se atraem mutuamente. Por meio de uma pinça isolante, foram colocadas em contato e, a seguir, afastadas a uma nova distância d, tal que a força de repulsão entre elas tenha o mesmo módulo que a força de atração inicial. Obtenha, para essa situação, o valor da relação D/d.

Solução:

No início, temos as esferas posicionadas conforme a figura abaixo:

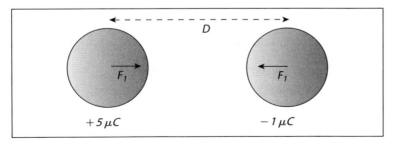

Figura 3.23

A força de atração F_1 é dada por:

$F_1 = k_0 \dfrac{(+5\mu\text{C})(-1\mu\text{C})}{D^2} \therefore F_1 = -\dfrac{5k_0}{D^2}(\mu\text{C})^2;$

onde o sinal negativo indica atração entre as esferas. Ao serem postas em contato, os potenciais se igualam. Como as esferas são idênticas, temos que as cargas q_1 e q_2 em cada esfera obedecem à relação:

$$\frac{q_1}{r} = \frac{q_2}{r}, \text{ com } q_1 + q_2 = +5\mu C - 1\mu C = +4\mu C$$

Aqui, r é o raio de cada esfera. Temos então:

$$\frac{q_1}{r} = \frac{(4\mu C) - q_1}{r} \Rightarrow \begin{Bmatrix} q_1 = +2\mu C \\ q_2 = +2\mu C \end{Bmatrix}$$

Portanto, ao serem novamente separadas, haverá uma força de repulsão entre as esferas. Quando essa força é igual a F_1, a nova distância d entre elas deve obedecer à expressão:

Figura 3.24
Diagrama da situação final do sistema.

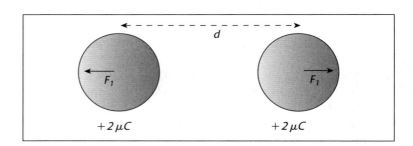

$$F_1 = k_0 \frac{(+2)(+2)}{d^2}(\mu C)^2$$

$$F_1 = \frac{4k_0}{d^2}(\mu C)^2$$

Como sabemos, na atração, o valor de F_1 já foi previamente calculado. Igualando, então, ambas as expressões, temos:

$$\frac{5k_0}{D^2} = \frac{4k_0}{d^2} \Rightarrow \frac{D}{d} = \sqrt{\frac{5}{4}}$$

---

3) Uma esfera condutora eletricamente neutra, suspensa por fio isolante, entra sucessivamente em contato com outras três esferas de mesmo tamanho e eletrizadas com cargas q, $3q/2$ e $3q$, respectivamente. Calcule a carga na primeira esfera após tocar na terceira esfera eletrizada.

Solução:

Após cada contato, as cargas q_1 e q_2 serão modificadas para os valores q_1' e q_2'. Supondo as esferas 1 e 2 idênticas de raio R, os valores das cargas no equilíbrio devem obedecer às relações:

$$q'_1 + q'_2 = q_1 + q_2 \quad \therefore \quad \frac{q'_1}{R} = \frac{q'_2}{R}$$

O diagrama a seguir mostra as situações antes e após cada contato.

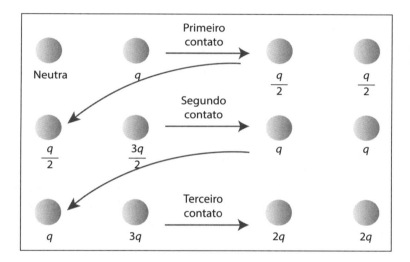

Figura 3.25
Diagrama das cargas elétricas após cada contato.

Portanto, a esfera neutra no início adquire uma carga de magnitude $2q$ ao final do processo.

4) Duas esferas condutoras, 1 e 2, de raios R_1 e R_2, sendo $R_1 = 2R_2$, estão isoladas entre si e com cargas q_1 e q_2, sendo $q_2 = 2q_1$ e ambas positivas. Quando se ligam as duas esferas por um fio condutor (assinale a única alternativa correta):

a) haverá movimento de elétrons da esfera 1 para a esfera 2;

b) haverá movimento de elétrons da esfera 2 para a esfera 1;

c) não haverá movimento de elétrons entre as esferas;

d) o número de elétrons que passa da esfera 1 para a esfera 2 é o dobro do número de elétrons que passa da esfera 2 para a esfera 1;

e) o número de elétrons que passa da esfera 2 para a esfera 1 é o dobro do número de elétrons que passa da esfera 1 para a esfera 2.

Solução:

Figura 3.26

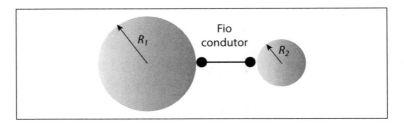

Antes de serem conectadas pelo fio condutor, as cargas e os raios das esferas 1 e 2 obedecem às relações:

$R_1 = 2R_2$

$q_2 = 2q_1$

Os potenciais elétricos das duas esferas serão dados por:

$$V_1 = k_0 \frac{q_1}{R_1} \text{ e } \Rightarrow V_2 = k_0 \frac{q_2}{R_2} \Rightarrow V_2 = 4k_0 \frac{q_1}{R_1}$$

Vemos portanto que, quando q_1 é positivo, o potencial da esfera 2 é maior que o potencial da esfera 1 ($V_2 > V_1$). Portanto, ao realizar o contato, haverá um fluxo de elétrons da esfera 1 para a esfera 2. Se q_1 for negativo, o fluxo eletrônico se inverte, pois, nesse caso, $V_2 < V_1$.

Solução:

A única alternativa correta é a (a).

5) Uma carga q sofre um deslocamento, indo do ponto A ao ponto B da Figura 3.27. Durante o deslocamento, a força elétrica realiza um trabalho igual a $1,8 \times 10^{-3}$ J. Sabendo-se que a diferença de potencial $V_A - V_B$ entre os dois pontos é igual a $5,0 \times 10^2$ V, calcule o valor da carga elétrica.

Figura 3.27

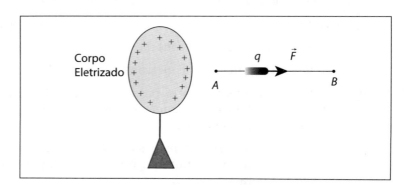

Solução:

É possível obter o valor da carga q a partir do trabalho realizado pela força e pela diferença de potencial entre os pontos A e B, com o auxílio da expressão:

$$V_A - V_B = \frac{\tau_{AB}}{q}$$

Como $V_A - V_B = 5{,}0 \times 10^2$ V e o trabalho realizado $\tau_{AB} = 1{,}8 \times 10^{-3}$ J, o valor da carga será:

$$q = \frac{\tau_{AB}}{V_A - V_B} = \frac{1{,}8 \times 10^{-3} \text{ J}}{5{,}0 \times 10^2 \text{ J}} = 3{,}6 \times 10^{-6} \text{ C}$$

---

6) Uma carga de $1{,}8 \times 10^{-6}$ C se desloca entre os pontos A e B da Figura 3.27, e um trabalho é realizado pela força durante o deslocamento. Para uma diferença de potencial entre os pontos A e B igual a $1{,}2 \times 10^3$ V, obtenha a magnitude desse trabalho.

Solução:

Neste caso, o valor da carga q é conhecido, sendo $q = 1{,}8 \times 10^{-6}$ C. Para uma voltagem entre os pontos A e B igual a $1{,}2 \times 10^3$ V, vem:

$$\tau_{AB} = q(V_A - V_B) = 1{,}8 \times 10^{-6} \text{ C} \times 1{,}2 \times 10^3 \text{ V}$$

$$\therefore \tau_{AB} = 2{,}2 \times 10^{-3} \text{ J}$$

---

7) Sabe-se que o campo elétrico entre duas placas paralelas como as mostradas na Figura 3.28 mede $2{,}5 \times 10^5$ V/m. A diferença de potencial entre elas, conforme medido com um voltímetro, é 820 V.

   a) Calcule a distância entre as placas.

   b) Obtenha o trabalho realizado sobre uma carga de $1{,}4 \times 10^{-6}$ C, se deslocando entre as placas.

   c) Qual é o valor da força elétrica aplicada à carga?

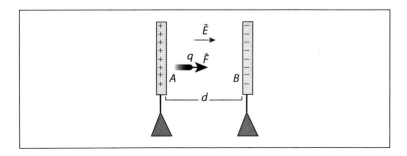

Figura 3.28

Solução:

a) É possível calcular o espaçamento entre as placas através da expressão:

$$V_A - V_B = E \cdot d \ \therefore \ d = \frac{V_A - V_B}{E}$$

Substituindo o valor do potencial e do campo elétrico, temos:

$$d = \frac{820\,V}{2,5 \times 10^5\,V/m} \ \therefore \ d = 3,3\,\text{mm}$$

b) Pela definição da diferença de potencial, temos que:

$$V_A - V_B = \frac{\tau_{AB}}{q} \ \therefore \ \tau_{AB} = q(V_A - V_B)\ . \text{ Portanto,}$$

$$\tau_{AB} = 1,4 \times 10^{-6}\ C \times 820\ V \ \therefore \ \tau_{AB} = 1,1 \times 10^{-3}\ J$$

c) Conhecendo o espaçamento entre as placas, a força pode ser obtida a partir do trabalho por ela realizado:

$$\tau_{AB} = F \cdot d \Rightarrow F = \frac{\tau_{AB}}{d}, \text{ ou seja: } F = \frac{1,1 \times 10^{-3}}{3,3 \times 10^{-3}}\frac{J}{m}$$

$$F = 0,35\ N$$

---

8) Um elétron se desloca por 4,0 mm entre duas placas carregadas. O trabalho realizado pela força elétrica neste trajeto é igual a $2,5 \times 10^{-4}$ J.

a) Estime a intensidade do campo elétrico entre elas.

b) Avalie o valor da voltagem à qual o elétron está submetido.

Solução:

a) A carga do elétron é denominada **carga elementar** e seu valor é $e = -1,6 \times 10^{-19}$ C. O trabalho realizado pela força elétrica será, portanto:

$\tau_{AB} = qE \cdot d$. O campo elétrico pode, então, ser calculado:

$$E = \frac{\tau_{AB}}{qd} = \frac{2,5 \times 10^{-4}\,J}{1,6 \times 10^{-19}\,C \cdot 4 \times 10^{-3}\,m} \ \therefore \ E = 3,9 \times 10^{17}\,N/C$$

b) A partir do resultado obtido para o campo elétrico, temos que:

$$V_A - V_B = E \cdot d \ \therefore \ V_A - V_B = 3,9 \times 10^{17}\,N/C \times 4 \times 10^{-3}\,m$$

Então: $V_A - V_B = 1,6 \times 10^{15}\,V$

EXERCÍCIOS COM RESPOSTAS

1) Duas esferas condutoras 1 e 2 de raios $R_1 = 80$ cm e $R_2 = 60$ cm estão eletrizadas positivamente com cargas $Q_1 = +12$ nC e $Q_2 = +16$ nC. As esferas se encontram no ar.

   a) Calcule os potenciais V_1 e V_2 de cada esfera.

   b) Estabelecendo-se o contato elétrico entre as duas esferas por meio de um fio condutor, em que sentido se dará o fluxo de elétrons entre as esferas?

   Respostas:

   a) $V_1 = 135$ V; $V_2 = 240$ V;

   b) Os elétrons livres, portadores de carga negativa, vão fluir da região de menor potencial para a de maior potencial. Como $V_2 > V_1$, os elétrons fluirão da esfera 1 para a esfera 2.

2) Considerando as esferas do exercício anterior, após o contato elétrico entre elas, calcule:

   a) O valor da carga da esfera 1 e da esfera 2.

   b) O potencial elétrico da esfera 1 e da esfera 2.

   Respostas:

   a) $Q_1 = 16$ nC, $Q_2 = 12$ nC;

   b) $V_1 = 180$ V, $V_2 = 180$ V.

3) Uma carga q_1 encontra-se a 10 cm da carga q_2, conforme mostrado na Figura 3.29 Calcule o potencial elétrico no ponto P, localizado a 3,0 cm de q_1, e ao longo da reta determinada pelas duas cargas.

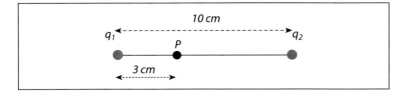

Figura 3.29

Resposta:

$V(P) = -9 \times 10^5$ V.

4) No exercício anterior, qual deve ser a nova distância de P até a carga q_1 para que o potencial nesse ponto seja nulo?

Resposta:

$d = 1,8$ cm

5) Três cargas pontuais ocupam os vértices de um triângulo equilátero de lado l, conforme a Figura 3.30.

   a) Calcule, em função do lado l, o valor do potencial elétrico no baricentro (ponto B) do triângulo.

   b) Suponha que o lado do triângulo seja reduzido à metade. Qual o valor do potencial no baricentro do novo triângulo?

Figura 3.30

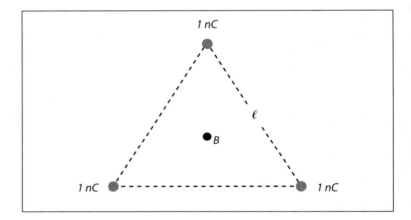

Respostas:

a) $V_B = \dfrac{k_0}{l}\left(3\sqrt{3}\,\text{nC}\right)$

b) $V_B = \dfrac{k_0}{l}\left(6\sqrt{3}\,\text{nC}\right)$

6) Um cubo de lado l possui os quatro vértices de uma de suas faces ocupados com cargas positivas de igual magnitude q, conforme mostrado na Figura 3.31.

Figura 3.31

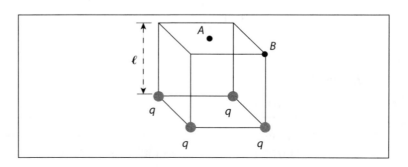

a) Calcule o potencial elétrico no centro da face oposta à face que contém as cargas.

b) Faça o mesmo para um vértice qualquer desta face oposta à que se refere o item anterior.

c) Identifique qual ponto tem potencial maior: o centro ou o vértice. Compare os dois em termos percentuais.

Respostas:

a) $k_0 \dfrac{q}{l} \cdot 4\sqrt{\dfrac{2}{3}} V$

b) $k_0 \dfrac{q}{l}\left(1 + \dfrac{2}{\sqrt{2}} + \dfrac{1}{\sqrt{3}}\right) V$

c) O potencial no centro é 9 % maior que o potencial no vértice do cubo.

7) Um filamento f e uma placa p encontram-se no interior de um tubo de TV, conforme mostra a Figura 3.32. Uma voltagem V_{pf} é estabelecida entre esses dois elementos. Ao ser aquecido, o filamento emite elétrons (com velocidade praticamente nula), que são acelerados em direção à placa, devido à diferença de potencial, passando por um orifício nela existente e atingindo finalmente a tela.

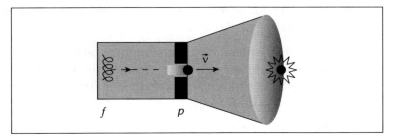

Figura 3.32

a) Obtenha a expressão que fornece a velocidade v do elétron ao passar pelo orifício existente na placa.

b) Suponha que $V_{pf} = 15$ kV para determinado tubo de TV. Sendo v a velocidade com que o elétron atingiu a placa nessas condições, qual deve ser a diferença de potencial entre a placa e o filamento para que o elétron atinja a placa com o dobro desta velocidade?

Respostas:

a) $\sqrt{\dfrac{2eV_{pf}}{m_e}}$

b) 60 kV

8) No problema anterior, suponha que a potência elétrica usada para acelerar os elétrons desde o filamento até a placa seja de 20 W. Obtenha a quantidade de elétrons que atingem a tela em um intervalo de tempo de 1,0 s.

Resposta:

$8,3 \times 10^{15}$ elétrons.

9) Ao se carregar uma bateria, uma carga elétrica total de 3×10^5 C é transportada de um polo para o outro, entre os quais existe uma diferença de potencial de 12 V.

a) Calcule a quantidade de energia que é armazenada nessa bateria.

b) Suponha que a bateria tenha massa de 20 kg. A que altura ela poderia ser elevada, se toda a energia nela armazenada fosse utilizada para realizar esse trabalho?

Respostas:

a) $3,6 \times 10^6$ J;

b) 18 km.

10) Em uma lâmpada de gás neônio (tubo de néon), os eletrodos estão distanciados de 120 cm e a diferença de potencial entre eles é de $8,0 \times 10^3$ V.

a) Calcule a aceleração de um íon de néon cuja massa é de $3,2 \times 10^{-26}$ kg e cuja carga, em módulo, é igual à carga do elétron (suponha que o campo elétrico entre os eletrodos seja uniforme).

b) Se o íon parte do repouso no eletrodo positivo e move-se livremente, qual a energia cinética com a qual ele alcança o eletrodo negativo? Apresente sua resposta em keV (quilo-elétron-volt) e em joules.

c) Por que é altamente improvável que o íon alcance o eletrodo negativo com a energia calculada no item anterior?

Respostas:

a) $a = 3,0 \times 10^{10}$ m/s^2;

b) 8,0 keV ou $1,3 \times 10^{-15}$ J;

c) No interior da lâmpada existem vários íons do gás neônio, que interagem entre si por meio de colisões. Esses choques provocam uma perda da energia inicial fornecida pelo sistema, causando uma diminuição na velocidade com que atingem o eletrodo.

11) A figura abaixo mostra dois anteparos metálicos A e D e uma caixa metálica oca, cujas faces B e C são paralelas às placas. Duas baterias de 450 V cada uma estão conectadas às placas e à caixa, conforme mostrado. Calcule:

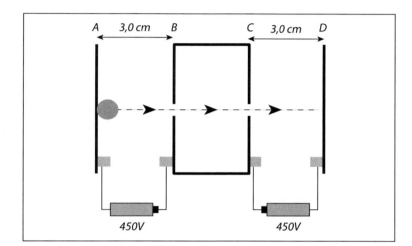

Figura 3.33

a) O valor do campo elétrico entre as placas A e B e seu sentido.

b) O valor do campo elétrico entre as placas C e D e seu sentido.

c) O valor do campo elétrico no interior da caixa metálica.

Respostas:

a) 45 kV/m, e aponta de B para A;

b) 45 kV/m, e aponta de C para D;

c) 0 kV/m.

12) Um elétron é abandonado nas proximidades da placa A do arranjo mostrado no exercício anterior. Sua trajetória é retilínea, conforme ilustrado na figura. Supondo que o elétron tenha sido abandonado praticamente em repouso, calcule:

a) A energia cinética com que passa pelo orifício na face B da caixa metálica.

b) A velocidade com que atinge o anteparo D.

Respostas:

a) $7,2 \times 10^{-17}$ J ou 450 eV;

b) 0 m/s.

4 CAPACITÂNCIA

Luiz Tomaz Filho

4.1 INTRODUÇÃO

A princípio, devemos estabelecer a noção de capacitância de um capacitor ou condensador e, posteriormente, como essa grandeza física se altera na presença de um dielétrico. São de grande importância o armazenamento de energia elétrica num condensador e a noção de densidade de energia em qualquer região do espaço onde houver um campo elétrico. Devemos lembrar que a energia pode ser armazenada na forma de energia potencial, levando um objeto de um nível mais baixo até um mais elevado, comprimindo um gás, distendendo uma mola, e também na presença de um campo elétrico, onde o capacitor é considerado um dispositivo apropriado para o armazenamento de tal energia.

4.2 CAPACITÂNCIA DE UM CAPACITOR

Dois condutores (placas) isolados um do outro, de formato arbitrário e ligados aos terminais de uma bateria de força eletromotriz, após um pequeno intervalo de tempo, adquirem cargas elétricas de mesmo valor absoluto e de sinais opostos, +q e –q. O gerador realiza um trabalho elétrico (τ) sobre os elétrons, deslocando-os de um condutor a outro, até que a diferença de potencial (ddp) entre os condutores seja igual à diferença de potencial entre os terminais da bateria (Figura 4.1).

Figura 4.1
A figura mostra os condutores ligados à bateria de força eletromotriz ε. Como o circuito é aberto, ε = V. As linhas tracejadas são as linhas do campo elétrico.

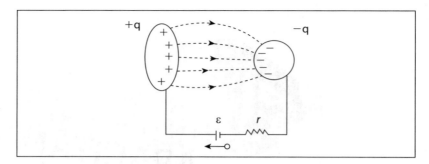

Verifica-se experimentalmente que a carga armazenada em cada condutor é diretamente proporcional à força eletromotriz aplicada, isto é:

$$q = C\varepsilon$$

$$q = CV, \qquad (4.1)$$

onde C é a constante de proporcionalidade denominada capacitância, que depende da geometria e do meio entre os condutores. Normalmente, define-se a capacitância de um capacitor através da expressão:

$$C = \frac{q}{V} \qquad (4.2)$$

A unidade de capacitância no SI recebe o nome de farad (F),

$$1\text{F}(1\,farad) = \frac{1\text{C }(coulomb)}{1\text{ V }(volt)}$$

Mas a capacitância de 1 F é um valor notadamente muito grande e, portanto, os valores de C comumente encontrados são muito pequenos. Por isso, costuma-se usar submúltiplos das unidades de farad, por exemplo:

$$1\text{ microfarad} = 1\ \mu\text{F} = 10^{-6}\text{ F}$$

$$1\text{ nanofarad} = 1\text{ nF} = 10^{-9}\text{ F}$$

$$1\text{ picofarad} = 1\text{ pF} = 10^{-12}\text{ F}$$

A igualdade entre a força eletromotriz e a diferença de potencial é possível por estar o circuito aberto (o capacitor bloqueia a passagem de corrente contínua); esse fato pode ser analisado através da solução do item (b) do Exemplo III, no Capítulo 5 deste volume:

$$V = V_+ - V_-$$

$$V = \varepsilon \frac{R}{r+R}$$

$$V = \varepsilon \frac{1}{\frac{r}{R}+1} \qquad (4.3)$$

Na expressão (4.3), se R ≫ r (a resistência do dielétrico é muito maior do que a resistência interna do gerador), então, $r/R \cong 0$ logo, $V \cong \varepsilon$.

4.3 CAPACITOR DE PLACAS PARALELAS

Existe uma grande variedade de capacitores, de diferentes materiais, tamanhos e formas, como mostra a Figura 4.2.

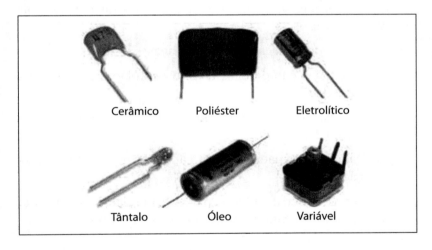

Figura 4.2
Fotografia de capacitores fabricados em diversas formas.

Um dos capacitores mais usados em pesquisa, devido à sua simplicidade, é o capacitor de placas paralelas, como mostra a Figura 4.3. Esse capacitor consiste de duas placas (armaduras) condutoras idênticas, paralelas, de área A e separadas por uma distância d (deverá ser $d \ll \sqrt{A}$ para que $\vec{E}$ permaneça constante em toda a extensão do capacitor). O símbolo utilizado para representar um capacitor é baseado na estrutura de um capacitor de placas (armaduras) paralelas, no entanto, esse símbolo é usado para representar capacitores de todas as geometrias.

Figura 4.3
Capacitor de placas paralelas, feito de duas placas de área A separadas de uma distância d e submetidas à diferença de potencial V = V+ – V-. As placas possuem cargas iguais e opostas, de módulo q, sobre as superfícies que se defrontam.

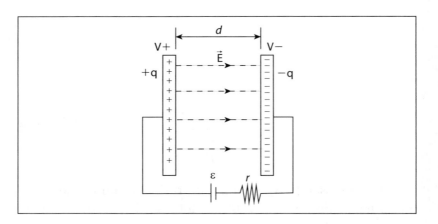

Quando aplicamos uma diferença de potencial (ddp) entre as placas, aparecerá uma carga +q numa das placas e outra carga –q na outra. Existe uma atração elétrica entre essas cargas de sinais opostos, fato pelo qual as cargas se localizam nas superfícies internas das placas, gerando um campo elétrico $\vec{E}$, praticamente uniforme, que somente existe entre as placas do capacitor.

Para obter a capacitância de um capacitor devemos seguir os seguintes passos:

1) supor uma carga q sobre as placas;

2) calcular o campo elétrico entre as placas usando a lei de Gauss;

3) calcular a diferença de potencial (baseando-se no Capítulo 3);

4) calcular a capacitância do capacitor C usando a equação (4.2).

O campo elétrico $\vec{E}$ entre as placas está relacionado à carga q e, para se obter o campo, usaremos a lei de Gauss:

$$\frac{q}{\varepsilon_0} = \oint \vec{E} \cdot d\vec{A} \qquad (4.4)$$

$$\frac{q}{\varepsilon_0} = E \oint dA$$

$$\frac{q}{\varepsilon_0} = EA \Rightarrow q = \varepsilon_0 EA \Rightarrow E = \frac{q}{\varepsilon_0 A} \qquad (4.5)$$

O campo elétrico também está relacionado com a diferença de potencial entre as placas, de acordo com o Capítulo 3:

$$V = V_+ - V_- = \int_0^d Edl = Ed \qquad (4.6)$$

Na equação (4.6), E é uma constante e pode ser colocada para fora da integral, e d é a separação entre as placas. Substituindo a equação (4.5) em (4.6), temos:

$$V = \frac{qd}{\varepsilon_0 A} \qquad (4.7)$$

Levando-se em consideração (4.2), a capacitância será dada por:

$$C = \frac{\varepsilon_0 A}{d} \qquad (4.8)$$

Exemplo I

Considere um capacitor formado por duas placas paralelas, em forma de disco, de raio $R = 4{,}0$ cm e distanciadas uma da outra de $d = 1{,}0$ mm. Se for aplicada uma diferença de potencial $V = 220$ V, perguntam-se:

a) Qual é a capacitância do capacitor?

b) Qual é o valor da carga que eletriza cada placa?

c) Qual é o valor da densidade superficial de carga (σ) em cada placa?

d) Qual seria o raio de uma esfera condutora para ter a mesma capacidade do capacitor?

Solução:

a) A capacitância é dada pela expressão (5.8):

$$C = \frac{\varepsilon_0 A}{d} = \frac{8{,}85 \times 10^{-12} \pi \left(4{,}0 \times 10^{-2}\right)^2}{1{,}0 \times 10^{-3}} = 444{,}6 \times 10^{-13} \Rightarrow$$
$$\Rightarrow C = 44{,}5\,\mathrm{pF}$$

b) A capacitância também pode ser dada por:

$$C = \frac{q}{V} \Rightarrow q = CV = 444{,}6 \times 10^{-13} \times 220 \Rightarrow q = 9{,}8 \times 10^{-7}\,\mathrm{C}$$

c)

$$\sigma = \frac{q}{A} = \frac{9{,}8 \times 10^{-7}}{\pi \left(4{,}0 \times 10^{-2}\right)^2} = 0{,}20 \times 10^{-3} \Rightarrow \sigma = 2{,}0 \times 10^{-4}\,\mathrm{C/m^2}$$

d) O potencial no interior, ou na superfície, de uma esfera eletrizada com carga q é dado por:

$$V = \frac{q}{4\pi\varepsilon_0 R}$$

Substituindo a expressão acima em (4.1), teremos:

$$R = \frac{C}{4\pi\varepsilon_0} = 44{,}5 \times 10^{-12} \times 9{,}0 \times 10^9 \Rightarrow R = 0{,}40\,\text{m}$$

4.4 CAPACITOR CILÍNDRICO

Um capacitor cilíndrico consiste de dois condutores coaxiais de raios a e b e comprimento L.

Para efetuar este cálculo, escolhemos uma superfície gaussiana de forma cilíndrica de raio r e comprimento L, conforme mostra a Figura 4.4.

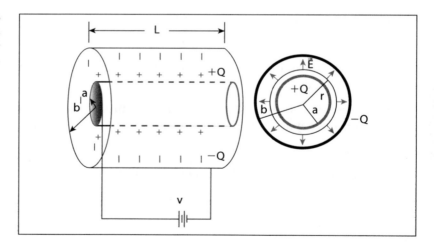

Figura 4.4 Um capacitor cilíndrico, juntamente com um corte transversal.

Exemplo II

Levando em consideração que seja $b - a \ll L$, calcular a sua capacitância.

Solução:

O campo elétrico no interior do capacitor cilíndrico pode ser obtido através da lei de Gauss:

$$\frac{q}{\varepsilon_0} = \oint \vec{E} \cdot d\vec{A} = E \oint dA = E 2\pi r L,$$

onde $2\pi r L$ é a área da parte curva da superfície gaussiana. Logo, o campo à distância r $(a < r < b)$ é dado por:

$$E = \frac{q}{2\pi\varepsilon_0 L} \qquad (4.9)$$

A diferença de potencial entre as armaduras cilíndricas é dada por:

$$V = -\int \vec{E} \cdot d\vec{r} = \frac{-q}{2\pi\varepsilon_0 L} \int_b^a \frac{dr}{r}$$

$$V = \frac{-q}{2\pi\varepsilon_0 L} \ln\frac{a}{b} \qquad (4.10)$$

A substituição da equação (4.10) em (4.2) fornecerá a capacitância procurada:

$$C = \frac{2\pi\varepsilon_0 L}{\ln\dfrac{b}{a}} \qquad (4.11)$$

Devemos notar que a capacitância de um capacitor está vinculada a fatores geométricos, como neste exemplo, ao comprimento (L) e aos raios $(a$ e $b)$.

Exemplo III

A Figura 4.5 representa uma lâmina de um dielétrico (de espessura b e constante dielétrica R) colocado entre as armaduras de um capacitor de placas paralelas, de área A e distanciadas de d. Aplica-se uma diferença de potencial V_0 antes de ser introduzido um dielétrico. Desliga-se então o gerador e insere-se o dielétrico. Supondo $A = 100 \text{ cm}^2$, $d = 1,0 \text{ cm}$, $b = 0,50 \text{ cm}$, $k = 7,0$ e $V_0 = 100 \text{ V}$, determine:

a) a capacidade C_0, antes da introdução do dielétrico;

b) a carga livre q;

c) o campo elétrico entre a placa e o dielétrico;

d) o campo no interior do dielétrico.

Figura 4.5 Capacitor de placas paralelas.

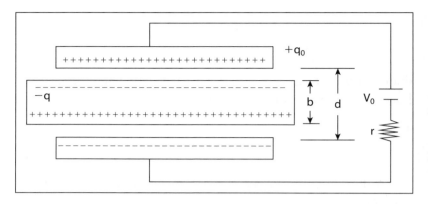

Solução:

a) Pela equação (4.8):

$$C_0 = \frac{\varepsilon_0 A}{d} = \frac{8,85 \times 10^{-12} \times 100 \times 10^{-4}}{1,0 \times 10^{-2}}$$

$$C_0 = 8,9 \times 10^{-12} \text{ F}$$

b) A carga livre (ou real) poderá ser calculada por (4.1):

$$q_0 = C_0 V = 8,9 \times 10^{-10} \text{ C}$$

c) Aplicando-se a lei de Gauss à armadura superior, teremos:

$$\frac{q}{\varepsilon_0} = \oint \vec{E_0} \cdot d\vec{A} = E_0 A$$

Resolvendo em E_0, teremos:

$$E_0 = \frac{q_0}{\varepsilon_0 A} = 1,0 \times 10^4 \text{ V/m}$$

d) Por meio da expressão (4.5),

$$\frac{q}{k\varepsilon_0} = \oint \vec{E} \cdot d\vec{A} = EA$$

$$E = \frac{q}{k\varepsilon_0 A} = \frac{E_0}{k} = 1,4 \times 10^3 \text{ V/m}$$

4.5 CAPACITOR ESFÉRICO

Um capacitor esférico é constituído por duas esferas condutoras (metálicas) e concêntricas – veja Figura 4.6. Normalmente a esfera interna, de raio r_a, é carregada com uma carga $+q$, e a externa, de raio r_b, com carga $-q$. Usando a lei de Gauss, desenhando uma superfície gaussiana esférica com raio $r > r_a$, podemos calcular facilmente o campo elétrico através do fluxo elétrico, visto no Capítulo 2 e dado por:

$$\varnothing_E = \oint \vec{E} \cdot d\vec{A} = \frac{q}{\varepsilon_0} = EA \Rightarrow E = \frac{q}{4\pi\varepsilon_0 r^2} \qquad (4.12)$$

Podemos usar a expressão (4.12) para calcular o potencial elétrico V, também visto no Capítulo 3 e dado por:

$$V = \int_{r_a}^{r_b} \vec{E} \cdot d\vec{r} = -\frac{q}{4\pi\varepsilon_0} \int_{r_a}^{r_b} \frac{dr}{r^2} = \frac{q}{4\pi\varepsilon_0}\left[\frac{1}{r_a} - \frac{1}{r_b}\right] \Rightarrow$$
$$\Rightarrow V = \frac{q}{4\pi\varepsilon_0} \frac{r_b - r_a}{r_b r_a} \qquad (4.13)$$

Se substituirmos a expressão (4.13) na expressão (4.2), teremos:

$$C = \frac{q}{V} = 4\pi\varepsilon_0 \frac{r_b r_a}{r_b - r_a} \qquad (4.14)$$

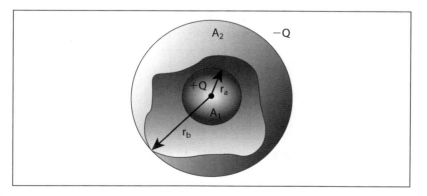

Figura 4.6 Capacitor esférico.

É fácil perceber que a capacitância de um capacitor esférico só depende da sua geometria, como mostra a equação (4.14).

Exemplo IV

Duas cascas esféricas condutoras são concêntricas e isoladas entre si; a menor tem um raio externo (a), a maior tem um raio interno (b) e raio externo (c). A esfera menor é eletrizada com carga Q, e a esfera maior, ligada à terra conforme mostra a Figura 4.7. Estudar o campo eletrostático e o potencial do sistema.

Solução:

O sistema possui simetria esférica em relação ao centro comum das esferas. O campo é radial e tem a mesma intensidade em pontos equidistantes do centro. Aplicando a lei de Gauss à esfera concêntrica de raio r compreendido entre (a) e (b), temos:

Figura 4.7

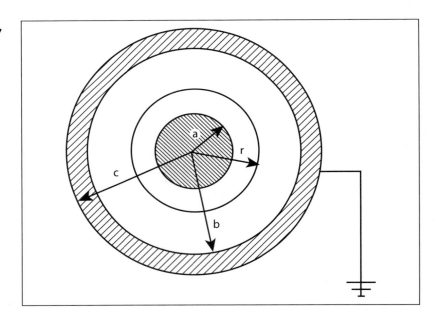

$$E 4\pi r^2 = \frac{Q}{\varepsilon_0}$$

Lembrando que a intensidade do vetor campo elétrico é:

$$E = \frac{Q}{4\pi\varepsilon_0} \frac{1}{r^2} \qquad a < r < b$$

Sendo

$$dV = -E dr,$$

temos:

$$dV = \frac{-Q}{4\pi\varepsilon_0}\frac{dr}{r^2} \qquad \therefore \qquad V = \frac{Q}{4\pi\varepsilon_0}\frac{1}{r} + C$$

Como as paredes do laboratório são muito distantes do sistema, podemos admitir que $V = 0$ nas paredes. Uma vez que a esfera maior está aterrada, não há campo entre ambos, logo a esfera maior também tem potencial nulo:

$$0 = \frac{Q}{4\pi\varepsilon_0}\frac{1}{b} + C$$

$$C = \frac{-Q}{4\pi\varepsilon_0}\frac{1}{b}$$

$$V = \frac{Q}{4\pi\varepsilon_0}\left(\frac{1}{r} - \frac{1}{b}\right) \qquad a < r < b$$

4.6 ASSOCIAÇÃO DE CAPACITORES

Como vimos anteriormente, os capacitores são representados pelo símbolo (⊣⊢). Em circuitos elétricos, é comum ocorrer associações de capacitores, ou seja, ligados de várias formas entre si num circuito. Essa associação produz como resultado um capacitor equivalente, com uma capacitância equivalente.

Existem três modos de conectar capacitores: primeiro por meio de uma ligação em série entre dois capacitores, como mostra a Figura 4.8a; segundo, ligados em paralelo, conforme ilustra a Figura 4.8b; e terceiro, através de uma associação mista, ilustrada pela Figura 4.8c.

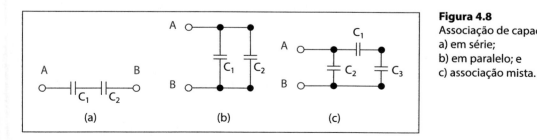

Figura 4.8
Associação de capacitores:
a) em série;
b) em paralelo; e
c) associação mista.

4.6.1 ASSOCIAÇÃO EM SÉRIE

Vamos considerar o efeito de ligar dois capacitores diferentes, inicialmente descarregados (neutros), em série. A afirmação de que os capacitores estão associados em série provém de que, se aumentarmos a carga em um dos capacitores, necessariamente esse aumento aparecerá em todos os outros, como no exemplo da Figura 4.9.

Figura 4.9
Representação de uma associação em série.

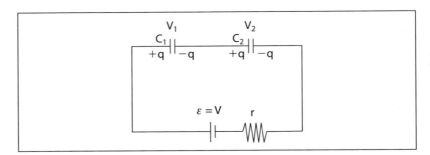

Quando os capacitores são ligados aos terminais de uma bateria de força eletromotriz $\varepsilon = V$, deverão armazenar com a mesma carga q, isto é:

$$V = \frac{q}{C} \quad (4.15)$$

As diferenças de potencial a que os capacitores estão submetidos são dadas por:

$$V_1 = \frac{q}{C_1} \text{ e}$$

$$V_2 = \frac{q}{C_2}$$

A diferença de potencial total é dada por:

$$V = V_1 + V_2$$

$$V = q\left(\frac{1}{C_1} + \frac{1}{C_2}\right) \quad (4.16)$$

Se igualarmos as expressões (4.15) e (4.16), teremos a capacitância equivalente:

$$\frac{1}{C} = \frac{1}{C_1} + \frac{1}{C_2} \qquad (4.17)$$

Para associação de n capacitores em série, a capacitância equivalente será dada por:

$$\frac{1}{C} = \sum_{i=1}^{n} \frac{1}{C_i} \qquad (4.18)$$

Exemplo V

Um estudante do curso de tecnologia precisa realizar um experimento que envolva capacitores com as seguintes capacitâncias: $C_1 = 0{,}5$ μF; $C_2 = 0{,}25$ μF; e $C_3 = 0{,}33$ μF. Porém, ele possui apenas capacitores de capacitância $C = 1{,}0$ μF. Seria possível esse estudante realizar o experimento?

Solução:

O experimento pode ser realizado, mas, primeiramente, ele deve associar dois capacitores em série e encontrar a capacitância equivalente, usando a equação (4.17):

$$\frac{1}{C} = \frac{1}{C_1} + \frac{1}{C_2} = \frac{1}{1{,}0 \times 10^{-6}} + \frac{1}{1{,}0 \times 10^{-6}} = 2{,}0 \times 10^{6}$$

$$C = 0{,}5 \times 10^{-6} \ \text{F} = 0{,}5 \mu\text{F}$$

Vamos considerar agora três capacitores de $1{,}0$ μF associados em série. Considerando a expressão (4.18), obtemos:

$$\frac{1}{C} = \sum_{i=1}^{n} \frac{1}{C_i} = \frac{1}{C_1} + \frac{1}{C_2} + \frac{1}{C_3} =$$

$$= \frac{1}{1{,}0 \times 10^{-6}} + \frac{1}{1{,}0 \times 10^{-6}} + \frac{1}{1{,}0 \times 10^{-6}} = 3{,}0 \times 10^{6}$$

$$C = 0{,}33 \times 10^{-6} \ \text{F} = 0{,}33 \mu\text{F}$$

Por fim, reunindo quatro capacitores em série, teremos:

$$\frac{1}{C} = \sum_{i=1}^{n} \frac{1}{C_i} = \frac{1}{C_1} + \frac{1}{C_2} + \frac{1}{C_3} + \frac{1}{C_4} =$$

$$= \frac{1}{1{,}0 \times 10^{-6}} + \frac{1}{1{,}0 \times 10^{-6}} + \frac{1}{1{,}0 \times 10^{-6}} + \frac{1}{1{,}0 \times 10^{-6}} = 4{,}0 \times 10^{6}$$

$$C = 0,25 \times 10^{-6} \, \text{F} = 0,25 \, \mu\text{F}$$

Podemos afirmar que o experimento poderá ser realizado, pois temos agora todos os capacitores necessários.

4.6.2 ASSOCIAÇÃO EM PARALELO

Agora vamos considerar o efeito de ligar dois capacitores diferentes, inicialmente descarregados (neutros), em paralelo, conforme mostra a Figura 4.10.

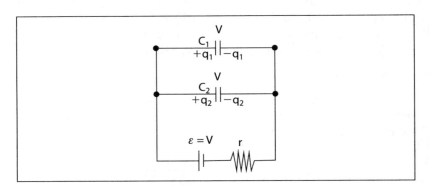

Figura 4.10 Representação de uma associação em paralelo.

Os dois capacitores estão sujeitos à mesma força eletromotriz $\varepsilon = V$, e suas cargas q_1 e q_2 são:

$$V = \frac{q_1}{C_1} \quad \text{e}$$

$$V = \frac{q_2}{C_2}$$

A carga total armazenada pelos dois capacitores é dada por:

$$q = q_1 + q_2$$

$$q = (C_1 + C_2)V \tag{4.19}$$

A associação pode ser substituída por um único capacitor com carga q equivalente a $q_1 + q_2$, quando ligado aos terminais da bateria de força eletromotriz $\varepsilon = V$, ou seja:

$$q = CV \tag{4.20}$$

Igualando (4.19) com (4.20), vamos obter:

$$C = C_1 + C_2 \qquad (4.21)$$

Para associarmos n capacitores em paralelo, deveremos ter:

$$C = \sum_{i=1}^{n} C_i \qquad (4.22)$$

Exemplo VI

Três capacitores, $C_1 = 1,0\ \mu F$, $C_2 = 0,5\ \mu F$ e $C_3 = 2,5\ \mu F$, respectivamente, podem ser conectados em paralelo, para formar capacitores de capacitância maior que $C = 3,0\ \mu F$. Quais são os valores de capacitância produzidos?

Solução:

É possível fazer várias combinações entre os capacitores. Por exemplo, se colocarmos C_1 e C_3 em paralelo, a combinação será:

$$C_{1,3} = C_1 + C_3 = 1,0 \times 10^{-6} + 2,5 \times 10^{-6}$$

$$C_{1,3} = 3,5 \times 10^{-6}\ F = 3,5\ \mu F$$

E a combinação entre C_2 e C_3 em paralelo dará:

$$C_{2,3} = C_2 + C_3 = 0,5 \times 10^{-6} + 2,5 \times 10^{-6}$$

$$C_{2,3} = 3,0 \times 10^{-6}\ F = 3,0\ \mu F$$

Se associarmos C_1, C_2 e C_3 em paralelo, o capacitor equivalente terá capacitância

$$C_{1,2,3} = C_1 + C_2 + C_3 = 1,0 \times 10^{-6} + 0,5 \times 10^{-6} + 2,5 \times 10^{-6}$$

$$C_{1,2,3} = 4,0 \times 10^{-6}\ F = 4,0\ \mu F$$

As outras combinações possíveis produzem capacitores com capacitâncias menores que $3,0\ \mu F$.

4.6.3 ASSOCIAÇÃO MISTA DE CAPACITORES

A associação envolvendo tanto ligações em série quanto ligações em paralelo é denominada de associação mista, sendo uma associação mais geral entre capacitores (Figura 4.11). Nesse tipo de associação, o capacitor equivalente é obtido mediante vários passos, nos quais as expressões (4.18) e (4.22) podem ser utilizadas várias vezes.

Figura 4.11 Representação de uma associação mista de capacitores.

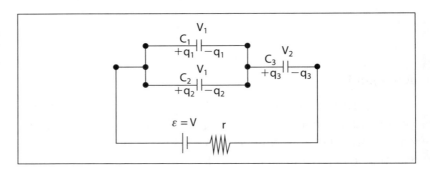

4.7 ENERGIA ARMAZENADA EM UM CAPACITOR

Uma fonte de força eletromotriz realiza um trabalho para levar uma carga de uma placa à outra de um capacitor. Se a bateria leva uma carga dq', de uma placa à outra, com diferença de potencial (ddp) V', então o trabalho realizado é dado por:

$$d\tau = dq'V' \qquad (4.23)$$

Por meio da expressão (4.1), temos:

$$d\tau = \frac{q'dq'}{C} \qquad (4.24)$$

Podemos interpretar a equação (4.23) da seguinte maneira: o capacitor já continha uma carga $+q'$ e $-q'$, em suas placas, e levamos a carga dq' à placa contendo a carga q', realizando o trabalho $d\tau$, dado pela equação (4.24). O trabalho realizado pela bateria para carregar o capacitor com carga $+q$ e $-q$ é dado por:

$$\tau = \frac{1}{C}\int_{q'=0}^{q'=q} q'dq'$$

$$\tau = \frac{q^2}{2C}$$

$$\tau = \frac{1}{2}CV^2 \qquad (4.25)$$

A equação (4.24) apresenta uma energia potencial armazenada no campo elétrico gerado entre as duas placas do capacitor. Se dividirmos essa energia potencial pelo volume existente entre as placas, define-se a densidade de energia. Para um capacitor de placas planas e paralelas, a densidade de energia é:

$$\mu_E = \frac{U}{Ad} = \frac{1}{2}\frac{C}{Ad}V^2 \tag{4.26}$$

onde A é a área das placas e d a distância entre elas. Levando em consideração a equação (4.8), encontraremos:

$$\mu_E = \frac{1}{2}\varepsilon_0\frac{V^2}{d^2} = \frac{1}{2}\varepsilon_0 E^2 \quad \left[\frac{J}{m^3}\right] \tag{4.27}$$

Embora a equação (4.27) tenha sido obtida para um capacitor plano, pode ser usada para qualquer região que contenha um campo elétrico (o meio é o vácuo).

Em um ponto qualquer da região contendo um campo elétrico, se esse campo tem intensidade $\left|\vec{E}\right|$, a densidade de energia é definida por:

$$\mu_E = \frac{dU}{dV} = \frac{1}{2}\varepsilon_0 E^2$$

Exemplo VII

A diferença de potencial entre duas cascas esféricas condutoras, de raios $a = 1{,}0$ m e $b = 2{,}0$ m, é $9{,}0{\cdot}10^3$ V. Calcule a energia eletrostática armazenada no campo existente entre as cascas esféricas ilustradas pela Figura 4.12.

O campo entre as cascas condutoras é dado por:

$$E = \frac{1}{4\pi\varepsilon_0}\frac{q}{r^2}$$

A diferença de potencial entre as cascas é dada por:

$$V = -\int_b^a \vec{E}\cdot d\vec{r} = -\frac{q}{4\pi\varepsilon_0}\int_b^a \frac{dr}{r^2}$$

$$V = \frac{q}{4\pi\varepsilon_0}\left(\frac{1}{a} - \frac{1}{b}\right) \tag{4.28}$$

Figura 4.12

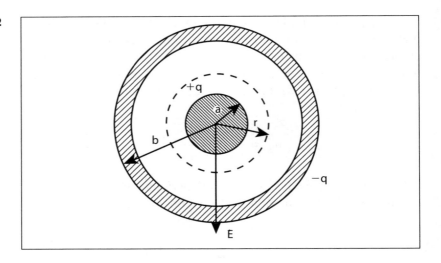

Resolvendo a equação (4.28) em q, teremos:

$$q = 4\pi\varepsilon_0 V \frac{ab}{b-a} = 2{,}0 \cdot 10^{-6}\ \text{C}$$

A densidade de energia é dada pela equação (4.27):

$$\mu_E = \frac{1}{2}\varepsilon_0 E^2 = \frac{1}{2}\varepsilon_0 \left(\frac{1}{4\pi\varepsilon_0}\frac{q}{r^2}\right)^2$$

$$\mu_E = \frac{1}{32\pi^2\varepsilon_0}\frac{q^2}{r^4} \qquad (4.29)$$

A energia potencial armazenada no campo elétrico é dada por:

$$U = \int \mu_E dV$$

$$U = \frac{q^2}{8\pi\varepsilon_0}\int_a^b \frac{dr}{r^2} = \frac{q^2}{8\pi\varepsilon_0}\left(\frac{1}{a}-\frac{1}{b}\right)$$

$$U = \frac{q^2}{8\pi\varepsilon_0}\frac{(b-a)}{ab} = 9{,}0 \times 10^{-3}\ \text{J}$$

4.8 CAPACITOR COM DIELÉTRICO

Uma boa parte dos capacitores encontrados nos circuitos elétricos apresenta um dielétrico. O dielétrico faz com que a capacitância de um capacitor aumente.

Duas observações importantes podem ser feitas:

a) Aplicando-se a mesma ddp a dois capacitores geometricamente idênticos, porém com um deles contendo um dielétrico, verifica-se que o capacitor contendo um dielétrico apresenta uma carga maior.

b) Fornecendo-se cargas iguais aos capacitores e ligando-os a voltímetros de alta sensibilidade, verifica-se que o voltímetro acusa uma tensão, V, maior que a tensão do capacitor com dielétrico, V_D.

Baseado na segunda observação, podemos escrever respectivamente para o capacitor sem e com dielétrico as seguintes equações:

$$q = CV \qquad (4.30)$$

$$q = C_D V_D \qquad (4.31)$$

Dividindo-se a equação (4.30) pela equação (4.31), temos:

$$\frac{C_D}{C} = \frac{V}{V_D} = k \; ^{(*)} \qquad (4.32)$$

onde k representa a constante dielétrica da substância [(*) $\varepsilon = k\varepsilon_0$ é chamada de permissividade elétrica]. Da equação (4.32), obtemos:

$$C_D = kC \qquad (4.33)$$

$$V_D = \frac{V}{k} \qquad (4.34)$$

Para um capacitor de placas paralelas, por exemplo, contendo um dielétrico, de constante dielétrica k, a capacitância é dada por:

$$C_D = \frac{k\varepsilon_0 A}{d} \qquad (4.35)$$

A Tabela 4.1 indica a constante dielétrica de algumas substâncias.

Tabela 4.1 Constantes dielétricas.

Substância	k	Substância	k
Vácuo	1,000		
Ar	1,006	Papel	3,5
Parafina	2,1	Vidro pirex	4,7
Petróleo	2,2	Mica	6,0
Poliestireno	2,6	Porcelana	6,5

A relação matemática

$$V = Ed \qquad (4.36)$$

é válida para um capacitor plano sem dielétrico. Para um capacitor com dielétrico, temos:

$$V_D = E_D d \qquad (4.37)$$

Dividindo-se a equação (4.36) pela equação (4.37), temos:

$$\frac{V}{V_D} = \frac{E}{E_D} = k \qquad (4.38)$$

Para um capacitor plano de placas paralelas com um dielétrico de constante k, queremos calcular a carga q_D (carga do dielétrico) – ver Figura 4.13.

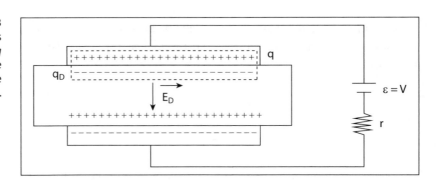

Figura 4.13
As linhas pontilhadas envolvendo as cargas q e q_D ilustram a superfície gaussiana no capacitor de placas planas e paralelas.

Devemos primeiramente calcular o campo elétrico no interior do dielétrico:

$$\frac{q - q_D}{\varepsilon_0} = \oint \vec{E}_D \cdot d\vec{A} = E_D A \qquad (4.39)$$

$$E_D = \frac{q - q_D}{\varepsilon_0 A} = \frac{q}{\varepsilon_0 A} - \frac{q_D}{\varepsilon_0 A} \qquad (4.40)$$

Por meio das equações (4.38) e (4.34), temos:

$$E_D = \frac{E}{k} = \frac{q}{k\varepsilon_0 A} = \frac{q}{\varepsilon A} \qquad (4.41)$$

Substituindo (4.41) em (4.40) e resolvendo em q_D, temos:

$$q_D = q\left(1 - \frac{1}{k}\right) \qquad (4.42)$$

Exemplo VIII

Mostre que as placas de um capacitor de placas paralelas se atraem mutuamente com uma força dada por: $F = \dfrac{q^2}{2\varepsilon_0 A}$.

Solução:

$$dF = Edq$$

Sendo o campo elétrico existente no interior do capacitor dado por:

$$E_D = \frac{q}{\varepsilon_0 A} \,,$$

temos:

$$F = \int dF = \int Edq = \frac{1}{\varepsilon_0 A} \int_0^q qdq = \frac{q^2}{2\varepsilon_0 A}$$

EXERCÍCIOS COM RESPOSTAS

1) Na superfície terrestre existe um campo elétrico da ordem de 150 V/m. Supondo que a Terra seja um condutor esférico, de raio $6,4 \cdot 10^6$ m, pede-se determinar:

   a) a carga da superfície terrestre;

   b) a capacitância da Terra.

   Respostas:

   a) $q = 6,8 \times 10^5$ C;

   b) $C = 7,1 \times 10^{-4}$ F.

2) Um capacitor com ar entre as placas tem uma capacitância de 7,0 μF. Determine sua capacitância quando um dielétrico de constante dielétrica 5,0 é colocado entre elas.

Resposta:

C = 35,0 μF.

3) Qual é a carga de um capacitor de 200 pF quando ele é carregado sob uma ddp de 1,0 kV?

Resposta:

q = 0,2 μC.

4) Uma esfera de metal montada sobre uma haste isolante tem uma carga de 5,0 ηC quando seu potencial é de 100 V mais alto que suas vizinhanças. Qual é a capacitância do capacitor formado pela esfera e suas vizinhanças?

Resposta:

C = 50 pF.

5) Um capacitor de 1,0 μF é carregado em 2000 V. Calcule a energia armazenada nesse capacitor.

Resposta:

U = 4,0 J.

6) A combinação em série de dois capacitores da Figura 4.14 está ligada em 2000 V. Calcule:

  a) a capacitância equivalente (C_{eq}) da combinação;

  b) as intensidades das cargas nos capacitores;

  c) as diferenças de potencial em cada capacitor.

Respostas:

  a) C_{eq} = 2 pF;

  b) $q_1 = q_2$ = 4 nC;

  c) V_1 = 1333 V e V_2 = 667 V.

Figura 4.14

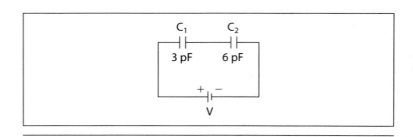

7) Um capacitor plano a vácuo tem $S = 1,0$ m² e $h = 2,0$ cm; eletrizado com tensão $V_0 = 1000$ V, ele é isolado. Em seguida, introduzem-se no condensador duas placas isolantes de espessura h, cada uma ocupando a metade da área S; suas constantes dielétricas são $k_1 = 5,0$ e $k_2 = 2,0$. Determinar:

a) a carga Q antes de introduzir as placas;

b) a tensão (V_1, V_2) em cada lâmina isolante.

Respostas:

a) $C = 1550$ pF;

b) $V_1 = V_2 = 286$ V.

8) Os capacitores da Figura 4.15 são considerados ideais, estando inicialmente descarregados. Os geradores mantêm as tensões constantes ε_1 e ε_2. O nó B é ligado à terra ($V_B = 0$). Atingindo o equilíbrio elétrico, determinar:

a) a carga e polaridade em cada capacitor;

b) o potencial V do nó A.

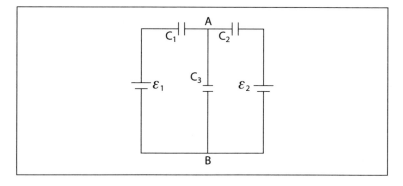

Figura 4.15

Respostas:

a) $Q_1 = C_1(\varepsilon_1 - V_3)$; $Q_2 = C_2(\varepsilon_2 - V_3)$; $Q_3 = C_3 V_3$;

b) $V_A = V_3 = \dfrac{C_1 \varepsilon_1 + C_2 \varepsilon_2}{C_1 + C_2 + C_3}$.

9) Um condensador plano a vácuo tem armaduras com área A cada uma, que se encontram separadas por uma distância x. A tensão entre as armaduras é V. Determinar a intensidade F das forças com que se atraem as armaduras (Figura 4.16).

Figura 4.16

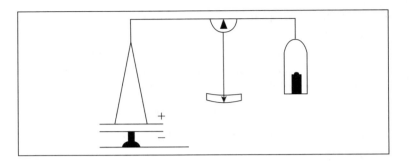

Resposta:

$$F = \frac{\varepsilon_0}{2} V^2 \frac{A}{x^2}$$

10) No circuito representado a seguir pela Figura 4.17, o gerador de força eletromotriz 20 V é ideal e todos os capacitores estão inicialmente descarregados. Giramos inicialmente a chave (Ch) para a posição (1) e esperamos até que C adquira carga máxima. A chave (Ch) é então girada para a posição (2). Determine a nova diferença de potencial entre as armaduras de C.

Figura 4.17

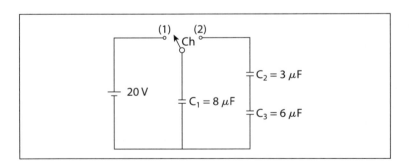

Resposta:

$V_2 = 16$ V.

11) Uma esfera condutora A com raio $R_1 = 6{,}0$ cm é eletrizada ao potencial $V_A = 33{,}0 \times 10^3$ V, no vácuo. Após ser isolada do gerador, ela é envolvida por outra esfera B, condutora e oca, com raio interno $R_2 = 11{,}0$ cm e raio externo $R_3 = 12{,}0$ cm, isolada de qualquer outro condutor.

a) Calcular a carga Q da esfera A.

b) Calcular o potencial V_A' da esfera A e o potencial V_B de B.

c) Ligar B à Terra; calcular o potencial V_A'' de A; em seguida, isola-se B e liga-se A à Terra; determinar a carga q que escoa de A, e calcular o potencial V_B' de B.

Respostas:

a) $Q = 0{,}22\ \mu C$;

b) $V_A' = 31{,}5 \times 10^3$ V e $V_B = 16{,}5 \times 10^3$ V;

c) $V_A'' = 15{,}0 \times 10^3$ V; $q = 0{,}11\ \mu C$ e $V_B' = 7{,}85 \times 10^3$ V.

12) O sistema esquematizado na Figura 4.18 estende-se indefinidamente. Determine a capacidade C do sistema.

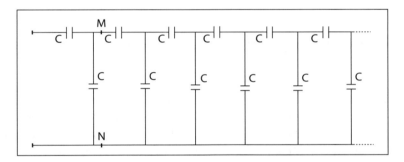

Figura 4.18

Resposta:

$$C_t = \frac{-1 + \sqrt{5}}{2} C.$$

13) a) Calcule a capacitância de um condensador que consiste em duas placas paralelas separadas por uma camada de cera de parafina de 0,5 cm de espessura, sendo que a área de cada placa é de 80,0 cm^2. Admita que a constante dielétrica (k) da cera parafinada seja de 2,0.

b) Se o condensador for ligado a uma fonte de 100,0 V, calcule a carga elétrica.

c) Calcule a energia armazenada no condensador.

Respostas:

a) $C = 28$ pF;

b) $q = 2{,}8$ nC;

c) $U = 1{,}4 \times 10^{-7}$ J.

14) Calcule a capacitância equivalente e a carga total nos circuitos abaixo (Figura 4.19). Considere $C_1 = 30$ nF; $C_2 = 10$ nF; $C_3 = 10$ nF; $V = 30$ V.

Figura 4.19

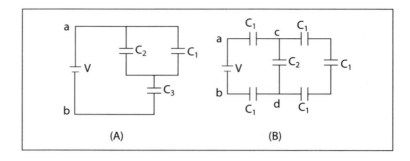

Resposta:

$C_A = 8$ nF; $Q_A = 240$ nC; $C_B = 8{,}6$ nF; $Q_B = 258$ nC.

15) Um capacitor de 100 pF é carregado até atingir uma diferença de potencial 300 V, conforme a Figura 4.20, desligando-se, em seguida, a fonte de tensão. Após ser ligado a um segundo capacitor, verifica-se que a diferença de potencial diminui para 100 V.

   a) Qual é a capacitância do segundo capacitor?

   b) Qual é a energia armazenada nos capacitores?

Figura 4.20

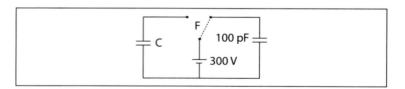

Respostas:

a) $C_2 = 300$ pF;

b) $U_1 = 4{,}5 \times 10^{-5}$ J; $U_2 = 1{,}5 \times 10^{-5}$ J.

16) Que capacitância é necessária para armazenar uma energia de 10 kWh sob uma diferença de potencial de 500 V?

Resposta:

$C = 288$ F.

17) Dado um capacitor de 7,4 pF, cheio de ar, converta-o num capacitor que armazene 7,4 μJ com uma diferença de potencial máxima de 652 V. Qual das constantes dielétricas listadas na Tabela 4.1 poderia ser usada para preencher a lacuna de ar do capacitor?

Resposta:

$k = 4,7$ (pirex).

18) Dois capacitores de capacitância 4 μF e 8 μF são ligados em paralelo por meio de uma diferença de potencial de 300 V. Calcular a energia total armazenada nos capacitores.

Resposta:

$U = 0,54$ J.

5 CORRENTE ELÉTRICA E RESISTÊNCIA

Luiz Tomaz Filho

5.1 INTRODUÇÃO

Até meados de 1786 não era possível se estabelecer um fluxo contínuo de cargas ou corrente de carga elétrica. Nesse ano, no entanto, o cientista Luigi Aloisio Galvani (1737-1798) observou um fato interessante quando submeteu as pernas de uma rã a um contato elétrico num circuito em que as extremidades nervosas eram ligadas em série por materiais condutores, incluindo metais diferentes. Uma sucessão de contrações musculares contínuas nas pernas da rã foi observada.

Outro acontecimento importante deu-se em 1800, quando Alessandro Volta (1745-1827) desenvolveu a primeira pilha utilizando metais diferentes, como placas de zinco e cobre separadas por tiras de pano umedecidas com uma solução de sal. Essas pilhas, que hoje recebem o nome de bateria, foram capazes de gerar quimicamente diferenças de potencial elétrico (ddp) e, quando ligadas a circuitos condutores, causavam o aparecimento de um fluxo de cargas ou corrente de carga elétrica.

A conexão entre a eletricidade e o magnetismo só seria descoberta no século XIX, mais precisamente em 1820, por Hans Cristian Oersted (1777-1851), que descobriu que a corrente elétrica influencia a orientação da agulha de uma bússola. Nesse mesmo ano, o físico francês André Marie Ampère demonstrou que um campo magnético era produzido por uma corrente elétrica estacionária.

5.2 CORRENTE ELÉTRICA

Sempre que uma carga está fluindo, podemos dizer que existe uma corrente. Para definir matematicamente a corrente, suponha que partículas carregadas estão se deslocando perpendicularmente em relação a uma superfície de área A, como na Figura 5.1. Essa área poderia ser de seção transversal de um fio, por exemplo. A corrente é definida como a taxa de carga elétrica que flui através dessa superfície. Se $\Delta Q = \Delta n e$ é a quantidade de carga que atravessa essa área no intervalo de tempo Δt, a corrente média i_{med} no intervalo de tempo é a razão entre a carga e o intervalo de tempo:

$$i_{med} = \frac{\Delta Q}{\Delta t} = e\frac{\Delta n}{\Delta t} \qquad (5.1)$$

Figura 5.1
Cargas em movimento através de uma área A.

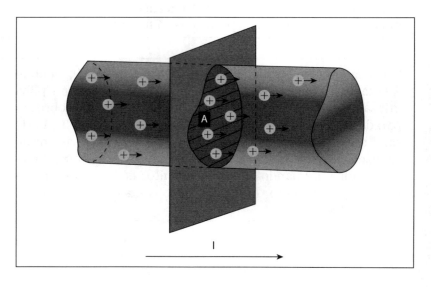

Corrente elétrica e resistência **151**

É possível que a taxa com que a carga flui varie com o tempo. Definimos a corrente instantânea i como o limite da intensidade de corrente média (i_{med}) para o intervalo de tempo Δt tendendo a zero:

$$i \equiv \lim_{\Delta t \to 0} \frac{\Delta Q}{\Delta t} = e \lim_{\Delta t \to 0} \frac{\Delta n}{\Delta t} = \frac{dQ}{dt} = e \frac{dn}{dt} \qquad (5.2)$$

A unidade SI da corrente é o ampère (A):

$$1 \text{ A} = 1 \text{ C/s}, \qquad (5.3)$$

ou seja, 1 A de corrente é equivalente a 1 C (coulomb) de carga atravessando uma área de seção transversal em 1 s (segundo).

Exemplo I

Uma corrente de 5,0 A percorre um condutor durante 4,0 min. (a) Quantos coulombs atravessam a seção transversal do condutor e (b) quantos elétrons atravessam a seção reta do condutor durante esse intervalo de tempo?

a) A carga elétrica é dada por:

$$\Delta q = i_{med} \Delta t = 5,0 \times (4,0 \times 60) = 1,2 \times 10^3 \text{ C}$$

b) O número de elétrons poderá ser calculado por:

$$\Delta n = \frac{i_{med} \Delta t}{e} = \frac{5,0 \times (4,0 \times 60)}{1,6 \times 10^{-19}} = 7,5 \times 10^2 \text{ elétrons.}$$

Exemplo II

Por meio de uma diferença de potencial periódica, estabelece-se a seguinte corrente elétrica alternada num condutor: $i = i_0 cos\left(\dfrac{2\pi}{T} t\right)$, onde i_0 e T representam, respectivamente, a intensidade de corrente máxima e o período de oscilação. Pede-se para determinar: (a) a carga elétrica e (b) o número de elétrons que cruza a seção reta do condutor durante o intervalo de tempo T/4.

a) Com o auxílio da equação (5.2), temos:

$$dQ = idt = i_0 \cos(\frac{2\pi}{T} t) dt$$

Integrando a expressão anterior teremos:

$$Q = \int_0^{T/4} \cos\left(\frac{2\pi}{T}t\right)dt = i_0 \frac{T}{2\pi}\left[\operatorname{sen}\left(\frac{2\pi}{T}t\right)\right]_0^{T/4} = \frac{i_0 T}{2\pi}$$

b) O número de elétrons é dado por:

$$Q = ne \Rightarrow n = \frac{Q}{e}$$

Em um fluxo de cargas (corrente), as partículas carregadas que fluem através de uma superfície, como na Figura 5.1, podem ser carregadas positiva ou negativamente, ou podemos ter os dois ou mais tipos de partículas que se deslocam, com cargas de ambos os sinais no fluxo. O sentido da corrente é convencionalmente definido na direção do fluxo de carga positiva, independentemente do sinal das partículas carregadas reais em movimento. Num condutor, a corrente é fisicamente devida ao movimento dos elétrons negativamente carregados. Consequentemente, quando falamos da corrente em tal condutor, a direção da corrente é oposta à direção do fluxo dos elétrons. Por outro lado, se considerarmos um feixe de prótons positivamente carregados num acelerador de partículas, a corrente está na direção do movimento dos prótons. É comum a referência a uma partícula carregada em movimento (positiva ou negativa) como um portador de carga móvel. Por exemplo, os portadores da carga num metal são os elétrons.

A Figura 5.2 ilustra um modelo estrutural que nos permitirá relacionar a corrente macroscópica ao movimento das partículas carregadas; para tanto, considere as partículas idênticas carregadas que se deslocam num condutor cuja área de seção transversal é A.

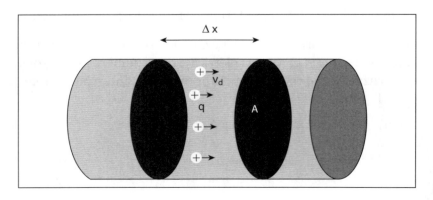

Figura 5.2 Uma parte de um condutor cilíndrico uniforme com área de seção transversal A.

O volume de um elemento do condutor de comprimento Δx é $V = A\Delta x$. Admita que n representa o número de portadores móveis de carga em quantidades N por unidade de volume (V), $n = N/V$. Assim, o número de portadores no elemento de volume é $N = nV = nA\Delta x$ e a carga móvel ΔQ nesse elemento é:

$$\Delta Q = \text{número de portadores} \times \text{carga por portador} =$$
$$= Nq = (nA\Delta x)q,$$

onde q é a carga em cada portador. Se os portadores se deslocam ao longo do comprimento do condutor e por meio de sua seção transversal com uma velocidade média constante chamada de velocidade de deriva (*drift*), v_d, a distância que percorrem num intervalo de tempo Δt é $\Delta x_d = v_d\Delta t$.

O tempo Δt deve ser escolhido de tal maneira que, durante esse intervalo de tempo, todos os portadores de carga no elemento do condutor deslocam-se para a direita de uma distância igual ao comprimento do elemento. Nesse caso, $\Delta x_d = \Delta x$ e $\Delta x = v_d\Delta t$, na Figura 5.2. Fazendo assim, toda a carga contida no elemento do condutor atravessa a área de seção transversal marcada na Figura 5.2. A quantidade de carga que atravessa essa área é:

$$\Delta Q = Nq = (nA\Delta x)q = (nAv_d\Delta t)q$$

Dividindo-se todos os termos dessa equação pelo intervalo de tempo Δt, durante o qual ocorre o fluxo de carga, veremos que a corrente no condutor é:

$$i = \frac{\Delta Q}{\Delta t} = nqv_d A \qquad (5.4)$$

A equação (5.4) relaciona uma corrente i macroscópica medida com a origem microscópica da corrente, a densidade dos portadores de carga n, a carga portadora q e a velocidade de deriva v_d.

Identificamos as partículas carregadas q se movimentando no interior de um fio condutor como sendo a velocidade média ao longo desse fio, mas os portadores de carga não estão se deslocando de maneira alguma em uma linha reta com velocidade v_d. Vamos supor um condutor em que os portadores de carga são elétrons livres. Quando não existe uma diferença de potencial através do condutor, esses elétrons realizam movimento aleatório, similar àquele das moléculas de gás visto anteriormente na teoria cinética (termodinâmica). Esse movimento aleatório está relacionado à temperatura do condutor. Os elétrons sofrem repetidas colisões com os átomos do metal, e o resultado é um movimento complicado, ou seja, caótico (Figura 5.3). Quando uma diferença de potencial é aplicada através do condutor, um campo elétrico é estabelecido no interior do condutor. O campo elétrico exerce uma força elétrica de arraste sobre os elétrons, que acelera os elétrons e, então, produz uma corrente. O movimento dos elétrons devido à força elétrica sobreposto ao seu movimento aleatório para fornecer uma velocidade média, cujo módulo, é a velocidade de deriva, v_d.

Figura 5.3
Uma representação esquemática do movimento caótico de um portador de carga em um condutor. As mudanças de sentido são devidas a colisões com átomos no condutor. Observe que a resultante do movimento dos elétrons está na direção oposta à direção do campo elétrico.

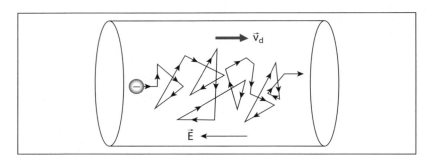

A densidade de corrente $\vec{J}$ no condutor é definida como a corrente por unidade de área. A partir da equação (5.4), obtemos a densidade de corrente,

$$J \equiv \frac{i}{A} = nqv_d \Rightarrow v_d = \frac{J}{nq}, \qquad (5.5)$$

onde $\vec{J}$ tem as unidades do SI, em ampères por metro quadrado ($\frac{A}{m^2}$).

Em termos microscópicos, a corrente elétrica é o produto escalar entre $\vec{J}$ e $d\vec{A}$, representando o fluxo dos portadores de carga elétrica:

$$i = \int \vec{J} \cdot d\vec{A} \qquad (5.6)$$

Convenciona-se dirigir o vetor $\vec{J}$ no sentido da corrente elétrica i.

Figura 5.4
A figura mostra o vetor $\vec{j}$, no sentido de i, formando um ângulo com o vetor $\overrightarrow{dA}$.

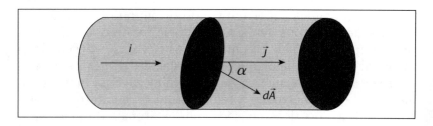

5.3 RESISTÊNCIA E RESISTIVIDADE

Consideremos dois condutores metálicos, de diâmetros e comprimentos iguais, porém, de naturezas diferentes. Quando submetidos à mesma diferença de potencial, circulam por eles correntes elétricas diferentes, embora apresentem em seu interior o mesmo campo elétrico. Aumentando-se o campo elétrico, no interior desses condutores, verifica-se experimentalmente que as correntes elétricas são proporcionalmente maiores. Por meio da equação (5.5) verifica-se que um maior valor na intensidade de corrente elétrica poderia ser causado somente por uma maior velocidade média de deslocamento (velocidade de deriva). Pode-se concluir, portanto, que a velocidade de deslocamento é diretamente proporcional ao campo elétrico no interior do condutor:

$$v_d = KE \, , \tag{5.7}$$

onde K é uma constante de proporcionalidade.

Substituindo-se (5.7) em (5.5) temos:

$$J \equiv \frac{I}{A} = nqv_d \Rightarrow J = nKqE \tag{5.8}$$

$$J = \sigma E \, , \tag{5.9}$$

onde $\sigma = nKq$ representa a condutividade elétrica do condutor. Ao inverso da condutividade chamaremos de resistividade, isto é:

$$\rho = \frac{1}{\sigma} \quad [\Omega m] \tag{5.10}$$

Substituindo-se (5.10) em (5.9) e resolvendo a equação em E, vamos obter:

$$E = \rho J = \rho \frac{i}{A} \tag{5.11}$$

Levando-se em consideração que o campo no interior do condutor é uniforme, pode-se escrever, para um comprimento L de condutor:

$$V = \int \vec{E} \cdot d\vec{L} = EL = \rho \frac{L}{A} i \tag{5.12}$$

Na expressão (5.12), o produto da resistividade pela razão entre o comprimento e a área do condutor é a resistência do condutor:

$$R = \rho \frac{L}{A} \qquad (5.13)$$

Se substituirmos (5.13) em (5.12), vamos encontrar:

$$V = Ri \Rightarrow R = \frac{V}{i} \qquad (5.14)$$

A resistência tem a unidade SI de volt por ampère (V/A), chamada de ohm (Ω). Assim, se uma diferença de potencial (ddp) de 1 V num condutor produz uma corrente de 1 A, a resistência do condutor é 1 Ω. Como outro exemplo, se um dispositivo elétrico ligado a uma fonte de 220 V transporta uma corrente de 10,0 A, sua resistência é 22 Ω.

Figura 5.5
Um condutor uniforme de comprimento L e área de seção transversal A. Uma diferença de potencial $V_b - V_a$ é mantida no condutor de maneira que existe um campo elétrico $\vec{E}$ no condutor, e esse campo produz uma corrente I proporcional à diferença de potencial.

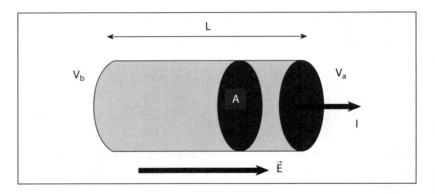

Para muitos materiais, incluindo os metais, experimentos mostram que a resistência é constante para grande parte das tensões aplicadas. Esse comportamento é conhecido como lei de Ohm, em homenagem a Georg Simon Ohm (1787-1854), que foi o primeiro a fazer um estudo sistemático da resistência elétrica.

Exemplo III

Dois condutores cilíndricos e coaxiais são soldados de acordo com a Figura 5.6. O condutor AB tem comprimento L_1, seção transversal S_1 e é constituído de um material homogêneo de condutividade σ_1, e o condutor BC tem comprimento L_2, seção

S_2, sendo constituído por um material homogêneo de condutividade σ_2. A corrente i percorre os cilindros coaxiais de A para C. Determinar:

a) a intensidade do campo elétrico no interior de cada condutor;
b) a diferença de potencial $V_A - V_C$;
c) a resistência R do conjunto.

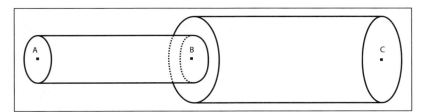

Figura 5.6

Solução:

a) Sendo $J = \sigma E$ e $J = \dfrac{i}{A}$, podemos escrever, para o condutor AB:

$$E_1 = \frac{J_1}{\sigma_1} = \frac{\frac{i}{A_1}}{\sigma_1} = \frac{i}{\sigma_1 A_1}$$

e, para o condutor BC:

$$E_2 = \frac{J_2}{\sigma_2} = \frac{\frac{i}{A_2}}{\sigma_2} = \frac{i}{\sigma_2 A_2}$$

b) $V_A - V_C = V_A - V_B + V_B - V_C$ ou

$$V_A - V_C = E_1(x_B - x_A) + E_2(x_C - x_B) = E_1 l_1 + E_2 l_2 \therefore$$

$$V_A - V_C = i\left(\frac{l_1}{\sigma_1 A_1} + \frac{l_2}{\sigma_2 A_2}\right)$$

c) $R = \dfrac{V_A - V_C}{I} \therefore R = \dfrac{l_1}{\sigma_1 A_1} + \dfrac{l_2}{\sigma_2 A_2} = R_1 + R_2$

5.4 VARIAÇÃO DA RESISTIVIDADE COM A TEMPERATURA

A resistividade depende da natureza de cada condutor e varia acentuadamente com a temperatura. Nos isolantes e semicondutores há uma frequente diminuição da resistividade com o aumento da temperatura, porém, nos metais, aumentando-se a temperatura, teremos um aumento da resistividade.

Consideraremos um condutor metálico de resistividade ρ_0 a 0 °C. Variando-se a temperatura de $\Delta\theta = \theta - 0 = \theta$ °C, verifica-se experimentalmente que a resistividade varia de $\Delta\rho = \rho - \rho_0$. Define-se o coeficiente de temperatura médio como:

$$\alpha_{méd} = \frac{1}{\rho_0}\frac{\Delta\rho}{\Delta\theta},$$

(5.15)

que depende da natureza de cada condutor e cuja unidade no SI é [°C^{-1}]. Pode-se obter da expressão (5.6) que:

$$\rho = \rho_0\left[1 + \alpha_{méd}\theta\right]$$

(5.16)

A Tabela 5.1 apresenta algumas características físicas de alguns condutores.

Tabela 5.1 Características físicas de alguns condutores.

Metais	ρ (Ωm) a 20 °C	$\alpha_{méd}$ (°C^{-1})	μ (g/cm^3)
Al	$2,8 \cdot 10^{-8}$	$3,9 \cdot 10^{-3}$	2,7
Cu	$1,7 \cdot 10^{-8}$	$3,9 \cdot 10^{-3}$	8,9
Carvão	$3,5 \cdot 10^{-5}$	$-5,0 \cdot 10^{-4}$	1,9
Fe	$1,0 \cdot 10^{-7}$	$5,0 \cdot 10^{-3}$	7,8
Ni	$7,8 \cdot 10^{-8}$	$6,0 \cdot 10^{-3}$	8,9
Ag	$1,6 \cdot 10^{-8}$	$3,8 \cdot 10^{-3}$	10,5
Aço	$1,8 \cdot 10^{-7}$	$3,0 \cdot 10^{-3}$	7,7

Exemplo IV

O enrolamento de um motor elétrico é feito com fio de cobre. Antes de o motor começar a trabalhar, sua resistência interna é igual a 100 Ω, à temperatura de 20 °C. Depois de estar trabalhando durante 5,0 h, sem interrupção, qual é sua temperatura, se sua resistência interna é igual a 150 Ω? Despreze as variações no comprimento e diâmetro do fio com a temperatura.

Solução:

Multiplicando (5.16) por L, comprimento do fio, e dividindo por A, a área de sua seção reta, temos:

$$R_2 = R_0 \left[1 + \alpha_{méd} \theta_2 \right] e$$

$$R_1 = R_0 \left[1 + \alpha_{méd} \theta_1 \right]$$

Dividindo a primeira equação pela segunda, multiplicando e dividindo pelo conjugado do denominador e desprezando α_{med}^2, teremos:

$$R_2 \cong R_1 \left[1 + \alpha_{méd} \left(\theta_2 - \theta_1 \right) \right] \tag{5.17}$$

Extraindo o valor de θ_2 em (5.17), temos:

$$\theta_2 = \theta_1 + \frac{R_2 - R_1}{R_1 \alpha_{méd}}$$

$$\theta_2 = 20 + \frac{150 - 100}{100 \times 3,9 \times 10^{-3}} = 148\,°C$$

5.5 LEI DE OHM

A lei de Ohm não é uma lei fundamental da natureza, mas uma relação empírica válida somente para determinados materiais e dispositivos e para determinadas condições. Assim, se aplicarmos aos extremos de um condutor, mantido à temperatura constante, em experiências sucessivas, as diferenças de potenciais V_1, V_2, ... V_n e medirmos em cada caso, as respectivas correntes elétricas, i_1, i_2, ... i_n, é possível obter, para diferenças de potenciais não muito grandes, que:

$$\frac{V_1}{i_1} = \frac{V_2}{i_2} = \ldots = \frac{V_n}{i_n} = R \tag{5.18}$$

Os materiais ou os dispositivos que obedecem à lei de Ohm e, portanto, têm uma resistência constante numa vasta escala de tensões, são chamados de ôhmicos. Os materiais ou dispositivos que não obedecem à lei de Ohm são chamados de não ôhmicos.

Figura 5.7
(a) A curva da corrente em função da tensão para um dispositivo ôhmico. A curva é linear e a inclinação fornece a resistência do condutor.
(b) Uma curva não linear da corrente em função da tensão para um diodo semicondutor. Esse dispositivo não obedece à lei de Ohm.

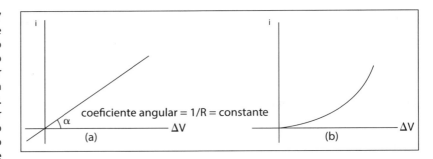

Os materiais ou dispositivos ôhmicos têm uma relação linear entre a tensão e a corrente numa ampla gama de tensões aplicadas, como mostra a representação gráfica na Figura 5.7a; já os não ôhmicos têm uma relação não linear entre a corrente e a tensão, como mostra a Figura 5.7b, por exemplo. É importante lembrar que o diodo é um dispositivo semicondutor comum não ôhmico, sendo um elemento de circuito que age como uma válvula de sentido único para a corrente. Sua resistência é pequena para correntes num sentido (ΔV positivo), e grande para correntes no sentido inverso (ΔV negativo). A maioria dos dispositivos eletrônicos modernos, tais como transístores, tem relações não lineares entre a corrente e a tensão. As operações desses dispositivos dependem muito da forma como interferem na lei de Ohm.

Um resistor é um elemento simples do circuito que fornece uma resistência especificada num circuito elétrico e é representado pelo símbolo ilustrado na Figura 5.8.

Figura 5.8
Símbolo de um resistor dentro de um circuito.

Podemos expressar a equação (5.18) na forma:

$$V \equiv Ri \qquad (5.19)$$

5.6 ENERGIA ELÉTRICA (U) E POTÊNCIA (P)

Quando uma bateria é usada para criar uma corrente elétrica num condutor, há uma transformação contínua da energia química na bateria em energia cinética dos elétrons e em energia interna no condutor, tendo como consequência um aumento na temperatura do condutor.

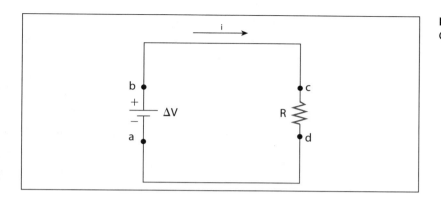

Figura 5.9
Circuito elétrico.

Em circuitos elétricos como os da Figura 5.9, a energia é transferida de uma fonte, tal como uma bateria, para algum dispositivo, como uma lâmpada ou um receptor de televisão. A partir do circuito ilustrado na Figura 5.9, vamos determinar uma expressão que nos permita calcular a taxa dessa transferência de energia. Devemos então imaginar que a energia esteja sendo transferida para um resistor.

Como os fios de conexão também têm resistência, parte da energia vai para os fios e parte da energia vai para o resistor. Vamos supor que a resistência nos fios seja tão pequena quando comparada com a resistência do elemento de circuito que a energia transferida para os fios seja praticamente desprezível.

Analisemos agora a transferência de energia do circuito em que uma bateria é ligada a um resistor de resistência R, como na Figura 5.9. Imagine que seguimos o percurso de uma quantidade positiva da carga Q em torno do circuito a partir do ponto a, passando através da bateria e do resistor e voltando para a. O ponto a é um ponto de referência no qual o potencial é definido como zero. Identificamos o circuito inteiro como nosso sistema. Quando a carga vai de a para b através da bateria, cuja diferença de potencial é ΔV, a energia potencial elétrica (U) do sistema aumenta em $Q\Delta V$ e a energia química na bateria diminui na mesma quantidade. Contudo, quando a carga se desloca de c para d através do resistor, o sistema perde essa energia potencial elétrica durante as colisões com os átomos no resistor. Nesse processo, a energia é transformada em energia interna correspondente ao aumento do movimento vibracional dos átomos no resistor. Como desprezamos a resistência dos fios de ligação, nenhuma transformação de energia ocorre nos trechos bc e da. Quando a carga retorna ao ponto a, o resultado líquido é que parte da energia química na bateria foi para o resistor e permanece nele como energia interna associada com a vibração molecular.

O resistor está normalmente em contato com o ar, de modo que o aumento da sua temperatura resulta em transferência de energia, pelo calor, para o ar. Além disso, a irradiação térmica ocorre a partir do resistor, o que nos mostra claramente outra forma de perda de energia. Depois de algum tempo, o resistor permanece a uma temperatura constante, quando a entrada da energia proveniente da bateria é equilibrada pela saída da energia pelo calor. Alguns dispositivos elétricos incluem dissipadores de calor conectados em algumas partes do circuito para impedir que estas alcancem temperaturas muito elevadas.

Consideremos agora a taxa a que o sistema perde energia potencial elétrica quando a carga Q atravessa o resistor:

$$\frac{dU}{dt} = (Q\Delta V) = \frac{dQ}{dt}\Delta V = i\Delta V \qquad (5.20)$$

onde i é a corrente no circuito. Lembramos que essa energia potencial é devida à carga que atravessa a bateria, proveniente da energia química da bateria. A taxa a que o sistema perde energia potencial quando a carga atravessa o resistor é igual à taxa a que o sistema ganha energia interna no resistor. Assim, a potência representando a taxa a que a energia é fornecida para o resistor é dada por:

$$P = i\Delta V \qquad (5.21)$$

Esse resultado foi estabelecido a partir de uma bateria fornecendo energia para um resistor. Entretanto, a equação (5.21) pode ser usada para determinar a potência transferida de uma fonte de tensão para qualquer dispositivo que transporta uma corrente i e tem uma diferença de potencial ΔV entre seus terminais.

Usando a equação (5.21) e o fato de que $\Delta V = iR$ para um resistor, podemos expressar a potência entregue ao resistor de outras formas:

$$P = i^2 R = \frac{(\Delta V)^2}{R} \qquad (5.22)$$

A unidade SI de potência é o watt, que corresponde a J/s. A potência fornecida a um condutor de resistência R é frequentemente chamada de uma perda $i^2 R$.

5.7 FORÇA ELETROMOTRIZ

A Figura 5.10 representa um gerador, de força eletromotriz ε_{med} e resistência interna r, e a resistência R, externa, ligada aos extremos do gerador. O gerador tem a propriedade de fazer a carga ΔQ aumentar sua energia potencial de ΔU^*. À razão entre ΔU^* e ΔQ chamaremos de força eletromotriz do gerador, a saber:

$$\varepsilon_{med} = \frac{\Delta U^*}{\Delta Q} \qquad (5.23)$$

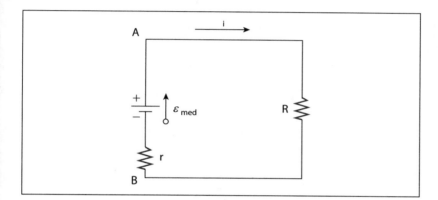

Figura 5.10
Circuito simples, constituído de um gerador e de uma resistência.

Através das equações (5.23) e (5.1) podemos obter a energia fornecida ao circuito pelo gerador:

$$\Delta U^* = \varepsilon_{med} \Delta Q = \varepsilon_{med} i \Delta t \qquad (5.24)$$

onde

$$P^* = i \varepsilon_{med} \qquad (5.25)$$

representa a energia, por unidade de tempo, fornecida pelo gerador.

Exemplo V

a) Determine na figura (5.10), através da conservação de energia, a intensidade de corrente elétrica i.

b) Qual é a diferença de potencial entre os pontos A e B?

c) Qual é a potência dissipada em R?

d) Mostre que a potência dissipada em R seria máxima se $R = r$.

e) Qual é o valor dessa potência máxima?

Solução:

a) A energia fornecida pelo gerador no intervalo de tempo Δt é dada por:

$$\Delta U^{*} = \varepsilon_{med}\Delta Q = \varepsilon_{med}i\Delta t$$

As energias dissipadas em r e R são, respectivamente,

$$\Delta U_{(r)} = ri^{2}\Delta t \quad \text{e}$$

$$\Delta U_{(R)} = Ri^{2}\Delta t$$

Pela conservação da energia, temos:

$$\varepsilon_{med}i\Delta t = ri^{2}\Delta t + Ri^{2}\Delta t$$

Simplificando a equação e resolvendo na corrente elétrica, temos:

$$i = \frac{\varepsilon_{med}}{r + R}$$

b) A diferença de potencial entre os pontos A e B é dada por:

$$\Delta V = V_{A} - V_{B} = Ri$$

$$V_{A} - V_{B} = \varepsilon_{med}\frac{R}{r + R}$$

c) A potência dissipada em R poderá ser calculada por:

$$P = i^{2}R$$

$$P = \varepsilon_{med}^{2}\frac{R}{(r + R)^{2}}$$

d) Encontra-se a potência máxima derivando-se a equação acima e igualando-se a zero, isto é:

$$\frac{dP}{dR} = \varepsilon_{med}^{2}\frac{d}{dR}\left[\frac{R}{(r + R)^{2}}\right]$$

$$\frac{dP}{dR} = \varepsilon_{med}^2 \frac{\left[(r+R)^2 - R2(r+R)\right]}{(r+R)^4}$$

$$\frac{dP}{dR} = \varepsilon_{med}^2 \frac{[r-R]}{(r+R)^3}$$

Essa derivada se anula quando $R = R_0$:

$$\left[\frac{dP}{dR}\right]_{R=R_0} = \varepsilon_{med}^2 \frac{[r-R_0]}{(r+R_0)^3} \text{ , portanto:}$$

$$R_0 = r$$

e)
$$P_{max} = \varepsilon_{med}^2 \frac{R_0}{(r+R_0)^2}$$

$$P_{max} = \frac{\varepsilon_{med}^2}{4r}$$

5.8 LEIS DE KIRCHHOFF

Os princípios da conservação de energia e da conservação da carga elétrica podem ser apresentados de uma maneira simples para solucionar circuitos relativamente complicados. As duas leis de Kirchhoff são, na realidade, estes princípios:

Lei das malhas: a soma algébrica de todas as diferenças de potenciais numa malha é nula,

$$\sum_{i=1}^{n} V_i = 0 \tag{5.26}$$

Lei dos nós: a soma algébrica das correntes num nó é nula,

$$\sum_{i=1}^{n} i_i = 0 \tag{5.27}$$

Para se aplicar nos circuitos as leis de Kirchhoff, devemos convencionar o seguinte:

a) Quando uma resistência (R) é percorrida no mesmo sentido da corrente, ao atravessar essa resistência teremos uma queda de potencial, $-Ri$; no sentido oposto da corrente elétrica teremos um acréscimo de potencial, $+Ri$.

b) Quando uma fonte de força eletromotriz é atravessada no sentido de ε, teremos +ε; no sentido contrário, −ε.

c) As correntes que convergem para um nó serão consideradas positivas; as que divergem, evidentemente, negativas.

Exemplo VI

a) Determinar a corrente elétrica no circuito indicado pela Figura 5.11.

b) Qual é o valor da resistência equivalente R_s que, substituindo os resistores R_1, R_2 e R_3, não altera a corrente no circuito?

Figura 5.11
Circuito de malha única.

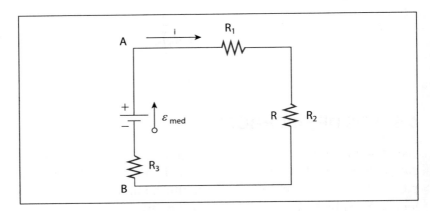

Solução:

a) Pela lei das malhas:

$$\varepsilon - R_1 i - R_2 i - R_3 i = 0$$

Tirando-se o valor de i:

$$i = \frac{\varepsilon}{R_1 + R_2 + R_3} \qquad (5.28)$$

b) Para um único resistor R_s:

$$\varepsilon - R_s = 0$$

Tirando-se o valor de i:

$$i = \frac{\varepsilon}{R_s} \qquad (5.29)$$

Como R_s não altera a corrente elétrica no circuito, deverá ser:

$$R_s = R_1 + R_2 + R_3 \qquad (5.30)$$

Para um sistema formado por n resistores em série, temos:

$$R_s = \sum_{i=1}^{n} R_i \qquad (5.31)$$

Exemplo VII

a) Determine as correntes i, i_1 e i_2 no circuito da Figura 5.12.

b) Qual é o valor da resistência equivalente (R_p) que, substituindo os resistores R_1 e R_2, não altera a corrente i?

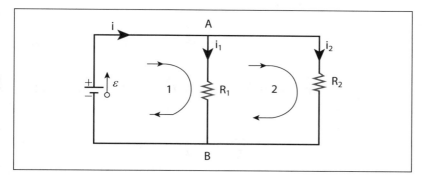

Figura 5.12
Circuito de múltiplas malhas.

a) Na malha 1:

$$\varepsilon - R_1 i_1 = 0 \therefore$$

$$i_1 = \frac{\varepsilon}{R_1} \qquad (5.32)$$

Na malha 2:

$$\varepsilon - R_2 i_2 = 0$$

$$i_2 = \frac{\varepsilon}{R_2} \qquad (5.33)$$

No nó A:

$$i - i_1 - i_2 = 0$$

$$i = i_1 + i_2 \tag{5.34}$$

Substituindo-se (5.32) e (5.33) em (5.34), temos:

$$i = \varepsilon\left(\frac{1}{R_1} + \frac{1}{R_2}\right) \tag{5.35}$$

b) Para um único resistor, temos:

$$\varepsilon - R_p i = 0$$

$$i = \frac{\varepsilon}{R_p} \tag{5.36}$$

Como a corrente i não se altera, podemos igualar (5.35) com (5.36) e obter:

$$\frac{1}{R_p} = \frac{1}{R_1} + \frac{1}{R_2} \tag{5.37}$$

Para um sistema formado por n resistores em paralelo, temos:

$$\frac{1}{R_p} = \sum_{i=1}^{n} \frac{1}{R_i} \tag{5.38}$$

Exemplo VIII

Determinar a resistência equivalente (R_{eq}) entre os pontos A e B da associação dada pela Figura 5.13, sendo $R_1 = 10\ \Omega$ e $R_2 = 15\ \Omega$.

Figura 5.13

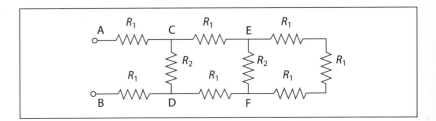

Solução:

A resistência equivalente no trecho à direita de EF é equivalente a R_{EF}, de forma que:

$$\frac{1}{R_{EF}} = \frac{1}{3R_1} + \frac{1}{R_2}$$

Substituindo os valores numéricos, obtemos:

$$R_{EF} = \frac{3 \times 10 \times 15}{3 \times 10 + 15} = 10\,\Omega$$

Sendo $R_{EF} = R_1$, concluímos que a resistência à direita de CD é $R_{CD} = R_{EF} = R_1 = 10\ \Omega$.

Finalmente: $R_{AB} = R_1 + R_{CD} + R_1 = 3\,R_1 = 30\ \Omega$

Exemplo IX

No circuito esquematizado pela Figura 5.14 são dados: $\varepsilon_1 = 10$ V; $\varepsilon_2 = 90$ V; $R_1 = 5\ \Omega$; $R_2 = 45\ \Omega$ e $R_3 = 18\ \Omega$. Determinar:

a) as correntes i_1, i_2 e i_3;

b) as funções dos bipolos ε_1 e ε_2, se gerador ou receptor;

c) a potência dissipada por efeito Joule no circuito.

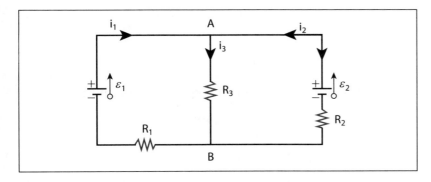

Figura 5.14

Solução:

a) Para determinar i_1, i_2 e i_3, podemos aplicar as leis de Kirchhoff. Adotando os referenciais de tensão e de corrente indicado no esquema, para as malhas I e II, temos, respectivamente:

Malha I:

$$\varepsilon_1 - R_1 i_1 - R_3 i_3 = 0$$

Malha II:
$$\varepsilon_2 - R_2 i_2 - R_3 i_3 = 0$$

Nó B:
$$-i_1 - i_2 + i_3 = 0,$$

Figura 5.15

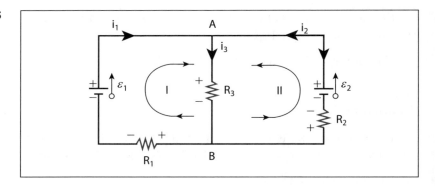

Substituindo os dados numéricos, temos:
$$-10 + 5i_1 + 18i_3 = 0$$

$$-90 + 45i_2 + 18i_3 = 0$$

$$i_1 + i_2 - i_3 = 0$$

Resolvendo o sistema de equações, obtemos:
$$i_1 = -0,88\,A; i_2 = 1,68\,A; i_3 = 0,8\,A$$

b) ε_1 é receptor e ε_2 é gerador.

c) $P_d = R_1 i_1^2 + R_2 i_2^2 + R_3 i_3^2 = 5(0,88)^2 + 45(1,68)^2 + 18(0,8)^2$
$P_d = 142,4\ W$

EXERCÍCIOS COM RESPOSTAS

1) Para acionar um motor de arranque de um automóvel, uma bateria de 12,0 V fornece 30,0 A durante 3,0 s. Qual foi a energia elétrica fornecida pela bateria?

Resposta:

ΔU = 1080 J.

Corrente elétrica e resistência   171

2) Para acionar um motor de arranque de um automóvel, uma bateria de 12,0 V fornece 20,0 A durante 4,0 s. Qual foi a energia elétrica fornecida pela bateria?

Resposta:

$\Delta U = 960$ J.

3) Por um condutor de prata, de seção transversal $1,0 \times 10^{-4}$ m^2, circula uma corrente de 20 A. Pede-se calcular:

a) a densidade de corrente;

b) o campo elétrico;

c) a resistência por unidade de comprimento;

d) a potência dissipada por unidade de comprimento.

Respostas:

a) $2,0 \times 10^5$ A/m^2;

b) $3,2 \times 10^{-3}$ V/m;

c) $1,6 \times 10^{-4}$L Ω/m;

d) $6,4 \times 10^{-2}$L W/m.

4) Por um condutor de alumínio, de seção transversal $0,5 \times 10^{-4}$ m^2, circula uma corrente de 15 A. Pede-se calcular:

a) a densidade de corrente;

b) o campo elétrico;

c) a resistência por unidade de comprimento;

d) a potência dissipada por unidade de comprimento.

Respostas:

a) $3,0 \times 10^5$ A/m^2;

b) $2,8 \times 10^{-3}$ V;

c) $5,6 \times 10^{-4}$L Ω/m;

d) $1,26 \times 10^{-1}$L W/m.

5) Um condutor cilíndrico de cobre, de comprimento L_0 e diâmetro D_0, apresenta resistência elétrica R_0. Quais são: (a) o comprimento L e (b) o diâmetro D de outro condutor, também de cobre, se sua resistência é quatro vezes R_0? As massas dos condutores são iguais.

Respostas:

a) $L = 2L_0$;

b) $D = D_0 \dfrac{\sqrt{2}}{2}$

6) Um condutor cilíndrico de alumínio, de comprimento L_0 e diâmetro D_0, apresenta resistência elétrica R_0. Quais são: (a) o comprimento L e (b) o diâmetro D de outro condutor, também de alumínio, se sua resistência é a metade da resistência R_0? As massas dos condutores são iguais.

Respostas:

a) $L = \dfrac{L_0 \sqrt{2}}{2}$;

b) $D = D_0 \sqrt[4]{2}$.

---

7) A correia de um gerador eletrostático mede 50,0 cm de largura e desloca-se com velocidade constante de 20,0 m/s. A correia conduz carga para uma esfera à razão de $1,0 \times 10^{-15}$ A. Qual é a densidade superficial de carga na correia?

Resposta:

$\sigma = 1,0 \times 10^{-16}$ A/m^2.

---

8) Uma corrente de 10 mA percorre um fio de prata de diâmetro 1,0 mm. Calcule a velocidade média de deslocamento dos elétrons. Dados: $M_0 = 107,9$ g/mol; $\mu = 10,5$ g/cm^3; $N_A = 6,0 \times 10^{23}$ mol^{-1}).

Resposta:

$v = 1,36 \times 10^{-6}$ m/s.

---

9) A resistividade de um condutor varia com a temperatura de acordo com a expressão:

$$\rho = \rho_0 \left(1 - 5\theta + \theta^2\right)\left[\Omega m\right]$$

Qual é a temperatura em que esse condutor apresenta menor resistência?

Resposta:

$\theta = 2,5$ °C.

---

10) A carga num circuito varia conforme a equação

$$q = q_0 t + q_1 e^{-t}$$

Determine:

a) a corrente elétrica no circuito;

b) a potência elétrica dissipada pelo circuito, que tem uma resistência R;

c) a energia dissipada pelo circuito entre os instantes de tempo $t = 0$ e $t = 1$ s.

Respostas:

a) $i = q_0 - q_1 e^{-t}$;

b) $P = R(q_0^2 - 2q_0 q_1 e^{-t} + q_1^2 e^{-2t})$;

c) $U = R(q_0^2 + 2q_0 q_1 (e^{-1} - 1) + q_1^2/2(1 - e^{-2})i$.

11) Você tem um chuveiro elétrico de 4500 W – 220 V. Para que esse chuveiro forneça a mesma potência na sua instalação, de 110 V, qual deve ser a nova resistência para esse chuveiro?

Resposta:

$R = 2{,}7 \, \Omega$.

12) A densidade de corrente elétrica num condutor circular de raio R é diretamente proporcional à distância ao eixo do condutor, isto é:

$$J = K \cdot r,$$

onde K é uma constante e $0 \leq r \leq R$. Calcule a corrente total que percorre o condutor.

Resposta:

$R = 2\pi K R^3/3$.

13) Uma lâmpada é constituída por dois filamentos conforme mostra a Figura 5.16. Por meio de um interruptor, podemos ligar AB, AC ou BC à rede elétrica de 120 V. Quando a lâmpada está ligada por AC, a potência dissipada é 50 W, e de 75 W quando ligada em AB.

a) Quais são os valores de R e R_1?

b) Qual é a potência dissipada quando ligada em BC?

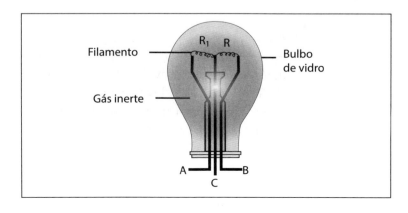

Figura 5.16
Lâmpada com dois filamentos.

Respostas:

a) $R_1 = 286\,\Omega$; $R = 190\,\Omega$;

b) $P_R \cong 75,8\,\text{W}$

14) Um elétron no átomo de hidrogênio descreve uma órbita de raio $r = 0,53\,°\text{A}$ em torno do próton. Qual é, neste caso, a corrente elétrica circulando em torno do próton? ($m_e = 9,1 \times 10^{-21}$ kg; $-e = 1,6 \times 10^{-19}$ C).

Resposta:

$i = 0,11$ pA.

15) Calcule no circuito da Figura 5.17:

a) a corrente elétrica;

b) a potência dissipada em R.

Figura 5.17

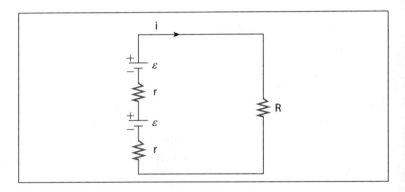

Respostas:

a) $i = 2\varepsilon/(R + 2r)$;

b) $P = R\left(\dfrac{2\varepsilon_0}{R + 2r}\right)^2$

16) Considere uma resistência variável de $0 - 100\,\Omega$, no circuito da Figura 5.18. A que valor deve se ajustar a resistência variável para que a diferença de potencial (ddp) entre os pontos A e B seja 10 V? Considere: $R = 10\,\Omega$, $\varepsilon_1 = 30$ V e $\varepsilon_2 = 20$ V.

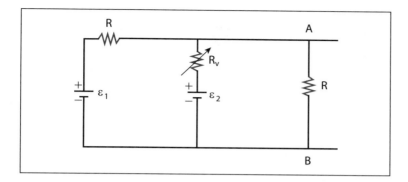

Figura 5.18
Circuito com resistência variável (*Rv*).

Resposta:

$Rv = 30\ \Omega$.

17) O circuito da Figura 5.19, chamado ponte de Wheatstone, contém três resistências R_1, R_2 e R_v, que é variável. A resistência que se deseja medir é R_x. Diz-se que a ponte está em equilíbrio quando a corrente elétrica no galvanômetro for nula, e nessas condições é válida a relação:

$$R_x R_2 = R_1 R_v$$

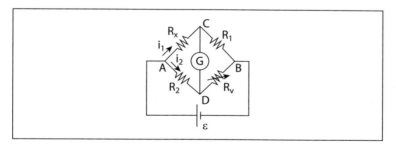

Figura 5.19
Variando-se R_v, com valores conhecidos, ajusta-se uma corrente nula no galvanômetro e consegue-se determinar R_x por meio da relação acima.

Prove a relação acima.

18) A lâmpada da Figura 5.20, de 240 Ω, e uma resistência variável R estão ligadas em série a uma fonte de 120 V.

  a) Qual é a potência de dissipação na lâmpada se $R = 0$?

  b) Qual será o valor de R quando a potência dissipada na lâmpada for de 50 W?

Figura 5.20

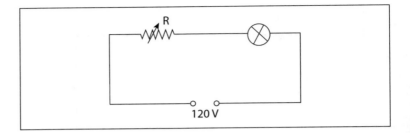

Respostas:

a) P = 60 W

b) R = 48 Ω.

19) Determine na Figura 5.21 a diferença de potencial entre os pontos A e B.

Figura 5.21

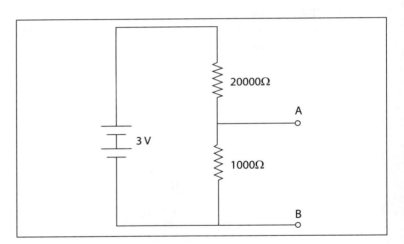

Resposta:

$V_{AB} = 3/5$ V.

20) Determine a resistência equivalente entre os terminais A e B do circuito ilustrado pela Figura 5.22.

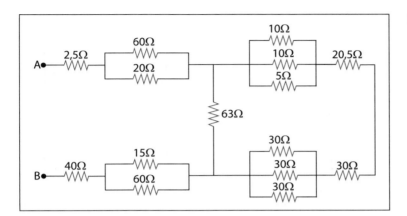

Figura 5.22

Resposta:

$R_{eq} = 101\ \Omega$.

21) Determine a resistência equivalente entre os terminais A e B da associação de resistores mostrada na Figura 5.23.

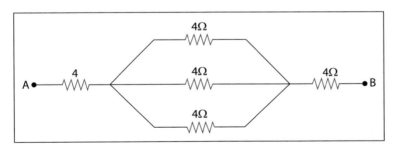

Figura 5.23

Resposta:

$R_{eq} = 8{,}75\ \Omega$.

22) Determinar as correntes nos ramos do circuito ilustrado pela Figura 5.24.

Figura 5.24

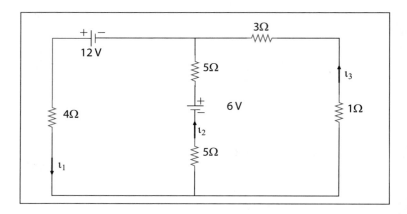

Respostas:

$i_1 = 2$ A; $i_2 = 1$ A; $i_3 = 1$ A.

CAMPO MAGNÉTICO E FORÇA MAGNÉTICA

Gilberto Marcon Ferraz

Nosso cotidiano está cercado de aplicações tecnológicas dos fenômenos eletromagnéticos, desde o conforto e praticidade propiciados pela energia elétrica até os computadores e aparelhos celulares (veja a Figura 6.1). Tudo isso é fruto da compreensão desses fenômenos. O estudo do magnetismo inicia-se com o conceito de campo magnético e de seu efeito, a força magnética.

Figura 6.1
Foto da parte interna do disco rígido de um computador (Fonte: Ciência Hoje, 2010).

6.1 O CAMPO MAGNÉTICO

Historicamente, os primeiros relatos de *magnetismo* são de aproximadamente 800 a.C., em uma região da Grécia chamada Magnésia, que significa "lugar das pedras mágicas" – pedras que possuíam a propriedade de se atrair mutuamente, bem como a de atrair peças de ferro. Essas pedras constituem o mineral chamado *magnetita*, cuja fórmula química é dada por Fe_3O_4, e formam os ímãs naturais.

Os ímãs possuem dois polos: norte e sul. Polos iguais se repelem e polos diferentes se atraem – veja a Figura 6.2. Esse comportamento é semelhante ao das cargas elétricas, porém, até hoje não há evidências experimentais que comprovem que os polos de um ímã possam ser separados, formando cargas magnéticas (ou monopolos). Se um ímã for dividido em várias partes, cada parte formará um novo ímã, sempre com os polos norte e sul, independentemente de seu tamanho.

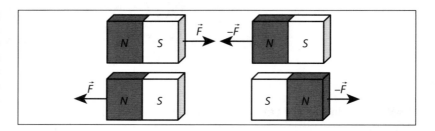

Figura 6.2
Dois ímãs se atraem quando são aproximados pelos polos opostos e se repelem quando são aproximados pelos mesmos polos.

Uma aplicação importante dos primórdios do magnetismo foi a *bússola*. Sua origem está ligada a um tabuleiro de adivinhação, desenvolvido pelos chineses possivelmente em 200 a.C., que usava uma colher feita de pedra-ímã (magnetita) conhecida como a "agulha que aponta para o sul". Com o passar do tempo, as pedras-ímã foram montadas sobre pinos para que girassem livremente e, a partir do século VI, foram substituídas por agulhas de ferro magnetizadas por contato, assumindo uma configuração próxima à da bússola atual.

O alinhamento da agulha magnética de uma bússola com a direção norte-sul evidencia a existência do campo magnético terrestre, representado na Figura 6.3. Esse alinhamento acontece porque o polo norte da agulha é atraído pelo polo sul magnético da Terra. Note que os polos magnético e geográfico são invertidos; o polo norte magnético está situado próximo do polo sul geográfico, e o polo sul magnético, próximo do polo norte geográfico. A direção do eixo de rotação da Terra (direção Norte-Sul verdadeira) não coincide com o eixo de simetria magnética. A diferença angular entre essas duas direções é chamada de *declinação magnética*. Essa diferença varia conforme a localização do observador e pode atingir valores superiores a 30°. Além disso, em geral, o campo magnético não está disposto paralelamente à superfície da Terra; existe uma inclinação entre eles, chamada de *inclinação magnética*.

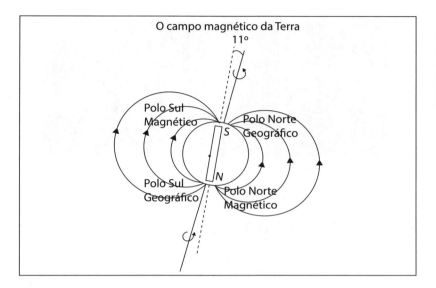

Figura 6.3
Representação do campo magnético terrestre. As linhas de campo assemelham-se àquelas produzidas por um ímã em forma de barra.

Por qual razão esse campo magnético existe? Como será estudado mais adiante, uma corrente elétrica pode criar campo magnético. Então, atualmente se acredita que esse campo é gerado por intensas correntes elétricas no núcleo líquido (metais fundidos) do planeta. Também é interessante mencionar que o campo magnético terrestre inverte seu sentido de tempos em tempos, geologicamente falando, em intervalos que variam de 300 a 500 mil anos.

O campo magnético é uma grandeza vetorial e suas características (módulo, direção e sentido) variam em função de cada ponto do espaço. O campo magnético é representado por meio do vetor $\vec{B}$ e uma maneira de visualizá-lo é através das chamadas linhas de campo. Uma linha de campo magnético é uma curva imaginária que passa por uma região do espaço tal que sua tangente em um determinado ponto tenha a direção e o sentido do vetor $\vec{B}$ naquele local. As linhas do campo magnético terrestre estão representadas na Figura 6.3. Perceba que as linhas possuem sentido; neste caso, elas saem do hemisfério Sul e entram no hemisfério Norte. As linhas de campo sempre saem do polo Norte magnético e entram no polo Sul magnético e formam linhas fechadas, pois até hoje não foi observado nenhum monopolo magnético e, consequentemente, diz-se que o campo magnético não diverge. A Figura 6.4 mostra as linhas de campo magnético de ímãs permanentes obtidas através do alinhamento de limalhas de ferro. Na mesma figura é desenhado um vetor $\vec{B}$ para certo ponto do espaço.

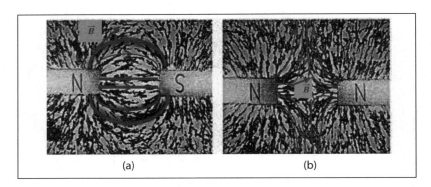

Figura 6.4
Linhas de campo magnético entre dois ímãs permanentes, visualizadas com o auxílio de limalha de ferro.
(a) Polos diferentes e (b) polos iguais. Algumas linhas foram ressaltadas, e o sentido das linhas foi inserido. O vetor campo magnético em um dado ponto sempre é tangente à linha de campo que passa por esse ponto.

6.2 FORÇA MAGNÉTICA

Uma carga elétrica q que se move nas proximidades de um campo magnético $\vec{B}$ sofrerá a ação de uma força magnética $\vec{F}_m$, cujo módulo é diretamente proporcional ao valor da carga elétrica, à intensidade do campo magnético e ao módulo da velocidade da carga. Porém, não basta apenas que haja movimento. Se os vetores velocidade e campo magnético forem paralelos, a força magnética não aparece, conforme desenho da Figura 6.5a. O módulo dessa força também depende do ângulo entre os vetores $\vec{v}$ e $\vec{B}$ e será máximo quando θ = ± 90° (Figuras 6.5b e 6.5c). Portanto, tem-se que:

$$|\vec{F}_m| = |q| \times |\vec{v}| \times |\vec{B}| \times \operatorname{sen}\theta \qquad (6.1)$$

As observações experimentais indicam que a direção da força magnética será sempre perpendicular aos vetores velocidade e campo magnético, e seu sentido obedece à *regra da mão direita* quando a carga elétrica for *positiva*. Observe a Figura 6.5 novamente. Com a mão direita aberta, gire os dedos da mão no mesmo sentido que o vetor $\vec{v}$ giraria em direção ao vetor $\vec{B}$ (menor ângulo). O polegar apontará na direção da força magnética.

Vale a pena ressaltar que, caso a carga elétrica seja negativa, o sentido da força será oposto àquele determinado pelo polegar da mão direita.

Agrupando todas as informações acima, chega-se à conclusão de que a força magnética é calculada por meio da seguinte equação vetorial:

$$\vec{F}_m = q \cdot (\vec{v} \times \vec{B}) \qquad (6.2)$$

A partir desse momento, pode-se discutir a unidade de medida de campo magnético no Sistema Internacional. Por meio da equação (6.2) tem-se que a unidade de intensidade de campo magnético é dada por:

$$[B] = \frac{[F]}{[q] \times [v]} = \frac{N \times s}{C \times m} = \frac{N}{A \times m} = \text{tesla} = T$$

A unidade tesla é uma homenagem ao cientista e engenheiro sérvio-americano Nikola Tesla.

Apenas para ter uma ideia quantitativa desta unidade, o campo magnético terrestre possui uma intensidade de aproximadamente 20 µT na região da grande São Paulo. Por outro lado, para exemplificar um campo magnético intenso, deve-se lembrar do aparelho de imagem por ressonância magnética encontrado em alguns hospitais. Este aparelho utiliza uma bobina feita de material supercondutor capaz de fornecer um campo magnético de alguns teslas, de 1,5 a 3,0 T.

Outra unidade de medida de intensidade de campo magnético, originada do sistema CGS, é o **gauss** (G). Para sua conversão em unidade SI, utiliza-se $1,0 \times 10^4$ G (ou 10000 G) = 1,0 T.

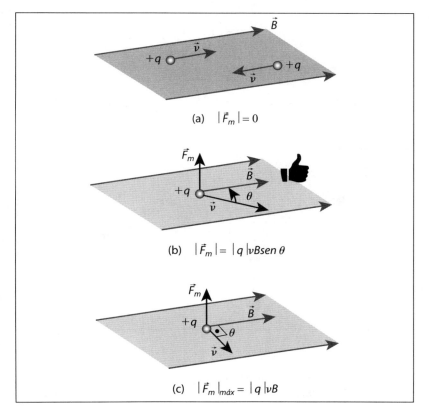

Figura 6.5
Força magnética ($\vec{F}_m$) que atua sobre uma carga positiva q movendo-se em uma região sujeita a um campo magnético $\vec{B}$.
(a) $\vec{F}_m = \vec{0}$ quando $\vec{v} \parallel \vec{B}$.
(b) A força magnética surge quando $\theta \neq 0°$ ou $\theta \neq 180°$. (c) O módulo máximo da $\vec{F}_m$ ocorre para $\theta = \pm 90°$.

Exemplo I

a) Calcule a força magnética sofrida por uma partícula de carga positiva de 1,0 nC que se move com velocidade de $2,0 \times 10^6$ m/s a um ângulo $\theta = 36,9°$ em relação a um campo magnético uniforme de intensidade 0,40 T aplicado na direção do eixo x em seu sentido positivo, conforme a Figura 6.6.

b) O que aconteceria se a partícula tivesse a carga $-1,0$ nC?

Solução:

a) Lembre-se do caráter vetorial da força magnética e seu rigor na hora do cálculo. Os vetores campo magnético e velocidade são descritos em função da base $(\vec{i}, \vec{j}, \vec{k})$ como:

$$\vec{v} = (2,0 \times \cos 36,9° \vec{i} + 2,0 \times \operatorname{sen} 36,9° \vec{j}) \times 10^6$$

$$\vec{v} = (1,6\vec{i} + 1,2\vec{j}) \times 10^6 \, \text{m/s}$$

$$\vec{B} = (0,40 \, \text{T})\vec{i}$$

$$\vec{v} \times \vec{B} = (1,6 \times 0,40 \times 10^6)\overbrace{(\vec{i} \times \vec{i})}^{\vec{0}} + (1,2 \times 0,40 \times 10^6)\overbrace{(\vec{j} \times \vec{i})}^{-\vec{k}}$$

$$\vec{v} \times \vec{B} = -(4,8 \times 10^5)\vec{k}$$

A força será dada por:

$$\vec{F}_m = q \times (\vec{v} \times \vec{B}) = 1 \times 10^{-9}(-4,8 \times 10^5 \, \vec{k}) = -(4,8 \times 10^{-4} \, \text{N})\vec{k}$$

Figura 6.6

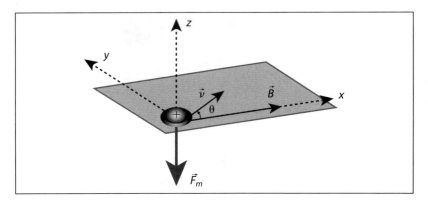

Neste caso, onde os vetores velocidade e campo magnético estão no plano xOy, existe uma resolução alternativa mais simples. Calcula-se o módulo da força magnética e, por meio da regra da mão direita, são obtidos a direção e o sentido.

$$F_m = q \times v \times B \times \text{sen } \theta = 1 \times 10^{-9} . 2,0 \times 10^6 \times 0,40 \times \text{sen}(36,9°)$$

$$F_m = 4,8 \times 10^{-4} \text{ N}$$

Fazendo as pontas dos dedos da mão direita girarem no sentido de $\vec{v}$ para $\vec{B}$, o polegar apontará para baixo $(-z)$. Assim,

$$\vec{F}_m = -\left(4,8 \times 10^{-4} \text{ N}\right)\vec{k}$$

b) Se a partícula tivesse o mesmo valor de carga, porém com sinal contrário (negativa), a única alteração seria o sentido do vetor força magnética, que apontaria no sentido $+z$, isto é, $\vec{F}'_m = +\left(4,8 \times 10^{-4} \text{ N}\right)\vec{k}$.

6.3 MOVIMENTO DE PARTÍCULAS CARREGADAS EM UM CAMPO MAGNÉTICO

As características da força magnética não são compreendidas de imediato, como acontece no caso da força elétrica. A dificuldade acontece devido à força magnética obedecer às propriedades de um produto vetorial, que exige uma visão espacial em três dimensões. Para melhor compreender a ação da força magnética, é apresentada a sequência de fotos na Figura 6.7, que ilustra o movimento de cargas carregadas em uma região em que se encontra um campo magnético uniforme. As fotos foram obtidas de um arranjo experimental utilizado para determinar a razão carga/massa dos elétrons que constituem um feixe de raios catódicos.

A Figura 6.7a mostra o arranjo experimental, constituído basicamente por um par de bobinas circulares, chamadas bobinas de Helmholtz, que, com a passagem de corrente elétrica, fornecem um campo magnético uniforme no plano central de um bulbo de vidro cuja atmosfera é muito rarefeita e composta pelo gás nobre hélio (He). Dentro do bulbo, encontra-se um filamento aquecido, como nas lâmpadas incandescentes, que libera uma grande quantidade de elétrons. Estes são acelerados por uma ddp ΔV aplicada entre duas placas metálicas cilíndricas (Figura 6.7b). Quando a luz do ambiente é apagada, pode-se ver perfeitamente a trajetória retilínea dos elétrons enquanto as bobinas estão desligadas (Figura 6.7c). O feixe de raios catódicos não tem cor; uma luz azul é emitida pelas partículas do gás hélio devido às colisões com os elétrons do feixe, e assim pode-se visualizar o caminho percorrido pelos elétrons.

Figura 6.7
Arranjo experimental para obtenção da razão carga/massa do elétron.
(a) Vista frontal contendo todos os equipamentos.
(b) Detalhe do emissor e das placas aceleradoras dos elétrons. (c) Feixe de elétrons sem a ação do campo magnético.
(d) Feixe de elétrons sob a ação de um campo magnético perpendicular à velocidade das partículas. (e) Feixe de elétrons sob a ação de um campo magnético não perpendicular a $\vec{v}$.
(Fonte: Fotos tiradas pelo autor utilizando o arranjo experimental do Laboratório Didático de Física – FATEC-SP)

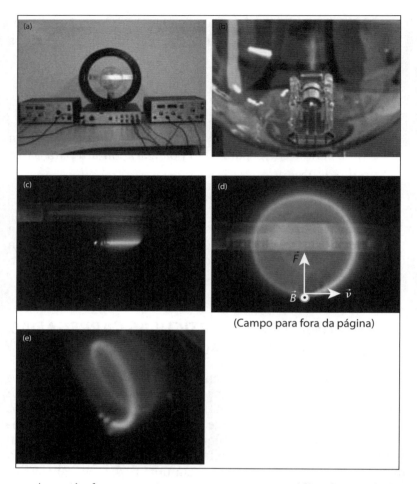

(Campo para fora da página)

A partir do momento em que a corrente é ligada e as bobinas de Helmholtz produzem um campo magnético $\vec{B}$, perpendicular à página e dirigido para cima (Figura 6.7d), a trajetória do feixe de elétrons se torna um círculo cujo raio R pode ser medido com a régua mostrada na mesma figura. A trajetória perfeitamente circular se deve ao fato de o vetor campo magnético ser perpendicular ao vetor velocidade. Se o ângulo entre esses vetores for diferente de 90°, a trajetória do feixe de elétrons se torna helicoidal, como aquela observada na Figura 6.7e.

Aqui vale a pena fazer uma ressalva: como a força magnética sempre é perpendicular à velocidade da partícula, essa força não realiza trabalho sobre ela e, consequentemente, não altera o módulo da velocidade, apenas muda sua direção, isto é, causa a aceleração centrípeta responsável pelas trajetórias circular e helicoidal observadas nas figuras anteriores.

Voltando à Figura 6.7d, o raio da trajetória circular observada é calculado facilmente por:

$$F_{mag} = m \times a_{centrípeta} \qquad \Rightarrow \qquad |q| \times v \times B \times \text{sen}90° = m\frac{v^2}{R}$$

$$R = \frac{mv}{|q|B} \qquad (6.3)$$

Assim, a partir do raio da trajetória do elétron, pode-se calcular a razão carga/massa para o elétron:

$$\frac{e}{m} = \frac{v}{R \times B} \qquad (6.4)$$

A velocidade de lançamento dos elétrons é calculada lembrando-se que a variação da energia cinética do elétron é o oposto da variação de sua energia potencial elétrica enquanto atravessa a região das placas aceleradoras:

$$\Delta E_{cinética} = -\Delta U_{elétrica} \qquad \Rightarrow \qquad \frac{1}{2}mv^2 - 0 = -(-e)\Delta V$$

$$v^2 = 2\left(\frac{e}{m}\right)\Delta V \qquad (6.5)$$

Portanto, através das equações (6.4) e (6.5), encontra-se que:

$$\frac{e}{m} = \frac{2\Delta V}{(RB)^2} \qquad (6.6)$$

Exemplo II

Em um laboratório didático foi montado um arranjo experimental semelhante àquele mostrado na Figura 6.7a. Determine o módulo da razão carga/massa dos elétrons do feixe de raios catódicos, sabendo-se que a ddp aceleradora utilizada era $\Delta V = 205$ V, a intensidade do campo magnético no centro do bulbo era de 1,17 mT e o raio da trajetória circular era $R = 4,20$ cm.

Solução:

Substituindo as informações acima na equação (6.6), temos:

$$\frac{e}{m} = \frac{2.205}{(0,042.0,00117)^2} = 1,70 \times 10^{11}\frac{C}{kg}$$

- A razão carga/massa do elétron foi obtida primeiramente por J. J. Thomson em 1897, utilizando uma técnica diferente da apresentada nesta seção. Um valor acurado para essa constante é $1,75881962 \times 10^{11}$ C/kg.

6.4 FORÇA DE LORENTZ

Uma carga elétrica q que se desloque em uma região do espaço onde existam os campos elétrico $\vec{E}$ e magnético $\vec{B}$ sofrerá a ação dos dois campos, isto é, as forças elétrica e magnética agirão sobre a carga formando uma resultante $\vec{F}_R = \vec{F}_e + \vec{F}_m$. Esta força é chamada de **força de Lorentz** e é calculada por:

$$\vec{F}_R = q\vec{E} + q(\vec{v} \times \vec{B}) \qquad (6.7)$$

Exemplo III

Uma partícula alfa, que consiste em um átomo de hélio ionizado (dois prótons e dois nêutrons) cuja massa é $m_{alfa} = 6{,}64 \times 10^{-27}$ kg, desloca-se inicialmente com velocidade $\vec{v}_0 = (20\vec{i} + 30\vec{j} - 10\vec{k})$ km/s em uma região na qual existe tanto um campo magnético uniforme $\vec{B} = (2{,}0\vec{i} + 4{,}0\vec{j} - 4{,}0\vec{k})$ mT quanto um campo elétrico uniforme $\vec{E} = (-30\vec{i} + 40\vec{j})$ V/m .

a) Qual é a força resultante sobre a partícula alfa no instante inicial?

b) Qual é o módulo da aceleração inicial da partícula alfa?

Solução:

a) A força resultante ou força de Lorentz é fornecida pela equação (6.7). Calculando as forças separadamente para o instante inicial, tem-se:

$$\vec{F}_e = q \times \vec{E} = +2e \times \vec{E} = +3{,}2 \times 10^{-19}\left(-30\vec{i} + 40\vec{j}\right)$$

$$\vec{F}_e = \left(-96\vec{i} + 128\vec{j}\right) \times 10^{-19} \text{ N}$$

$$\vec{F}_m = q \times \left(\vec{v}_0 \times \vec{B}\right) = +\left(3{,}2 \times 10^{-19}\right) \times \begin{vmatrix} \vec{i} & \vec{j} & \vec{k} \\ 20 & 30 & -10 \\ 2 & 4 & -4 \end{vmatrix} \times 10^3 \times 10^{-3} =$$

$$= \left(3{,}2 \times 10^{-19}\right) \times (-80\vec{i} + 60\vec{j} + 20\vec{k})$$

$$\vec{F}_m = (-256\vec{i} + 192\vec{j} + 64\vec{k}) \times 10^{-19} \text{ N}$$

Portanto,

$$\vec{F}_R = \vec{F}_e + \vec{F}_m = (-352\vec{i} + 320\vec{j} + 64\vec{k}) \times 10^{-19} \text{ N}$$

b) Lembrando que $\vec{F}_R = m \cdot \vec{a}_0$, o vetor aceleração é dado por:

$$\vec{a}_0 = \frac{1}{m_{alfa}} \vec{F}_R = \left(-53,0\vec{i} + 48,2\vec{j} + 9,64\vec{k}\right) \times 10^8 \text{ m/s}^2$$

Portanto,

$$a_0 = \sqrt{(-53)^2 + (48,2)^2 + (9,64)^2} \times 10^8 = 72,3 \times 10^8 \text{ m/s}^2$$

Existe um caso especial que deve ser estudado, o *filtro de velocidade* ou *seletor de velocidade*. Quando os campos $\vec{E}$ e $\vec{B}$ forem ortogonais um ao outro (campos cruzados), existe uma possibilidade da força de Lorentz ser nula. Assim, a força magnética seria oposta à força elétrica, porém isto só acontece para um determinado valor de velocidade. Considere uma carga q, de qualquer sinal, atravessando a região entre as placas paralelas carregadas com uma velocidade escalar. Essas placas produzem um campo elétrico vertical e dirigido para baixo, conforme a Figura 6.8. Essa mesma região está sob a ação de um campo magnético perpendicular à página cujo sentido aponta para ela ($\otimes$).

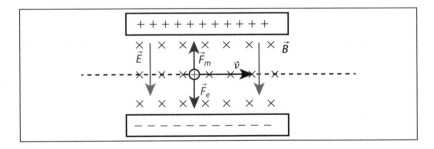

Figura 6.8
Diagrama de um filtro de velocidade.

Note que, independentemente do sinal da carga, as forças elétrica e magnética possuem sempre sentidos contrários. Portanto, para que a força resultante seja nula e a carga não sofra nenhum desvio durante seu trajeto, seus módulos devem ser iguais:

$$\left|\vec{F}_m\right| = \left|\vec{F}_e\right| \quad \Rightarrow \quad |q| \times v \times B \times \text{sen}\,90° = |q| \times E$$

Dessa condição, vem que a velocidade selecionada pelo filtro só depende da razão entre as intensidades dos campos $\vec{E}$ e $\vec{B}$. Nem o sinal, nem o valor da carga interferem no resultado, que é fornecido por:

$$v = \frac{E}{B} \tag{6.8}$$

Figura 6.9

Exemplo IV

Prótons, que possuem energia cinética de 1,00 MeV, deslocam-se horizontalmente no sentido positivo de um eixo x e entram em uma região de campo magnético uniforme perpendicular ao plano da página e dirigido para fora, cujo módulo é de 50,0 mT. Veja a Figura 6.9. Determine o módulo, a direção e o sentido do vetor campo elétrico $\vec{E}$ necessário para que os prótons não sofram nenhuma deflexão durante a passagem nessa região.

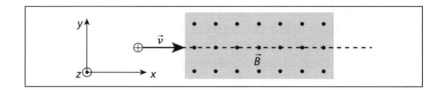

Solução:

O fato de os prótons não sofrerem desvios deve ser associado ao filtro de velocidade, e a equação (6.8) fornece o módulo do campo elétrico necessário para equilibrar a força magnética. Então:

$$E = v \times B$$

O valor da velocidade dos prótons é obtido a partir de sua energia cinética, lembrando que a unidade elétron-volt deve ser convertida para joule. Portanto, tem-se que:

$$v = \sqrt{\frac{2E_{cinética}}{m_p}} = \sqrt{\frac{2 \times 1 \times 10^6 \times 1,6 \times 10^{-19}}{1,67 \times 10^{-27}}} = 13,84 \times 10^6 \text{ m/s e}$$

$$E = v \times B = 13,84 \times 10^6 \times 50,0 \times 10^{-3} = 6,92 \times 10^5 \text{ V/m}$$

Utilizando a regra da mão direita, tem-se que a força magnética é vertical e aponta para baixo, então a força elétrica necessária para que haja o equilíbrio também deve ser vertical, mas de sentido contrário. Consequentemente, o campo elétrico deve ser vertical e direcionado para cima, pois a carga do próton é positiva. Escrevendo o campo elétrico em função dos vetores unitários $(\vec{i}, \vec{j}, \vec{k})$, vem que $\vec{E} = (6,92 \times 10^5 \text{ V/m})\vec{j}$.

6.5 FORÇA MAGNÉTICA SOBRE UM CONDUTOR TRANSPORTANDO CORRENTE ELÉTRICA

Uma corrente elétrica em um condutor nada mais é que a variação temporal do fluxo de partículas carregadas que atravessam sua seção transversal. Então, se esse condutor for colocado em uma região do espaço submetida a um campo magnético, ele sofrerá a ação de uma força magnética que é a soma de todas as forças magnéticas individuais aplicadas sobre as partículas carregadas que percorrem o condutor.

Inicialmente, considere um condutor filiforme retilíneo de comprimento L que transporta uma corrente elétrica I. Nos sólidos metálicos, conforme a teoria clássica, a condução elétrica é realizada por elétrons livres. Por exemplo, se o condutor for de cobre, tem-se um elétron livre para cada átomo de cobre que o constitui. Cada elétron livre, de carga elétrica $q = -e$, está sujeito a uma força magnética quando atravessa uma região de campo magnético uniforme $\vec{B}$, conforme a Figura 6.10. A força resultante sobre o fio é calculada por $\vec{F} = \Delta q \times (\vec{v}_d \times \vec{B})$, sendo Δq a quantidade de carga elétrica que atravessa a seção transversal do fio de área A em um intervalo de tempo Δt. Admitindo que os elétrons livres percorrem a distância L com uma velocidade média $\vec{v}_d$, chamada *velocidade de deriva*, a quantidade de carga Δq é igual $nALq$, sendo n o número de elétrons livres por unidade de volume do condutor.

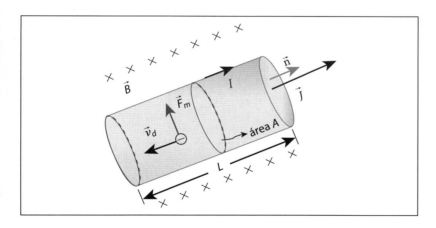

Figura 6.10
Condutor filiforme retilíneo conduzindo uma corrente elétrica I na presença de um campo magnético $\vec{B}$. A figura também mostra a força magnética que age sobre um elétron livre que compõe a corrente elétrica.

Lembrando que o vetor densidade de corrente é dado por

$$\vec{J} = nq\vec{v}_d = \frac{I}{A}\vec{n},$$

onde $\vec{n}$ é um vetor unitário normal à área da seção transversal do fio, tem-se que:

$$\vec{F} = nALq \times \left(\frac{I}{Anq}\vec{n} \times \vec{B}\right) = I \times \left(L \times \vec{n} \times \vec{B}\right)$$

Para efeito de simplificação, $L \cdot \vec{n}$ pode ser substituído por $\vec{L}$, o vetor de módulo igual ao comprimento do fio reto que possui a mesma direção e o mesmo sentido do vetor densidade de corrente $\vec{J}$. Assim, tem-se que:

$$\vec{F} = I \times \left(\vec{L} \times \vec{B}\right) \tag{6.9}$$

Pensando em uma situação mais abrangente, mesmo que o fio condutor tenha um formato irregular, a equação (6.9) pode ser aplicada, pois, qualquer que seja a forma do condutor, ele pode ser subdividido em uma infinidade de segmentos retilíneos muito pequenos de comprimento $d\ell$, como mostrado na Figura 6.11. Portanto, a contribuição de cada segmento para a força magnética é dada por:

$$d\vec{F} = I \times \left(d\vec{\ell} \times \vec{B}\right) \tag{6.10}$$

Perceba que o vetor $d\vec{\ell}$ sempre tangencia qualquer ponto do fio condutor e tem o sentido de percurso da corrente I.

A força magnética total que atua sobre o trecho definido pelos pontos A e B do fio condutor da Figura 6.11 é obtida integrando-se a equação (6.10) para todos os elementos de corrente $I \cdot d\vec{\ell}$ que se encontram nesse trecho. Então,

$$\vec{F} = I \times \int_{A}^{B} \left(d\vec{\ell} \times \vec{B}\right) \tag{6.11}$$

Figura 6.11

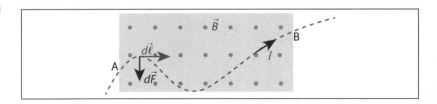

Exemplo V

Um fio possui dois trechos retos verticais de 10,0 cm de comprimento que estão conectados por um semicírculo de raio $R = 15,0$ cm. O fio está imerso em uma região onde existe um campo magnético uniforme perpendicular à página e dirigido para fora cujo módulo vale $B = 0,400$ T. Calcule a força resultante sobre o fio, quando este transporta a corrente $I = 4,0$ A indicada na Figura 6.12.

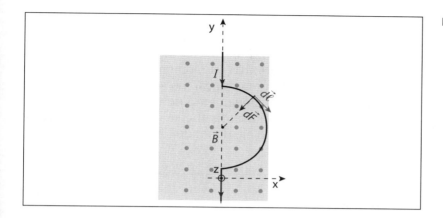

Figura 6.12

Solução:

Os vetores $d\vec{\ell}$ e $\vec{B}$ podem ser escritos em relação ao referencial tridimensional mostrado na Figura 6.12, e utilizando a equação (6.11), vem que:

$$d\vec{\ell} = dx\vec{i} + dy\vec{j},$$

Esse elemento de deslocamento é conveniente para qualquer trecho do fio.

$\vec{B} = B\vec{k}$, campo magnético constante.

$$\vec{F} = I \times \int_{fio} \left(d\vec{l} \times \vec{B}\right) = I \times \int_{fio} \left(dx\vec{i} + dy\vec{j}\right) \times (B\vec{k})$$

$$\vec{F} = I \times \int_{fio} \left[Bdx\left(-\vec{j}\right) + Bdy\left(\vec{i}\right)\right] = -I \times \int_{0}^{0} Bdx\,\vec{j} + I \times \int_{0,50}^{0} Bdy\,\vec{i}$$

$$\vec{F} = 0\,\vec{j} - 4 \times 0,4 \times 0,50\,\vec{i}$$

$$\vec{F} = -(0,8\,\text{N})\vec{i}$$

- O resultado acima seria o mesmo se o fio fosse totalmente retilíneo. Isso ocorre devido a dois fatores, o deslocamento da corrente na direção x ser nulo e o campo magnético ser uniforme.

6.6 TORQUE SOBRE ESPIRAS PERCORRIDAS POR CORRENTE

Considere uma bobina retangular formada por N espiras de lados iguais a e b, percorridas por uma corrente elétrica I e imersas em um campo magnético uniforme de intensidade B, conforme a Figura 6.13a. A força resultante sobre cada espira é nula, devido ao surgimento do binário $\overline{F_1}\ e\ \overline{F_3}$, como pode ser visto na Figura 6.13b. Porém, esse mesmo binário também origina um torque resultante (ou momento) não nulo, fazendo com que a bobina sofra uma rotação no sentido horário. Esse é o princípio básico do funcionamento de um motor de corrente contínua, portanto é importante que se conheça o valor desse torque, bem como do que ele depende.

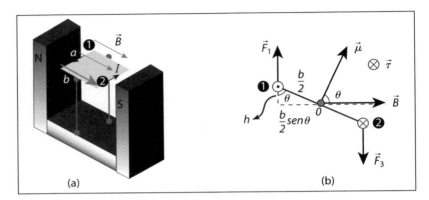

Figura 6.13
(a) Uma espira percorrida por uma corrente I imersa em um campo magnético horizontal.
(b) Vista transversal da espira indicando o binário de forças que age em suas laterais. Também são mostrados os vetores campo magnético $\vec{B}$ e momento de dipolo magnético $\vec{\mu}$.

O módulo do torque resultante sobre a bobina, em relação ao ponto O indicado na Figura 6.13b, é calculado por

$$|\vec{\tau}| = 2 \times N \times F_1 \times \frac{b}{2} \operatorname{sen}\theta = N \times IaB \times b \times \operatorname{sen}\theta$$

$$|\vec{\tau}| = N \times I \times A \times B \times \operatorname{sen}\theta,$$

sendo A = área da espira = $(a \times b)$. A partir desse resultado, pode-se analisar o módulo do torque resultante como o módulo de um produto vetorial. Para isso, define-se primeiramente o vetor *momento de dipolo magnético* ou *momento magnético* $\vec{\mu}$, como:

$$\vec{\mu} = (N \times I \times A)\vec{n} \qquad (6.12)$$

sendo $\vec{n}$ o vetor unitário perpendicular à área da bobina cujo sentido depende do percurso da corrente através das espiras (veja a Figura 6.14). A unidade de $\vec{\mu}$ no Sistema Internacional é o ampère-metro quadrado $(A \times m^2)$.

Figura 6.14
Regra da mão direita para determinação do sentido do vetor normal ao plano da espira conforme a circulação da corrente elétrica. O vetor momento de dipolo magnético possui a mesma direção e mesmo sentido do vetor $\vec{n}$.

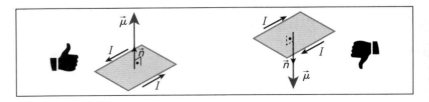

Agora, o módulo do torque resultante pode ser escrito como:

$$|\vec{\tau}| = N \times I \times A \times B \times \operatorname{sen}\theta = \mu \times B \times \operatorname{sen}\theta = |\vec{\mu} \times \vec{B}| \quad (6.13)$$

lembrando que θ é o ângulo formado pelos vetores $\vec{\mu}$ e $\vec{B}$.

Portanto, o torque resultante sobre a espira será dado por:

$$\vec{\tau} = \vec{\mu} \times \vec{B} \quad (6.14)$$

Perceba que, nas equações (6.12) a (6.14), deduzidas anteriormente, o importante é a área das espiras que formam a bobina. Então as equações permanecem válidas para qualquer formato das espiras, desde que todas elas tenham a mesma área.

Exemplo VI

A bobina retangular (de 15 cm × 20 cm) desenhada na Figura 6.15 possui 50 espiras e pode girar em torno do eixo z sem atrito. Uma corrente $I = 2{,}0$ A é conduzida pela bobina.

a) Calcule o vetor momento magnético da bobina.

b) Se a bobina está imersa em uma região de campo magnético uniforme, indicado na Figura 6.15, calcule o módulo do torque sobre a bobina se a intensidade de $\vec{B}$ vale 0,50 T.

c) Determine o sentido de rotação da bobina.

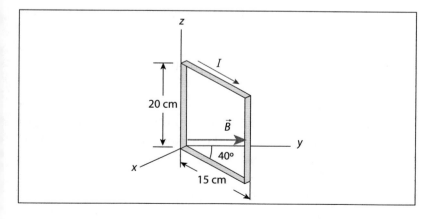

Figura 6.15

Solução:

a) Para determinar o momento magnético, é melhor desenhar a bobina olhando de frente para o eixo de rotação, no caso o eixo z, conforme a Figura 6.16. Utilizando a equação (6.12), vem que:

$$\vec{\mu} = (N \times I \times A)\vec{n}$$

$$\vec{\mu} = (50 \times 2{,}0 \times 0{,}20 \times 0{,}15)(-\cos 40°\vec{i} + \text{sen} 40°\vec{j}\,)$$

$$\vec{\mu} = (3{,}0\,\text{A} \times \text{m}^2)(-0{,}766\,\vec{i} + 0{,}643\,\vec{j}\,)$$

$$\vec{\mu} = \left(-2{,}30\,\vec{i} + 1{,}92\,\vec{j}\right) \text{A} \times \text{m}^2$$

Figura 6.16

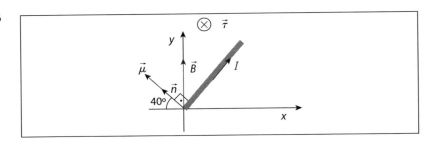

b) $|\vec{\tau}| = |\vec{\mu} \times \vec{B}| = \mu \times B \times \text{sen}\,\theta = 3{,}0 \times 0{,}50 \times \text{sen}\,50° =$
$= 1{,}15\,\text{N} \times \text{m}$

c) De acordo com a equação (6.13), a bobina tende a girar até que o vetor $\vec{\mu}$ fique alinhado com o vetor campo magnético $\vec{B}$, então a bobina irá girar no sentido *anti-horário* até que ela permaneça sobre o eixo x. A mesma conclusão poderia ser alcançada matematicamente por meio da equação (6.14):

$$\vec{\tau} = \vec{\mu} \times \vec{B} = \left(-2{,}30\,\vec{i} + 1{,}92\,\vec{j}\right) \times \left(0{,}50\,\vec{j}\right) = -\left(1{,}15\,\text{N} \times \text{m}\right)\vec{k}$$

Voltando para a Figura 6.13, e lembrando que o binário $\vec{F_1}\,e\,\vec{F_3}$ proporciona um torque não nulo calculado pela equação (6.14) que causa uma rotação da bobina, consequentemente o binário também realiza um trabalho diferente de zero sobre ela. Esse trabalho fica armazenado no sistema bobina-campo magnético como variação de uma energia potencial, chamada *energia potencial do dipolo magnético*. Toda variação de energia potencial é o oposto do trabalho realizado pela força correspondente. Então, considerando a Figura 6.13b, tem-se que o ponto de ação da força $\vec{F_1}$ desloca-se da distância h quando a bobina gira da posição inicial (90°) até o ângulo θ entre $\vec{\mu}\,e\,\vec{B}$.

$$\Delta U = -W_{F_1 \, e \, F_3} = -2 \times N \times F_1 \times h = -2 \times N \times IaB \times \frac{b}{2}\cos\theta =$$
$$= -(NIab) \times B \times \cos\theta = -\mu \times B \times \cos\theta$$

Lembrando que o resultado acima pode ser escrito em função do produto escalar entre os vetores $\vec{\mu}$ e $\vec{B}$, vem que:

$$\Delta U = U - U_0 = -\mu \times B \times \cos\theta = -\,(\vec{\mu} \cdot \vec{B}) \qquad (6.15)$$

Admitindo que o valor da energia potencial do dipolo magnético é zero para a posição inicial da bobina, onde o campo magnético é paralelo ao plano da bobina, tem-se que a energia potencial do dipolo magnético em um ângulo θ em relação à direção do vetor campo magnético é dada por:

$$U = -\mu \times B \times \cos\theta = -\,(\vec{\mu} \cdot \vec{B}) \qquad (6.16)$$

Note que as equações (6.14) e (6.16) são completamente análogas às equações do Capítulo 2, referentes ao torque e à energia potencial de um dipolo elétrico sob a ação de um campo elétrico uniforme.

Exemplo VII

Considere a bobina retangular do Exemplo VI desenhada na Figura 6.15 e imersa em um campo magnético uniforme cuja intensidade é de 0,50 T apontando no sentido positivo do eixo y. Uma corrente $I = 2,0$ A é conduzida pela bobina que possui 50 espiras e pode girar em torno do eixo z sem atrito.

a) Calcule a energia potencial inicial do dipolo magnético.

b) Admitindo que a bobina possa girar livremente, calcule a variação da energia potencial dipolar até que ela alcance a posição de equilíbrio estável.

c) Calcule a variação da energia potencial dipolar da bobina, se ela for levada até a posição de equilíbrio instável por um agente externo.

Solução:

a) A energia potencial dipolar é calculada por meio da equação (6.16):

$$U_i = -\mu \times B \times \cos\theta = -(N \times I \times A) \times B \times \cos\theta =$$
$$= -(50 \times 2,0 \times 0,20 \times 015) \times 0,50 \times \cos 40° =$$
$$= -3,0 \times 0,50 \times \cos 40° = -1,15\,\text{J}$$

b) O equilíbrio estável é alcançado quando a energia potencial do dipolo magnético estiver em seu valor mais baixo (mínimo). Isso acontece quando os vetores $\vec{\mu}$ e $\vec{B}$ estiverem alinhados ($\theta = 0°$), então $U_f = -3,0 \times 0,50 \times \cos 0° = -1,50\,\text{J}$.

A variação da energia potencial dipolar é dada por

$$\Delta U = U_f - U_i = -0,35\,\text{J}.$$

c) O equilíbrio instável é alcançado quando a energia potencial do dipolo magnético estiver em seu valor mais alto (máximo). Isso acontece quando os vetores estiverem totalmente desalinhados ($\theta = 180°$), então $U_f = -3,0 \times 0,50 \times \cos 180° = +1,50\,\text{J}$.

A variação da energia potencial dipolar é dada por

$$\Delta U = U_f - U_i = +2,65\,\text{J}.$$

- A bobina estará em sua posição de *equilíbrio estável* quando permanecer sobre a porção positiva do eixo x. Isso significa que a bobina permaneceria parada nessa posição indefinidamente, pois está em uma situação de energia mínima, mesmo sendo percorrida pela corrente de 2,0 A e imersa no campo magnético uniforme de 0,50 T. Note que nessa posição o torque sobre a bobina é zero.

- A bobina estará em sua posição de *equilíbrio instável* quando permanecer sobre a porção negativa do eixo x. Nessa posição o torque também é zero, porém qualquer perturbação ou vibração fará com que a bobina gire repentinamente à procura do equilíbrio estável.

EXERCÍCIOS RESOLVIDOS

MOVIMENTO DE PARTÍCULAS CARREGADAS EM UM CAMPO MAGNÉTICO E FORÇA DE LORENTZ

1) Uma região do espaço está submetida a um campo magnético uniforme de intensidade 1,2 mT que está direcionado ao longo do eixo y negativo. Um *elétron* que se desloca a $8,5 \times 10^6$ m/s entra nessa região ao longo de uma direção que faz um ângulo $\theta = 15°$ acima do eixo x, conforme a Figura 6.17. A partir dessas condições iniciais, o elétron executa uma trajetória helicoidal com seu eixo paralelo ao eixo y e dirigida para cima. Calcule:

a) o raio R;
b) o passo da trajetória do elétron.

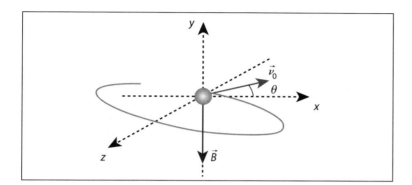

Figura 6.17

Solução:

a) Para o cálculo do raio R da trajetória helicoidal, a equação (6.3) desenvolvida na seção 6.3 continua válida, desde que seja substituída pelo componente da velocidade tangente à trajetória em qualquer ponto dela. Nesse caso, o único ponto conhecido é o inicial, cujo vetor velocidade é dado por:

$$\vec{v}_0 = 8{,}5\times10^6\left(\cos 15°\vec{i} + \operatorname{sen} 15°\vec{j} + 0\vec{k}\right) = (8{,}21\vec{i} + 2{,}20\vec{j})\times 10^6\,\frac{\text{m}}{\text{s}}$$

O componente tangente à trajetória é v_{0x} e $R = \dfrac{mv_{0x}}{|q|B}$.

$$R = \frac{9{,}11\times 10^{-31}\times 8{,}21\times 10^6}{1{,}6\times 10^{-19}\times 1{,}2\times 10^{-3}} = 4{,}0\times 10^{-2}\text{ m} = 4{,}0\text{ cm}$$

b) O passo da trajetória helicoidal é a distância percorrida pelo elétron, na mesma direção do campo magnético aplicado, em um intervalo de tempo correspondente ao seu período de rotação T.

O período pode ser calculado por: $T = \dfrac{2\pi R}{v_{0x}} = \dfrac{2\pi m}{|q|B}$

O passo é constante e, neste caso, igual a $p = v_{0y}\times T$

$$p = 2{,}20\times 10^6 \times \left(\frac{2\pi\times 9{,}11\times 10^{-31}}{1{,}6\times 10^{-19}\times 1{,}2\times 10^{-3}}\right) = 6{,}6\times 10^{-2}\text{ m} = 6{,}6\text{ cm}$$

(vertical para cima)

- O vetor velocidade em qualquer ponto da trajetória sempre terá o mesmo módulo $v = 8,5 \times 10^6$ m/s, porém seus componentes x e z irão mudar ponto a ponto.

- O período de rotação de uma partícula carregada, chamado *período de cíclotron*, não depende de sua velocidade nem do raio R, mas é inversamente proporcional à intensidade do campo magnético uniforme aplicado, conforme a expressão deduzida acima.

2) A Figura 6.18 mostra um esquema simplificado do espectrômetro de massa de Bainbridge. Esse dispositivo mede a razão m/q de íons que possuem a mesma velocidade. Considere que um feixe de íons positivos entre no dispositivo através da fenda S e atravesse um seletor de velocidade composto pelos campos cruzados $\vec{E}$ e $\vec{B}_0$. Os íons que não são desviados entram na região de deflexão, onde um segundo campo magnético $\vec{B}$ faz que os íons realizem uma trajetória circular. O raio r é obtido através do registro realizado em uma placa fotográfica.

Figura 6.18

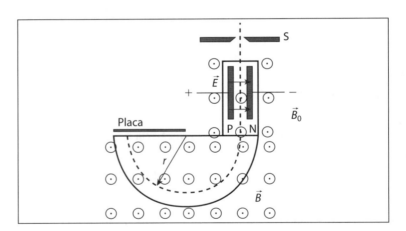

a) Mostre que a razão entre a massa e a carga dos íons positivos é dada por $\dfrac{m}{q} = \dfrac{rBB_0}{E}$.

b) Admita que o módulo do campo elétrico entre as placas do seletor de velocidade é $2,50 \times 10^3$ V/m, e que o campo magnético no seletor de velocidade e na câmara de deflexão tem módulo de 0,500 T. Calcule o raio do semicírculo descrito por um íon carregado com uma única carga positiva e massa $m = 3,44 \times 10^{-25}$ kg (chumbo 207). O resultado seria alterado se carga dos íons fosse negativa?

Solução:

a) Utilizando a equação (6.8), encontra-se a velocidade dos íons que não sofrem desvios durante a travessia do seletor de velocidade, $v = \dfrac{E}{B_0}$. Esses íons, quando entram na região de deflexão, descrevem um semicírculo sob a ação apenas da força magnética, e o raio r é obtido por meio da equação (6.3), $r = \dfrac{mv}{qB}$. Então, $\dfrac{m}{q} = \dfrac{rB}{v}$ e, finalmente,

$$\frac{m}{q} = \frac{rBB_0}{E}$$

b) Utilizando a equação acima, vem que:

$$r = \frac{mE}{qBB_0} = \frac{3{,}44 \times 10^{-25} \times 2500}{1{,}6 \times 10^{-19} \times 0{,}50 \times 0{,}50} \Rightarrow$$
$$\Rightarrow r = 0{,}0215 \text{ m} = 2{,}15 \text{ cm}$$

- O resultado anterior seria o mesmo se os íons fossem negativos. A única modificação aconteceria no sentido da deflexão, que seria para a direita.

FORÇA MAGNÉTICA SOBRE UM CONDUTOR TRANSPORTANDO CORRENTE ELÉTRICA

3) Uma barra metálica de 0,600 m de comprimento e resistência elétrica de 10,0 Ω repousa horizontalmente sobre fios condutores do circuito indicado na Figura 6.19. A barra está em um campo magnético uniforme de 0,800 T e não está presa aos fios do circuito.

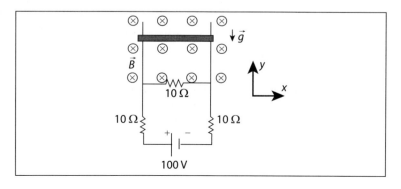

Figura 6.19

a) Calcule a massa da barra para que esta fique em equilíbrio quando a corrente passar pela barra em regime estacionário.

b) Se o resistor horizontal de 10 Ω for retirado do circuito e a mesma barra utilizada no item (a) for mantida, o que ocorrerá com ela?

Solução:

a) A corrente elétrica circula pela barra da esquerda para a direita, assim a força magnética será vertical e apontando para cima, no sentido contrário ao da força peso da barra. Para que haja o equilíbrio, os módulos dessas forças devem ser iguais. Então:

$$\left|\vec{F}_{mag}\right| = \left|\vec{P}\right| \Rightarrow I\left|\vec{L}\times\vec{B}\right| = mg \Rightarrow ILB\text{sen}\,90° = mg \Rightarrow m = \frac{ILB}{g}$$

Lembrando dos circuitos elétricos, tem-se que a barra está em paralelo com o resistor horizontal de 10 Ω. Então a resistência total do circuito é $R = (10 + 5 + 10)\,\Omega = 25\,\Omega$ e a corrente que sai da fonte é dada por $I_T = \frac{100}{25} = 4,0\,\text{A}$. Portanto a corrente que circula pela barra é $I = \frac{I_T}{2} = 2,0\,\text{A}$.

$$m = \frac{ILB}{g} = \frac{2\times0,60\times0,80}{9,8} = 0,0980\,\text{kg} = 98,0\,\text{g}$$

b) Se o resistor horizontal de 10 Ω for retirado, $R = (10 + 10 + 10)\,\Omega = 30\,\Omega$ e $I_T = I = \frac{100}{30} = 3,33\,\text{A}$. Mas agora não há mais equilíbrio, pois $\left|\vec{F}_{mag}\right| = ILB = 3,33\times0,60\times0,80 = 1,60\,\text{N}$ e $\left|\vec{P}\right| = mg = 0,098\times9,8 = 0,96\,\text{N}$. Então, a barra se deslocará paralelamente ao eixo y para cima com uma aceleração constante $a = \dfrac{F_{resultante}}{m} = \dfrac{1,60-0,96}{0,098} = 6,53\,\dfrac{\text{m}}{\text{s}^2}$ enquanto estiver em contato com os fios do circuito.

4) Um condutor retilíneo de 5,0 m situado sobre o eixo y é percorrido por uma corrente de 10 A no sentido negativo do mesmo eixo, isto é, a corrente entra em y = +5,0 m e sai pela origem. Um campo magnético está presente em todo comprimento do fio e é dado por $\vec{B} = \left(6,0y^2\,\vec{i} + 8,0y\,\vec{j}\right)\text{mT}$, onde a posição y deve ser dada em metros. Determine, em função dos vetores unitários, a força exercida pelo campo sobre todo o fio.

Solução:

Neste caso, o campo magnético não é uniforme, então deve-se utilizar a equação (6.11) para o cálculo da força magnética sobre o fio.

$$\vec{F} = I \times \int_{A}^{B}\left(d\vec{\ell} \times \vec{B}\right) = I \times \int_{5}^{0}\left[\left(dy\,\vec{j}\right) \times \left(6,0y^2\,\vec{i} + 8,0y\,\vec{j}\right)\right] \times 10^{-3} =$$

$$= 10 \times \int_{5}^{0}\left[6,0y^2 dy\left(-\vec{k}\right) + \vec{0}\right] \times 10^{-3}$$

$$\vec{F} = 10 \times \int_{0}^{5}\left[6,0y^2 dy\,\vec{k}\right] \times 10^{-3} = 10 \times 6,0 \times 10^{-3} \times \left[\frac{y^3}{3}\right]_{0}^{5}\vec{k} = (2,5\,\text{N})\vec{k}$$

TORQUE SOBRE ESPIRAS PERCORRIDAS POR CORRENTE

5) Uma bobina circular composta por 20 espiras de material condutor e raio de 12,0 cm transporta uma corrente de 1,50 A. Um vetor unitário, paralelo ao momento de dipolo magnético $\vec{\mu}$ da bobina, é dado por $\left(0,500\vec{i} - 0,866\,\vec{j}\right)$. A espira está imersa em um campo magnético uniforme dado por $\vec{B} = \left(0,80\vec{k}\right)$T. Determine o torque magnético sobre a bobina e sua correspondente energia potencial magnética.

Solução:

O torque magnético é calculado por meio da equação (6.14):

$$\vec{\tau} = \vec{\mu} \times \vec{B} = \left[N \times I \times A\right]\vec{n} \times \vec{B}$$

$$\vec{\tau} = \left[20 \times 1,5 \times \pi \times (0,12)^2\right] \times \left(0,500\vec{i} - 0,866\,\vec{j}\right) \times \left(0,80\vec{k}\right)$$

$$\vec{\tau} = \left[1,357\right] \times \left[\left(0,500 \times 0,80\right)\left(-\vec{j}\right) - \left(0,866 \times 0,80\right)\left(\vec{i}\right)\right]$$

$$\vec{\tau} = \left(-0,940\vec{i} - 0,543\vec{j}\right)\text{Nm}$$

A energia potencial da bobina imersa no campo magnético é dada por meio da equação (6.16):

$$U = -\left(\vec{\mu} \cdot \vec{B}\right) = -\left[1,357\left(0,500\vec{i} - 0,866\,\vec{j}\right) \cdot \left(0,80\vec{k}\right)\right] =$$

$$= -\left[1,357 \times 0\right] = 0$$

- O ângulo entre os vetores $\vec{\mu}$ e $\vec{B}$ é igual a 90°, por isso $U = 0$ e o módulo do torque magnético é máximo e igual a $\tau = \mu \times B \times \text{sen}\,90°$.

Física com aplicação tecnológica – Volume 3

6) Uma bobina formada por 10 espiras quadradas de 200 cm^2 conduz uma corrente de 10,0 A e está imersa em uma região de campo magnético $\vec{B} = \left(60\vec{i} - 80\vec{j} + 40\vec{k}\right)$mT. A bobina, inicialmente em repouso, está posicionada de tal modo que o momento de dipolo magnético é paralelo ao vetor unitário $\vec{n_1} = \left(0,600\vec{i} + 0,800\vec{j}\right)$. A bobina é libertada e, em algum instante de sua rotação, seu momento magnético fica paralelo ao vetor unitário $\vec{n_2} = \vec{k}$.

a) Determine a variação da energia potencial da bobina.

b) Se o momento de inércia da bobina em relação ao eixo de rotação é igual a $4,00 \times 10^{-4}$ kg $\times$ m^2, determine a velocidade angular (em rpm) da bobina no instante em que ela passa pela segunda posição. Despreze qualquer forma de atrito.

Solução:

a) O módulo do momento de dipolo magnético da bobina é obtido por $\mu = NIA = 10 \times 10 \times 200 \times 10^{-4} = 2,0$ A $\times$ m^2, e os respectivos vetores são

$\vec{\mu}_1 = \mu \times \vec{n}_1 = 2,0 \times \left(0,600\,\vec{i} + 0,800\,\vec{j}\right)$ e
$\vec{\mu}_2 = \mu \times \vec{n}_2 = 2,0\,\vec{k}$.

A variação da energia potencial da bobina é dada por $\Delta U = U_2 - U_1$, sendo:

$$U_1 = -\left(\vec{\mu}_1 \cdot \vec{B}\right)$$

$$U_1 = -\left[2,0\left(0,600\vec{i} + 0,800\vec{j}\right) \cdot \left(60\vec{i} - 80\vec{j} + 40\vec{k}\right) \cdot 10^{-3}\right]$$

$$U_1 = -2,0 \times 10^{-3}[0,6 \times 60 - 0,8 \times 80 + 0 \times 40]$$

$$U_1 = 0,056\,\text{J}$$

$$U_2 = -\left(\vec{\mu}_2 \cdot \vec{B}\right) = -\left[2,0\left(\vec{k}\right) \cdot \left(60\vec{i} - 80\vec{j} + 40\vec{k}\right) \times 10^{-3}\right]$$

$$U_2 = -2\,0 \times 10^{-3}\left[0 \times 60 - 0 \times 80 + 1 \times 40\right]$$

$$U_2 = -0,080\,\text{J}$$

Portanto, $\Delta U = -0,080 - 0,056 = -0,136\,\text{J}$

b) Para calcular a velocidade angular ω da bobina, deve-se lembrar da conservação da energia, isto é, a variação da energia potencial da bobina implica em uma alteração da energia cinética de rotação desta. Portanto,

$$\Delta E_{cin\acute{e}tica\,rot} + \Delta U = 0 \Rightarrow \Delta E_{cin\acute{e}tica\,rot} = -\Delta U \Rightarrow \frac{I_{bobina} \times \omega^2}{2} - 0 = -\Delta U$$

onde I_{bobina} é o momento de inércia da bobina em relação ao eixo de rotação. Isolando ω da equação acima, vem que:

$$\omega = \sqrt{\frac{-2\Delta U}{I_{bobina}}} = \sqrt{\frac{-2(-0,136)}{4,0\times10^{-4}}} = 26,08\,\frac{rad}{s}$$

Para expressar o resultado acima em rpm, deve-se lembrar que $1\,rpm = \dfrac{2\pi}{60}\dfrac{rad}{s} = 0,10472\dfrac{rad}{s}$. Então,

$$\omega = \frac{26,08}{0,10472}\,rpm = 249\,rpm$$

EXERCÍCIOS COM RESPOSTAS

(Quando necessário, utilize aceleração da gravidade $g=9,8\,m/s^2$, carga fundamental $e=1,60\times10^{19}\,C$, massa do elétron $m_e = 9,11\times10^{-31}\,kg$ e massa do próton $m_p = 1,67\times10^{-27}\,kg$.)

MOVIMENTO DE PARTÍCULAS CARREGADAS EM UM CAMPO MAGNÉTICO E FORÇA DE LORENTZ

1) Na cidade de São Paulo, ao nível do solo, o campo magnético terrestre é dado por $\vec{B} = \left(-6,6\,\vec{i} + 17,3\,\vec{j} + 13,6\,\vec{k}\right)\mu T$ e o campo elétrico é de aproximadamente $\vec{E} = -\left(100\vec{k}\right)\dfrac{V}{m}$ em dias secos.

   a) Calcule o módulo das forças gravitacional, elétrica e magnética sobre um próton que se desloque em São Paulo com uma velocidade $\vec{v} = \left(100\vec{i}\right)\dfrac{m}{s}$. Admita a aceleração da gravidade local $\vec{g} = -\left(10\vec{k}\right)\dfrac{m}{s^2}$. Compare os resultados e ordene-os em ordem crescente.

   b) Quantas vezes a força magnética é maior que a força gravitacional?

   Respostas:

   a) $F_{grav} = 1,67 \times 10^{-26}\,N < F_E = 1,60 \times 10^{-17}\,N$
      $< F_{mag} = 3,52 \times 10^{-16}\,N$

   b) $F_{mag} = 2,1 \times 10^{10} \times F_{grav}$

2) Uma partícula carregada com $q = -4{,}0\,\mu C$ se move com uma velocidade constante $\vec{v} = \left(10\vec{i} + 50\vec{j} - 70\vec{k}\right)\dfrac{km}{s}$ e repentinamente entra em uma região na qual existe um campo magnético $\vec{B} = \left(60\vec{i} - 15\vec{j} - 10\vec{k}\right)\times 10^{-4}$ T. Qual é a força magnética sobre a partícula no instante em que ela entra nessa região?

Resposta:

$\vec{F_m} = \left(6{,}2\,\vec{i} + 16{,}4\,\vec{j} + 12{,}6\,\vec{k}\right)\times 10^{-4}$ N

3) Um elétron de um feixe de raios catódicos tem energia cinética de 500 eV e se desloca em uma trajetória circular cujo raio vale 5,00 cm. Determine o módulo do campo magnético constante que existe nessa região do tubo de raios catódicos.

Resposta:

1,51 mT.

4) Um próton tem energia cinética de 100 eV e se desloca em região de campo magnético uniforme de intensidade 40,0 mT.

  a) Calcule a frequência de revolução do próton independentemente do ângulo entre sua velocidade e o campo magnético.

  b) Se sua velocidade é perpendicular ao campo magnético, calcule o raio da trajetória circular do próton.

Respostas:

a) 610 kHz;

b) 36,1 mm.

5) Uma partícula carregada é lançada com velocidade constante de $5{,}00 \times 10^6$ m/s em uma região onde existe um campo magnético constante, descreve um semicírculo e deixa a região, como mostrado na Figura 6.20. A partícula permanece na região de campo por 2,00 ns.

Figura 6.20

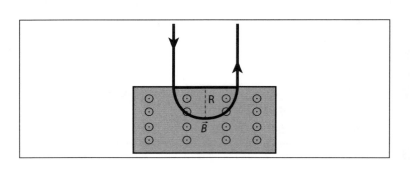

a) A partícula é um elétron ou um próton?

b) Calcule o módulo do campo magnético nessa região.

c) Qual é o raio do semicírculo?

Respostas:

a) elétron;

b) 8,94 mT;

c) 3,18 mm.

6) A velocidade de uma partícula alfa ($m = 4,00$ μ = $= 6,64 \times 10^{-27}$ kg; e $q = +2e$) é $\vec{v}_0 = (80\vec{j} + 20\vec{k}) \times 10^4 \frac{m}{s}$ no instante em que penetra em uma região de campo magnético constante $\vec{B} = (+40\vec{k})$ mT, como indicado na Figura 6.21.

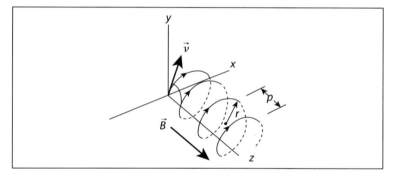

Figura 6.21

a) Determine o raio e o passo da trajetória helicoidal da partícula alfa.

b) Determine a força magnética que age sobre partícula alfa após um quarto de seu período de rotação.

Respostas:

a) $r = 0,415$ m e $p = 0,652$ m;

b) $\vec{F}_m = (-1,02\vec{j}) \times 10^{-14}$ N

7) Um próton penetra em uma região de campo magnético uniforme dado por $\vec{B} = (60\vec{i} - 30\vec{j} + 20\vec{k}) \times 10^{-4}$ T. No instante $t = 0$, a velocidade do próton é $\vec{v}_0 = (10\vec{i} + 40\vec{j} + 80\vec{k})\frac{km}{s}$.

a) Determine o ângulo θ formado pelos vetores. A trajetória descrita pelo próton é circular ou helicoidal?

b) O módulo da velocidade do próton muda com o tempo? E o ângulo θ?

c) Determine o raio da trajetória.

Respostas:

a) $81°$, portanto trajetória helicoidal;

b) o módulo da velocidade e θ permanecem constantes;

c) $0,13$ m.

8) Um pósitron ($m = m_{elétron}$ e $q = +e$) está submetido a ação de dois campos de força uniformes, um campo magnético $\vec{B} = \left(0,300\,\vec{j}\right)$T e um campo elétrico $\vec{E} = \left(-1000\,\vec{j}\right)$ V/m . Em $t = 0$, sua velocidade é $\vec{v}_0 = \left(15,0\,\vec{i} + 15,0\vec{j}\right)\dfrac{\text{km}}{\text{s}}$.

a) Determine a aceleração inicial do pósitron.

b) O raio da trajetória do pósitron sofre influência do campo elétrico?

c) Para $t = T$, sendo T o período de rotação do pósitron, calcule o componente y da posição do pósitron a partir de sua posição inicial.

Respostas:

a) $\vec{a}_0 = \left(0\,\vec{i} - 1,76\,\vec{j} + 7,90\vec{k}\right)\times 10^{14}\,\dfrac{\text{m}}{\text{s}^2}$;

b) não, pois nesse caso a força elétrica age apenas no componente y da velocidade;

c) $y = 5,37\times 10^{-7}$ m.

9) Considere o pósitron do exercício 8. Determine o campo elétrico $\vec{E}$ necessário para que sua velocidade inicial não sofra alteração, isto é, para que o pósitron não sofra nenhum desvio.

Resposta:

$$\vec{E} = \left(-4500\,\vec{k}\right)\dfrac{\text{V}}{\text{m}}$$

10) O *Efeito Hall* é utilizado em importantes aplicações em eletrônica e na construção de sensores de campo magnético. Considere uma placa condutora, metálica ou semicondutora, de espessura d e largura l pela qual passa uma corrente elétrica I no sentido positivo do eixo x, representada pelo vetor densidade de corrente $\vec{J}_x$. A Figura 6.22 indica as forças que agem sobre uma carga móvel negativa que compõe a corrente elétrica.

Um campo magnético uniforme $\vec{B}_y$ perpendicular à corrente é aplicado no sentido positivo do eixo y. O campo magnético exerce sobre as cargas móveis uma força perpendicular à velocidade de arraste $\vec{v}_a$. Isso faz com que as cargas móveis se dirijam para a extremidade superior da tira, criando um campo elétrico $\vec{E}_z$ que origina uma força elétrica no sentido $-z$. O acúmulo de cargas acontece até que as forças se equilibrem e as cargas móveis não sejam mais desviadas. Esse acúmulo de cargas origina uma diferença de potencial chamada *ddp Hall* (ΔV_{Hall}), que pode ser medida e seu sinal indica se as cargas móveis são negativas ou positivas.

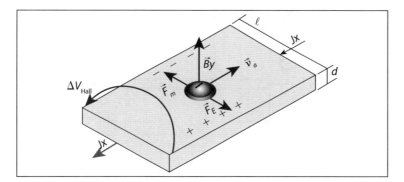

Figura 6.22

a) Mostre que o número de cargas móveis por unidade de volume n da placa condutora é dada por $n = \dfrac{B \times I}{e \times d \times \Delta V_{Hall}}$.

b) Em um experimento de efeito Hall, uma corrente de 20,0 A percorre uma placa de cobre ($n = 8{,}45 \times 10^{28} \, \dfrac{\text{elétrons livres}}{\text{m}^3}$) com 1,0 cm de largura e 40,0 μm de espessura. A intensidade do campo magnético aplicado é de 0,500 T. A partir desses dados, determine a ddp Hall observada nas extremidades da placa.

Resposta:

b) $\Delta V_{Hall} = -18{,}5 \times 10^{-6} \text{V} = -18{,}5 \, \mu\text{V}$

FORÇA MAGNÉTICA SOBRE UM CONDUTOR TRANSPORTANDO CORRENTE ELÉTRICA

11) Um fio reto transporta uma corrente contínua de 20 A, tem comprimento de 30 cm e está imerso em uma região de campo magnético constante. Se a corrente estiver percor-

rendo o fio na direção e sentido de $+y$, qual é a força magnética sobre o fio?

Resposta:

$\vec{F}_m = \left(-1{,}5\,\vec{k}\right)$ N

12) Um fio de 20,4 g e comprimento $L = 80{,}0$ cm está suspenso por um par de molas metálicas em uma região de campo magnético uniforme de intensidade 0,350 T. A resistência elétrica total do circuito formado pelas molas, barra e gerador é dada por $R = 10{,}0\ \Omega$, conforme a Figura 6.23.

Figura 6.23

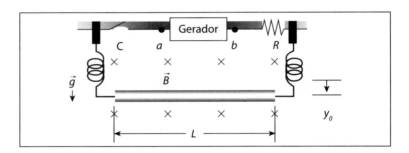

a) Inicialmente a barra está em equilíbrio com as molas estendidas por uma distância $y_0 = 5{,}00$ cm. Ao fechar a chave C, qual deve ser a corrente para que as molas fiquem em suas posições relaxadas ($y = 0$)? Qual ponto, a ou b, deve ser o terminal positivo do gerador?

b) Se, ao fechar a chave C, uma corrente $I = 2{,}00$ A percorre o circuito saindo pelo terminal b do gerador, qual é a deformação adicional de cada mola?

Respostas:

a) $I = 0{,}714$ A da esquerda para a direita na barra, isto é, o ponto a é o terminal positivo;

b) $\Delta y = 14{,}0$ cm para baixo.

13) Uma barra de metal de 170 g conduz uma corrente de 8,00 A enquanto desliza sobre dois trilhos horizontais a 0,400 m um do outro. Qual é a intensidade de um campo magnético vertical necessária para manter a barra deslizando com velocidade constante, se o coeficiente de atrito cinético entre a barra e os trilhos é 0,125? Despreze os efeitos de indução eletromagnética.

Resposta:

$B = 65{,}1$ mT.

14) A Figura 6.24 mostra um paralelepípedo que contém uma espira que conduz uma corrente $I = 4,0$ A. A espira está imersa em uma região de campo magnético cuja intensidade é $B = 0,15$ T na direção e sentido $+ z$.

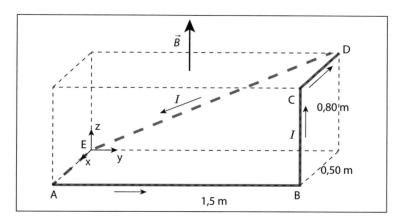

Figura 6.24

a) Calcule a força magnética nos cinco segmentos de fio que formam a espira.
b) Qual é a força resultante sobre a espira?

Respostas:

a) $\vec{F}_{AB} = (0,90\,\vec{i})$N, $\vec{F}_{BC} = \vec{0}$, $\vec{F}_{CD} = (0,30\,\vec{j})$N,
$\vec{F}_{DE} = (-0,90\,\vec{i})$ N, $\vec{F}_{EA} = (-0,30\,\vec{j})$N

b) $\vec{F}_R = \vec{0}$

15) Considere a espira ABCDA, mostrada na Figura 6.25. Ela é percorrida em sentido anti-horário por uma corrente de intensidade $I = 10$ A e imersa em uma região de campo magnético uniforme $\vec{B}$ de módulo igual a 4,0 mT. Calcule a força magnética nos segmentos AB e CD, sabendo que $R = 1,5$ m e $r = 0,60$ m.

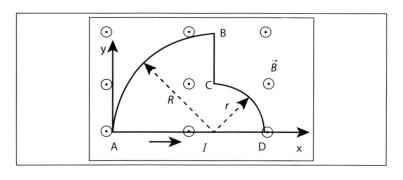

Figura 6.25

Respostas:

$\vec{F}_{AB} = \left(-60\,\vec{i} + 60\,\vec{j}\right) \times 10^{-3}$ N e
$\vec{F}_{CD} = \left(24\,\vec{i} + 24\,\vec{j}\right) \times 10^{-3}$ N

---

16) Um fio de cobre de 80,0 cm é dobrado em um ângulo de 90° e colocado sob a ação de um campo magnético, dirigido para fora da página, cujo módulo depende da posição y e é dado por $B = 5,50 \times 10^{-2}\,y$, onde B está em teslas e y está em metros. Qual é a força magnética exercida sobre o fio quando este é percorrido por uma corrente $I = 6,00$ A no sentido indicado na Figura 6.26?

Figura 6.26

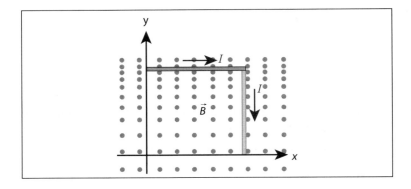

Respostas:

$\vec{F}_m = \left(-26,4\,\vec{i} - 52,8\,\vec{j}\right) \times 10^{-3}$ N

TORQUE SOBRE ESPIRAS PERCORRIDAS POR CORRENTE

17) Considere a espira ABCDA percorrida pela mesma corrente I e imersa no mesmo campo magnético $\vec{B}$ descritos no Exercício com Resposta 15. Porém, suponha que ela possa girar livremente em torno do eixo x.

   a) Determine o momento de dipolo magnético da espira.

   b) Nessas condições, a espira irá sofrer alguma rotação? Ela está em equilíbrio estável ou instável?

Respostas:

a) $\vec{\mu} = \left(+20,5\,\vec{k}\right) \text{A} \times \text{m}^2$

b) A espira não sofre rotação, pois $\vec{\tau} = \vec{0}$ para esta posição da espira. Como os vetores $\vec{\mu}$ e $\vec{B}$ estão alinhados ($\theta = 0°$), o equilíbrio é estável.

Campo magnético e força magnética

18) Considere a espira percorrida pela mesma corrente I e imersa no mesmo campo magnético descritos no Exercício com Resposta 14.

a) Determine o momento de dipolo magnético da espira.

b) Calcule o torque magnético sobre a espira. Existe alguma possibilidade de a espira girar em torno do eixo z?

c) Qual é a energia potencial do dipolo magnético em sua posição inicial?

Respostas:

a) $\vec{\mu} = \left(2,4\,\vec{i} - 1,6\,\vec{j} + 3,0\vec{k}\right) \text{A} \times \text{m}^2$

b) $\vec{\tau} = \left(-0,24\,\vec{i} - 0,36\,\vec{j}\right)\text{N} \times \text{m}$, a espira não pode girar em torno de um eixo paralelo ao eixo z, pois o torque não possui nenhum componente nessa direção;

c) $U = -0,45 \text{ J}$

19) A unidade do momento de dipolo magnético $\vec{\mu}$ no Sistema Internacional (SI) obtida por meio da equação 6.12 é A.m² (ampère-metro quadrado). Mostre que, a partir de A.m², a unidade do momento de dipolo magnético no SI também pode ser dada por J/T (joule por tesla), como sugere a equação (6.16).

20) Até agora, apenas o momento dipolar magnético de bobinas percorridas por corrente foi utilizado. Porém, outros objetos e partículas também o possuem, como ímãs em forma de barra, elétrons e prótons! Considere um átomo de hidrogênio, formado por apenas um próton e um elétron. Conforme o modelo de Bohr, o elétron em seu estado de energia mais baixa (fundamental) executa uma trajetória circular de raio $R = 5,29 \times 10^{-11}$ m em torno do próton com uma velocidade linear de $2,19 \times 10^6$ m/s.

a) Determine o valor médio da corrente elétrica I devido ao movimento do elétron.

b) Qual é o módulo do momento dipolar magnético correspondente ao movimento orbital do elétron?

Respostas:

a) $I = 1,05 \text{ mA}$

b) $\mu = 9,27 \times 10^{-24} \text{ J / T}$

21) A agulha de uma bússola possui um momento dipolar magnético de módulo $\mu = 10{,}0 \times 10^{-3}$ J/T e se encontra em uma localidade onde o componente horizontal do campo magnético terrestre é dado por $\vec{B}_h = \left(-13{,}0\vec{i} + 23{,}0\vec{j}\right)\mu\text{T}$.

a) Determine a mínima energia potencial magnética da agulha nesse campo (equilíbrio estável).

b) Determine a máxima energia potencial magnética da agulha nesse campo (equilíbrio instável).

c) Calcule o trabalho realizado por um agente externo para alterar a posição da agulha de sua posição de equilíbrio estável para uma posição onde ela faça um ângulo de 120° com $\vec{B}_h$.

Respostas:

a) $U_{min} = -2{,}64 \times 10^{-7}$ J;

b) $U_{máx} = +2{,}64 \times 10^{-7}$ J;

c) $W_{Fext} = 3{,}96 \times 10^{-7}$ J.

22) Uma bobina retangular de 20 voltas, conduzindo corrente elétrica como mostra a Figura 6.27, pode girar livremente em torno do eixo x. Se o campo magnético é dado por $\vec{B} = (25\vec{k})$mT, determine o torque exercido na bobina quando o vetor normal ao plano da espira $\vec{n}$ é igual a: a) $\vec{j}$; b) $\vec{k}$; c) $-\vec{j}$; e d) $\dfrac{\sqrt{2}}{2}(\vec{j} - \vec{k})$.

Figura 6.27

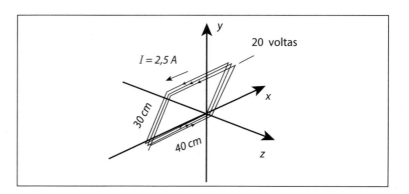

Respostas:

a) $\vec{\tau} = -\left(0{,}15\vec{i}\right)$Nm;

b) $\vec{0}$;

c) $\vec{\tau} = (-0,15\vec{i})\,\text{N} \times \text{m}$;
d) $\vec{\tau} = (0,11\vec{i})\,\text{N} \times \text{m}$.

23) Um longo pedaço de fio de cobre com massa de 200 g e comprimento de 3,20 m é utilizado para fazer uma bobina quadrada de 20,0 cm de lado. A bobina pode girar livremente em torno de um lado horizontal, conforme a Figura 6.28, e inicialmente está em equilíbrio. A bobina é colocada em uma região de campo magnético vertical cujo módulo vale 0,150 T e aponta para + y.

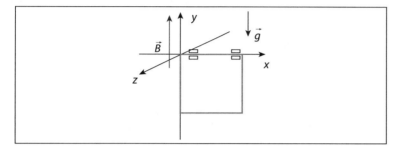

Figura 6.28

a) Determine o ângulo que o plano da bobina faz com a vertical quando ela é percorrida por uma corrente $I = 4,00$ A.

b) Qual é a variação da energia potencial da bobina na presença do campo magnético para as posições final e inicial?

Respostas:

a) $\alpha = 26,1°$;

b) $\Delta U = -4,22 \times 10^{-2}$ J

24) Considere a bobina de 20 voltas mostrada na Figura 6.27. Ela está conduzindo uma corrente e pode girar livremente em torno do eixo x. Inicialmente o plano da bobina faz um ângulo de 30° com o eixo y.

a) Determine o torque sobre a bobina se ela for imersa em uma região de campo magnético uniforme $\vec{B} = (1,2\vec{j})\text{T}$. A bobina irá girar em direção ao eixo y ou em direção ao eixo z?

b) Calcule a energia potencial da bobina nesse campo para sua posição inicial.

c) Escreva o vetor momento magnético da bobina quando ela alcançar o equilíbrio estável. Calcule a variação da energia potencial da bobina em relação à sua posição inicial.

d) Escreva o vetor momento magnético da bobina quando ela for levada por um agente externo ao equilíbrio instável. Calcule a variação da energia potencial da bobina em relação à sua posição inicial.

e) Se o campo magnético fosse aplicado na direção $+x$, esta bobina iria girar? Justifique a resposta.

Respostas:

a) $\vec{\tau} = -(6,2\vec{i})\,\text{N}\times\text{m}$ e a bobina irá girar em direção ao eixo y;

b) $U_1 = +3,6$ J;

c) $\vec{\mu}_2 = (6,0\,\vec{j})\text{A}\times\text{m}^2$ e $\Delta U = -11$ J;

d) $\vec{\mu}_3 = -(6,0\vec{j})A\times m^2$ e $\Delta U = +3,6$ J;

e) Não, pois nessa condição não haveria nenhum componente do torque na direção x (eixo de rotação da bobina).

7 FONTES DE CAMPO MAGNÉTICO

Gilberto Marcon Ferraz

Existem outras fontes de campo magnético além dos ímãs permanentes. Por exemplo, os eletroímãs. Estes podem ser desligados a qualquer momento, bastando interromper a passagem da corrente elétrica que circula em uma bobina. Os eletroímãs possuem inúmeras aplicações, desde relês, válvulas, fechaduras automáticas até guindastes industriais (Figura 7.1).

Figura 7.1
Eletroímã empregado em um guindaste.

7.1 CAMPO MAGNÉTICO PROVENIENTE DE CORRENTES ELÉTRICAS

A primeira comunicação científica sobre a observação de campo magnético criado por uma corrente elétrica foi realizada por Hans Christian Öersted, físico, químico e filósofo dinamarquês, em 1820. Öersted relatou que, durante uma aula de eletricidade, percebeu que a agulha magnetizada de uma bússola sofria deflexões quando a corrente conduzida pelo fio era ligada ou desligada. Acertadamente, ele concluiu que, além do campo magnético terrestre, a bússola sentia a presença de outro campo magnético criado pela corrente elétrica. Após a divulgação das observações realizadas por Öersted, os físicos franceses Jean-Baptiste Biot e Félix Savart repetiram os experimentos e aprofundaram as análises até o ponto de descreverem matematicamente o campo magnético associado à corrente elétrica. O resultado de todo esse trabalho é chamado de *lei de Biot-Savart* e sua forma matemática é descrita a seguir.

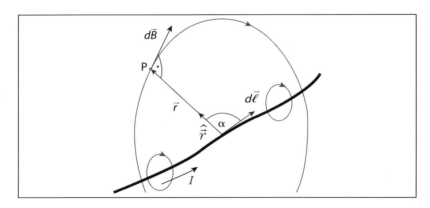

Figura 7.2 Campo magnético produzido no ponto P pelo elemento de corrente. (Fonte: Modificada de <http://pt.wikipedia.org/wiki/Lei_de_Biot-Savart>).

Uma corrente elétrica, de intensidade I, percorre todo o fio mostrado na Figura 7.2. Considere o elemento de corrente $I d\vec{\ell}$ representado na mesma figura. A contribuição do elemento de corrente ao campo magnético $d\vec{B}$ produzido em um ponto P situado a uma distância r, a partir do elemento de corrente, é calculada por:

$$d\vec{B} = \frac{\mu_0}{4\pi} \frac{I \, (d\vec{\ell} \times \hat{\vec{r}})}{r^2} \qquad (7.1)$$

sendo:

$\hat{\vec{r}}$, o versor do vetor posição $\vec{r}$;

$\mu_0 = 4\pi \times 10^{-7} \, \dfrac{\mathrm{T \times m}}{\mathrm{A}}$, uma constante chamada permeabilidade do vácuo.

Observe que a direção do campo $d\vec{B}$ é perpendicular tanto ao elemento de corrente $I d\vec{\ell}$ quanto ao versor $\hat{\vec{r}}$ e seu sentido é determinado por meio da "regra da mão direita": imagine o fio sendo segurado pela mão direita, com o polegar indicando o sentido de percurso da corrente I, conforme a Figura 7.3; os dedos irão curvar-se na direção e sentido do campo magnético. Note que as linhas de campo magnético circundam os trechos retos dos fios que conduzem a corrente. Elas são *linhas contínuas e fechadas*, como pode ser visto nas Figuras 7.2 e 7.3.

O módulo do campo magnético $d\vec{B}$ é dado por:

$$dB = \frac{\mu_0}{4\pi}\frac{I\left|d\vec{\ell}\times\hat{r}\right|}{r^2} = \frac{\mu_0}{4\pi}\frac{I\times d\ell \times \text{sen}\,\alpha}{r^2} \quad (7.2)$$

sendo α o ângulo entre os vetores $d\vec{\ell}$ e $\hat{r}$. Perceba que nesse ponto existe algo em comum com o campo elétrico: tanto o módulo do campo magnético proveniente de um elemento de corrente quanto o módulo do campo elétrico originado por um elemento de carga dq são inversamente proporcionais ao quadrado da distância r.

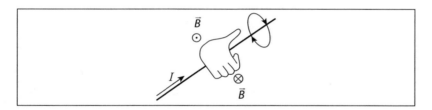

Figura 7.3
Regra da mão direita para determinação do sentido do vetor campo magnético.

Os próximos exemplos são aplicações da lei de Biot-Savart para obtenção do campo magnético produzido por correntes conduzidas por fios de diferentes geometrias.

Exemplo I

Considere uma espira circular de raio R, localizada no plano xOy, sendo percorrida por uma corrente de intensidade constante I.

a) Determine o campo magnético em um ponto qualquer do eixo da espira, cujo centro encontra-se na origem.

b) Qual é o módulo do campo magnético no centro da espira?

Solução:

a) Primeiramente, um elemento de corrente $Id\vec{\ell}$ deve ser desenhado na espira e, a partir deste, o vetor posição $\vec{r}$ tem como extremidade o ponto P sobre o eixo z. O campo magnético $d\vec{B}$ é calculado conforme a equação (7.1). Porém, neste caso, em que $d\vec{\ell}$ e $\hat{r}$ fazem

90°, o cálculo é mais rápido trabalhando apenas com o módulo dB (equação 7.2), pois a decomposição do vetor $d\vec{B}$ é facilmente obtida pela Figura 7.4.

Figura 7.4

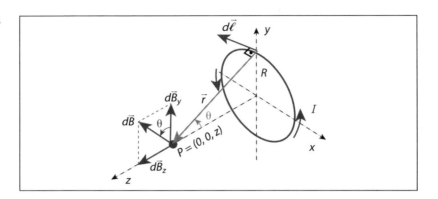

Analisando a simetria circular da espira, tem-se que os componentes perpendiculares ao eixo Oz (B_y e B_x) se anulam quando são somadas as contribuições de todos os elementos de corrente que estão na espira. Assim, o campo magnético em um ponto do eixo da espira é paralelo ao próprio eixo, e seu sentido é determinado pela regra da mão direita. Para este caso, $\vec{B} = B_z \vec{k}$.

Olhando com atenção a Figura 7.4, tem-se que: $dB_z = dB \times \operatorname{sen}\theta$, $r = \sqrt{R^2 + z^2}$ e $\operatorname{sen}\theta = \dfrac{R}{r}$.

Portanto, $dB_z = \dfrac{\mu_0}{4\pi} \dfrac{I \times d\ell \times \operatorname{sen}90°}{r^2} \times \operatorname{sen}\theta = \dfrac{\mu_0}{4\pi} \dfrac{I \times d\ell}{r^2} \dfrac{R}{r}$

$$dB_z = \dfrac{\mu_0 I}{4\pi} \dfrac{R d\ell}{\left(R^2 + z^2\right)^{3/2}}$$

$$B_z = \int \dfrac{\mu_0 I}{4\pi} \dfrac{R d\ell}{\left(R^2 + z^2\right)^{3/2}} = \dfrac{\mu_0 I}{4\pi} \dfrac{R}{\left(R^2 + z^2\right)^{3/2}} \int_0^{2\pi R} d\ell = \dfrac{\mu_0 I}{4\pi} \dfrac{2\pi R^2}{\left(R^2 + z^2\right)^{3/2}}$$

A integral deve ser realizada no percurso da corrente e, para esta espira, tanto R quanto a posição do ponto P são constantes para todos os elementos de corrente; assim, podem sair da integral. Logo, o módulo e o vetor campo magnético são dados por:

$$B_z = \dfrac{\mu_0 I}{2} \dfrac{R^2}{\left(R^2 + z^2\right)^{3/2}} \qquad (7.3)$$

$$\vec{B} = \frac{\mu_0 I}{2} \frac{R^2}{\left(R^2 + z^2\right)^{3/2}} \vec{k} \qquad (7.4)$$

b) No centro da espira, $z = 0$ e o módulo do vetor $\vec{B}$ terá seu maior valor, dado por:

$$B = \frac{\mu_0 I}{2R} \qquad (7.5)$$

Exemplo II

Considere uma bobina chata formada pelo enrolamento compacto de N espiras circulares de raio R, localizada no plano xOy, sendo percorrida por uma corrente de intensidade constante I.

a) Determine o campo magnético em um ponto qualquer do eixo da bobina, cujo centro encontra-se na origem.

b) Escreva o resultado do item (a) em função do momento dipolar da bobina.

c) Se a bobina chata possuir 50 espiras de 10 cm de raio e está conduzindo uma corrente de 2,5 A, calcule o campo magnético nos pontos de seu eixo que estão a 15 cm da origem ($z = \pm 15$ cm).

Solução:

a) Uma bobina chata é aquela onde o diâmetro da bobina D é bem maior que seu comprimento L, como pode ser visto na Figura 7.5. Para essa condição, cada espira contribui para o campo magnético aproximadamente da mesma forma, então o campo total é o campo originado por uma espira (equação 7.4) vezes o número de espiras N.

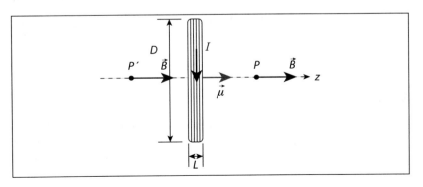

Figura 7.5
Bobina chata, $D \gg L$

Logo,

$$\vec{B} = \frac{\mu_0 NI}{2} \frac{R^2}{\left(R^2 + z^2\right)^{3/2}} \vec{k} \tag{7.6}$$

b) No Capítulo 6, o vetor momento de dipolo magnético foi definido por $\vec{\mu} = NIA\,\vec{n}$, sendo A a área da seção transversal da bobina e $\vec{n}$ o vetor normal a essa área. Nesse caso, $A = \pi R^2$ e $\vec{n} = \vec{k}$, o que resulta em:

$$\vec{B} = \frac{\mu_0 (NI\pi R^2)}{2\pi} \frac{1}{\left(R^2 + z^2\right)^{3/2}} \vec{n}$$

$$\vec{B} = \frac{\mu_0}{2\pi} \frac{1}{\left(R^2 + z^2\right)^{3/2}} \vec{\mu} \tag{7.7}$$

c) Substituindo os dados na equação (7.6), vem que:

$$\vec{B} = \frac{\mu_0 NI}{2} \frac{R^2}{\left(R^2 + z^2\right)^{3/2}} \vec{k} =$$

$$= \frac{4\pi \times 10^{-7} \times 50 \times 2{,}5}{2} \frac{(0{,}10)^2}{\left[(0{,}20)^2 + (\pm 0{,}15)^2\right]^{3/2}} \vec{k}$$

$$\vec{B} = (5{,}0 \times 10^{-5}\, \vec{k})\ \text{T}$$

- A equação (7.7) indica que uma bobina conduzindo corrente irá experimentar um torque $\vec{\tau}$ se for colocada na presença de outro campo magnético externo. Ela também indica que o campo magnético gerado pelas espiras é semelhante ao de um ímã em forma de barra.

- Observe que o resultado do item (c) denota que o campo magnético tem a mesma direção e mesmo sentido tanto para o ponto P como para o ponto P'.

Exemplo III

a) Encontre o campo magnético em um ponto P, situado a uma distância a de um fio reto, de comprimento L, pelo qual passa uma corrente de intensidade I. Considere a Figura 7.6.

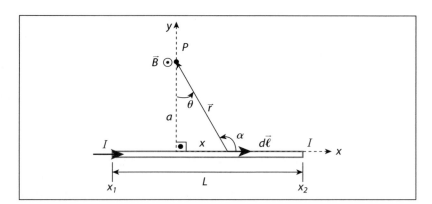

Figura 7.6

b) A partir do resultado do item (a), deduza o campo magnético produzido no ponto P caso o fio que conduz a corrente seja muito longo ($L \to \infty$).

Solução:

a) Utilizando a regra da mão direita, tem-se que o campo magnético no ponto P aponta para fora da página, isto é, aponta para +z. Portanto, $\vec{B} = B\vec{k}$. O módulo do campo magnético é calculado por meio da equação (7.2): $dB = \dfrac{\mu_0}{4\pi} \dfrac{I \times d\ell \times \operatorname{sen}\alpha}{r^2}$.

O ângulo α, indicado na Figura 7.6, é igual a $\alpha = 90° + \theta$ e, consequentemente, $\operatorname{sen}\alpha = \cos\theta$. Assim,

$$dB = \dfrac{\mu_0}{4\pi} \dfrac{I \times d\ell \times \cos\theta}{r^2} = \dfrac{\mu_0 I}{4\pi} \dfrac{dx}{r^2} \dfrac{a}{r} = \dfrac{\mu_0 I a}{4\pi} \dfrac{dx}{\left(x^2 + a^2\right)^{3/2}}$$

O módulo do campo magnético resultante em P é dado por:

$$B = \dfrac{\mu_0 I a}{4\pi} \int_{x_1}^{x_2} \dfrac{dx}{\left(x^2 + a^2\right)^{3/2}} = \dfrac{\mu_0 I a}{4\pi} \dfrac{x}{a^2 \sqrt{x^2 + a^2}} \bigg|_{x_1}^{x_2}$$

Observando a Figura 7.6, vem que $\dfrac{x}{\sqrt{x^2 + a^2}} = \operatorname{sen}\theta$, logo:

$$B = \dfrac{\mu_0 I}{4\pi a} \operatorname{sen}\theta \bigg|_{\theta_1}^{\theta_2}$$

Portanto,

$$B = \dfrac{\mu_0 I}{4\pi a}\left(\operatorname{sen}\theta_2 - \operatorname{sen}\theta_1\right) \qquad (7.8)$$

b) Se o comprimento do fio for muito longo, L tenderá ao infinito, então a equação (7.8) pode ser utilizada substituindo $\theta_2 = +90°$ e $\theta_1 = -90°$. Logo,

$$B = \frac{\mu_0 I}{4\pi a}\left(\operatorname{sen}90° - \operatorname{sen}(-90°)\right) = \frac{\mu_0 I}{4\pi a} \times 2$$

$$B = \frac{\mu_0 I}{2\pi a} \tag{7.9}$$

- A equação (7.8) fornece tanto o módulo quanto o sentido do campo magnético no ponto P, isto é, se o campo está apontando para fora (B positivo) ou para dentro (B negativo) do plano da Figura 7.7. Para que o resultado seja correto, preste muita atenção ao sentido de rotação do ângulo θ. O sentido do ângulo θ_2 é considerado positivo (anti-horário).

Figura 7.7

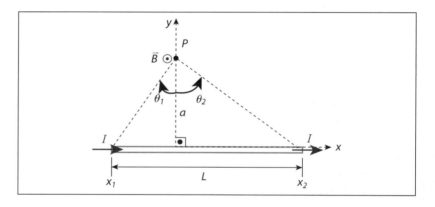

A partir dos resultados do Exemplo III, percebe-se que a distância a pode ser considerada como um raio, pois, se o fio for girado em torno do eixo x, todos os pontos que estão situados à distância a formarão um círculo, onde o módulo do campo magnético terá o mesmo valor. Em outras palavras, este círculo de raio a é uma *linha de campo magnético*, que pode ser vista na Figura 7.8a. A Figura 7.8b destaca o vetor $\vec{B}$ em diferentes posições em torno do fio.

Figura 7.8
(a) Linha de campo magnético que circunda um fio reto percorrido por uma corrente I. (b) O vetor sempre é tangente às linhas de campo.

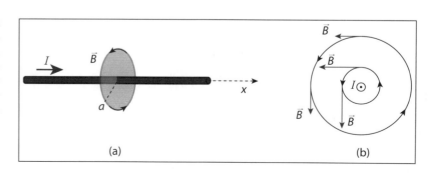

7.2 FORÇA MAGNÉTICA ENTRE CONDUTORES PARALELOS CONDUZINDO CORRENTE

Este é um caso particular de força magnética sobre corrente, mas só pode ser compreendido após a determinação do campo magnético produzido por corrente em um fio reto, dado por meio da equação (7.9). Considere as correntes I_1 e I_2 que são conduzidas no mesmo sentido por fios longos, paralelos e separados por uma distância a, como mostrado na Figura 7.9. A corrente I_1 produz um campo magnético $\vec{B}_1$ ao longo de todo o comprimento L do fio ②, fazendo com que a corrente I_2 sofra a ação de uma força $\vec{F}_{1,2}$. Utilizando a regra da mão direita, conclui-se que a força aponta para o fio ①, na mesma reta perpendicular que une os fios. O módulo dessa força é calculado por meio da equação (6.9):

$$F_{1,2} = I_2 \times \left|\vec{L} \times \vec{B}_1\right| = I_2 L B_1 \text{sen} 90°, \text{ sendo } B_1 = \frac{\mu_0 I_1}{2\pi a}$$

Logo:

$$F_{1,2} = \frac{\mu_0 L I_1 I_2}{2\pi a} \qquad (7.10)$$

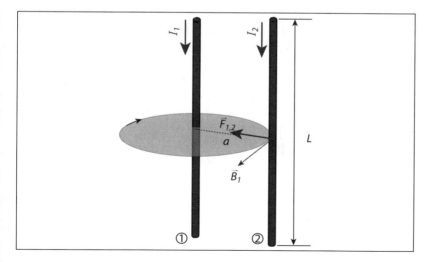

Figura 7.9
Correntes de mesmo sentido se atraem, como indica a força.

Utilizando o mesmo procedimento, verifica-se que a corrente I_1 está sujeita a uma força $\vec{F}_{2,1}$ devido ao campo magnético produzido pela corrente I_2. Essa força tem a mesma direção, mas seu sentido é contrário ao da força $\vec{F}_{1,2}$ e, consequentemente, os fios se atraem. Caso as correntes tenham sentidos

[1] A biografia e a obra deste cientista francês podem ser encontradas em <www.ampere.cnrs.fr>.

[2] Uma corrente elétrica invariável é definida como sendo de 1 A, quando mantida em dois condutores retilíneos, paralelos, de comprimento infinito, de área de seção transversal desprezível, situados no vácuo a 1 m de distância um do outro, e produz entre esses condutores uma força igual a 2×10^{-7} N, para cada metro desses condutores. Para maiores detalhes, acesse: <http://www.ipemsp.com.br>.

opostos, as forças se invertem e os fios se repelem. Resumidamente, tem-se que:

> *"Correntes elétricas paralelas e de mesmo sentido se atraem, enquanto que correntes de sentidos opostos se repelem."*

A interação entre correntes elétricas conduzidas por fios paralelos foi primeiramente relatada por André-Marie Ampère[1], em 1820. Atualmente, essa força é utilizada para definir a unidade de medida de corrente elétrica, o *ampère* (A), do Sistema Internacional[2].

7.3 LEI DE AMPÈRE

Tomando como exemplo o campo magnético produzido por uma corrente transportada por um fio reto e de comprimento infinito, tem-se que as linhas de campo magnético circundam o fio, como mostrado na Figura 7.9. Nesse ponto, pode-se definir a *circulação* do campo magnético $\vec{B}$, às vezes também chamada de *circuitação* de $\vec{B}$, como $\oint \vec{B} \cdot d\vec{\ell}$, sendo a integral calculada sobre um percurso fechado.

Considere o percurso circular de raio a percorrido no sentido anti-horário (linha tracejada da Figura 7.10) para o cálculo da circulação do campo magnético produzido pela corrente I. Logo,

$$\oint \vec{B} \cdot d\vec{\ell} = \oint B \times d\ell \times \cos\theta = \oint \frac{\mu_0 I}{2\pi a} d\ell \times \cos 0° = \frac{\mu_0 I}{2\pi a} \int_0^{2\pi a} d\ell$$

$$\oint \vec{B} \cdot d\vec{\ell} = \frac{\mu_0 I}{2\pi a} 2\pi a = \mu_0 I$$

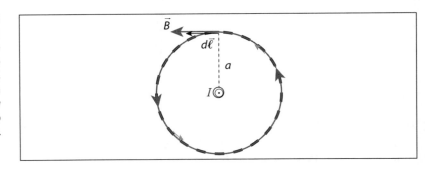

Figura 7.10 A linha contínua representa a linha de campo magnético produzida pela corrente I, ao passo que a tracejada representa a *amperiana* percorrida no sentido anti-horário.

Tem-se, então, que a circulação do campo magnético é diretamente proporcional à corrente no interior da circunferência de raio a. Note que a corrente I atravessa perpendicularmente o plano da circunferência.

A conclusão acima pode ser generalizada e é válida para qualquer que seja o percurso fechado originando a lei de Ampère: *A integral de linha do componente tangencial de $\vec{B}$ em torno de um percurso fechado é igual à $\mu_0 I_{interior}$, sendo $I_{interior}$ a corrente resultante envolvida pelo mesmo percurso.*

$$\int \vec{B} \cdot d\vec{\ell} = \mu_0 I_{interior} \qquad (7.11)$$

O percurso fechado recebe o nome de *amperiana* ou *circuito amperiano* e pode ser integrado tanto no sentido horário quanto no anti-horário. O sinal das correntes envolvidas pelo percurso é determinado da seguinte forma: se os dedos de sua *mão direita* apontam no sentido escolhido para o cálculo da integração, então seu polegar define o sentido de uma corrente positiva. A Figura 7.11 ilustra um exemplo.

A lei de Ampère, representada por meio da equação (7.11), é sempre verdadeira para correntes constantes, porém só é útil para a obtenção do campo magnético quando a simetria do problema permitir que o módulo de $\vec{B}$ possa sair da integral $\oint \vec{B} \cdot d\vec{\ell}$, condição nem sempre fácil de ser obtida.

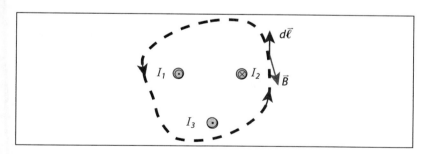

Figura 7.11
Uma amperiana arbitrária percorrida no sentido anti-horário. A corrente resultante envolvida por esse percurso é dada por $I_{interior} = I_1 - I_2 + I_3$.

Exemplo IV

Determine o campo magnético na parte central de um solenoide longo que conduz uma corrente I. O solenoide é constituído por N espiras enroladas compactamente de tal forma que seu comprimento ℓ seja bem maior que o raio R de sua seção transversal circular, como visto na Figura 7.12.

Figura 7.12
Solenoide longo.

Solução:

O campo magnético no centro de uma espira circular é paralelo ao seu eixo e, consequentemente, pode-se admitir que na parte central do solenoide as linhas de campo magnético também são paralelas ao seu eixo e apontam no mesmo sentido, reforçando o campo magnético em sua parte central. Para simplificar os cálculos, o campo magnético é considerado uniforme dentro do solenoide e nulo fora dele. Essas condições definem o modelo de *solenoide ideal*. Considere a amperiana retangular desenhada na Figura 7.13, na qual o sentido anti-horário foi escolhido para a integração. A integral fechada pode ser dividida em quatro trechos retos, indicados de 1 a 4 na mesma figura. Então:

$$\oint \vec{B} \cdot d\vec{\ell} = \int \vec{B} \cdot d\vec{\ell}_1 + \int \vec{B} \cdot d\vec{\ell}_2 + \int \vec{B} \cdot d\vec{\ell}_3 + \int \vec{B} \cdot d\vec{\ell}_4 = \mu_0 I_{interior}$$

$$\int |\vec{B}||d\vec{\ell}_1|\cos 180° + \int |\vec{B}||d\vec{\ell}_2|\cos 90° + \int |\vec{B}||d\vec{\ell}_3|\cos 0° +$$
$$+ \int |\vec{B}||d\vec{\ell}_4|\cos 90° = \mu_0 NI$$

Figura 7.13
Corte longitudinal do solenoide destacando uma amperiana retangular.

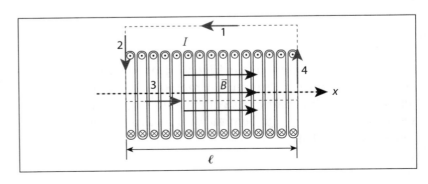

Portanto, apenas uma integral é diferente de zero. Logo:

$$\int_0^\ell |\vec{B}||d\vec{\ell}_3|\cos 0° = \int_0^\ell B dx = \mu_0 NI \Rightarrow B\ell = \mu_0 NI$$

$$B = \frac{\mu_0 NI}{\ell} \qquad (7.12)$$

ou

$$B = \mu_0 nI \qquad (7.13)$$

sendo $n = \dfrac{N}{\ell}$ a densidade de espiras ou o número de espiras por unidade de comprimento do solenoide.

- As equações (7.12) e (7.13) são válidas para a porção central do solenoide. O módulo do campo magnético nas extremidades do solenoide é aproximadamente a metade do valor encontrado em seu centro.

7.4 MAGNETISMO DA MATÉRIA

Os átomos possuem um momento de dipolo magnético resultante devido ao movimento orbital de seus elétrons (veja o Exercício com resposta 20, do Capítulo 6) e devido ao momento de dipolo intrínseco associado ao *spin* dos elétrons. Dependendo da forma como os momentos de dipolo magnéticos atômicos de um material interagem com um campo magnético externo, esse material é classificado como *paramagnético*, *diamagnético* ou *ferromagnético*.

Nos materiais paramagnéticos, ocorre o alinhamento dos dipolos magnéticos atômicos na mesma direção e no mesmo sentido do campo magnético externo, causando um pequeno aumento do campo magnético no interior do material. Esse fenômeno também acontece nos materiais ferromagnéticos, porém ele ocorre com muito mais intensidade. Para os materiais diamagnéticos, ocorre o contrário, os momentos de dipolo magnéticos atômicos se alinham no sentido contrário ao do campo magnético externo, causando uma pequena diminuição do campo magnético no interior do material.

As variações do campo magnético no interior dos materiais paramagnéticos e diamagnéticos são muito sutis, praticamente imperceptíveis à temperatura ambiente. Em contrapartida, em um material ferromagnético, o campo magnético em seu interior é ampliado em várias ordens de grandeza, podendo chegar a mais de 20 mil vezes o campo magnético externo aplicado;

consequentemente, ele é utilizado nos núcleos de bobinas encontradas em pequenos circuitos, em transformadores e eletroímãs de todo tipo e tamanho. Além dessas aplicações, os materiais ferromagnéticos formam os ímãs permanentes e discos de gravação magnética encontrados nos discos rígidos dos computadores.

7.4.1 MAGNETIZAÇÃO

Considere um solenoide formado por N voltas e comprimento total ℓ sendo percorrido por uma corrente I. A equação (7.12) fornece a intensidade do campo magnético em sua porção central, que aqui será chamado de campo magnético aplicado (externo),

$$B_{aplicado} = \frac{\mu_0 NI}{\ell}.$$

Um núcleo de certo material é colocado na porção central do solenoide, conforme a Figura 7.14. Consequentemente, o campo magnético aplicado tende a alinhar os momentos de dipolo magnéticos atômicos desse material, e ele ficará magnetizado.

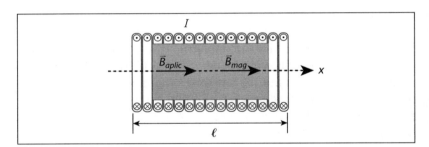

Figura 7.14 Corte longitudinal do solenoide com um núcleo de certo material paramagnético.

A interação dos momentos de dipolo magnéticos atômicos com o campo magnético aplicado é medida por meio do vetor *magnetização* $\vec{M}$, definido como o momento de dipolo magnético resultante por unidade de volume.

$$\vec{M} = \frac{\Delta \vec{\mu}}{\Delta V} \qquad (7.14)$$

A unidade SI para a magnetização é o $A \cdot m^{-1}$.

A magnetização induz o aparecimento de um campo magnético no interior do material, calculado por meio da equação $\vec{B}_{mag} = \mu_0 \vec{M}$. Então, o campo magnético total $\vec{B}$ no interior do material é dado por:

$$\vec{B} = \vec{B}_{aplicado} + \vec{B}_{mag}$$

Fontes de campo magnético

$$\vec{B} = \vec{B}_{aplicado} + \mu_0 \vec{M} \qquad (7.15)$$

Para os materiais ferromagnéticos e paramagnéticos, o vetor $\vec{M}$ possui o mesmo sentido do campo magnético aplicado, enquanto que para materiais diamagnéticos ocorre o contrário.

O campo magnético proveniente da magnetização é proporcional ao campo magnético aplicado para materiais paramagnéticos e diamagnéticos. Logo, pode-se escrever que:

$$\mu_0 \vec{M} \propto \vec{B}_{aplicado} \implies \mu_0 \vec{M} = \chi_m \vec{B}_{aplicado}$$

sendo χ_m uma constante *adimensional* chamada *suscetibilidade magnética*. Portanto, tem-se que:

$$\vec{B} = (1 + \chi_m) \vec{B}_{aplicado} \qquad (7.16)$$

A Tabela 7.1 mostra a suscetibilidade magnética de vários materiais. Note que os materiais paramagnéticos possuem suscetibilidade magnética positiva, enquanto que os valores de χ_m para os materiais diamagnéticos são negativos.

Tabela 7.1 Suscetibilidade magnética de alguns materiais a 20 °C, quando não especificado.

Diamagnéticos		Paramagnéticos	
Material	$\chi_m\,(10^{-5})$	Material	$\chi_m\,(10^{-5})$
Bismuto	−16	Oxigênio (1 atm)	0,19
Ouro	−3,4	Alumínio	2,1
Prata	−2,4	Tungstênio	7,8
Cobre	−0,97	Platina	28
Água	−0,90	Oxigênio líquido (−200°C)	390

Deve ser lembrado que os valores de suscetibilidade magnética para os materiais diamagnéticos são praticamente independentes da temperatura. Em contrapartida, os materiais paramagnéticos são afetados por grandes variações de temperatura. Quando um material paramagnético é resfriado, ocorre um aumento da magnetização e, consequentemente, o valor de sua suscetibilidade magnética aumenta. Isso ocorre pois uma grande diminuição de temperatura reduz os movimentos térmicos aleatórios que são responsáveis pelo desalinhamento dos momentos de dipolo atômicos.

O campo magnético total $\vec{B}$ observado no interior do material também pode ser escrito em função de outro parâmetro chamado *permeabilidade relativa*, definida por:

$$K_m = 1 + \chi_m \tag{7.17}$$

Logo,

$$\vec{B} = K_m \vec{B}_{aplicado} \tag{7.18}$$

A permeabilidade relativa é *adimensional* e ligeiramente maior que 1 para materiais paramagnéticos e ligeiramente menor que 1 para materiais diamagnéticos. Para o espaço vazio (vácuo), onde não há material a ser magnetizado, a permeabilidade relativa é exatamente uma unidade.

A equação (7.18) pode ser expressa por meio de um gráfico, como aquele mostrado na Figura 7.15. Nele é destacada a dependência linear entre os campos total e aplicado para materiais paramagnéticos e diamagnéticos.

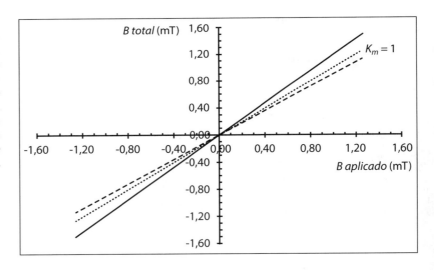

Figura 7.15 Comparação entre materiais paramagnéticos (linha sólida) e diamagnéticos (linha tracejada) em relação ao vácuo (linha pontilhada). A permeabilidade relativa de cada material é obtida através do coeficiente angular da reta.

A adoção de K_m é conveniente para a introdução da *permeabilidade do material* μ, definida como:

$$\mu = K_m \mu_0 \tag{7.19}$$

A magnetização de materiais ferromagnéticos é bem mais complicada, devido ao fato de não ser constante. Isso será explicado em maiores detalhes na próxima seção.

7.4.2 MATERIAIS FERROMAGNÉTICOS

Os sólidos puros contendo ferro, cobalto ou níquel apresentam ferromagnetismo, bem como os sólidos que contenham suas ligas com outros metais. Identificar um material ferromagnético não é muito difícil. Apenas esse tipo de material é atraído por um ímã – lembre-se que peças feitas de alumínio ou cobre não são atraídas por ele. Sólidos contendo elementos terras-raras como gadolínio, samário e disprósio também fazem parte dos materiais ferromagnéticos. Nesses materiais, um pequeno campo magnético externo, da ordem de militeslas, pode produzir um grande alinhamento dos momentos de dipolo magnéticos atômicos. Isso é possível por causa dos *domínios magnéticos* que são formados naturalmente nos materiais ferromagnéticos.

A origem dos domínios está ligada ao fato de os momentos magnéticos de átomos vizinhos e desemparelhados se alinharem espontaneamente em grande quantidade, mas isso ocorre em pequenas extensões do sólido. Cada domínio possui trilhões de dipolos magnéticos, todos alinhados, mas a disposição dos domínios no sólido é aleatória, fazendo com que o campo magnético originado pela magnetização seja nulo. Uma representação dos domínios de um sólido ferromagnético não magnetizado pode ser vista na Figura 7.16a.

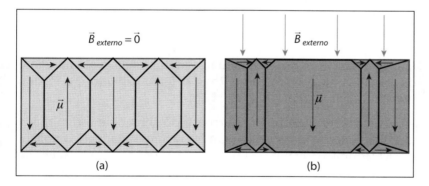

Figura 7.16
(a) Representação de um material ferromagnético (desmagnetizado). Note que os domínios são formados sem a presença de $\vec{B}_{externo}$, porém, o momento de dipolo magnético resultante é nulo ($\Delta\vec{\mu} = \vec{0}$). (b) Representação de um material ferromagnético na presença de um campo magnético externo vertical apontando para baixo. Os domínios que possuem a mesma orientação do $\vec{B}_{externo}$ crescem à custa dos outros domínios. Assim, esse material apresenta uma magnetização resultante não nula ($\Delta\vec{\mu} \neq \vec{0}$).

Caso o sólido ferromagnético seja mantido em uma região onde existe um campo magnético ($\vec{B}_{externo}$), este exerce sobre os dipolos magnéticos um torque que tende a alinhá-los. Entretanto, o alinhamento acontece a partir das fronteiras do domínio já alinhado com o campo magnético, causando sua expansão. A Figura 7.16b mostra uma representação típica de um sólido ferromagnético magnetizado por um campo magnético externo. A partir desse ponto, ocorrerá uma atração entre o sólido ferromagnético e a fonte de campo magnético, caso este não seja uniforme. Isso acontece devido à interação do momento de dipolo magnético da fonte de $\vec{B}_{externo}$ com o momento de dipolo resultante dos domínios alinhados do sólido ferromagnético.

O quanto um domínio pode se estender por um sólido depende da intensidade do campo magnético externo. Se o domínio alinhado ao campo externo ocupar todo o sólido ferromagnético, este é considerado *saturado*, e o valor de sua magnetização para esse estado é chamado de magnetização de saturação M_s.

A temperatura também pode interferir no processo de magnetização. Os movimentos térmicos aleatórios tendem a desalinhar os dipolos magnéticos, mas isso só acontece para temperaturas bem acima da temperatura ambiente. Para certa temperatura significativamente alta, o ferromagneto deixa de exibir suas características ferromagnéticas e se torna paramagnético; essa temperatura é chamada *ponto de Curie* (ou temperatura de Curie). Por exemplo, para o ferro puro o ponto de Curie acontece a 770°C ou 1043 K.

Agora, considere que o núcleo do solenoide da Figura 7.14 seja feito de um material ferromagnético e que ele esteja inicialmente desmagnetizado. À medida que a corrente no solenoide aumenta, o campo aplicado aumenta e, consequentemente, mais dipolos são alinhados, aumentando a magnetização do núcleo. Isso faz com que o campo total $\vec{B}$ aumente de intensidade, conforme a equação (7.15). Esse processo corresponde à curva inicial, trecho de O até A, do gráfico da Figura 7.17. O ponto A representa a *saturação* da magnetização. Novos acréscimos na corrente do solenoide não afetam mais o alinhamento dos dipolos magnéticos, pois todo o ferromagneto é ocupado por um único domínio.

A partir do ponto A, a corrente do solenoide é diminuída gradualmente até zero, eliminando o campo magnético aplicado. Entretanto, o campo total $\vec{B}$ não retorna a zero obedecendo a mesma curva inicial. Uma boa parte da magnetização do ferromagneto não é perdida, fazendo com que $\vec{B}$ sofra apenas uma redução. O valor do campo magnético total correspondente ao $B_{aplicado} = 0$ é chamado de *campo magnético remanente*, indicado como $B_{remanente}$ na Figura 7.17. Para eliminar a magnetização adquirida anteriormente, é necessário inverter o sentido da corrente no solenoide, para que o $B_{aplicado}$ se oponha à magnetização. Todavia, se a corrente negativa for continuamente aumentada, a saturação será obtida no sentido oposto ao anterior, ponto A'. Nesta etapa, se a corrente for diminuída novamente até zero, o ferromagneto irá manter um campo $-B_{remanente}$. Para completar o ciclo, a corrente do solenoide deve ser ligada no sentido original e aumentada até que alcance a saturação novamente, ponto A. As curvas compreendidas entre os pontos A e A' formam o *ciclo de histerese* ou *curva de histerese*.

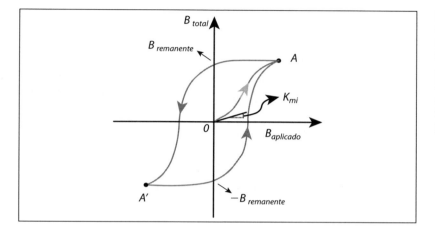

Figura 7.17
Curva de histerese hipotética de um material ferromagnético. A permeabilidade relativa inicial K$_{mi}$ do material é obtida a partir da reta tangente à curva inicial para B$_{aplicado}$ → 0.

A magnetização de um material ferromagnético depende da etapa do ciclo de histerese pelo qual ele passou, portanto não é simples relacioná-la com o $B_{aplicado}$. Contudo, analisando apenas o trecho de O até A (curva inicial), os vetores $\vec{B}_{aplicado}$ e $\vec{M}$ possuem a mesma direção e o mesmo sentido e existe a correspondência $B_{aplicado} = 0$, implicando em $M = 0$. Então, a permeabilidade relativa K_m de um material ferromagnético é obtida através do *coeficiente angular* de uma reta tangente à curva inicial de sua curva de histerese $\left(\dfrac{dB}{dB_{aplic}} \right)$. Consequentemente, o valor de K_m varia de ponto a ponto. Se a reta tangente for obtida para $B_{aplicado} \to 0$, a permeabilidade relativa é chamada *inicial* (K_{mi}) – veja Figura 7.17. Muitas vezes, entretanto, o valor máximo obtido para K_m é utilizado para calcular o campo magnético total observado no interior do ferromagneto. A Tabela 7.2 mostra as permeabilidades relativas inicial e máxima para alguns materiais ferromagnéticos.

A área delimitada pela curva de histerese é proporcional à energia dissipada na forma de calor durante o ciclo de magnetização e desmagnetização do material ferromagnético. Um material é chamado de *magneticamente macio* se os efeitos de histerese nesse material são relativamente pequenos, tais como um campo remanente de intensidade baixa e curva de histerese estreita. Os materiais apresentados na Tabela 7.2 são todos magneticamente macios. Entre eles, deve-se destacar o ferro-silício, devido à sua baixa perda de energia por ciclo de histerese. Muitos transformadores utilizam núcleos laminados de ferro-silício para diminuir a perda de energia por aquecimento, melhorando assim seu rendimento.

Tabela 7.2 Informações importantes de alguns materiais ferromagnéticos.

Material	Composição (em massa)	K_m inicial	K_m máximo	Perda por ciclo de histerese (J/m^3)
Ferro recozido comercial	99,95% Fe	150	5500	270
Ferro-silício	97% Fe, 3% Si	1400	7000	40
Permalloy 45	55% Fe, 45% Ni	2500	25000	120

Um material é chamado de *magneticamente duro* quando sua curva de histerese não é estreita e, consequentemente, a intensidade do campo remanente é bem alta. Todos os ímãs permanentes são feitos de materiais magneticamente duros. Os ímãs mais comuns são feitos de aço-carbono ou de ligas contendo alumínio-níquel-cobalto (Al-Ni-Co). Alguns ímãs mais recentes, tais como samário-cobalto (Sm-Co) e neodímio-ferro-boro (Nd-Fe-B), conseguem atingir valores altos de campo magnético ocupando volumes muito pequenos. A miniaturização de alto-falantes e fones de ouvido foi possível graças a esses materiais.

Exemplo V

Um bastão de ferro magneticamente macio é usado como núcleo de um solenoide e sua permeabilidade relativa inicial vale $K_m = 200$. O bastão tem um diâmetro de 20,0 mm e 10,0 cm de comprimento. A bobina é enrolada em uma única camada utilizando 8,00 metros de fio de cobre, que é recoberto por uma fina camada de verniz. Para fazer os terminais da bobina, 10,0 cm de fio serão utilizados em cada ponta. O solenoide é utilizado em um circuito e a corrente que o atravessa é dada por $I = 2,00\,A$. Despreze o efeito de borda para o campo magnético do solenoide.

a) Quantas espiras podem ser enroladas no bastão, se o diâmetro do fio é de 0,620 mm?

b) Calcule o campo magnético resultante no interior do núcleo do solenoide.

Fontes de campo magnético

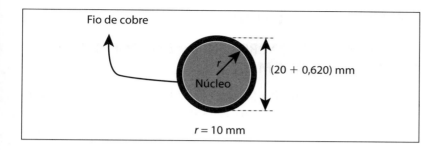

Figura 7.18

c) Determine a porcentagem do campo magnético resultante originada pelas correntes atômicas.

Solução:

a) $N = \dfrac{8-0,20}{2\pi\left(\dfrac{D}{2}\right)} = \dfrac{7,8}{\pi(20+0,620)\times 10^{-3}} = 120 \ voltas$

b) $B = K_m B_{aplicado} = \dfrac{K_m \mu_0 NI}{\ell}$ (apenas a intensidade)

$B = \dfrac{200\times 4\pi \times 10^{-7} \times 120 \times 2}{0,10} \Rightarrow B = 0,603\,\text{T}$

c) O campo resultante também pode ser calculado por meio da equação (7.15): $\vec{B} = \vec{B}_{aplicado} + \mu_0 \vec{M}$.

Considerando apenas a intensidade de cada vetor, tem-se que: $B = B_{aplicado} + \mu_0 M$

$B_{aplicado} = \dfrac{\mu_0 NI}{\ell} \Rightarrow B_{aplicado} = \dfrac{4\pi \times 10^{-7} \times 120 \times 2}{0,10}$

$B_{aplicado} = 0,00302\,\text{T}$

O campo magnético proveniente das correntes atômicas é o campo magnético originado pela magnetização $\mu_0 M$.

Então, $\dfrac{\mu_0 M}{B} = \dfrac{B - B_{aplicado}}{B} = \dfrac{0,603 - 0,00302}{0,603} = 0,995$.

Portanto, as correntes atômicas originam 99,5% do campo magnético resultante existente no núcleo do solenoide.

- O uso de um núcleo ferromagnético no interior de bobinas gera uma economia de energia elétrica, pois, se o solenoide deste exemplo fosse preenchido com ar, ele precisaria de uma corrente de **400 A** para obter o mesmo campo magnético de 0,603 T em seu interior!

EXERCÍCIOS RESOLVIDOS

CAMPO MAGNÉTICO PROVENIENTE DE CORRENTES ELÉTRICAS E FORÇA MAGNÉTICA

1) Considere o circuito formado por linhas radiais e segmentos circulares cujos centros estão no ponto P, como mostrado na Figura 7.19.

Figura 7.19

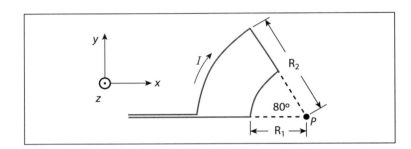

a) Encontre o vetor campo magnético resultante no ponto P.
b) Calcule o módulo do campo magnético em P se $R_1 = 10$ cm, $R_2 = 20$ cm e $I = 10$ A.

Solução:

a) Os trechos radiais (retos) não produzem campo magnético no ponto P, pois $d\vec{\ell} \times \hat{r} = \vec{0}$. Portanto, o campo magnético em P é decorrente apenas dos trechos circulares: $\vec{B}_P = \vec{B}_1 + \vec{B}_2$.

O módulo do campo magnético no centro de uma espira de raio R é $B = \dfrac{\mu_0 I}{2R}$. Mas, neste caso, a corrente I percorre apenas 0,222 do comprimento total da respectiva espira (80°/360°). O sentido dos vetores $\vec{B}_1$ e $\vec{B}_2$ é determinado utilizando-se a regra da mão direita. Então:

$$\vec{B}_1 = 0{,}222 \dfrac{\mu_0 I}{2R_1} \vec{k} \text{ e } \vec{B}_2 = -0{,}222 \dfrac{\mu_0 I}{2R_2} \vec{k}$$

$$\therefore \vec{B}_P = 0{,}111 \times \mu_0 I \left(\dfrac{1}{R_1} - \dfrac{1}{R_2} \right) \vec{k}$$

b) Substituindo os valores acima, temos:

$$B_P = 0{,}111 \times 4\pi \times 10^{-7} \times 10 \left(\dfrac{1}{0{,}10} - \dfrac{1}{0{,}20} \right)$$

$$B_P = 7{,}0 \times 10^{-6} \text{ T} = 7{,}0\,\mu\text{T}$$

2) Duas bobinas circulares de raio R, cada uma com N espiras, estão dispostas perpendicularmente ao eixo x da Figura 7.20. Os centros das bobinas estão separados por uma distância R. As bobinas são percorridas pela mesma corrente I e no mesmo sentido. As bobinas nessa configuração são chamadas *bobinas de Helmholtz*.

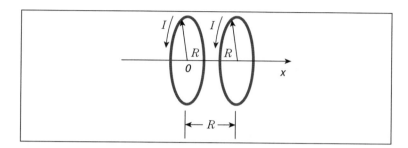

Figura 7.20

a) Mostre que o módulo do campo magnético em um ponto qualquer do eixo x ($x > 0$) é dado por

$$B = \frac{\mu_0 NIR^2}{2}\left[\frac{1}{\left(R^2+x^2\right)^{\frac{3}{2}}} + \frac{1}{\left(2R^2+x^2-2Rx\right)^{\frac{3}{2}}}\right].$$

b) Calcule o valor do campo magnético para $x = \dfrac{R}{2}$, admitindo que $R = 15{,}0$ cm, $N = 220$ espiras e $I = 1{,}52$ A.

Solução:

a) Uma bobina, conduzindo uma corrente I, produz um campo magnético em um ponto qualquer de seu eixo igual a $B_1 = \dfrac{\mu_0 NI}{2}\dfrac{R^2}{\left(R^2+x^2\right)^{3/2}}$.

Aplicando a regra da mão direita para cada corrente do arranjo de bobinas, tem-se que o campo magnético total em um ponto x ($x > 0$) é a soma $B = B_1 + B_2$.

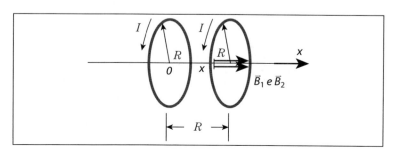

Figura 7.21

$$B = \frac{\mu_0 NI}{2} \frac{R^2}{(R^2+x^2)^{3/2}} + \frac{\mu_0 NI}{2} \frac{R^2}{[R^2+(R-x)^2]^{3/2}}$$

$$\therefore B = \frac{\mu_0 NIR^2}{2}\left[\frac{1}{(R^2+x^2)^{3/2}} + \frac{1}{(2R^2+x^2-2Rx)^{3/2}}\right]$$

b) Para $x = \dfrac{R}{2}$, temos que:

$$B = \frac{\mu_0 NIR^2}{2}\left[\frac{1}{\left(R^2+\left(\frac{R}{2}\right)^2\right)^{3/2}} + \frac{1}{\left(2R^2+\left(\frac{R}{2}\right)^2 - 2R\frac{R}{2}\right)^{3/2}}\right] =$$

$$= \frac{\mu_0 NIR^2}{2}\left[\frac{1}{\frac{5\sqrt{5}R^3}{8}} + \frac{1}{\frac{5\sqrt{5}R^3}{8}}\right] = \frac{\mu_0 NIR^2}{2}\frac{2\cdot 8}{5\sqrt{5}R^3}$$

$$\therefore B = \frac{8}{5\sqrt{5}}\frac{\mu_0 NI}{R}$$

Substituindo os valores do enunciado, chega-se a $B = 2{,}00\times10^{-3}\,T = 2{,}00$ mT.

- Para confirmar a utilização das bobinas de Helmholtz como fonte de campo magnético uniforme em sua região central, a intensidade do campo magnético B em função da distância x é mostrada no gráfico a seguir.

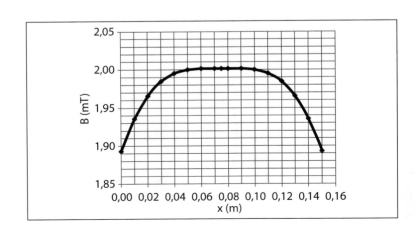

Foram utilizados os valores fornecidos no item (b). Note o platô estabelecido em 2,00 mT que se inicia em 0,05 m e se estende até 0,10 m do eixo x.

3) Um fio longo e reto orientado ao longo do eixo y conduz uma corrente constante I_1, como mostrado na Figura 7.22. Um circuito retangular situado à direita do fio conduz uma corrente I_2.

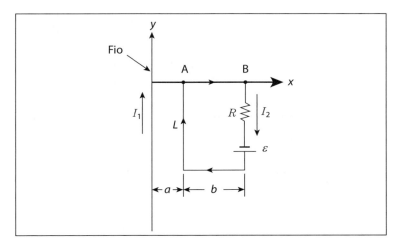

Figura 7.22

a) Determine o vetor força magnética exercida pelo fio longo sobre o segmento AB do circuito retangular. Responda em função de I_1, I_2, a e b.

b) Calcule a força resultante sobre o circuito retangular admitindo $I_1 = 20,0$ A, $R=10,0\ \Omega$, $\varepsilon = 24,0$ V, $a = 4,00$ cm, $b = 16,0$ cm e $L = 1,40$ m.

Solução:

a) A corrente I_1 que percorre o fio longo e reto produz um campo magnético de módulo igual a $B_{fio} = \dfrac{\mu_0 I_1}{2\pi x}$. Esse campo é perpendicular à página e aponta para ela ($-z$). Utilizando a regra da mão direita, vem que a força $\vec{F}$ sobre o segmento AB é vertical e dirigida para cima.

$$dF = I_2 \left| d\vec{\ell} \times \vec{B} \right| = I_2 \times d\ell \times B \times \text{sen}\, 90° = I_2 \times dx \times \dfrac{\mu_0 I_1}{2\pi x}$$

$$F = \dfrac{\mu_0 I_1 I_2}{2\pi} \int_a^{a+b} \dfrac{dx}{x} = \dfrac{\mu_0 I_1 I_2}{2\pi} \ln\left(\dfrac{a+b}{a}\right)$$

$$F = \frac{\mu_0 I_1 I_2}{2\pi} \ln\left(1 + \frac{b}{a}\right)$$

Portanto, o vetor é dado por: $\vec{F} = \frac{\mu_0 I_1 I_2}{2\pi} \ln\left(1 + \frac{b}{a}\right)\vec{j}.$

b) O circuito retangular sofre a ação de quatro forças (veja a Figura 7.23), porém a resultante só depende das forças horizontais, $\vec{F}_1 e \vec{F}_2$, pois as forças verticais são opostas e possuem o mesmo módulo.

$$\vec{F}_R = (F_1 - F_2)(-\vec{i}) = \left(I_2 L \frac{\mu_0 I_1}{2\pi a} - I_2 L \frac{\mu_0 I_1}{2\pi(a+b)}\right)(-\vec{i})$$

$$\vec{F}_R = -\left[\frac{\mu_0 I_2 I_1 L}{2\pi}\left(\frac{1}{a} - \frac{1}{a+b}\right)\right]\vec{i}$$

A corrente no circuito retangular é calculada por meio da lei de Ohm, então $I_2 = \frac{24\,\text{V}}{10\,\Omega} = 2{,}40\,\text{A}$.

Substituindo todos os valores do enunciado, chega-se a $\vec{F}_R = -(2{,}69 \times 10^{-4}\,\text{N})\vec{i}$.

Figura 7.23

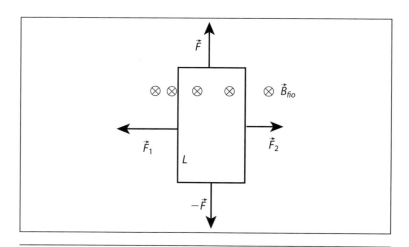

LEI DE AMPÈRE

4) Considere um fio cilíndrico longo cujo diâmetro é $\phi = 10{,}0$ mm e que esteja conduzindo uma corrente uniforme de $I = 120$ A, entrando do plano da Figura 7.24. Determine o módulo do campo magnético produzido pela corrente a uma distância do eixo do fio igual a: (a) 0; (b) 4,00 mm; e (c) 4,00 cm.

Figura 7.24

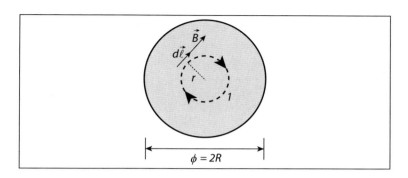

Solução:

A corrente elétrica I que atravessa a seção transversal do fio é uniforme em toda essa área. Então, a corrente i que atravessa a amperiana circular ① é calculada por:

$$i = \frac{\pi r^2}{\pi R^2} I = \left(\frac{r}{R}\right)^2 I$$

Portanto, $\oint \vec{B} \cdot d\vec{\ell} = \mu_0 i = \mu_0 I \left(\frac{r}{R}\right)^2$.

O módulo do campo magnético é constante para a amperiana ①, ocasionando que:

$$\oint \vec{B} \cdot d\vec{\ell} = B(2\pi r) = \mu_0 \left(\frac{r}{R}\right)^2 I \Rightarrow B = \frac{\mu_0 I}{2\pi R^2} r \quad (r \leq R)$$

a) Se $r = 0$, então $B = 0$.

b) Se $r = 4{,}00$ mm, então $B = \dfrac{4\pi \times 10^{-7} \times 120 \times 4 \times 10^{-3}}{2\pi(5 \times 10^{-3})^2} \Rightarrow$

$B = 3{,}84 \times 10^{-3}$ T.

c) Para este caso, em que a distância do eixo é superior ao raio R do fio, pode-se utilizar a equação (7.9) deduzida no Exemplo III: $B = \dfrac{\mu_0 I}{2\pi r} = \dfrac{4\pi \times 10^{-7} \times 120}{2\pi \times 0{,}04}$.

Logo, $B = 0{,}600 \times 10^{-3}$ T

- O gráfico a seguir mostra o módulo do campo magnético (B) gerado pelo fio em função da distância r. Perceba que B no interior do fio varia linearmente de 0, em seu centro, até o valor máximo $B = \dfrac{\mu_0 I}{2\pi R}$ em sua superfície. Para distâncias maiores que o raio do fio, B é inversamente proporcional a r.

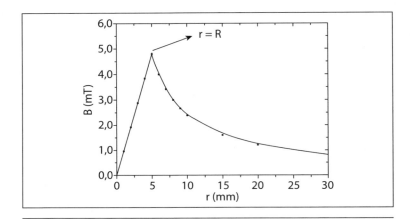

5) Considere o solenoide toroidal, também chamado de toroide, mostrado na Figura 7.25. O dispositivo conduz uma corrente I através de N espiras enroladas compactamente em torno de um núcleo em forma de anel (toro).

Figura 7.25

Mostre, utilizando a lei de Ampère, que o módulo do campo magnético dentro do toro, a uma distância r do centro, é calculado por $B_{aplicado} = \dfrac{\mu_0 NI}{2\pi r}$, se o toro for preenchido com ar.

Solução:

As linhas de campo magnético de um toroide estão confinadas no interior do núcleo. Logo, assumem a forma circular do toro e, portanto, é conveniente considerar uma amperiana circular de raio r sendo integrada no sentido horário. Assim, os vetores $d\vec{\ell}$ e $\vec{B}_{aplicado}$ possuem a mesma direção e o mesmo sentido em todos os pontos da amperiana (veja a Figura 7.26).

Figura 7.26

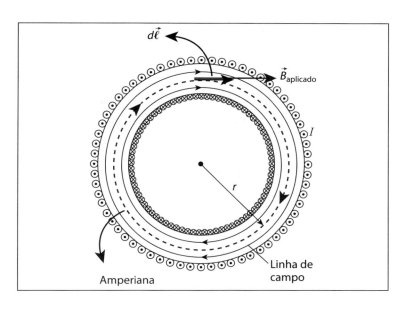

Amperiana — Linha de campo

Aplicando a lei de Ampère, vem que: $\oint \vec{B}_{aplicado} \cdot d\vec{\ell} = \mu_0 I_{interior}$

$\oint B_{aplicado} \times d\ell \times \cos 0° = \mu_0 NI$

Portanto, $B_{aplicado} \int_0^{2\pi r} d\ell = \mu_0 NI \Rightarrow B_{aplicado} 2\pi r = \mu_0 NI$

$$B_{aplicado} = \frac{\mu_0 NI}{2\pi r} \qquad (7.20)$$

- Diferentemente do solenoide, o campo magnético no interior do toroide não é uniforme, pois $B_{aplicado}$ depende da distância r. Note que a equação (7.20) só faz sentido para os valores de r compreendidos entre os raios interno e externo do núcleo toroidal ($r_{interno} \leq r \leq r_{externo}$). Para valores abaixo de $r_{interno}$ e acima de $r_{externo}$, o campo magnético é sempre nulo.

MAGNETISMO DA MATÉRIA

6) Considere que o núcleo do toroide mostrado no Exercício com Resposta 5 seja maciço e feito de uma liga especial de bismuto (diamagnética). Para uma corrente $I = 5,000$ A através das 500 espiras da bobina do toroide, a magnetização que ocorre no centro do núcleo ($r_{médio} = 4,000$ cm) é 50,00 A/m. Calcule a permeabilidade relativa da liga de bismuto.

Solução:

Para materiais diamagnéticos, a magnetização possui o

sentido oposto ao do campo magnético aplicado. Portanto:

$$B = B_{aplicado} - \mu_0 M$$

Aplicando a equação (7.20) para $r = r_{médio}$, vem que:

$$B_{aplicado} = \frac{\mu_0 NI}{2\pi r_{médio}} = \frac{4\pi \times 10^{-7} \times 500 \times 5,0}{2\pi \times 0,04} \quad B_{aplicado} = 0,01250\,\text{T}$$

$$B = 0,01250 - 4\pi \times 10^{-7} \times 50 = 0,01244\,\text{T}$$

Utilizando a equação (7.18), em módulo, tem-se que

$$K_m = \frac{B}{B_{aplicado}} = \frac{0,01244}{0,01250}$$

$$K_m = 0,9952$$

---

7) Um toroide é preenchido com oxigênio líquido, que tem uma suscetibilidade magnética de $3,90 \times 10^{-3}$. O toroide tem 1000 voltas e conduz uma corrente de 10,0 A. Seu raio médio é 10,0 cm e o raio de sua seção transversal é de 6,00 mm.

a) Qual é o módulo do campo resultante no oxigênio líquido?

b) Qual é o módulo da magnetização?

c) Qual é a variação percentual no campo magnético resultante produzida pelo oxigênio líquido?

Solução:

a) $B = K_m B_{aplicado} = (1 + \chi_m) B_{aplicado}$, sendo

$$B_{aplicado} = \frac{\mu_0 NI}{2\pi r_{médio}} = \frac{4\pi \times 10^{-7} \times 1000 \times 10}{2\pi \times 0,10} = 20,0 \text{ mT.}$$

$$B = (1 + 3,90 \times 10^{-3}) \times 20 = 20,078 = 20,1 \text{ mT}$$

b) Para materiais paramagnéticos $(\chi_m > 0)$, a magnetização possui o mesmo sentido do campo magnético aplicado. Portanto:

$$B = B_{aplicado} + \mu_0 M \Rightarrow$$

$$M = \frac{B - B_{aplicado}}{\mu_0} = \frac{0,078 \times 10^{-3}}{4\pi \times 10^{-7}} = 62,1\,\text{A/m}$$

c) $\Delta\% = \dfrac{B - B_{aplicado}}{B} \times 100\% = \dfrac{0,078}{20,078} \times 100\% = 0,388 \ \%$

Fontes de campo magnético 247

8) A magnetização de saturação M_S do níquel, um metal ferro-magnético, é $4,70\times10^5$ A/m.

a) Calcule o momento dipolar magnético de um átomo de níquel, sabendo-se que a densidade ρ e a massa molar M_m do níquel são iguais a 8,90 g/cm³ e 58,71 g/mol, respectivamente.

b) Expresse o resultado do item (a) em função do magnéton de Bohr $\mu_B = 9,27\times10^{-24}$ J/T.

Solução:

a) Quando um material alcança a magnetização de saturação, significa que todos os momentos de dipolo atômicos estão alinhados com o campo magnético externo. Não é necessário conhecer as dimensões exatas do corpo magnetizado, mas sua magnetização por unidade de volume, neste caso em $1,0$ cm³.

Utilizando a equação (7.14), em módulo, vem que:

$$M = \frac{\Delta\mu}{\Delta V} = 4,70\times10^5\,\frac{A}{m} = 4,70\times10^5\,\frac{J/T}{m^3} = \frac{4,70\times10^5}{10^6}\,\frac{J/T}{cm^3}.$$

Portanto, em $1,0$ cm³ de níquel magnetizado totalmente, o momento de dipolo magnético resultante é $\Delta\mu_S = 4,70\times10^{-1}$ J/T.

Quantos átomos existem em $1,0$ cm³ de níquel? Para responder a essa questão, deve-se utilizar ρ e M_m.

$$8,90\,\frac{g}{cm^3} = \frac{8,90}{58,71}\,\frac{mol}{cm^3}$$

Lembre-se que em $1,0$ mol existem sempre $6,02\times10^{23}$ átomos ou moléculas (Número de Avogadro). Logo,

$$n = \frac{8,90}{58,71}\,\frac{6,02\times10^{23}}{cm^3}\,\text{átomos} = 9,126\times10^{22}\,\frac{\text{átomos}}{cm^3}$$

Portanto, em $1,0$ cm³ de níquel existem $9,126\times10^{22}$ átomos.

Finalmente, o momento de dipolo magnético de um único átomo de níquel é obtido por:

$$\mu_{Ni} = \frac{4,70\times10^{-1}}{9,126\times10^{22}} \Rightarrow \mu_{Ni} = 5,15\times10^{-24}\ \text{J/T}$$

b) Expressando o resultado acima em função do magnéton de Bohr, vem que:

$$\mu_{Ni} = \frac{5{,}15\times 10^{-24}}{9{,}27\times 10^{-24}}\mu_B \Rightarrow \mu_{Ni} = 0{,}556\,\mu_B$$

- O valor de um magnéton de Bohr é igual ao momento de dipolo magnético do átomo de hidrogênio em seu estado de menor energia. O cálculo é realizado admitindo um elétron orbitando, em sua trajetória circular mais interna, em torno de um próton. Veja o Exercício com Resposta 20 do Capítulo 6. O magnéton de Bohr é a unidade utilizada na mecânica quântica para expressar os momentos de dipolo magnéticos orbital e de *spin*.

EXERCÍCIOS COM RESPOSTAS

CAMPO MAGNÉTICO PROVENIENTE DE CORRENTES ELÉTRICAS E FORÇA MAGNÉTICA

1) Na Figura 7.27, o centro das semicircunferências de raios R_1 e R_2 é colocado na origem do referencial xOy. Determine o vetor campo magnético na origem O, sabendo-se que $I = 380\,mA$, $R_1 = 7{,}00$ cm e $R_2 = 15{,}0$ cm.

Figura 7.27

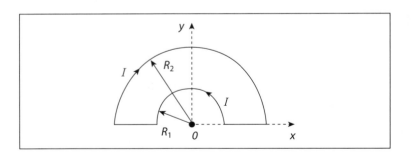

Resposta:

$\vec{B} = (0{,}910\ \mu T)\vec{k}$

2) Na Figura 7.28, a corrente $I_1 = 2{,}00\,A$ percorre um arco de circunferência de raio R e dois segmentos radiais. Um fio longo e retilíneo é percorrido por uma corrente $I_2 = 2{,}62\,A$ e está a uma distância R do centro do arco.

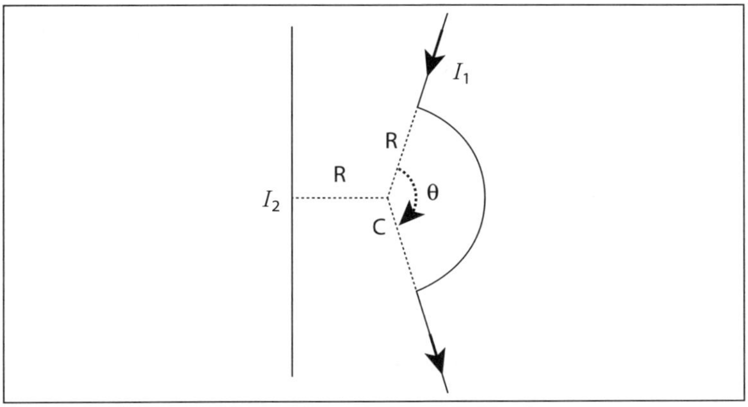

Figura 7.28

a) Qual deve ser o sentido da corrente vertical I_2 para que o campo magnético resultante no ponto C seja nulo?
b) Admitindo que $B_C = 0$, determine o ângulo θ subtendido pelo arco.

Respostas:

a) de cima para baixo;
b) $\theta = 150°$.

3) A corrente $I_1 = 3{,}00\,\text{A}$ percorre um arco de circunferência de raio $R = 12{,}5\,\text{cm}$ e dois segmentos radiais, conforme a Figura 7.29. Um fio longo, retilíneo e perpendicular ao plano da página é percorrido por uma corrente $I_2 = 2{,}00\,\text{A}$ e está à mesma distância R do centro do arco. Calcule o vetor campo magnético no ponto C, para o caso em que $\theta = 160°$.

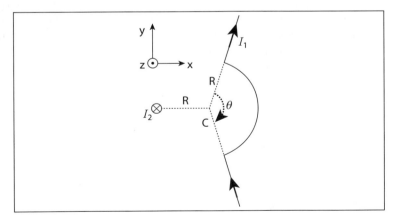

Figura 7.29

Respostas:

$\vec{B}_c = (-3{,}20\vec{j} + 6{,}70\vec{k})\,\mu\text{T}$

4) Um fio retilíneo de comprimento $L = 0,50$ m conduz uma corrente $I = 0,22$ A.

   a) Calcule o módulo do campo magnético no ponto A da Figura 7.30, situado a 0,15 m do ponto médio do fio.

Figura 7.30

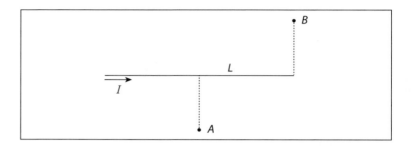

   b) Calcule o módulo do campo magnético no ponto B da Figura 7.30, também a 0,15 m do fio, porém situado acima de sua extremidade direita.

   c) Determine a direção e o sentido do campo magnético nos pontos A e B.

   Respostas:

   a) $2,5 \times 10^{-7}$ T

   b) $1,4 \times 10^{-7}$ T

   c) $\vec{B}_A$ e $\vec{B}_B$ são perpendiculares à página, porém, $\vec{B}_A$ aponta para dentro ($\otimes$) e $\vec{B}_B$ aponta para fora ($\odot$).

5) Uma espira é composta por duas semicircunferências, cujos raios são iguais a 35,0 cm e 18,0 cm, conectadas por segmentos retos, conforme a Figura 7.31a. O centro das circunferências encontra-se na origem do sistema de eixos. Uma corrente $I = 2,50$ A percorre a espira no sentido indicado.

Figura 7.31

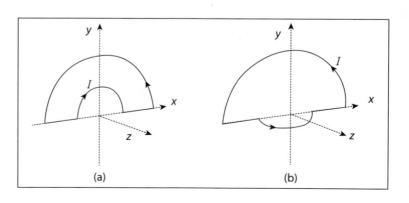

Fontes de campo magnético

a) Calcule o vetor campo magnético na origem para essa espira.

b) A circunferência menor sofre uma rotação de 90° em direção ao eixo $z+$, como mostrado na Figura 7.31b. Calcule novamente o campo magnético na origem.

c) Se a circunferência menor sofrer outra rotação de 90°, no mesmo sentido da anterior, como ficará o campo magnético na origem?

Respostas:

a) $\vec{B} = \left(-2{,}12\,\vec{k}\right)\,\mu\text{T}$;

b) $\vec{B} = \left(2{,}24\,\vec{j} + 4{,}36\,\vec{k}\right)\mu\text{T}$;

c) $\vec{B} = \left(6{,}61\,\vec{k}\right)\mu\text{T}$.

---

6) O fio 1 é muito longo e está situado sobre o eixo y transportando uma corrente de 30,0 A de cima para baixo. Um segundo fio longo, fio 2, encontra-se ao longo de uma reta paralela ao eixo y que passa por $x = 0{,}500$ m transportando uma corrente de 50,0 A também de cima para baixo.

a) Determine a força por unidade de comprimento que age sobre o fio 1. Os fios se atraem ou se repelem?

b) Calcule o item (a) novamente, para o caso em que a corrente do fio 1 seja invertida, isto é, seja de baixo para cima.

Respostas:

a) $\dfrac{\vec{F}_{2,1}}{L} = \left(6{,}00 \times 10^{-4}\,\vec{i}\right)\dfrac{\text{N}}{\text{m}}$ e se atraem;

b) $\dfrac{\vec{F}_{2,1}}{L} = \left(-6{,}00 \times 10^{-4}\,\vec{i}\right)\dfrac{\text{N}}{\text{m}}$ e se repelem.

---

7) Um fio longo está situado sobre o eixo x e transporta uma corrente de 30,0 A para a esquerda. Um segundo fio longo transporta uma corrente de 50,0 A para a direita ao longo da reta paralela ao eixo x que passa por $y = 0{,}280$ m.

a) Onde no plano dos dois fios o campo magnético total é igual a zero?

b) Uma partícula com carga $q = -2{,}00$ μC é lançada com velocidade $\vec{v} = \left(1{,}50 \times 10^{5}\ \text{m/s}\right)\vec{i}$ ao longo de uma linha paralela ao eixo x que passa por $y = 0{,}100$ m. Calcule a força magnética que atua na partícula no momento do lançamento.

c) Um campo elétrico uniforme é aplicado para permitir que essa partícula passe por essa região sem ser desviada. Calcule o módulo, direção e sentido do campo elétrico necessário.

Respostas:

a) linha horizontal que passa em $y = -0,42\,\text{m}$;

b) $\vec{F}_{mag} = -(3,48 \times 10^{-5}\,\vec{j})\,\text{N}$;

c) $E = 17,4\,\dfrac{\text{N}}{\text{C}}$, vertical e apontando para baixo.

8) Uma espira quadrada de lado L conduz uma corrente I.

   a) Mostre que o módulo do campo magnético no centro da espira é dado por $B_Q = \dfrac{2\sqrt{2}}{\pi}\dfrac{\mu_0 I}{L}$.

   b) Compare o resultado do item (a) com o módulo do campo magnético produzido por uma espira circular (B_C) de diâmetro $D = L$ percorrida pela mesma corrente I.

Resposta:

b) $B_C = 1,11 B_Q$ (B_C é 11% mais intenso do que B_Q).

9) Dois fios longos e paralelos conduzem as correntes $I_1 = 4,0$ A e $I_2 = 6,0$ A nos sentidos indicados na Figura 7.32 e estão separados pela distância $a = 20$ cm.

Figura 7.32

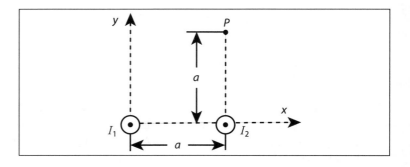

a) Calcule a força por unidade de comprimento que o fio 1 exerce sobre o fio 2. Escreva o resultado em função dos vetores unitários $\vec{i}$ e $\vec{j}$.

b) Determine o vetor campo magnético resultante no ponto P.

Respostas:

a) $\dfrac{\vec{F}_{1,2}}{L} = \left(-2,4 \times 10^{-5}\,\vec{i}\,\right)\dfrac{N}{m}$;

b) $\vec{B}_P = \left(-8,0\,\vec{i} + 2,0\,\vec{j}\,\right)\mu T$.

10) A Figura 7.33 mostra, em seção reta, dois fios longos paralelos separados por uma distância $d = 60,0$ cm. A corrente conduzida em cada fio é igual a $I_1 = I_2 = 4,00$ A, porém a corrente I_1 é dirigida para dentro do plano da página e I_2 é dirigida para fora. Calcule o vetor campo magnético no ponto P, situado sobre o eixo x em $x_P = 40,0$ cm.

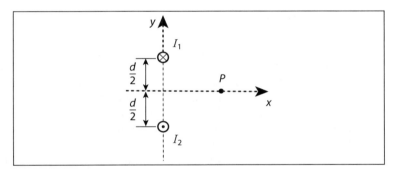

Figura 7.33

Resposta:

$\vec{B}_P = \left(-1,92\,\vec{i}\,\right)\mu T$

11) A Figura 7.34 mostra, em seção reta, três condutores longos e paralelos conduzindo correntes que estão saindo da página. Se $d = 1,00$ cm, determine o vetor campo magnético nos pontos A e B supondo que as correntes sejam $I_1 = I_2 = I_3 = 2,00$ A.

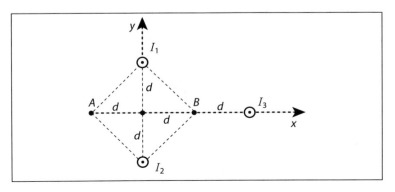

Figura 7.34

Resposta:

$\vec{B}_A = \left(-53,3\,\vec{j}\right)\mu T$ e $\vec{B}_B = \vec{0}$

12) Uma bobina chata circular composta por 500 espiras enroladas compactamente possui raio de 8,0 cm.

   a) Qual deve ser o valor da corrente I que circula pela bobina, para que o campo magnético em seu centro seja igual a 20 mT?

   b) Considere que o eixo da bobina esteja sobre o eixo z e que seu centro esteja na origem. Em qual posição do eixo da bobina o campo magnético é igual a metade de seu valor no centro?

   Respostas:

   a) 5,1 A; b) $z = \pm 6,1\,cm$

13) Um arranjo experimental é utilizado para determinação da razão carga/massa de elétrons, conforme a Figura 6.7 do Capítulo 6. Nesse arranjo, o campo magnético uniforme é obtido utilizando-se um par de bobinas de Helmholtz de 130 espiras e diâmetro de 30 cm. Os elétrons são acelerados por uma ddp de 205 V e lançados horizontalmente na região central do par de bobinas. Consequentemente, os elétrons descrevem uma trajetória circular cujo raio mede 4,2 cm. Calcule a corrente I que circula pelo par de bobinas de Helmholtz.

   Resposta:

   1,5 A

14) Uma bússola é colocada na região central de um par de bobinas de Helmholtz de 200 espiras e raio igual a 10,0 cm. A agulha da bússola está alinhada à direção Norte-Sul e disposta perpendicularmente ao eixo comum das bobinas, conforme vista superior mostrada na Figura 7.35. Nenhuma corrente percorre as bobinas Helmholtz nesse momento. Quando uma corrente $I = 8,10\,mA$ percorre as bobinas, a agulha gira um ângulo $\theta = 30°$ no sentido horário.

Figura 7.35

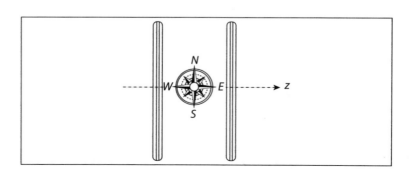

a) Determine o campo magnético produzido pelo par de bobinas de Helmholtz na região onde foi colocada a bússola. Esse campo pode ser considerado constante?

b) Determine o módulo do componente horizontal do campo magnético da Terra percebido pela bússola.

Respostas:

a) $\vec{B} = (14{,}6\,\vec{k})\,\mu$T, pode ser considerado constante;

b) 25,2 µT.

---

15) Uma bobina é fixada sobre o plano xOy com seu centro situado na origem. Ela possui 50 voltas de raio 5,00 cm e conduz uma corrente $I_1 = 2{,}00$ A no sentido indicado na Figura 7.36. Outra bobina com 10 voltas de raio 1,00 cm é colocada no plano xOz com seu centro situado também na origem. Considere que o campo magnético produzido na vizinhança do centro da bobina maior seja uniforme e que as bobinas sempre permaneçam concêntricas.

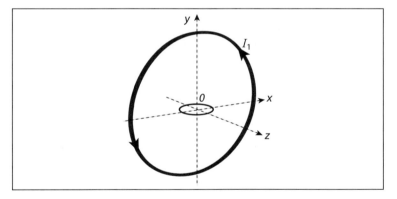

Figura 7.36

a) Quando uma corrente I_2 percorre a bobina menor, observa-se um torque $\vec{\tau} = +(3{,}95 \times 10^{-7}\,\vec{i})$ Nm. Determine o valor e o sentido da corrente I_2.

b) Para a mesma corrente I_2 calculada, existem outras orientações possíveis para o eixo da bobina menor para que o módulo do torque permaneça $3{,}95 \times 10^{-7}$ Nm?

c) Em qual situação a bobina menor não sofreria torque algum?

Respostas:

a) $I_2 = 1{,}00$ A, sentido anti-horário para uma vista superior (ou de +z para +x);

b) o eixo da bobina pode ser colocado em qualquer lugar do plano xOy;

c) se o eixo da bobina menor for colocado paralelamente ao eixo Oz.

SOLENOIDES, TOROIDES E LEI DE AMPÈRE

16) Um solenoide que tem 1000 espiras/m produz uma campo magnético em sua região central de módulo $6,28 \times 10^{-4}$ T. Determine a corrente que passa em seus enrolamentos.

Resposta:

0,500 A.

17) Um fio de cobre de 20,0 m e área de seção transversal de $1,00$ mm^2 é utilizado para construir um solenoide cujo enrolamento deve conter uma única camada de espiras de raio igual a 2,00 cm. Por segurança, deve-se utilizar no máximo 10,0 A através do solenoide.

a) Calcule o número de voltas do enrolamento compacto e o comprimento do solenoide.

b) Determine o campo magnético máximo que pode ser obtido no centro do solenoide.

Respostas:

a) 159 voltas e 0,180 m de comprimento;

b) 11,1 mT.

18) Um toroide é formado por 200 espiras enroladas compactamente em torno de um núcleo circular oco. O núcleo possui raio interno $r_{int} = 1,00$ cm e raio externo $r_{ext} = 3,00$ cm. Se o toroide é percorrido por uma corrente de 0,650 A, calcule a intensidade do campo magnético em um ponto cuja distância ao centro do toroide é: a) 0,50 cm; b) 2,00 cm; e c) 5,00 cm.

Respostas:

a) $B = 0$;

b) $B = 1,30$ mT;

c) $B = 0$.

19) A Figura 7.37 mostra uma seção transversal de um condutor tubular longo feito de cobre. O condutor possui raio externo $r_{ext} = 2,50$ cm e raio interno $r_{int} = 1,50$ cm e conduz uma corrente uniforme de 50,0 A que está saindo do plano da figura. Determine o módulo do campo magnético pro-

duzido pela corrente a uma distância do eixo do condutor tubular igual a: a) 0,5 cm; b) 1,80 cm; e c) 3,20 cm.

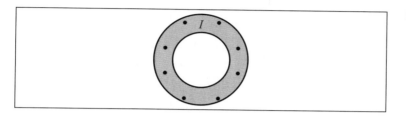

Figura 7.37

Respostas:

a) 0;

b) 8,10 µT;

c) 3,13×10⁻⁴ T.

20) O mesmo condutor tubular do exercício anterior agora conduz uma corrente uniforme $I = 60,0\,A$ que está entrando no plano da Figura 7.38. Um fio longo é colocado à direita do condutor tubular a uma distância $d = 2,50$ cm e conduz uma corrente $I_1 = 10,0\,A$ saindo do plano da figura. Calcule o vetor campo magnético produzido pelas correntes I e I_1: a) na origem O; e b) no ponto A, situado a 2,00 cm do centro do condutor tubular; c) Em qual ponto do eixo x o campo magnético será nulo?

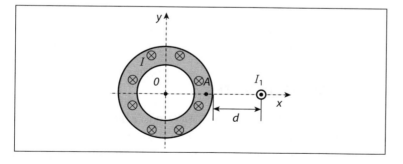

Figura 7.38

Respostas:

a) $\vec{B} = -(40,0\,\vec{j})\,\mu T$;

b) $\vec{B} = -(667\,\vec{j})\,\mu T$;

c) em $x = 6,00$ cm.

21) Uma placa condutora infinita é percorrida por uma corrente elétrica uniforme. A Figura 7.39 mostra a placa e a seção transversal paralela ao plano y0z por onde a corrente λ por unidade de comprimento do eixo Oy é conduzida.

Figura 7.39

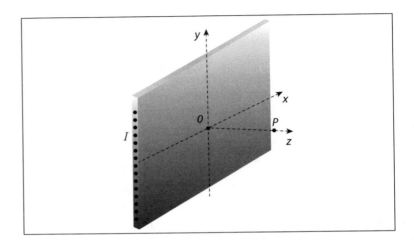

a) Mostre que o módulo do campo magnético em qualquer ponto P fora da placa vale $B = \dfrac{\mu_0 \lambda}{2}$.

b) Para uma distribuição linear de corrente $\lambda = 20,0$ A/m, calcule o vetor campo magnético para os pontos sobre o eixo Oz, situados em $z_1 = +0,100$ m, $z_2 = +0,400$ m e $z_3 = -0,200$ m.

Resposta:

b) $\vec{B}_1 = \left(1,26 \times 10^{-5}\, \vec{j}\right)$ T, $\vec{B}_2 = \vec{B}_1$ e $\vec{B}_3 = -\vec{B}_1$.

MAGNETISMO DA MATÉRIA

22) Um solenoide longo de 1000 espiras/m é percorrido por uma corrente de 0,54 A. O solenoide possui um núcleo cilíndrico ferromagnético ($K_m = 220$) de raio $R = 2,0$ cm.

a) Calcule a intensidade do campo magnético no interior do núcleo.

b) Qual é o percentual do campo total que corresponde ao campo magnético originado pela corrente do solenoide?

c) Determine o módulo da magnetização do núcleo.

Respostas:

a) 0,15 T;

b) 0,45 %;

c) $1,2 \times 10^5$ A/m.

---

23) Em 1895, Pierre Curie descobriu experimentalmente que a magnetização M de uma amostra *paramagnética* é diretamente proporcional ao módulo do campo magnético aplicado à amostra e inversamente proporcional à temperatura T, em kelvins. A lei de Curie é formulada como

$$M = C \frac{B_{aplic}}{T},$$

sendo C chamada de *constante de Curie*. A tabela a seguir mostra os resultados experimentais da magnetização de um composto em função de sua temperatura. A intensidade do campo magnético aplicado foi sempre o mesmo e igual a 0,100 T.

T (K)	15	100	200	300
M (A/m)	1030	154	77,2	51,7

Faça o gráfico de M em função de $1/T$ (em K^{-1}).

a) O composto utilizado obedece à lei de Curie? Justifique.

b) Caso a resposta seja afirmativa, quais são o valor e a unidade da constante de Curie para esse composto?

Respostas:

a) O composto obedece à lei de Curie, pois o gráfico origina uma reta;

b) $1,54 \times 10^5 \dfrac{AK}{Tm}$.

---

24) Considere o solenoide toroidal formado por 500 espiras enroladas compactamente em um toro maciço e feito de uma liga especial de platina (paramagnética). Quando uma corrente $I = 3,000$ A percorre a bobina do solenoide toroidal, uma magnetização de 50,00 A/m ocorre no centro do toro ($r_{médio} = 5,000$ cm).

a) Calcule a permeabilidade relativa da liga de platina.

b) Este material obedece à lei de Curie? A magnetização irá aumentar ou diminuir, caso a temperatura do núcleo seja reduzida em 100 °C? (Veja o Exercício com Resposta 23)

Respostas:

a) $K_m = 1,010$;

b) todo material paramagnético obedece à lei de Curie, o que significa que a magnetização irá *aumentar* se a temperatura diminuir significativamente.

---

25) Um solenoide firmemente enrolado tem 20,00 cm de comprimento, 400 voltas, conduz uma corrente de 4,000 A e seu campo magnético aponta para $+z$.

  a) Determine os campos magnéticos $\vec{B}_{aplicado}$ e $\vec{B}_{Total}$ no centro do solenoide quando houver um núcleo de bismuto, cuja suscetibilidade magnética é $\chi_m = -16,00 \times 10^{-5}$.

  b) Determine o vetor magnetização que se observa no núcleo de bismuto.

Respostas:

a) $\vec{B}_{aplicado} = \left(10,053 \, \vec{k}\right)$ mT e $\vec{B} = \left(10,051 \, \vec{k}\right)$mT;

b) $\vec{M} = -\left(1,592 \, \vec{k}\right)$A/m.

---

26) Um toroide é formado por 1000 espiras enroladas em torno de um núcleo que possui raio médio de 10,0 cm.

  a) Qual é a corrente necessária para estabelecer um campo magnético de 1,60 T se o núcleo for feito de um material não magnético?

  b) Calcule novamente a corrente, para o caso em que o núcleo seja feito de cobalto $\left(K_m = 600\right)$.

Respostas:

a) 800 A;

b) 1,33 A.

---

27) Um anel feito de aço-carbono é utilizado como núcleo de um toroide de raio médio de 15,0 cm. O toroide possui 200 espiras enroladas compactamente. A curva inicial de um ciclo de histerese do anel é mostrada no gráfico a seguir.

  a) Determine a permeabilidade relativa e a permeabilidade do núcleo quando a corrente que circula pelo toroide é 0,469 A.

  b) Faça uma estimativa da permeabilidade relativa máxima do anel de aço-carbono.

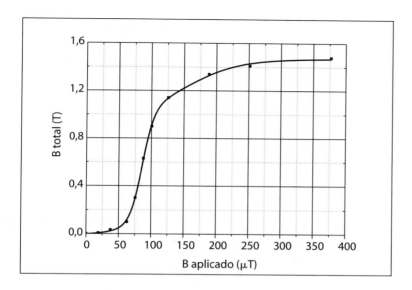

Respostas:

a) $K_m = 6350$, $\mu = 7{,}98 \times 10^{-3} \, \dfrac{\text{T} \times \text{m}}{\text{A}}$;

b) $K_{m\,máx} = 23900$.

28) Um cilindro feito de um material ferromagnético é submetido a um ciclo de histerese realizado em um magnetômetro. A curva inicial deste ensaio experimental é mostrada no gráfico a seguir.

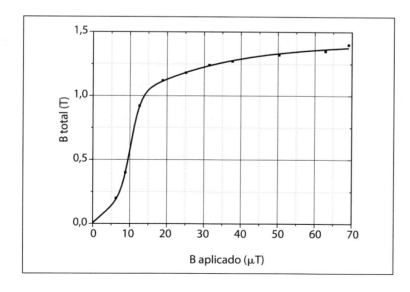

a) Quais são os valores de permeabilidade relativa inicial e a correspondente permeabilidade do cilindro?

b) Determine o módulo da magnetização que ocorre no cilindro para um campo aplicado de 25 μT.

c) O módulo da magnetização do material do cilindro será igual, menor ou maior se o campo aplicado for de 50 μT?

Respostas:

a) $K_m = 30000$ e $\mu = 3{,}77 \times 10^{-2} \dfrac{\text{T} \times \text{m}}{\text{A}}$;

b) $M = 1{,}90 \times 10^5 \dfrac{\text{A}}{\text{m}}$;

c) Será menor, $M = 1{,}26 \times 10^5 \dfrac{\text{A}}{\text{m}}$.

29) Determinar a força de atração que um campo magnético pode realizar sobre uma peça de material ferromagnético pode ser útil para dimensionar vários sistemas eletromecânicos, como eletroímãs, relés e disjuntores. Demonstra-se que o módulo da força de atração através de um entreferro é calculado por $F = \dfrac{B^2 A}{2\mu_0}$, sendo B a intensidade do campo magnético no entreferro de ar e A a área de sua seção transversal. Considere um eletroímã formado por um solenoide de 1000 voltas e comprimento ℓ preenchido com um núcleo em forma de U, conforme a Figura 7.40. O núcleo é feito de ferro magneticamente macio ($K_m = 150$). Calcule a corrente I que deve circular na bobina do solenoide para que o eletroímã possa erguer uma carga m de 1000 kg.

Figura 7.40

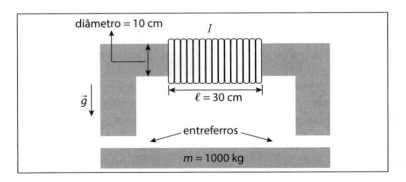

Resposta:

$I = 2{,}0\,\text{A}$

30) O momento de dipolo magnético de um átomo de ferro na magnetização de saturação é 2,27 magnétons de Bohr.

Um cilindro de ferro de 4,00 cm^3 é colocado em uma região de campo magnético uniforme B = 0,800 T.

a) Calcule o momento de dipolo magnético resultante do cilindro, em J/T.

b) Determine o módulo do torque necessário para que o cilindro permaneça perpendicular ao campo externo. Considere a densidade do ferro e sua massa molar iguais a 7,87 g/cm^3 e 55,85 g/mol, respectivamente.

Respostas:

a) 7,14 J/T;

b) 5,71 N.m.

Eduardo Acedo Barbosa
Francisco Tadeu Degasperi

8.1 INTRODUÇÃO

A indução eletromagnética, expressa matematicamente pela lei de Faraday, é um dos fenômenos mais marcantes do eletromagnetismo. As aplicações dos efeitos relacionados direta e indiretamente à indução eletromagnética constituíram-se em um marco na história, sendo a base de funcionamento de todas as máquinas elétricas, os motores de corrente contínua, de corrente alternada e os transformadores. Essas máquinas são responsáveis pela geração, transformação e transmissão de energia elétrica. A primeira Revolução Industrial, iniciada em meados do século XVIII, teve como marca emblemática a máquina térmica a vapor. A segunda Revolução Industrial teve seu início no final do século XIX com o estabelecimento da eletricidade e do magnetismo aplicados à tecnologia e às técnicas do cada vez mais pujante e expansivo setor industrial da época.

Os fenômenos elétricos, assim como os fenômenos magnéticos, já vinham sendo estudados desde o século XVIII; à época, a eletricidade e o magnetismo constituíam áreas completamente separadas. Paralelamente, outra área com vida própria e sem relação alguma com a eletricidade e o magnetismo era a óptica. As experiências do físico italiano Alessandro Volta sobre o efeito da eletricidade nas contrações musculares e, ainda, outros efeitos interessantes relacionados à eletricidade e ao magnetismo tornaram essas áreas assunto para divertimento e entretenimento em muitos encontros da aristocracia europeia.

Somente após os desenvolvimentos experimentais de Faraday na Inglaterra, Henry nos EUA e Lenz na Alemanha, no início do século XIX, e a unificação das teorias da eletricidade e do magnetismo feita por Maxwell, poucas décadas depois, estabelecendo as bases do eletromagnetismo, é que os fenômenos de indução eletromagnética começaram a ser aplicados no desenvolvimento de máquinas movidas a eletricidade nos processos de eletrificação das cidades norte-americanas, dando início à segunda Revolução Industrial.

8.2 FENÔMENOS DE INDUÇÃO

Os fenômenos de indução eletromagnética foram pela primeira vez observados e estudados quase simultaneamente e de forma independente por Michael Faraday, na Inglaterra, e por Joseph Henry, nos Estados Unidos. A motivação para esses estudos partiu dos resultados de André Ampère, que constatou que campos magnéticos eram gerados por correntes elétricas. A finalidade dos trabalhos de Faraday e de Henry era demonstrar a recíproca, ou seja, que campos magnéticos poderiam produzir correntes elétricas, daí o termo indução eletromagnética. Uma série de experiências foi realizada por ambos os cientistas, brevemente descritas a seguir.

A Figura 8.1a mostra uma bobina na presença de um ímã. Os terminais dessa bobina estão conectados a um voltímetro, que pode medir diferença de potencial. As experiências mostram que, quando o ímã está em repouso em relação à espira, nenhum sinal é observado no voltímetro. Entretanto, quando o ímã movimenta-se em relação à espira, surge um sinal de tensão. Se ímã e espira são afastados, surge um sinal, digamos, positivo; se ambos são aproximados, o sinal da tensão ou corrente lidos no voltímetro é negativo.

Na Figura 8.1b, uma outra bobina (chamada de *bobina primária*) percorrida por uma corrente elétrica é posicionada ao lado da bobina conectada ao voltímetro (*bobina secundária*), *sem haver contato entre ambas*. Quando as bobinas são mantidas em repouso uma em relação à outra, a tensão elétrica é nula. Mas, quando há movimento relativo entre os elementos, surge na *bobina secundária* uma tensão elétrica que pode ser medida pelo voltímetro, da mesma forma que o descrito no parágrafo anterior, ou seja, movimentos de aproximação e afastamento geram respectivamente sinais negativos e positivos.

Outro fenômeno de indução foi observado por Faraday e Henry quando o solenoide e a espira foram mantidos fixos, ainda isolados um do outro. Quando a corrente do solenoide foi alterada, observou-se a indução de um sinal nos terminais da espira, como ilustra a Figura 8.1c. Esse sinal não depende do valor da corrente elétrica no solenoide, só surgindo enquanto a corrente varia; se a corrente aumenta, o sinal lido no voltímetro é negativo, e se diminui, o sinal é positivo.

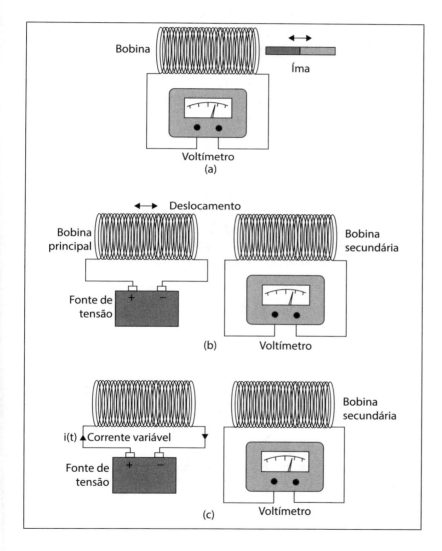

Figura 8.1

8.3 LEI DE FARADAY

Os três resultados das experiências descritas acima apontam para um comportamento comum. No Capítulo 6, já vimos que tanto ímãs quanto bobinas ou solenoides percorridos por corrente produzem campos magnéticos não uniformes em suas imediações. Dessa forma, quando tanto o ímã quanto o solenoide são aproximados da espira, o módulo do campo magnético na presença desta aumenta, e quando são afastados, o valor do campo magnético na região da espira diminui; como o campo magnético produzido por um solenoide é diretamente proporcional à corrente que o percorre, a variação da corrente no solenoide altera o campo magnético gerado por ela nas imediações da espira. A forma encontrada por Faraday para quantificar o comportamento e a influência do campo magnético sobre a espira foi considerar o seu *fluxo* Φ_B através dela. Pela lei de Faraday, a variação temporal do fluxo do campo magnético na região de uma espira ou bobina produz uma tensão elétrica, ou diferença de potencial, ou ainda uma *força eletromotriz* (ou *fem*) ε nesse condutor, dada por

$$\varepsilon = -\frac{d\Phi_B}{dt} \qquad (8.1)$$

Antes de prosseguirmos com a lei de Faraday, vale rever o conceito de fluxo de campo, ou de uma função vetorial, por uma superfície, como visto no Capítulo 2. Consideremos, para simplificar, um campo uniforme $\vec{F}$, mostrado na Figura 8.2. O fluxo desse campo por uma superfície plana de área A, perpendicular às linhas de campo, é dado por

$$\Phi = FA \qquad (8.2)$$

Figura 8.2

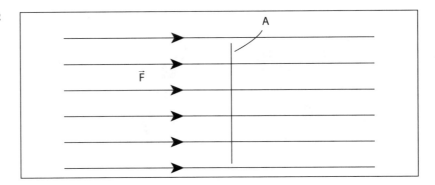

A conclusão imediata a que se chega pela equação (8.2) é que o fluxo é diretamente proporcional à área da superfície. O conceito de fluxo tem origem na fluidodinâmica, sendo chamado comumente de vazão nessa área, em unidades de volume por unidade de tempo, como m³/s ou L/s, e expresso em função da velocidade v de escoamento do fluido que atravessa uma tubulação de seção reta de área A como $\Phi = vA$. Posteriormente, a definição de fluxo foi "emprestada" da fluidodinâmica para descrever fenômenos e efeitos eletromagnéticos.

Consideremos agora a situação em que a superfície que o campo atravessa não é mais normal às linhas de campo, mas inclinada de um ângulo α, como mostrado na Figura 8.3a. Entretanto, a área efetiva que computamos para calcular o fluxo é ainda normal às linhas de campo, mostrada pela linha pontilhada, sendo dada por $A\cos\alpha$. Dessa forma, vê-se que a inclinação da superfície tem efeito determinante sobre o fluxo. O leitor pode testar essa influência considerando o fluxo através de uma superfície paralela às linhas de campo, como mostrado na Figura 8.3b. Nota-se que o fluxo nesse caso é nulo, não importando o tamanho da superfície ou a intensidade do campo. A equação (8.2) pode ser então expressa de forma mais completa, como $\Phi = FA\cos\alpha$. Essa expressão sugere que o fluxo pode ser expresso como um produto escalar entre o vetor $\vec{F}$ e um vetor $\vec{A}$, sendo α o ângulo entre ambos. Para que isso seja possível, definimos o vetor $\vec{A} = A\hat{n}$, onde $\hat{n}$ é o versor (vetor unitário) perpendicular à superfície de área A, mostrado na Figura 8.3c. Dessa forma, a expressão do fluxo pode ser escrita como:

$$\Phi = \vec{F} \cdot \vec{A} \qquad (8.3)$$

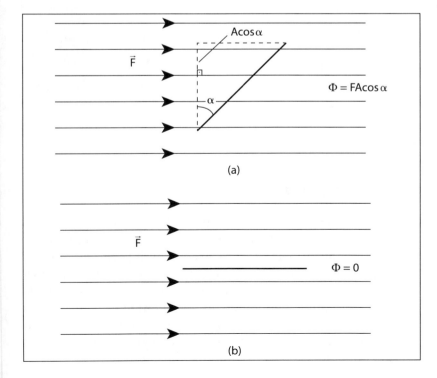

Figura 8.3
(*Continua*)

Figura 8.3
(Continuação)

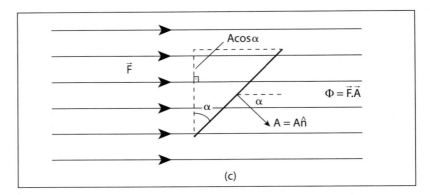

A equação (8.3) é válida somente para o caso em que o campo vetorial $\vec{F}$ é uniforme. Para os casos em que $\vec{F}$ é não uniforme, como na Figura 8.4a, ou que o ângulo entre o campo e a superfície varie ao longo desta, situação mostrada na Figura 8.4b, onde o campo $\vec{F}$ atravessa uma superfície curva, a equação (8.3) vale apenas para uma área elementar dA. Nesse caso, o fluxo infinitesimal é dado pela expressão $d\Phi = \vec{F} \cdot d\vec{A}$. Assim, integrando-se o fluxo em toda a superfície, tem-se:

$$\Phi = \int \vec{F} \cdot d\vec{A} \qquad (8.4)$$

Figura 8.4

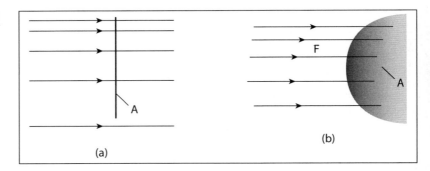

8.4 LEI DE LENZ

Quase simultaneamente a Faraday e Henry, o físico alemão Heinrich Lenz elaborou o que é considerado um complemento à lei de Faraday, principalmente ao contribuir para a compreensão do sinal negativo da equação (8.1). Segundo Lenz, um sistema como uma espira ou conjunto de espiras reage à variação do fluxo de campo magnético no sentido de anular a causa dessa variação. Esse enunciado nos permite entender melhor o surgimento da força eletromotriz na espira, além de determinar o sentido de uma eventual corrente nessa espira.

A Figura 8.5 mostra como a lei de Lenz pode contribuir na compreensão do fenômeno de indução de uma *fem* mediante variação de fluxo de campo magnético. Na Figura 8.5a, uma espira de seção aproximadamente circular cujo plano é perpendicular a um campo magnético $\vec{B}$ uniforme desloca-se para a direita, de modo a sair da região do campo. À medida que isso acontece, o fluxo do campo pela espira tende a diminuir. Pela lei de Lenz, surge na espira uma *fem* de modo a provocar uma corrente elétrica no sentido horário, cujo efeito é compensar, ou anular, essa diminuição de fluxo. De acordo com a lei de Ampère, essa corrente produz um campo magnético $\vec{B}'$ que circunda o fio da espira e, na região desta, entra no plano do papel e soma-se ao campo magnético original $\vec{B}$, causando um aumento no campo magnético total, como mostrado na Figura 8.5b. Esse aumento do campo magnético compensa a diminuição do fluxo, que se mantém, portanto, constante.

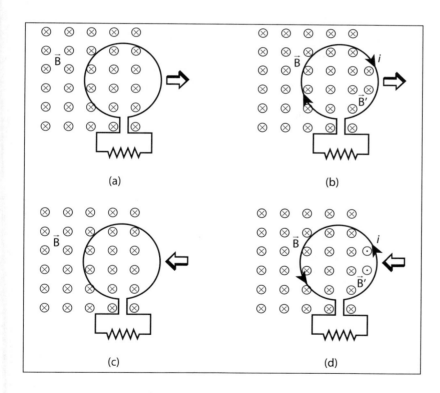

Figura 8.5

Na mesma linha de raciocínio, as Figuras 8.5c e 8.5d mostram a situação em que essa espira é aproximada da região onde há campo magnético, de modo a aumentar o seu fluxo na região da espira. Consequentemente, de acordo com a lei de Lenz, surge uma corrente que contribuirá para a diminuição desse fluxo.

Para isso, a corrente terá sentido anti-horário, o que gera um campo magnético $\vec{B}'$ que sai do papel na região da espira, como mostra a Figura 8.5d.

8.5 FORÇA ELETROMOTRIZ INDUZIDA EM BARRA EM MOVIMENTO

A Figura 8.6a ilustra o exemplo clássico da barra condutora de comprimento L que desliza ao longo do eixo x com velocidade constante v e com atrito desprezível sobre duas barras metálicas paralelas, na presença de um campo magnético uniforme e constante, de módulo B, perpendicular ao plano definido pelas barras, e que entra no plano do papel. Vale a pena nos debruçarmos sobre este problema de estrutura simples, mas que engloba uma série de conceitos importantes de indução eletromagnética. Usando a lei de Faraday, podemos determinar a força eletromotriz causada pelo movimento da barra condutora no campo magnético. A equação (8.1), que expressa a lei de Faraday, diz que a *fem* que surge numa espira é igual à variação temporal do fluxo do campo magnético por essa espira. O fluxo pode ser dado, neste caso, como $\Phi_B = \vec{B} \cdot \vec{A} = BA\cos 0° = BLX$. Dessa forma, a equação (8.1) fornece o módulo da *fem* de acordo com:

$$\varepsilon = \frac{d\Phi_B}{dt} = \frac{d(BLX)}{dt} = BL\frac{dX}{dt} = BLv \qquad (8.5)$$

Figura 8.6a

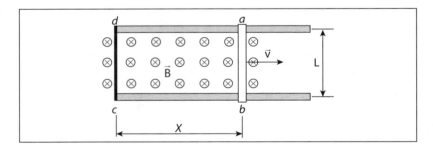

Se o circuito é fechado, e se há nele uma força eletromotriz, surge uma corrente elétrica na espira. Da relação $\varepsilon = Ri$, e com o auxílio da equação (8.5), chega-se à corrente no circuito *abcd*:

$$i = \frac{BLv}{R} \qquad (8.6)$$

Como a barra vai para a direita, a área da espira *abcd* aumenta, e o mesmo ocorre com o fluxo. Dessa forma, a corrente que surgirá na espira terá um sentido de modo a compensar esse aumento de fluxo; para tanto, o campo magnético $\vec{B}'$ dentro da espira produzido pela corrente deverá se contrapor ao campo original $\vec{B}$, ou seja, a corrente deve produzir dentro da espira um campo que saia do papel. A lei de Ampère nos mostra que essa corrente deve ter sentido anti-horário, como mostra a Figura 8.6b.

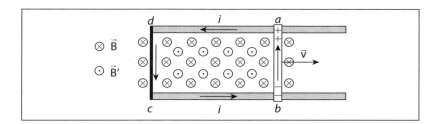

Figura 8.6b

O fato de haver uma corrente i fluindo pela barra na presença de um campo magnético externo $\vec{B}$ implica que a barra pode ser sujeita a uma força magnética do tipo $\vec{F}_M = i\vec{L} \times \vec{B}$. Mas, se a barra se desloca para a direita com velocidade constante, a força resultante sobre ela deve ser nula. De acordo com a primeira lei de Newton, isso ocorre porque, além da força $\vec{F}_M$, deve haver outra força externa $\vec{F}_{ext}$ sobre a barra de modo a anular a força resultante. A Figura 8.7 mostra que, sendo a corrente na barra vertical, com sentido para cima, assim será o vetor $\vec{L}$. Como o vetor $\vec{B}$ entra no plano do papel, chegamos à conclusão, através da regra da mão direita, vista no Capítulo 6, que a força $\vec{F}_M$ será horizontal e para a esquerda. Como $\vec{L}$ e $\vec{B}$ são perpendiculares entre si, o módulo de $\vec{F}_M$ será $F_M = iLB$. Como $F_M = F_{ext}$, e usando a expressão para a corrente dada pela equação (8.6), podemos escrever a força externa como

$$F_{ext} = \frac{B^2 L^2 v}{R} \qquad (8.7)$$

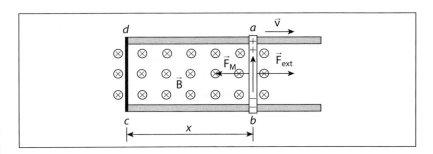

Figura 8.7

Sabemos que a potência dissipada em um resistor de resistência R percorrido por uma corrente i é $P = Ri^2$. Usando a corrente expressa pela equação (8.6), chegamos a

$$P = R\left(\frac{BLv}{R}\right)^2 = \frac{B^2L^2v^2}{R} \qquad (8.8)$$

Se há potência dissipada pelo circuito de resistência equivalente R, isso implica que há energia por unidade de tempo sendo gerada. No caso, essa potência dissipada poderia ser convertida em calor pelo efeito joule; se, no lugar de um resistor, houvesse uma lâmpada, por exemplo, ela poderia ser acesa devido à ddp induzida. Isso nos leva a uma questão importante: de onde vem essa energia que aquece o circuito ou que acende a lâmpada? Sabemos, pelo princípio de conservação de energia, que ela não pode ser gerada "do nada"; deve haver algum motor, alguma fonte de energia para produzir esses efeitos. A pista para essa resposta está na força F_{ext} aplicada externamente, por alguma pessoa ou algum motor. Sendo v a velocidade da barra devido à ação da força, sabemos que a potência associada a essa força será $P = F_{ext} \cdot v$. Usando a equação (8.7), chegamos à potência produzida pela força externa como

$$P = \left(\frac{B^2L^2v}{R}\right)v = \frac{B^2L^2v^2}{R} \qquad (8.9)$$

que é, e não por acaso, exatamente o resultado pela potência dissipada pela resistência do circuito. As equações (8.8) e (8.9) mostram que a potência dissipada pelo resistor tem como origem a potência fornecida por um "motor", no caso, a mão da pessoa que puxa a barra, exercendo a força F_{ext}.

8.6 FORÇA ELETROMOTRIZ SOBRE CONDUTOR EM MOVIMENTO NA PRESENÇA DE UM CAMPO MAGNÉTICO

Neste item vamos estudar as leis de Faraday e de Lenz com maior profundidade, e chegar a um resultado obtido por elas, por outro caminho. Vamos novamente usar a situação representada na Figura 8.6a. Para facilitar nossa análise, consideremos apenas o movimento da barra ab no campo magnético, isoladamente, como mostrado na Figura 8.8. Essa barra, por ser condutora, tem elétrons livres. Quando ela translada com velocidade $\vec{v}$ na presença do campo $\vec{B}$, esses elétrons ficam sujeitos à força magnética $\vec{F}_B = -e\vec{v} \times \vec{B}$, como já foi visto no

Capítulo 6. Como os vetores campo magnético e velocidade são perpendiculares entre si, a força sobre os elétrons terá módulo $F_B = evB$ ao longo da barra, apontada de a para b. Essa força provoca uma polarização de cargas na barra, pois, com cargas negativas movendo-se para o ponto b, a extremidade oposta a ficará positivamente carregada, como mostrado na Figura 8.8. Essa polarização produz um campo elétrico $\vec{E}$ ao longo da barra, cujo sentido aponta de b para a, produzindo uma força elétrica de módulo $F_E = eE$, de sentido contrário ao da força magnética. À medida que as cargas negativas e positivas alojam-se nas extremidades opostas da barra, a força elétrica $\vec{F}_E$ aumenta de intensidade e equilibra-se com a força magnética $\vec{F}_B$; esse equilíbrio de forças é expresso na forma

$$F_B = F_E \Rightarrow vB = E \qquad (8.10)$$

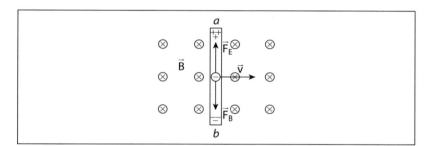

Figura 8.8

Decorrente desse campo elétrico $\vec{E}$, surge uma diferença de potencial ε entre os pontos a e b. A diferença de potencial – ou força eletromotriz – será obtida pela integral de linha $\varepsilon = -\int_0^L \vec{E} \cdot d\vec{l}$; tomando-se o campo elétrico como uniforme, a integral resulta na expressão:

$$\varepsilon = E \times L \qquad (8.11)$$

independentemente do caminho escolhido. Combinando-se as equações (8.10) e (8.11), escreve-se a expressão para a diferença de potencial entre as extremidades da barra como:

$$\varepsilon = BLv \qquad (8.12)$$

onde o potencial de a é maior do que o de b.

Podemos escrever a equação (8.12) de maneira ligeiramente diferente, usando a definição de velocidade instantânea $v = dx/dt$:

$$\varepsilon = BL\frac{dx}{dt} \qquad (8.13)$$

Sendo o campo magnético $\vec{B}$ e o comprimento L constantes no tempo, ambos podem ser expressos dentro da derivada temporal, na forma:

$$\varepsilon = \frac{d(BLx)}{dt} \tag{8.14}$$

Ora, olhando para a Figura 8.6, vê-se que o termo Lx é a área da espira retangular $abcd$, e, dessa forma, o termo BLx é o *fluxo* Φ_B *do campo magnético por essa espira*. Portanto, a equação (8.14) pode ser expressa como:

$$\varepsilon = \frac{d\Phi_B}{dt} \tag{8.15}$$

que é o módulo da *fem* descrita pela lei de Faraday.

A equação (8.10) pode ser generalizada, e expressa na forma vetorial. Dessa forma, podemos escrever:

$$\vec{F}_B + \vec{F}_E = \vec{0} \Rightarrow q\vec{v} \times \vec{B} = -q\vec{E} \tag{8.16}$$

Da equação (8.16), podemos escrever o campo elétrico induzido pela movimentação de cargas na presença do campo magnético como $\vec{E} = -\vec{v} \times \vec{B}$, de modo que a diferença de potencial $\varepsilon = -\int_L \vec{E} \cdot d\vec{l}$ resultante desse rearranjo pode ser expressa como:

$$\varepsilon = \int_L \left(\vec{v} \times \vec{B}\right) \cdot d\vec{l} \tag{8.17}$$

A equação (8.17) é uma generalização da equação (8.12) e, como tal, permite determinar a *fem* induzida em condutores movimentando-se de diferentes maneiras em campos magnéticos de diferentes geometrias, como veremos no próximo item.

8.7 FORÇA ELETROMOTRIZ INDUZIDA EM DISCO GIRATÓRIO DÍNAMO DE DISCO DE FARADAY

Consideremos um disco metálico de raio a que gira na presença de um campo magnético uniforme de módulo B. A Figura 8.9a mostra que o campo é perpendicular ao plano do disco, que gira com velocidade angular ω. Um fio metálico de resistência R conecta a borda do disco ao seu eixo de rotação.

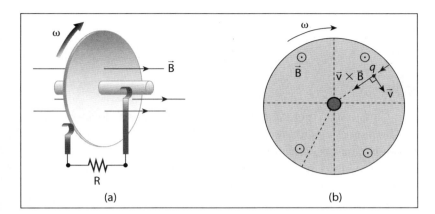

Figura 8.9

Devido ao movimento de rotação do disco, vemos, pela Figura 8.9b, que cada elétron livre executa movimento circular uniforme, portanto, com velocidade tangencial à sua trajetória circular. O vetor velocidade de cada elétron será, portanto, perpendicular ao campo magnético, de modo que o produto vetorial $\vec{v} \times \vec{B}$ resulta num vetor radial apontado para o centro do disco. Dessa forma, para calcularmos a diferença de potencial entre o centro e a borda através da equação (8.17), podemos escolher convenientemente um caminho radial para o cálculo dessa integral. Dessa maneira, por ser radial, o vetor $d\vec{l}$ será designado como $d\vec{r}$. Como os vetores $(\vec{v} \times \vec{B})$ e $d\vec{r}$ são paralelos, o produto escalar $(\vec{v} \times \vec{B}) \cdot d\vec{r}$ converte-se simplesmente no produto dos módulos $|\vec{v} \times \vec{B}| dr$. O módulo $|\vec{v} \times \vec{B}|$ pode, por sua vez, ser escrito como $vB\mathrm{sen}\,90° = vB$. Assim, a diferença de potencial entre $r = 0$ e $r = a$ pela integral da equação (8.17) será:

$$\varepsilon = \int_L (\vec{v} \times \vec{B}) \cdot d\vec{l} = \int_0^a vB\,dr \qquad (8.18)$$

Do movimento circular uniforme, sabemos que a velocidade tangencial v do elétron livre é diretamente proporcional à sua posição radial r pela expressão $v = \omega r$. A diferença de potencial entre o centro e a borda do disco giratório pode ser então calculada pela equação (8.18):

$$\varepsilon = \int_0^a vB\,dr = \omega B \int_0^a r\,dr \Rightarrow \varepsilon = \frac{\omega B a^2}{2} \qquad (8.19)$$

A corrente pelo fio pode ser simplesmente calculada pela lei de Ohm, $\varepsilon = Ri$:

$$i = \frac{\omega B a^2}{2R} \qquad (8.20)$$

Exemplo I

Uma barra metálica de comprimento L se desloca para a direita com velocidade inicial v_0 sobre duas barras condutoras paralelas, na presença de um campo magnético uniforme e constante no tempo, num arranjo semelhante ao da Figura 8.5. A resistência equivalente do circuito formado é R, e *a barra não está submetida a qualquer força externa*. Sabendo que o atrito entre a barra móvel e as barras paralelas é desprezível, determine:

a) A expressão da velocidade da barra em função do tempo.

b) A distância percorrida pela barra, desde o momento em que ela tinha velocidade v_0, até parar.

c) O trabalho da força resultante sobre a barra neste trecho.

Solução:

a) Na seção 8.5, vimos que, quando a barra condutora se move para a direita, surge uma corrente vertical para cima, como mostrado na Figura 8.6a. Como essa corrente está imersa num campo magnético que entra no plano do papel, surge sobre a barra uma força magnética horizontal e para a esquerda de módulo $F_M = B^2 L^2 v / R$. Como não há qualquer força externa agindo, a força $\vec{F}_M$ é a resultante sobre a barra. Como a força tem sentido contrário ao da velocidade, ela é responsável por frear a barra. Podemos escrever a segunda lei de Newton, neste caso, como:

$$F_M = m \frac{dv}{dt} = -\frac{B^2 L^2}{R} v \qquad (8.21)$$

O sinal negativo na equação (8.21) foi inserido pelo fato de que os vetores força e velocidade têm sentidos contrários. Podemos rearranjar a equação (8.21) como

$$\frac{dv}{v} = -\frac{B^2 L^2}{mR} dt \qquad (8.22)$$

No instante $t = 0$ s, a velocidade vale v_0; num dado instante t, a velocidade será v. Usando esses limites na integração da equação (8.22), temos

$$\int_{v_0}^{v}\frac{dv'}{v'} = -\frac{B^2L^2}{mR}\int_0^t dt \Rightarrow \ln\left(\frac{v}{v_0}\right) = -\frac{B^2L^2}{mR}t$$

Dessa forma, podemos escrever a velocidade da barra em função do tempo como

$$v(t) = v_0 e^{-\frac{B^2L^2}{mR}t} \qquad (8.23)$$

Pela equação (8.23), a força que age sobre a barra no sentido contrário ao do movimento faz a sua velocidade decrescer exponencialmente, até atingir o repouso assintoticamente, como mostra a Figura 8.10.

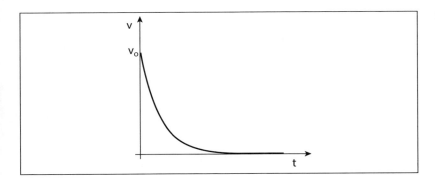

Figura 8.10

b) O gráfico da Figura 8.10 mostra que, quando $t \to \infty$, $v \to 0$. O deslocamento sofrido pela barra até ela parar pode ser escrito como

$$\Delta x = \int_0^\infty v(t)dt,$$

que é justamente a área do gráfico de $v \times t$. Dessa forma, substituindo-se $v(t)$ da equação (8.23) na equação acima, Δx pode ser obtido como:

$$\Delta x = \int_0^\infty v_0 e^{-\frac{B^2L^2}{mR}t}dt = -\frac{mR}{B^2L^2}v_0 e^{-\frac{B^2L^2}{mR}t}\bigg|_0^\infty = \frac{mRv_0}{B^2L^2}$$

c) Pela equação (8.21), vemos que a força não é constante, mas depende da velocidade, de forma que o trabalho deve ser obtido pela integral $\tau = \int \vec{F}\cdot d\vec{l}$. Como a força e o deslocamento ocorrem ao longo do eixo x em sentidos contrários, podemos escrever $\vec{F} \cdot d\vec{l} = Fdx\cos 180° = -Fdx$, de modo que o trabalho $d\tau$ efetuado num deslocamento infinitesimal dx pode ser dado por

$$d\tau = -Fdx \qquad (8.24)$$

Sendo $dx = vdt$, a equação (8.24) toma a forma:

$$d\tau = -Fvdt \qquad (8.25)$$

O termo Fv, por sua vez, é a potência instantânea dissipada no circuito de resistência R, devido à circulação da corrente. Pela equação (8.9), essa potência é:

$$P = \left(\frac{B^2L^2v}{R}\right)v = \frac{B^2L^2v^2}{R}$$

Ao substituir a expressão da velocidade dada pela equação (8.23) na expressão acima, escrevemos a potência instantânea como:

$$P = Fv = \frac{B^2L^2}{R}v_0^2 e^{-\frac{2B^2L^2}{mR}t} \qquad (8.26)$$

Substituindo a equação (8.26) na equação (8.25), temos:

$$d\tau = \frac{B^2L^2}{R}v_0^2\, e^{-\frac{2B^2L^2}{mR}t}dt \qquad (8.27)$$

A equação (8.27) mostra que, para calcular o trabalho, devemos fazer uma integração no tempo. É importante ponderar sobre os limites dessa integração. Queremos calcular o trabalho da força sobre a barra a partir do instante $t = 0$, quando a velocidade é v_0, até o momento em que a barra para. Pelo gráfico da Figura 8.10, vemos que isso ocorre para $t \to \infty$. Dessa forma, a integração da equação (8.27) será:

$$\tau = -\frac{B^2L^2}{R}v_0^2 \int_0^\infty e^{-\frac{2B^2L^2}{mR}t}dt = -\frac{B^2L^2}{R}v_0^2\frac{2B^2L^2}{mR}e^{-\frac{2B^2L^2}{mR}t}\Bigg|_0^\infty$$

$$\tau = -\frac{mv_0^2}{2}$$

Como podemos interpretar esse resultado? Ele nos é familiar, por expressar o Teorema do Trabalho e Energia

Cinética, pelo qual o trabalho de uma força resultante é igual à variação da energia cinética $mv^2/2 - mv_0^2/2$ do corpo. Como o estado final do corpo é de repouso, a energia cinética final é $mv^2/2 = 0$, de forma que o trabalho da força resultante será $\tau = -mv_0^2/2$.

8.8 GERADOR DE TENSÃO ALTERNADA

O gerador de tensão alternada constitui-se numa das aplicações mais importantes dos fenômenos de indução eletromagnética, por tratar-se do princípio por trás do fornecimento de energia elétrica às cidades, domicílios, indústrias etc. O gerador consiste, basicamente, de uma bobina que gira na presença de um campo magnético uniforme, como mostrado esquematicamente na Figura 8.11a. A Figura 8.11b mostra que o fluxo do campo através da espira varia à medida que esta gira. O fluxo por uma espira, neste caso, pode ser escrito como

$$\Phi_B = \vec{B} \cdot \vec{A} = BA\cos\theta \qquad (8.28)$$

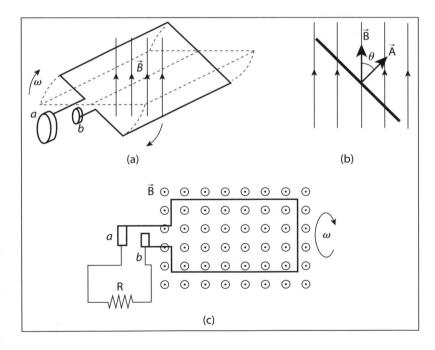

Figura 8.11

Como a bobina gira, o ângulo θ muda com o tempo, podendo ser escrito como $\theta = \omega t$, sendo ω a frequência angular de rotação da bobina. Dessa forma, o fluxo será $\Phi_B = BA\cos\omega t$. Com o auxílio da equação (8.28), pode-se então obter a ddp nos terminais da bobina de N espiras pela lei de Faraday:

$$\varepsilon = -\frac{d(N\Phi)}{dt} = -NBA\frac{d(\cos\omega t)}{dt} = NBA\omega\,\text{sen}\,\omega t \quad (8.29)$$

Se os roletes a e b são terminais de um circuito fechado de resistência R, temos, pela lei de Ohm, a corrente alternada gerada no circuito:

$$i = \frac{\varepsilon}{R} = \frac{NBA\omega}{R}\text{sen}\,\omega t \quad (8.30)$$

Exemplo II

Calcular a força eletromotriz induzida por um campo magnético variável no tempo.

A Figura 8.12 mostra uma espira circular de raio 0,1 m, em repouso, imersa em um campo magnético espacialmente uniforme, mas que varia com o tempo. O plano da espira é perpendicular à direção do campo. Calcule a diferença de potencial que surge entre os pontos A e B se o campo magnético for dado por

a) $B(t) = B_0 + Ct$ (SI), onde $B_0 = 2,0$ T e $C = 0,5$ T/s;

b) $B(t) = B_0 + C_1 t + C_2 t^3$ (SI), onde $C_1 = 0,2$ T/s e $C_2 = -0,1$ T/s^3; calcule o instante em que a *fem* é mínima.

c) Repita o item (a), para o caso em que, no lugar de uma espira, seja utilizada uma bobina composta de 150 espiras.

Figura 8.12

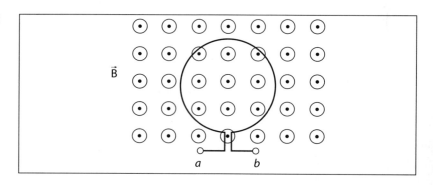

Solução:

a) Como o campo magnético é uniforme, o fluxo do campo pela espira é análogo ao da equação (8.3), podendo ser escrito como $\Phi_B = \vec{B}\cdot\vec{A}$. O desenho da Figura 8.4 mostra que o campo é perpendicular à espira e, portanto, os vetores $\vec{B}$ e $\hat{n}$ são paralelos, já que ambos estão saindo do plano do papel. Dessa forma, o produto escalar

$\vec{B} \cdot \vec{A}$ toma a forma $\vec{B} \cdot \vec{A} = BA\cos 0^0 = BA$. Sendo r o raio da espira, escrevemos o fluxo como:

$$\Phi_B = B\pi r^2 = (B_0 + Ct)\pi r^2,$$

de forma que a *fem* induzida na espira será, de acordo com a equação (8.1),

$$\varepsilon_{ab} = -\frac{d\Phi_B}{dt} = -\pi r^2 \frac{d(B_0 + Ct)}{dt} = -\pi r^2 C$$

$$\varepsilon_{ab} = -\pi 0{,}1^2 \times 0{,}5\,\mathrm{V} = -1{,}6 \times 10^{-2}\,\mathrm{V}$$

Note que a parcela B_0 do campo magnético, que é constante no tempo, não contribui para a força eletromotriz.

b) Neste caso, a *fem* é dada por:

$$\varepsilon_{ab} = -\pi r^2 \frac{d(B_0 + C_1 t + C_2 t^3)}{dt} =$$

$$= -\pi r^2 \left(C_1 + 3C_2 t^2\right) = -\pi 0{,}1^2 \left(0{,}2 - 0{,}3t^2\right)\mathrm{V}$$

$$\varepsilon_{ab} = -\left(6{,}3 - 9{,}4t^2\right) \times 10^{-3}\,\mathrm{V}$$

A força eletromotriz, devido ao comportamento do campo, também é variável, tendo comportamento quadrático no tempo. Ao impormos a condição $d\varepsilon_{ab}/dt = 0$, verificamos que, para $t = 0$ s, a *fem* é mínima, de valor $-6{,}3 \times 10^{-3}\,\mathrm{V}$.

c) Neste caso, a *fem* é simplesmente multiplicada pelo número N de espiras que compõem a bobina:

$$\varepsilon_{ab} = -N\frac{d\Phi_B}{dt} = -\pi r^2 N \frac{d(B_0 + Ct)}{dt} =$$

$$= -\pi r^2 NC = -\pi 0{,}1^2 \times 150 \times 0{,}5 = -2{,}4\,\mathrm{V}$$

O uso de bobinas com múltiplas espiras traz o benefício óbvio de multiplicar o valor da tensão pelo número de espiras.

8.9 CORRENTES PARASITAS OU DE FOUCAULT

Imaginemos um pêndulo físico metálico, oscilando na região de um campo magnético, mostrado na Figura 8.13. Para facilitar nossa análise, podemos supor esse campo uniforme, embora essa não seja uma condição obrigatória. Quando o pêndulo penetra no campo magnético, surgem nele uma força eletromotriz e correntes elétricas, como resposta à variação do fluxo do campo magnético, de acordo com as leis de Faraday e de Lenz. Essas correntes estão representadas pelas linhas circulares concêntricas finas no interior do pêndulo na Figura 8.13a, e produzem um campo magnético que se opõe ao campo magnético externo, o que tende a manter constante o fluxo do campo no pêndulo. São chamadas de correntes parasitas ou correntes de Foucault. A Figura 8.13a mostra que, quando o pêndulo move-se da direita para a esquerda e atinge parcialmente o campo magnético, uma parte das correntes circula dentro do campo e outra parte circula fora dele. Dessa forma, devido à presença da corrente na região do campo magnético, o pêndulo sofrerá uma força para a direita, de acordo com a equação $\vec{F} = i\vec{l} \times \vec{B}$. O efeito dessa força tende a frear o pêndulo, de forma semelhante ao que ocorre quando um objeto em movimento em um fluido sofre a ação de uma força viscosa. As correntes parasitas podem ser prejudiciais, por exemplo, à eficiência de um motor que gire na presença de um campo magnético, já que as forças delas decorrentes tendem a se opor ao movimento, além de contribuir para o aquecimento o conjunto por efeito joule. Um artifício para minimizar esse efeito nocivo das correntes parasitas é seccionar o pêndulo físico em tiras, como mostrado na Figura 8.13b. Isso confina a circulação das correntes nessas pequenas tiras. Desse modo, em cada tira a corrente dá um *loop* completo dentro do campo magnético, o que faz a força devido à ação do campo magnético ser nula ou, pelo menos, significativamente menor que no caso mostrado na Figura 8.13a.

Figura 8.13

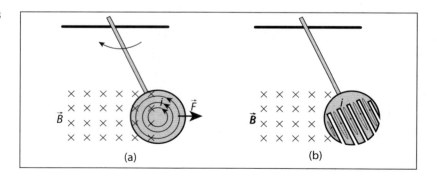

8.10 INDUTÂNCIA

8.10.1 INDUTÂNCIA MÚTUA

Consideremos duas bobinas 1 e 2 próximas uma à outra, e dispostas coaxialmente, como na Figura 8.14. Na bobina 1, de seção reta de área A_1 e com N_1 espiras, flui uma corrente i_1, que dá origem a um campo magnético, que designaremos por B_1. Como foi visto no Capítulo 6, o campo produzido por qualquer arranjo ordenado de espiras, como solenoides, toroides etc., é diretamente proporcional a i_1. Dependendo de como a bobina 2 é posicionada em relação à bobina 1, haverá fluxo do campo magnético B_1 pela bobina 2. Como o fluxo na bobina 2, que chamaremos de Φ_2, é proporcional a B_1, ele será também proporcional à corrente i_1. Se a bobina 2 é formada por N_2 espiras, é conveniente escrever que o fluxo total do campo B_1 pela bobina 2 será $N_2\Phi_2$. A relação de proporcionalidade entre o fluxo do campo magnético B_1 gerado pela bobina 1 através da bobina 2 pode ser então expressa como $N_2\Phi_2 \propto i_1$. Essa relação torna-se completa quando introduzimos o parâmetro *indutância mútua* M_{21}, que é a constante de proporcionalidade entre $N_2\Phi_2$ e i_1:

$$N_2\Phi_2 = M_{21}i_1 \tag{8.31}$$

No sistema internacional, com o campo magnético expresso em teslas, a área em m^2 e a corrente em ampères, a unidade de indutância mútua é o henry, simbolizado como H.

Se a corrente na bobina 1 é constante no tempo, o fluxo do campo B_1 na bobina 2 não produz qualquer efeito mais importante; entretanto, se a corrente i_1 é variável no tempo, essa variação gera um fluxo de campo na bobina 2 que também varia no tempo, de modo a induzir, portanto, uma *fem* nessa bobina de acordo com a lei de Faraday:

$$\varepsilon_2 = -N_2\frac{d\Phi_2}{dt} = -M_{21}\frac{di_1}{dt} \tag{8.32}$$

A equação (8.32) mostra uma nova forma de expressar a *fem* induzida na bobina 2, através da taxa de variação temporal da corrente que flui na bobina 1. Podemos então concluir que a indutância mútua quantifica a resposta de uma bobina (2) quanto à indução de uma *fem* frente à variação de corrente na outra bobina (1). Nas equações (8.31) e (8.32) escrevemos o índice inferior "21" na indutância mútua, por representar a resposta da bobina 2 em relação à variação de corrente da bobina 1. Por caracterizar a relação de reciprocidade entre as bobinas, a indutância mútua tem o mesmo valor quando o processo é inverso, ou seja, quando uma corrente variável na bobina 2 induz uma força eletromotriz na bobina 1, como veremos adiante.

Figura 8.14

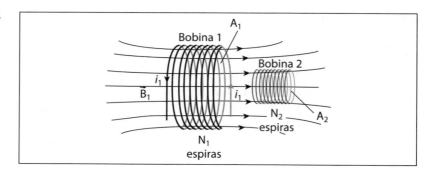

Exemplo III

Calcular a indutância mútua entre dois solenoides longos 1 e 2, dispostos de forma coaxial

O solenoide 1 tem raio r_1 e N_1 espiras, e o solenoide 2, raio r_2 e N_2 espiras. Considere que, quando ambos são percorridos por corrente, o campo magnético gerado seja uniforme em seus interiores. O solenoide 2 está no interior do 1, como mostrado na Figura 8.15, de forma que $r_2 < r_1$.

Solução:

Suponhamos que o solenoide 1 seja percorrido por uma corrente i_1. A indutância mútua do sistema será dada de acordo com a equação (8.31):

$$M_{21} = \frac{N_2 \Phi_2}{i_1}$$

O fluxo Φ_2 no solenoide 2 é decorrente do campo magnético B_1 na espira 1. No Capítulo 6, vimos que o campo produzido por um solenoide de comprimento l e N_1 espiras, no ar ou no vácuo, para os quais a permeabilidade magnética é μ_0, vale $B_1 = \mu_0 N_1 i_1 / l$. Sendo o campo produzido uniforme, podemos escrever o fluxo Φ_2 como:

$$\Phi_2 = \int \vec{B}_1 \cdot d\vec{A}_2 = B_1 A_2 = \frac{\mu_0 N_1 i_1}{l} \pi r_2^2,$$

onde $A_2 = \pi r_2^2$. Substituindo o fluxo acima na equação para a indutância mútua, $M_{21} = N_2 \Phi_2 / i_1$, chegamos enfim a:

$$M_{21} = \frac{\mu_0 N_1 N_2 \pi r_2^2}{l}$$

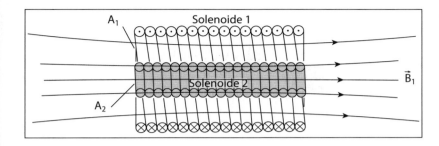

Figura 8.15

Note que M_{21} depende apenas das características físicas e geométricas do sistema, como o raio do solenoide 2, o seu comprimento, as quantidades da espiras de cada solenoide e o meio onde os solenoides estão imersos.

Vamos agora calcular a indutância mútua considerando o caso inverso, no qual uma corrente i_2 circula originariamente no solenoide 2, em vez de no solenoide 1. O campo B_2 produzido pelo segundo solenoide será $B_2 = \mu_0 N_2 i_2 / l$. Haverá, dessa forma, um fluxo de B_2 através do solenoide 1. O fluxo desse campo por espira do solenoide 1 será $\Phi_1 = B_2 A_2 = \mu_0 N_2 i_2 \pi r_2^2 / l$.

Antes de continuarmos, devemos salientar que, apesar de a área da seção reta do solenoide 1 ser A_1, o campo magnético B_2 é não nulo apenas na seção reta de área A_2, que é menor que A_1; assim, o fluxo de B_2 é $\Phi_1 = B_2 A_2$. A situação está representada na Figura 8.16, que mostra que na região $r_2 < r < r_1$ não há linhas de campo magnético.

Procedendo-se analogamente ao caso anterior, a indutância mútua devido ao fluxo do campo B_2 pelo solenoide 1 é:

$$M_{12} = \frac{N_1 \Phi_1}{i_2}$$

Substituindo a expressão para Φ_1 na equação acima, temos:

$$M_{12} = \frac{N_1 \mu_0 N_2 i_2 \pi r_2^2}{i_2 l} = \frac{\mu_0 N_1 N_2 \pi r_2^2}{l}$$

Como esperado, verificamos que $M_{12} = M_{21}$. Esse resultado foi obtido considerando a hipótese simplificadora de que ambos os solenoides têm o mesmo comprimento, e que um solenoide está completamente dentro do outro. Entretanto, pode-se mostrar que a igualdade $M_{12} = M_{21}$ é geral e se verifica experimental e teoricamente, mesmo quando os elementos têm tamanhos diferentes e não estão completamente sobrepostos.

Figura 8.16

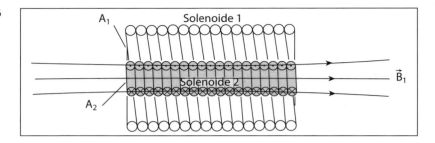

Exemplo IV

Uma bobina cilíndrica de 400 espiras, raio 1,0 cm e comprimento 10 cm encontra-se no interior de outra bobina cilíndrica de 100 espiras e raio 2,5 cm. As bobinas estão dispostas de forma coaxial. Pela bobina interna flui uma corrente cujo comportamento temporal está representado na Figura 8.17.

Figura 8.17

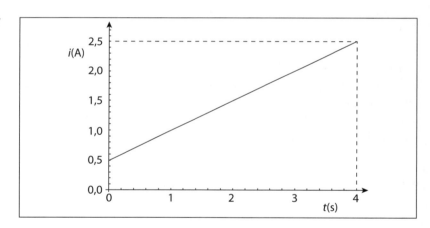

Calcule:

a) a indutância mútua do conjunto;

b) a *fem* induzida na bobina externa pela corrente que flui na bobina interna.

c) Se a corrente passa a ser regida pela função $i(t) = 3t - 2t^2$ (SI), calcule o valor da *fem* no instante $t = 0{,}2$s, e determine o instante em que essa *fem* inverte seu sentido.

Solução:

a) A indutância mútua das duas bobinas será:

$$M = \frac{\mu_0 N_{int} N_{ext} \pi r_{int}^2}{l}$$

Sendo $\mu_0 = 1{,}26 \times 10^{-6}$ H/m, $N_{int} = 400$, $N_{ext} = 100$, $r_{int} = 10^{-2}$ m e $l = 0{,}1$ m, temos

$$M = 1{,}58 \times 10^{-2}\,\text{H}$$

b) O módulo da *fem* induzida na bobina externa pela corrente da interna é dado pela equação (8.32):

$$\varepsilon_{ext} = M \frac{di_{int}}{dt}$$

A derivada di_{int}/dt pode ser extraída do gráfico da Figura 8.17. Como a corrente varia linearmente com o tempo, podemos escrever $di_{int}/dt = \Delta i_{int}/\Delta t$; sendo $\Delta i_{int}/\Delta t$ o coeficiente angular do gráfico, temos $\Delta i_{int}/\Delta t = 0{,}5$ A/s. Dessa forma, chega-se a

$$\varepsilon_{ext} = M \frac{di_{int}}{dt} = 1{,}58 \times 10^{-2} \times 0{,}5 = 7{,}9 \times 10^{-3}\,\text{V}$$

c) Nesse caso, se $i(t) = 3t - 2t^2$, então $di/dt = 3 - 4t$ (SI), e a força eletromotriz passa a ser dependente do tempo:

$$\varepsilon_{ext}(t) = M \frac{di}{dt} = M(3 - 4t) =$$
$$= 1{,}58 \times 10^{-2}(3 - 4 \times 0{,}2) = 3{,}5 \times 10^{-2}\,\text{V}$$

Observando o comportamento de ε_{ext}, vemos que essa *fem* é decrescente no tempo, começando com valores positivos, depois negativos. Fazendo $\varepsilon_{ext}(t) = 0$, encontramos o instante a partir do qual o sentido da *fem* se inverte:

$$\varepsilon_{ext}(t) = M(3 - 4t) = 0 \Rightarrow$$
$$t = 0{,}75\,\text{s}$$

8.10.2 INDUTÂNCIA OU AUTOINDUTÂNCIA

Consideremos a bobina percorrida por uma corrente mostrada na Figura 8.18. A corrente que circula pela bobina produz um campo magnético, e pela seção reta da própria bobina haverá fluxo desse campo. O fluxo pelas N espiras da bobina será, dessa forma, proporcional à corrente i que flui na bobina, ou seja, $N\Phi \propto i$. A constante que estabelece a proporcionalidade entre o fluxo e a corrente é conhecida como autoindutância ou, simplesmente, indutância L da bobina:

$$N\Phi = Li \qquad (8.33)$$

Figura 8.18

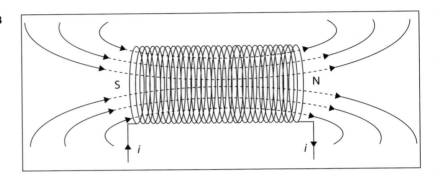

Como no caso da indutância mútua entre duas bobinas, a autoindutância é a medida da resposta da bobina em face da variação temporal da corrente que circula por ela. A variação temporal da corrente produz na bobina um fluxo de campo magnético que também varia no tempo; pelas leis de Faraday e Lenz, a bobina, que chamaremos a partir de agora de *indutor*, responde a essa variação de fluxo com o surgimento de uma *fem* no sentido de anular essa variação. Aplicando-se a equação (8.33) à lei de Faraday, temos a *fem* induzida na bobina:

$$\varepsilon = -N\frac{d\Phi}{dt} = -L\frac{di}{dt} \qquad (8.34)$$

A Figura 8.19a ilustra o caso em que a corrente que circula originalmente pelo indutor é crescente no tempo (o canto superior esquerdo da Figura 8.19 mostra esquematicamente a evolução temporal da corrente): com o aumento da corrente original i, também chamada de *corrente primária*, cresce o campo magnético e o seu fluxo pelo indutor; surge então no indutor uma força eletromotriz cujo efeito é cancelar esse aumento de fluxo, dando origem a uma corrente induzida i_{ind}. Essa corrente produz um campo magnético de sentido contrário àquele criado pela corrente original (não mostrado na figura). Para tanto, a corrente i_{ind} deve ter sentido contrário à corrente primária i. Portanto, a corrente resultante tem valor $i - i_{ind}$.

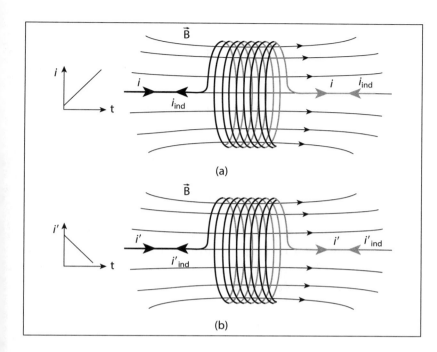

Figura 8.19

Na Figura 8.19b, a corrente primária i' passa pelo indutor com o mesmo sentido que no caso anterior, mas decresce com o tempo. O consequente decréscimo do fluxo de campo magnético no indutor é compensado pela *fem* induzida, que resulta numa corrente i'_{ind} que tem o mesmo sentido da corrente primária. A corrente resultante, nesse caso, tem valor $i' - i'_{ind}$.

As propriedades mostradas na Figura 8.19 indicam que o indutor apresenta uma espécie de inércia, podendo ser utilizado para funcionar como componente estabilizador de corrente elétrica. Sob determinadas condições, e combinado a outros elementos de um circuito, como capacitores, o indutor também pode trabalhar como filtro de frequências, permitindo a passagem de corrente alternadas dentro de certa faixa de frequências, e barrando a circulação de frequências em outra faixa.

Exemplo V

Indutância de um solenoide

Determinar a expressão da indutância de um solenoide longo de comprimento 8 cm, com 300 espiras e raio 1,5 cm, numa geometria semelhante à mostrada na Figura 8.18. Calcular:

a) a indutância do solenoide;

b) a *fem* induzida no solenoide, se por ele passam correntes dependentes do tempo, dadas por: i) $i_i(t) = 2,0 + 3,0t$; ii) $i_{ii}(t) = 5,0 - 3,0t$; e iii) $i_{iii}(t) = 2,0\cos(400t)$, todas no Sistema Internacional de unidades (SI).

Solução:

a) A indutância do solenoide é dada pela equação (8.33), $L = N\Phi/i$. Supondo que o campo magnético seja uniforme no interior do solenoide, temos que o fluxo pela seção reta circular de raio r será $\Phi = BA = B\pi r^2$. Como o campo magnético no interior do solenoide percorrido por uma corrente i escrito em função do número de espiras N e do comprimento l é $B = \mu_0 Ni/l$, temos que o fluxo através do solenoide é:

$$\Phi = \frac{\mu_0 Ni\pi r^2}{l}$$

Dessa forma, substituindo o fluxo na equação (8.33), temos a indutância de um solenoide dada por:

$$L = \frac{N\Phi}{i} = \frac{N}{i}\frac{\mu_0 Ni\pi r^2}{l} = \frac{\mu_0 N^2 \pi r^2}{l}$$

Vale reforçar que, assim como a indutância mútua, a indutância depende apenas de propriedades geométricas e de material do elemento. Para $N = 300$, $r = 1,5 \times 10^{-2}$ m e $r = 8,0 \times 10^{-2}$ m, temos:

$$L = \frac{1,25 \times 10^{-6} 300^2 \pi (1,5 \times 10^{-2})^2}{8,0 \times 10^{-2}} = 9,9 \times 10^{-4} \text{ H}$$

b) A equação (8.34) fornece a *fem* no indutor:

$$\varepsilon = -L\frac{di}{dt}$$

i) Se $i(t) = 2,0 + 3,0t$, a *fem* induzida será:

$$\varepsilon_i = -9,9 \times 10^{-4}\frac{d(2,0 + 3,0t)}{dt} =$$

$$= -9,9 \times 10^{-4} \times 3 = -3,0 \times 10^{-3} \text{ V}$$

ii) Para $i(t) = 5{,}0 - 3{,}0t$ (SI), a *fem* será:

$$\varepsilon_{ii} = -9{,}9 \times 10^{-4} \frac{d(5{,}0 - 3{,}0t)}{dt} =$$
$$= -9{,}9 \times 10^{-4} \times (-3) = +3{,}0 \times 10^{-3} \text{ V}$$

iii) Para $i_{iii}(t) = 2{,}0\cos(400t)$ (SI), a *fem* será:

$$\varepsilon_{iii} = -9{,}9 \times 10^{-4} \frac{d[2{,}0\cos(400t)]}{dt} = 0{,}792\text{sen}(400t) \text{ (SI)}$$

Exemplo VI
Indutância de um cabo coaxial

A Figura 8.20a mostra um cabo coaxial longo formado por um cabo interno maciço de raio a, no interior de um tubo de raio interno b. Tanto a espessura da parede do tubo quanto o raio a do cabo interno são desprezíveis, se comparados ao valor de b.

Calcule a indutância desse componente, em função de a, b e do comprimento L do indutor.

Comentário: os resultados dos subitens (i) e (ii) apontam para aspectos importantes. Os sinais das forças eletromotrizes são opostos porque a corrente i_i é crescente com o tempo e a i_{ii} é decrescente. Assim, a *fem* ε_i é negativa, e gera uma corrente induzida de sentido contrário à primária, na tentativa de manter constante o fluxo total de campo magnético. De forma correspondente, a *fem* ε_{ii} é positiva; os módulos das correntes são diferentes durante todo o tempo (exceto no instante $t = 0{,}5$ s), mas os módulos das forças eletromotrizes são iguais, pois o que determina o valor da *fem* não é a corrente, mas a sua taxa de variação temporal.

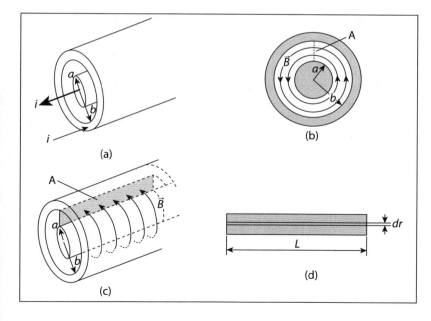

Figura 8.20

Solução:

Para calcularmos a indução através da equação (8.33), $L = N\Phi/i$, devemos calcular o campo magnético produzido pela corrente que passa pelo cabo coaxial e determinar o seu fluxo.

Usualmente, as partes interna e externa dos cabos coaxiais conduzem correntes que se propagam em sentido contrário, como mostra a Figura 8.20a. Dessa forma, pela lei de Ampère, pode-se mostrar que o campo externamente ao cabo coaxial é nulo, sendo diferente de zero apenas na região $a < r < b$ (lembre-se de que $a << b$). Se uma corrente i flui pelo cabo interno, o campo magnético na região de interesse será

$$B = \frac{\mu_o i}{2\pi r}, \text{ para } a < r < b$$

As linhas do campo magnético são circulares e concêntricas (linhas grossas da Figura 8.20b), circundando o cabo interno. Observando a figura, vemos que o fluxo do campo deve ser calculado através da superfície plana entre o cabo interno e o tubo externo sobre a qual as linhas de campo incidem normalmente. Essa superfície, de área A, está representada pela linha pontilhada na Figura 8.20b e pela região cinza da Figura 8.20c. Como o campo magnético é não uniforme nessa superfície, o fluxo deve ser calculado pela integral

$$\Phi_B = \int \vec{B} \cdot d\vec{A}$$

O campo magnético que atravessa a superfície é normal a ela, de forma que o produto escalar da integral pode simplesmente ser escrito como um produto de módulos, ou seja, $\vec{B} \cdot d\vec{A} = BdA$. A Figura 8.20d destaca a região de área A atravessada pelo campo magnético, e o elemento de área dA está representado pela tira horizontal de altura dr e largura L. Dessa maneira, temos $dA = Ldr$, de modo que a integral do fluxo toma a forma

$$\Phi_B = \int BdA = \int_a^b \frac{\mu_o i}{2\pi r} Ldr = \frac{\mu_o iL}{2\pi} \ln\left|\frac{b}{a}\right|$$

Através do fluxo acima, calcula-se a indutância pela expressão (note que, neste caso, o número de "espiras" é 1):

$$L = \frac{\Phi_B}{i} = \frac{\mu_o L}{2\pi} \ln\left|\frac{b}{a}\right|$$

Exemplo VII

Indutância de um solenoide toroidal

Determinar a expressão da indutância de um solenoide toroidal de N espiras, com raio interno a e raio externo b e altura h.

Solução:

No Capítulo 6, vimos que a expressão do campo magnético gerado por um solenoide toroidal de N espiras é obtida pela lei de Ampère como:

$$B = N\frac{\mu_o i}{2\pi r}$$

Esse campo é não nulo apenas na região $a < r < b$, mostrada na Figura 8.21a. A Figura 8.21b mostra as linhas de campo magnético que atravessam a seção reta do toroide. Note que as linhas de campo são perpendiculares a essa seção, de modo que $\vec{B}.d\vec{A} = BdA$. O elemento de área dA será hdr, de modo que o fluxo do campo por essa seção reta será, então:

$$\Phi_B = \int BdA = \int_a^b N\frac{\mu_o i}{2\pi r}hdr = N\frac{\mu_o ih}{2\pi}\ln\left|\frac{b}{a}\right|$$

Pela equação (8.33), podemos escrever a indutância como

$$L = \frac{N\Phi_B}{i} = N^2\frac{\mu_o h}{2\pi}\ln\left|\frac{b}{a}\right|$$

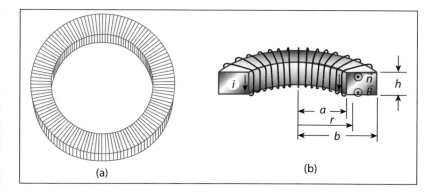

Figura 8.21

8.11 ENERGIA MAGNÉTICA ARMAZENADA NO INDUTOR

Podemos calcular a energia necessária para que uma corrente de valor i se estabeleça em um componente de indutância L. Sabemos que a potência fornecida a um componente submetido a uma diferença de potencial V e percorrido por corrente i é $P = Vi$. Supondo haver resistência nula no componente, podemos escrever $V = L\,di/dt$, de modo que a potência a ser fornecida ao indutor será:

$$P = Vi = Li\frac{di}{dt} \qquad (8.35)$$

O trabalho realizado sobre o indutor durante um tempo infinitesimal dt é $d\tau = Pdt$, de modo que a equação (8.35) toma a forma:

$$d\tau = Pdt = Li\frac{di}{dt}dt = Lidi \qquad (8.36)$$

O efeito desse trabalho sobre o indutor é alterar a corrente que flui através dele; usando a equação (8.36), podemos determinar o trabalho a ser feito sobre o indutor para que a corrente varie de uma valor i_0 a um valor i_f:

$$\tau = \int_{i_0}^{i_f} Lidi = \frac{Li_f^2}{2} - \frac{Li_0^2}{2} \qquad (8.37)$$

A forma da equação (8.37) aparece de modo recorrente em física, quando se trata de trabalho realizado. Sabemos, por exemplo, que o trabalho da força peso é a diferença entre as energias potenciais gravitacionais $\tau_P = mgh_0 - mgh$, bem como o trabalho da força elástica é dado pela diferença entre as energias potenciais elásticas em corpos deformáveis como $\tau_{el} = kx_f^2/2 - kx_0^2/2$, e o trabalho efetuado sobre um capacitor é a diferença entre as energias potenciais armazenadas no componente de acordo com $\tau_{cap} = Q_f^2/2C - Q_0^2/2C$. Vemos que, nesses três exemplos e em outros mais, o trabalho resulta na variação de energias potenciais. Portanto, pela equação (8.37), podemos entender que o trabalho realizado por/sobre um indutor resulta também na variação da energia potencial magnética armazenada, dada então por:

$$U = \frac{Li^2}{2} \qquad (8.38)$$

A densidade volumétrica de energia magnética u_B é definida como:

$$u_B = \frac{U}{V_{ol}}, \qquad (8.39)$$

onde V_{ol} é o volume do indutor. Tomando como exemplo o solenoide longo, cuja indutância é dada pela expressão

$L = \mu_0 N^2 \pi r^2 / l$ e cujo volume é $V_{ol} = \pi r^2 l$, podemos escrever a densidade de energia da equação (8.39) como:

$$u_B = \frac{Li^2/2}{V_{ol}} = \frac{\mu_0 N^2 \pi r^2 i^2}{2\pi r^2 l^2} = \frac{\mu_0 N^2 i^2}{2l^2}$$

Usando a expressão do campo magnético produzido pelo toroide $B = \mu_0 Ni/l$, podemos substituir o termo Ni/l na equação da densidade de energia, obtendo, então:

$$u_B = \frac{B^2}{2\mu_0} \tag{8.40}$$

A equação acima fornece a densidade de energia magnética em qualquer ponto, e em qualquer meio material, uma vez que a sua generalização nos leva à expressão $u_B = B^2/2\mu$, onde μ é a permeabilidade magnética do meio em questão.

Exemplo VIII

Um solenoide de 500 espiras, com diâmetro 1 cm e comprimento 10 cm, é percorrido por uma corrente cujo comportamento no tempo é dado pela equação $i(t) = 20 - 5t$ (SI). Se o solenoide está no vácuo, Calcule:

a) a *fem* induzida nos terminais do solenoide;

b) a densidade de energia armazenada no instante $t = 1$ s;

c) a energia armazenada no indutor nesse instante.

Solução:

a) A equação (8.34) fornece a *fem*:

$$\varepsilon = -L\frac{di}{dt},$$

onde $di/dt = -5$ A/s. A indutância L do solenoide, por sua vez, pode ser calculada através da expressão determinada no Exemplo V:

$$L = \frac{\mu_0 N^2 \pi r^2}{l} = \frac{1,26 \times 10^{-6} \times 500^2 \pi 0,01^2}{0,1} = 9,9 \times 10^{-4} \text{H}$$

Dessa forma, temos:

$$\varepsilon = -9,9 \times 10^{-4}(-5) = 4,9 \text{ mV}$$

b) Para calcularmos a densidade de energia, temos antes que determinar o campo magnético produzido pelo solenoide. No instante $t = 1$ s, a corrente é 16 A, de modo que, pela expressão $B = \mu_0 Ni/l$, temos:

$$B = \frac{\mu_0 Ni}{l} = \frac{1,26 \times 10^{-6} \times 500 \times 4}{0,1} = 2,5 \times 10^{-2} \text{ T}$$

Assim, a densidade de energia, usando a equação (8.40), será:

$$u_B = \frac{(2,5 \times 10^{-2})^2}{2 \times 1,26 \times 10^{-6}} = 248,0 \text{ J/m}^3$$

c) Pela equação (8.31), temos:

$$U = u_B V_{ol} = u_B \pi r^2 l = 248,0 \times \pi \times (0,01)^2 \times 0,1 = 7,8 \text{ mJ}$$

Exemplo IX

Instrumentos musicais eletrificados

Vamos discutir qualitativamente a aplicação dos conceitos de indução e de dispositivos indutores na captação do som de instrumentos de corda elétricos, como guitarra, contrabaixo, violino etc. Esses instrumentos apresentam uma característica em comum, o uso de captadores. Usa-se um captador para cada corda do instrumento. Ele consiste de um ímã permanente cilíndrico enrolado por um fio condutor, de modo a formar um solenoide, como mostrado na Figura 8.22a. O ímã do captador tem a função de induzir na corda metálica um ímã temporário, de acordo com os conceitos abordados na seção 7.4 do Capítulo 7. A Figura 8.22b mostra que o campo induzido é não uniforme. Quando a corda está em repouso, o fluxo do campo por ela produzido é constante no solenoide e, dessa forma, nenhuma força eletromotriz é produzida; porém, quando a corda é tangida e passa a vibrar, o fluxo do campo magnético produzido por ela varia à medida que a corda se distancia ou se aproxima do solenoide. Este fluxo variável no tempo produz uma força eletromotriz que tem a mesma frequência (ou, melhor dizendo, a mesma composição de frequências) da vibração da corda. Esse sinal é então amplificado, resultando assim no som que ouvimos.

Entendemos, então, a necessidade de usar instrumentos com cordas metálicas para promover a amplificação do som por meio de captadores; em cordas de *nylon* não seria possível induzir um ímã de forma eficiente.

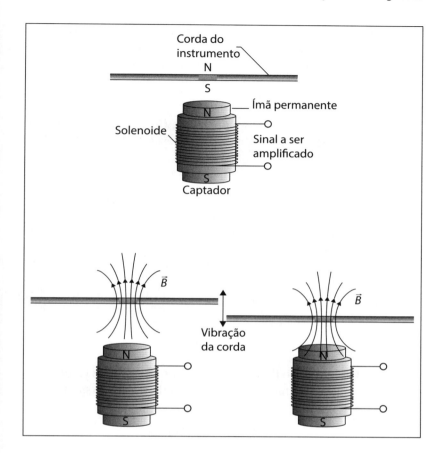

Figura 8.22

EXERCÍCIOS RESOLVIDOS

1) De todos os fenômenos básicos que caracterizam a essência do eletromagnetismo, a indução eletromagnética é seu conceito físico mais importante com relação às aplicações. Nesse sentido, determine a força eletromotriz induzida em uma espira condutora em formato circular, conforme o esquema mostrado na Figura 8.23.

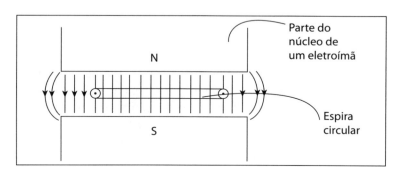

Figura 8.23

Considere a espira que completa uma volta, com raio r = 0,2 m. O eletroímã produz um campo magnético que varia no tempo, conforme expresso pela seguinte função:

$$\vec{B}(t) = \vec{B}_0 - 4 \times 10^{-3} \times t\, \vec{j}\ \text{T},$$

sendo $\vec{B}_0$ o campo magnético inicial $\vec{B}_0 = 2 \times 10^{-2}\, \vec{j}$ T. Como mostra o esquema, o plano da espira é perpendicular ao vetor campo magnético.

Solução:

Sabemos que, se em uma espira ocorrer a variação do campo magnético no tempo, será induzida uma força eletromotriz nos terminais da espira. Estamos admitindo que haja uma interrupção na espira, em cujos terminais pode ser conectado, por exemplo, um medidor, ou algo que possa ser alimentado eletricamente.

Pela lei de Faraday, a ddp induzida tem intensidade dada por:

$$\varepsilon = \frac{d\Phi}{dt}(t),$$

sendo $\Phi = \Phi(t)$ o fluxo magnético em função do tempo que cruza a área definida pelo contorno da espira. Assim:

$$\varepsilon = \frac{d}{dt}\left[\int_S \vec{B}(x,y,z,t)d\vec{A}\right],$$

Figura 8.24

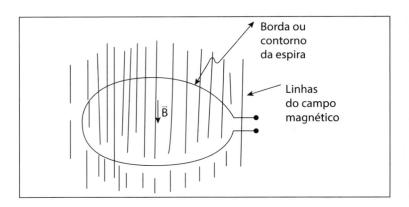

sendo $\vec{B} = \vec{B}(x,y,z,t)$ o vetor campo magnético, que pode, no caso mais geral, depender da posição e do tempo. Como já visto na seção 8.3, o vetor $d\vec{A}$ define o elemento de área que pode ser escrito como $d\vec{A} = dA \times \vec{n}$, com $\vec{n}$ o versor normal à superfície que consideramos no cálculo do fluxo magnético. A integração deve ser realizada considerando toda a superfície definida pela borda (o contorno) da espira. Há várias possibilidades de se definir a superfície de cálculo do fluxo magnético.

A mais fácil de ser definida e que apresenta o menor trabalho para o cálculo de $\Phi = \Phi(t)$ é a superfície plana que passa pela borda da espira, que apresenta área total dada por $A_t = \pi r^2$. O plano da espira é perpendicular ao vetor campo magnético. Dessa forma, o cálculo do fluxo magnético pode ser obtido diretamente:

$$\Phi = \Phi(t) = \int_S \vec{B}(t) \cdot \vec{n} dA = \int_S B(t) dA ,$$

pois $\vec{B} = \vec{B}(t)$ depende, neste caso, somente do tempo. A integral é feita em relação à área, portanto:

$$\Phi(t) = B(t) \int_S dA = B(t) \cdot \pi r^2$$

Como

$$B(t) = Bo - 4 \times 10^{-3} t \ \text{ e } \ \pi r^2 = \pi \times 0{,}2^2 = 0{,}126 \ \text{m}^2 ,$$

temos que:

$$\Phi(t) = \left(2 \times 10^{-2} - 4 \times 10^{-3} \times t\right) 0{,}126$$

$$\Phi(t) = 2{,}5 \times 10^{-3} - 5{,}0 \times 10^{-4} t$$

Assim, a ddp induzida é dada por:

$$\varepsilon = -\frac{d\Phi}{dt}(t) = \frac{d}{dt}\left[-\left(2{,}5 \times 10^{-3} - 5{,}0 \times 10^{-4} t\right)\right]$$

$$\varepsilon = 5{,}0 \times 10^{-4} \ \text{volts, ou } \ \varepsilon = -0{,}5 \ \text{mV}$$

O sinal negativo apenas está relacionado à polaridade nos terminais da espira. Podemos discutir o resultado obtido considerando variações possíveis no enunciado do problema.

Não importa qual a intensidade do campo magnético de partida. No caso, como $\vec{B}_0$ é constante, não induz *fem*.

A espira poderia estar com o seu plano inclinado em relação ao campo magnético. Nesse caso, o cálculo de $\vec{B}(t) dA \cos\alpha$, sendo α o ângulo definido por $\vec{B}(t)$ e $\vec{n}$. Se a espira estivesse paralela ao campo magnético, não ocorreria indução eletromagnética, assim a *fem* seria nula.

O campo magnético poderia variar, por exemplo, segundo a expressão:

$$\vec{B}(t) = \vec{B}_0 \cos(\omega t + \varphi_o),$$

sendo $\vec{B}_0$ um vetor constante. Vemos que o campo magnético varia senoidalmente no tempo. A ddp induzida seria dada por:

$$\varepsilon = \frac{d\Phi}{dt}(t) = A_T \times \frac{dB(t)}{dt} =$$

$$= A_T \times \frac{d}{dt}[B_0 \times \cos(\omega t + \varphi)]$$

$$\varepsilon = A_T \times \left[-B_0 \operatorname{sen}(\omega t + \varphi) \times \omega \right]$$

$$\varepsilon = \varepsilon(t) = -\omega \times B_0 \times A_T \operatorname{sen}(\omega t + \varphi).$$

Vemos que a ddp induzida varia senoidalmente no tempo, e quanto maior a frequência angular, $\omega = 2\pi f$, ou ainda a frequência de oscilação do campo magnético, maior será a *fem* induzida. Assim, para frequências da ordem kHz, a *fem* induzida será grande. Isso ocorre nos fornos de indução de empresas de fundição.

- Poderíamos ter induzido a *fem* mantendo campo magnético $\vec{B}$ constante (no tempo e no espaço) e fazer a espira, por exemplo, girar em torno de um eixo passando por um diâmetro dela, e perpendicular ao campo magnético, num esquema semelhante ao mostrado na Figura 8.10. Dessa forma, $\vec{B} \cdot d\vec{A}$ seria igual a $B \times A_T \cos\alpha$. Sendo $\alpha(t) = \omega t + \varphi_0$, teremos $B \times A_T \cos\alpha(t) = B \times A_T \cos(\omega t + \varphi_o)$, e induzindo a mesma *fem* do caso em que o campo magnético varia senoidalmente no tempo. O que importa é a variação do fluxo magnético no tempo, para a indução de *fem*. Nas usinas geradoras de energia elétrica, os rotores giram com velocidade angular ω constante.

- Podemos colocar várias espiras enroladas, formando uma bobina; nesse caso, teremos que a ddp total induzida é igual ao número de espiras multiplicado pela ddp induzida em apenas uma espira.

- Podemos instalar três bobinas defasadas de 120° uma da outra; nesse caso, a *fem* induzida será do tipo da tensão trifásica, muito usada nas instalações elétricas industriais. Praticamente todas as redes elétricas de distribuição e todas as instalações elétricas de potência nas indústrias são trifásicas. Em muitos cálculos, podemos tratar um circuito elétrico trifásico como constituído de três circuitos monofásicos independentes, defasados de 120°.

2) O transporte de energia é dos assuntos mais importantes nas sociedades industrializadas. O transporte de energia elétrica tem as suas particularidades e é algo tão importante quanto a geração de energia. O transporte de energia elétrica tem como peculiaridade a grande vantagem em relação ao transporte de outras formas de energia. Vejamos: considere a energia mecânica de rotação disponível no eixo de uma das turbinas da Usina Hidroelétrica de Itaipu. Imagine que você quisesse fazer uma vitamina usando liquidificador, mas tivesse que conectar um eixo de transmissão, puramente mecânico, desde o eixo da turbina da usina hidroelétrica de Itaipu até o liquidificador na cozinha de sua casa! Dá para imaginar? Considerando que fosse possível, quanto custaria? E ainda, qual o rendimento? Certamente seria muito caro e o rendimento seria muito pequeno. Porém, transportar energia elétrica é relativamente fácil, pois ela se curva facilmente. Ao dobrar o fio de uma extensão elétrica, nada muda naquilo que está sendo alimentado; a flexibilidade da energia elétrica é enorme e essa é uma de suas inúmeras vantagens. Podemos, com um transformador, aumentar ou diminuir facilmente a voltagem da rede elétrica, fazendo uso da indução eletromagnética. O transformador elétrico é uma máquina elétrica que tem essencialmente o esquema mostrado na Figura 8.25.

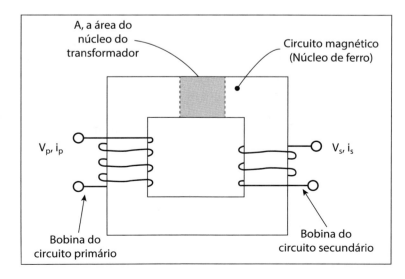

Figura 8.25

Há o circuito elétrico do primário do transformador, formado pela sua bobina primária; há o núcleo do material ferro magneto, que forma o circuito magnético; e há o circuito elétrico secundário, formado pela sua bobina secundária. O primário do transformador é alimentado por uma corrente elétrica que deve variar no tempo, geralmente com variação senoidal. Essa corrente elétrica produz um campo magnético também variável no tempo, que percorrerá todo o circuito magnético, geralmente formado por material ferromagnético. E há finalmente o secundário do transformador, em cuja bobina é induzida uma *fem* devido à variação temporal do campo magnético concatenado pela bobina. As bobinas primária e secundária podem estar em qualquer lugar no circuito magnético, desde seja concatenado pelo fluxo magnético. Depois da breve descrição desta importantíssima máquina elétrica, pede-se que seja deduzida a relação entre as ddp nos circuitos primário e secundário do transformador com os números de espiras das bobinas respectivas.

Solução:

Devemos primeiro determinar o campo magnético criado pela passagem de corrente elétrica i_p no circuito primário do transformador. Do estudo realizado no Capítulo 7, temos a base para o cálculo do campo magnético, a lei de Biot-Savart; porém, é mais simples o cálculo utilizando a lei de Ampère. O cálculo da intensidade do campo magnético, criado por uma bobina formada por N espiras, sendo percorrida por uma corrente I, é feito no Exemplo IV do Capítulo 7. Dessa forma:

$$\oint \vec{B} \cdot d\vec{\ell} = \mu \times I_{int}$$

Considerando a circuitação conveniente, mostrada no exemplo, e mais, adotando a permeabilidade magnética do material com o qual é construído o núcleo do transformador, e considerando também que o fluxo magnético gerado é concatenado pelo núcleo do transformador (supomos um transformador ideal, sem perdas), temos que:

$$B = \mu \times N_1 I,$$

sendo I sendo a corrente elétrica que circula pelo circuito primário do transformador. Chamemos essa corrente elétrica de I_1. Assim:

$$B = \mu \times N_1 \times I_1$$

O fluxo magnético que passa por toda a seção transversal do núcleo do transformador é dado por:

$$\Phi = \int_S \vec{B} \cdot d\vec{s} = B \times A = \mu N_1 \times A \times I_1$$

Esse mesmo fluxo magnético também passa internamente pela bobina do circuito elétrico do secundário e, pela lei de Faraday, temos que a *fem* induzida em cada espira do circuito secundário é:

$$\varepsilon_2 = -\frac{d\Phi(t)}{dt}$$

Se a bobina do circuito secundário do transformador tiver N_2 espiras, a tensão elétrica induzida nessa bobina será:

$$V_2 = N_2 \times \varepsilon_2 = -N_2 \times \frac{d\Phi(t)}{dt}$$

Mas veja que a bobina do circuito primário do transformador tem também uma tensão elétrica V_1 autoinduzida (não se esqueça da autoindução em um circuito magnético!) cuja intensidade é dada por:

$$V_1 = N_1 \times \varepsilon_1 = -N_1 \times \frac{d\Phi(t)}{dt}$$

Verifica-se que $\varepsilon_1 = \varepsilon_2$. Isso ocorre porque toda espira que circunda o núcleo do transformador tem a mesma *fem* induzida, inclusive a própria bobina que a produzir! Esse é o fenômeno da autoindução. Assim, temos a igualdade:

$$V_1 = N_1\varepsilon \ e \ V_2 = N_2\varepsilon$$

Portanto,

$$\frac{V_1}{N_1} = \frac{V_2}{N_2}$$

para um transformador ideal, isto é, sem perdas. Certamente, para ocorrer *fem* induzida, é preciso que o fluxo magnético que percorre o núcleo do transformador seja variável no tempo. Vamos construir uma relação importante para o projeto de transformadores, além da obtida logo acima (que é a relação básica de transformação de tensões de entrada e saída de um transformador). Temos outra relação:

$$\Phi = \int_S \vec{B} \cdot d\vec{S} = B \times A = \mu N_1 I_1 = \mu N_2 I_2$$

Com estas duas relações fundamentais do transformador ideal:

$$\frac{V_1}{N_1} = \frac{V_2}{N_2} \text{ e } \frac{I_1}{N_2} = \frac{I_2}{N_1},$$

chegamos a outra relação para a máquina elétrica aqui estudada:

$$V_1 \times I_1 = V_2 \times I_2$$

Esse resultado mostra que a potência elétrica que entra pelo primário do transformador é aquela que sai pelo secundário do transformador, ou seja, a energia se conserva! Podemos concluir este exercício proposto fazendo alguns comentários e observações.

Os transformadores elétricos e os motores elétricos existem devido ao fenômeno da indução eletromagnética, expresso pela lei de Faraday.

O conceito de transformador ideal, apesar de ser uma idealização, mostra os pontos essenciais desta máquina elétrica. Transformador ideal é aquele em que não ocorrem perdas devido à circulação de correntes elétricas nos enrolamentos das bobinas, tanto do circuito primário como do secundário (perdas por efeito joule, isto é, aquecimento do fio devido à passagem de corrente elétrica). Também não ocorrem perdas relacionadas ao circuito magnético no núcleo do transformador. Isto é, o fluxo magnético fica totalmente canalizado no núcleo do transformador, e mais, a variação temporal do fluxo magnético não produz histerese e nem indução de *fem* no próprio núcleo do transformador.

Os conceitos de mútua indução e de autoindução mostram a sua importância no caso do transformador. Caso o circuito elétrico do secundário do transformador esteja aberto, a corrente elétrica I_2 é nula; deve haver a passagem de corrente elétrica no circuito elétrico do primário do transformador? Como pode ser, se não há consumo de energia? Ocorre que a corrente elétrica está defasada da tensão elétrica (este assunto é tratado em circuitos elétricos de corrente alternada, no Capítulo 9 deste livro). Há uma troca de energia magnética armazenada no núcleo do transformador e a rede elétrica de alimentação. Assim, a rede elétrica fornece energia elétrica ao transformador, e a energia é armazenada na forma de energia magnética. Em seguida, a variação no tempo do campo magnético induz corrente no primário do transformador, que a devolve à rede elétrica. Na situação, parte dessa energia é transformada em energia térmica. Há perdas nos condutores elétricos, campos magnéticos que "vazam" no espaço, e há também correntes de Foucault e histerese.

Podemos produzir *fem* elevada nos transformadores alimentando o circuito elétrico primário com altas frequências. Como a *fem* induzida depende da variação temporal do fluxo magnético, e este depende da corrente elétrica no primário do transformador, altas frequências significam variações muito intensas no tempo, assim $\dfrac{d\Phi}{dt}$ assume valores elevados. Outra maneira é produzir pulsos elétricos, ou seja, como se fossem aberturas e fechamentos do circuito elétrico do primário do transformador. Neste raciocínio, devemos tomar cuidado nas interrupções dos circuitos elétricos do transformador. O motivo é a ocorrência de variações enormes no tempo de fluxo magnético, podendo-se produzir tensões altíssimas, e estas romperem o dielétrico dos fios (a capa isolante do fio) dos enrolamentos do transformador.

Podemos construir um forno para fundição baseado na indução eletromagnética. O circuito elétrico secundário do transformador é formado por uma canaleta em forma de U, e nela colocamos o metal a ser fundido; neste caso, passará uma corrente elétrica induzida, e por efeito Joule se aquece e se funde o metal. Esquematicamente, mostramos as partes principais de um forno de indução na Figura 8.26.

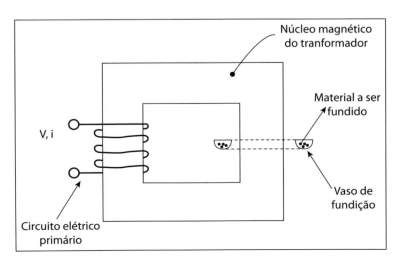

Figura 8.26

O circuito elétrico secundário do transformador é formado pelos blocos do material a ser fundido. O vaso de fundição pode ou não ser condutor elétrico. Caso não o seja, por exemplo, vaso feito em cerâmica, o material a ser fundido deve necessariamente ser condutor de eletricidade, por exemplo, os metais em geral. Os pedaços de metal devem ser amontoados de forma a fechar o contorno do vaso de fundição tornando-se a espira do secundário do transformador. Após a fundição do metal, ou de outro material condutor elétrico, o líquido é derramado, por exemplo, em formas para fazer os lingotes.

Um esquema de forno de indução muito utilizado é mostrado na Figura 8.27.

Figura 8.27

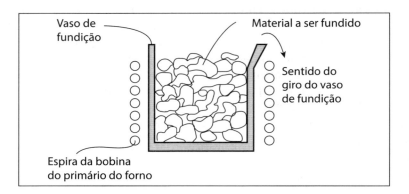

No esquema acima, a bobina do circuito elétrico do forno de indução envolve o vaso de fundição. Alimentando a bobina primária, por exemplo, com corrente elétrica senoidal de alta frequência (da ordem de quilohertz), o fluxo magnético criado induzirá *fem* nas partes metálicas que estão dentro do vaso de fundição. As partes aquecerão até a sua fusão. Em seguida, o vaso é girado e o líquido metálico, derramado em formas para criar lingotes. Veja que, aumentando a frequência da corrente elétrica senoidal, aumentará a *fem* induzida e, assim, a corrente que circula nas partes a serem fundidas, aumentando a dissipação de potência por efeito Joule, $R \times i^2$.

Nos núcleos dos transformadores utilizados para a distribuição de energia elétrica, o material empregado é o ferro-silício. Esse material também é utilizado para formar o circuito magnético dos motores, tanto os de corrente contínua como os de corrente alternada, dos geradores e dos alternadores. Veja que no núcleo do transformador também é induzida *fem* e, assim, circulará corrente elétrica nele, ocasionando o seu aquecimento. Dessa forma, parte da energia elétrica que alimenta o primário do transformador será desperdiçada em energia térmica (não se esqueça de que a energia não é nem criada nem destruída, ela é somente transformada!). O efeito de indução eletromagnética ocorre também no núcleo do transformador – o desenho da Figura 8.28 ilustra a situação.

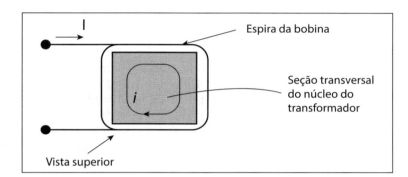

Figura 8.28

Devido à variação temporal do fluxo magnético no núcleo do transformador, ocorrerá indução de *fem* e, consequentemente, circulação de corrente elétrica i. Essa corrente elétrica é a corrente de Foucault ou corrente parasita, vista na seção 8.9. Ela é um fator considerável de desperdício de energia no transformador. Se o núcleo do transformador fosse feito de material não condutor elétrico, esse efeito não existiria. Tecnicamente, para mitigar o efeito indesejável da corrente de Foucault, a construção do núcleo do transformador é com chapas empacotadas, conforme a Figura 8.29.

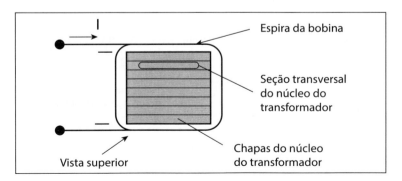

Figura 8.29

Nas faces das chapas coloca-se um isolante elétrico, uma simples película, e dessa forma uma chapa fica isolada eletricamente das vizinhas, diminuindo muito as correntes parasitas e as perdas de energia associadas a ela. Cabe mencionar que as correntes de Foucault ou correntes parasitas ocorrem em todas as máquinas elétricas.

3) Quando vamos ao banco, ou ao passar em certas portas, encontramos os detectores de metais. Há também os detectores de metais portáteis, por exemplo, os que são passados ao longo do corpo de pessoas nos aeroportos. Ainda há os detectores de minas explosivas, que são detectores de metais. Como eles funcionam?

Solução:

Os detectores de metais têm o funcionamento baseado na indução eletromagnética. Eles têm três tamanhos básicos: o de corpo inteiro de uma pessoa; o portátil, para verificar partes de uma pessoa; e o de bagagem. Certamente deve haver outros para situações específicas, mas com o mesmo princípio de funcionamento. O desenho básico de um detector de metais é mostrado na Figura 8.30a.

Figura 8.30

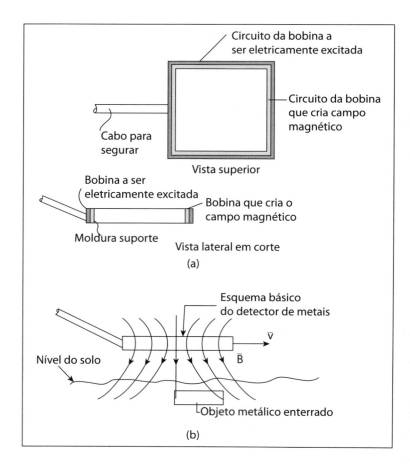

O princípio de funcionamento do detector de metais é bastante simples e totalmente baseado na indução eletromagnética, fisicamente descrita pela lei de Faraday, e – para ser mais completo – tendo as correntes de Foucault como ingrediente adicional. Afinal, como funciona?

Em uma das bobinas do detector de metais circula corrente elétrica, que pode ser constante. O campo magnético produzido por essa corrente flui por partes do solo próximas ao detector. Se houver algum objeto metálico enterrado, como mostra a Figura 8.30b, ocorre a indução de campo magnético sobre ele, como já descrito na seção 7.4 do Capítulo 7. O detector de metais é movimentado, há indução de *fem* devido à variação temporal do campo magnético. Veja que a lei de Faraday é expressa matematicamente por:

$$\varepsilon = -\frac{d\Phi}{dt}$$

Temos a derivada total no tempo, assim, não precisa ocorrer dependência explícita do fluxo magnético no tempo. Como no caso do gerador, o campo magnético excitador é constante, e a bobina que tem a *fem* induzida é que se movimenta (no caso, ela gira). Então, se alguma peça que conduza corrente elétrica tem campo magnético do detector de metais passando por ela, teremos corrente elétrica circulando. Essa corrente elétrica que circula produzirá um campo magnético que induzirá *fem* na outra bobina do detector de metais.

O sinal elétrico, um pulso elétrico, mesmo de pequena intensidade, será o sinal de entrada de um amplificador, e a pessoa que opera o detector de metais ouvirá um sinal sonoro, uma vez que o amplificador alimentará um fone de ouvido. Esquematicamente, temos na Figura 8.31 a situação da peça metálica, com o campo magnético induzindo *fem* na peça e, por isso, fazendo circular nela corrente elétrica.

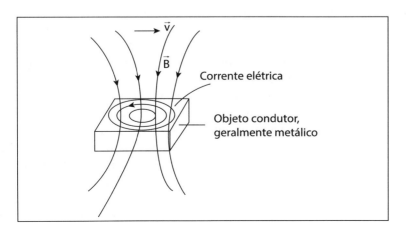

Figura 8.31

Independentemente do tamanho do detector de metais, podemos construí-lo com tal princípio de funcionamento. Podemos também ter um campo magnético variável explicitamente no tempo, e qualquer objeto condutor provocará uma perturbação no campo magnético, e essa variação induzirá *fem*. Podemos dizer que, com os modernos amplificadores, é possível detectar sinais elétricos de intensidades pequenas. Considerando ainda que, com os circuitos integrados, pequenos amplificadores podem ser instalados bem próximos de onde são induzidos os sinais elétricos, assim, os sinais externos que não são importantes (sinais espúrios) não são amplificados intensamente. Certamente você já ouviu falar de armas fabricadas de material polimérico (plásticos) para não serem detectadas. Deve ficar claro que a *fem* induzida ocorrerá em qualquer lugar, desde que se obedeça à lei de Faraday. Teremos passagem de corrente elétrica desde que o meio seja condutor elétrico.

Podemos ter variações temporais enormes de fluxos magnéticos, induzindo, dessa forma, segundo a lei de Faraday, *fem* elevadíssimas, que podem ionizar gases para muitas aplicações. Há máquinas para estudos de fusão nuclear controlada, os chamados Tokamaks, cuja câmara de vácuo, com gás a baixa pressão, funciona como o secundário de um transformador. Uma bobina do circuito primário fornece energia ao gás. As temperaturas alcançadas são enormes, podendo ocorrer, em alguns casos, devido à enorme energia cinética dos átomos do gás, vencer a forte repulsão elétrica dos núcleos de átomos em colisão, e assim manifestar a mais intensa das interações, a nuclear, ocorrendo a fusão de núcleos atômicos. Nesse caso, energias dezenas de milhões de vezes maiores que as energias típicas das ligações químicas são produzidas.

Não conseguimos produzir ainda a fusão nuclear controlada. A fusão nuclear fora de controle é produzida nas bombas de hidrogênio, muito mais destrutivas que as bombas atômicas, de fissão nuclear. As estrelas estão acesas graças a fusão nuclear. Projeções otimistas atuais prometem um reator de fusão nuclear comercial nos próximos 50 anos. As máquinas Tokamaks são muito sofisticadas, e seus projetos, de difícil realização, bem como sua construção e operação. Como observação geral, vemos completa no estudo da indução eletromagnética, por meio da lei de Faraday, da lei de Lenz, da corrente de Foucault e da força que age em um condutor no qual circula corrente elétrica, estando imerso em campo magnético. Notamos também que as correntes elétricas induzidas exigem forças externas que trabalham e suprem de energia o fenômeno.

4) Em uma das apresentações de Faraday, em reuniões científicas, perguntaram-lhe a utilidade de sua pesquisa (no caso a indução eletromagnética), e ele respondeu: "Para que serve uma criança?". É interessante analisar tanto o teor da pergunta como o da resposta. Nas atividades científicas não importam as aplicações daquilo que se pesquisa. O importante é exclusivamente o conhecimento, entender um pouco mais do funcionamento da natureza, propondo para isso modelos teóricos e confrontando-os com a natureza.

Certamente, procurar aplicações para as teorias é muito importante e desejável, porém, a busca do conhecimento é o papel da ciência, em todas as áreas. Um gênero do cinema e das artes em geral que é influenciado e estimulado pela ciência é a ficção científica. É interessante observar e analisar as reações da sociedade à ciência e aos cientistas. Nos vários períodos da história, certamente naqueles cuja presença tanto da ciência como da tecnologia foi bastante atuante, a sociedade cria seus estereótipos e suas fantasias em torno do tema. Há produções artísticas de alta qualidade realizadas tendo a ciência e a tecnologia como molde, por exemplo, os filmes *Metrópolis* (obra-prima de Fritz Lang, produzida em 1927 na época do cinema mudo); e outro, mais recente, *2001 – Uma odisseia no espaço* (obra-prima de Stanley Kubrick, produzido em 1968). Na literatura, um clássico do gênero é *Frankenstein* (livro de Mary Shelley, publicado em 1831). Em particular, neste livro, a autora tem como tema principal a criação da vida a partir da eletricidade. A autora, de origem inglesa, tinha somente 19 anos quando escreveu o romance; uma possível influência pode ter sido os resultados do trabalho de Alessandro Volta e Luigi Galvani sobre o efeito da eletricidade quando circulando em tecido vivo. Há também os trabalhos realizados por Benjamin Franklin sobre a eletricidade nos raios. Infelizmente, muito da produção artística, com temática alimentada pela ciência e tecnologia, é de baixa qualidade e acaba levando uma visão estereotipada e falsa da ciência e dos cientistas, empobrecendo a discussão sobre a inserção da ciência e a tecnologia na sociedade.

Para o estudante interessado neste excitante tema, sugerimos a literatura pertinente disponível. Os fenômenos ligados principalmente à eletricidade sempre causaram e ainda causam grande sensação quando realizados, mais ainda aqueles que envolvem descargas elétricas, com emissão de muita luz. A indução eletromagnética, proposta por Faraday e independentemente por Henry, tornou disponível uma teoria para a produção do campo magnético. Mais ainda, já estava claro que a eletricidade e o magnetismo estavam intimamente ligados e a variação temporal de um poderia levar à criação do outro. Dessa forma, a produção de tensão elétrica poderia ser feita de forma mais controlada, principalmente de alta-tensão. Nesse sentido, uma bobina, tendo um campo magnético (ou fluxo magnético) imerso nela, pode ter *fem* induzida. A lei de Faraday declara que a variação temporal do fluxo magnético pode ser feita de duas maneiras básicas: variando o fluxo magnético no tempo de forma explícita, com a bobina fixa no referencial do laboratório, ou ainda colocando a bobina em movimento e deixando o campo magnético constante. Podemos ainda ter a combinação dos dois casos básicos.

Vamos então calcular a *fem* induzida em uma bobina circular de raio 0,5 m, que gira com eixo passando pelo seu centro e contendo um diâmetro, como mostrado na Figura 8.32.

Figura 8.32

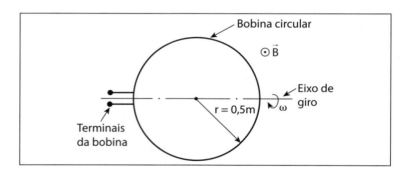

O campo magnético é constante e tem intensidade de $3 \times 10^{-3} T$. Considere a bobina constituída por 500 espiras realizando 720 rotações por minuto. Pede-se que seja determinada a *fem* induzida na bobina.

Solução:

A determinação da *fem* induzida pode ser feita por meio da lei de Faraday. Escrevendo

$$\varepsilon = -\frac{d\Phi(t)}{dt}$$

para uma espira, para uma bobina temos:

$$\varepsilon_{total} = -N \times \varepsilon \times \frac{d\Phi(t)}{dt},$$

sendo N o número de espiras que forma a bobina. Ainda, $\Phi = \Phi(t)$ é o fluxo magnético concatenado pela bobina. Considere constante o campo magnético no alternador (gerador de corrente alternada). O campo magnético é uma grandeza vetorial, portanto, se $\vec{B}$ é constante, deve ter direção, sentido e módulo constantes. A variação no tempo do fluxo magnético concatenado pela bobina ocorre devido à rotação da bobina. Calculando a *fem* induzida total, temos que:

$$\varepsilon_{total} = -N \times \frac{d\Phi(t)}{dt} = -N \times \frac{d}{dt}\left[\int_S \vec{B} \cdot \overrightarrow{dA}\right] = -N \times \frac{d}{dt}\left[\int_S \vec{B} \cdot \vec{n}dA\right],$$

sendo S a superfície de integração que é a superfície delimitada pela borda da espira e, para simplificar, sendo a superfície S plana e contendo toda a bobina. Assim, o versor $\vec{n}$ é perpendicular ao plano da bobina e forma um ângulo θ entre o plano da bobina e o vetor $\vec{B}$. O ângulo θ varia linearmente no tempo porque a bobina gira com rotação constante; assim, $\theta(t) = \theta_0 + \omega \times t$, equação horária do movimento circular uniforme. A frequência angular ω é dada por:

$$\omega = 2\pi f,$$

sendo f a frequência do movimento circular. A bobina realiza 720 rotações por minuto ou 12 rotações por segundo, $f = 12 Hz$.

Então, $\omega = 2\pi f = 2\pi 12 = 24\pi s^{-1}$ ou $\omega = 75,4 s^{-1}$

Assim, o cálculo de $\theta(t)$ é feito:

$$\theta(t) = \theta_0 + \omega t = \theta_0 + 75,4 \times t$$

Veremos que, para determinar a *fem* induzida, não há a necessidade de se conhecer θ_0, que, assim, pode ter valor arbitrário.

Continuando,

$$\varepsilon_{total} = -N \times \frac{d}{dt}\left[\int_S \vec{B} \cdot \vec{n}dA\right] =$$

$$\varepsilon_{total} = -N \times \frac{d}{dt}[B \times A \times \cos\theta(t)]$$

$$\varepsilon_{total} = +N \times BA\,\mathrm{sen}\,\theta(t) \times \frac{d\theta(t)}{dt}$$

$$\varepsilon_{total} = +N \times BA\,\mathrm{sen}\,(\theta_0 + \omega t) \times \omega$$

$$\varepsilon_{total} = +NBA\omega \times \mathrm{sen}\,(\theta_0 + \omega t)$$

Adotando $\theta_0 = 0$ e substituindo os valores das grandezas físicas e geométricas, temos que:

$$\varepsilon_{total} = 500 \times 3 \times 10^{-3} \times \left(\pi \times 0,5^2\right) \times 75,4\,\mathrm{sen}\,(75,4 \times t)$$

$$\varepsilon_{total} = 88,8\,\mathrm{sen}\,(75,4 \times t)$$

ε_{total} varia senoidalmente no tempo, assim, vemos que a tensão elétrica tem valor máximo quando $\mathrm{sen}(75,4 \times t) = 1$ (ocorre para vários valores de tempo). Podemos aumentar a *fem* induzida total de várias maneiras:

- Aumentando a frequência f, o que significa aumentar a rotação de giro da bobina.

- Aumentando a área da bobina. Vemos inclusive que, no cálculo de ε, o que importa é a área que concatena o campo magnético; dessa forma, não importa o formato da bobina.

- Aumentando o número de espiras da bobina.

  Do ponto de vista tecnológico construtivo, há o que pesar nas várias possíveis formas de aumentar a *fem* induzida total. Vejamos:

- Aumentar f significa que a estrutura mecânica precisa ser reforçada, e a bobina, bem balanceada, para não forçar os mancais e seus rolamentos. Não se esqueça de que temos uma aceleração centrípeta para a bobina fazer a curva. Estamos diante também de um problema mecânico estrutural.

- Aumentar a área da bobina leva também a enfrentar os problemas estruturais. O mesmo ocorre aumentando-se o número da bobina.

Indução eletromagnética

- Aumentar a intensidade do campo magnético também tem as suas dificuldades, mas é possível fazê-lo, dentro de certos limites tecnológicos.

Este problema é interessante, pois nos mostra que, na prática, várias áreas da física e da tecnologia devem ser consideradas. Não podemos ainda nos esquecer de que o eixo da bobina deverá suportar o torque devido à corrente circulante na bobina, quando o gerador for solicitado. É interessante observar que, quando o alternador estiver alimentando um circuito elétrico, haverá passagem de corrente elétrica; esta, em interação com o campo magnético do alternador ($\vec{B}$ constante), produzirá um torque que tende a frear o rotor (eixo e as bobinas) do alternador. Para continuar fornecendo energia elétrica, deve haver realização de trabalho por algum agente externo, que pode ser uma turbina movimentada por queda de água, uma turbina movida por vapor superaquecido, uma turbina movida por vento etc. Basicamente, como a energia se conserva, deve haver uma fonte de energia disponível para ser fornecida ao eixo do alternador. Também vemos que, neste exemplo, fica marcante que vários conhecimentos da física são importantes para se tratar o problema. O mesmo ocorre nos problemas práticos que o estudante enfrentará em sua vida profissional. Voltando ao problema estudado, veja que não consideramos ainda a questão da dissipação de energia, sempre presente. Dessa forma, no projeto de um alternador, mesmo de pequeno porte, deveremos ter em conta os aspectos eletromagnéticos, os mecânicos e estruturais e, ainda, os térmicos. Uma abrangência grande de conhecimentos tecnológicos, embasados fortemente na física, com boa presença da matemática. Para um tecnólogo poder interferir nos processos e apresentar soluções originais e factíveis, um conhecimento profundo é desejável.

5) Construídos os circuitos elétricos, temos que acompanhar o seu desempenho quando em funcionamento, efetuando regularmente medições de corrente e de voltagem elétricas. Pode-se afirmar o mesmo para outras grandezas elétricas de interesse. Para o bom funcionamento, há limites aceitáveis; dessa forma, há a necessidade de se realizarem medições elétricas. Nos circuitos eletrônicos, principalmente aqueles com componentes dotados de tecnologia microeletrônica, o acesso às suas partes é difícil ou mesmo impossível, mas as correntes e tensões elétricas de alimen-

tação devem ser monitoradas com atenção. Já nos circuitos elétricos domiciliares, as tensões elétricas devem ser fornecidas pelas empresas dentro de limites razoáveis, para que os eletrodomésticos não se danifiquem. Na indústria, a medição e o controle devem ser mais efetivos devido ao envolvimento de altas tensões e de intensas correntes, considerando ainda que a parada na linha de produção é muito indesejável por comprometer a lucratividade e a competitividade. Uma das grandezas elétricas mais importantes é a corrente elétrica. Se ela não está dentro dos limites esperados, os problemas, em geral, aparecem. Por exemplo, um valor de corrente elétrica muito acima dos valores normais de operação pode indicar um curto-circuito em partes do equipamento. Há, certamente, os equipamentos de proteção, mas, para maior confiabilidade, as medições de corrente elétrica são fundamentais. Nos circuitos elétricos industriais e prediais, as correntes elétricas são geralmente muito intensas e não é, em geral, desejável desligar o equipamento alimentado e, em seguida, desconectar os cabos elétricos para a conexão dos amperímetros. Dessa forma, devemos considerar alguma forma alternativa de medição de corrente elétrica sem a interrupção do circuito.

A maneira de medir a corrente elétrica sem precisar desligar o circuito elétrico é fazer uso do fenômeno de indução eletromagnética. A ideia é bastante simples: sabemos que em torno de um condutor no qual circula corrente elétrica há campo magnético. Se a corrente elétrica variar no tempo, aplicamos para o seu cálculo a lei de Ampère (ou, ainda, a lei de Biot-Savart, mas a lei de Ampère é mais geral e, neste caso, mais fácil de ser aplicada, devido à simetria do problema). Podemos, por exemplo, instalar uma bobina toroidal envolvendo o condutor elétrico, e no toroide haverá a indução de *fem*, sendo esta proporcional ao campo magnético (intensidade calculada pela lei de Faraday) e proporcional à corrente elétrica que circula no condutor elétrico. Assim temos, esquematicamente, o fluxograma $i(t) \rightarrow B(t) \rightarrow fem$ induzida.

Dadas a situação e motivação expostas acima, determine a *fem* induzida em um toroide de núcleo de ar instalado em torno de um condutor em que circula uma corrente elétrica cuja intensidade é dada por $i(t) = 300 \times \cos(\omega t)$, sendo a frequência da rede igual a 60 Hz. O toroide tem 500 espiras. É também construído de forma que o seu raio seja $R_M = 10$ cm e que o raio do enrolamento do fio seja $R_m = 5$ cm.

Solução:
Considere o esquema do circuito mostrado na Figura 8.33.

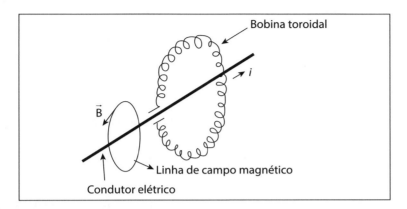

Figura 8.33

Utilizando a lei de Faraday na região delimitada pelo toroide, no qual é concatenado o fluxo magnético produzido pelo condutor elétrico, a variação desse fluxo induz a *fem* na bobina toroidal (toroide) e pode ser determinada como:

$$\varepsilon_{total} = N \times \varepsilon = -N \times \frac{d\Phi(t)}{dt}$$

A bobina toroidal é esquematicamente mostrada na Figura 8.34, com a definição das variáveis geométricas.

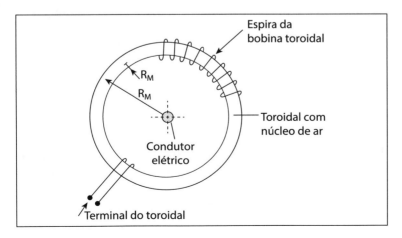

Figura 8.34

Na prática, as espiras estão enroladas bem próximas uma da outra. Para dar resistência mecânica ao toroide, em geral, as espiras são enroladas em material não magnético, por exemplo, o plástico. Na Figura 8.35 é mostrado o fluxo magnético ao longo da seção transversal do toroide.

Figura 8.35

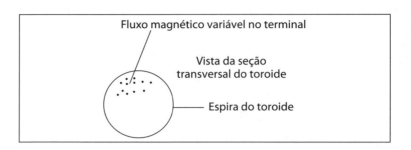

O primeiro passo para a solução do problema é a determinação do campo magnético produzido pelo condutor elétrico, pela lei de Ampère, considerando a simetria do problema. Assim, como feito no Capítulo 7, determinou-se o campo magnético em torno de um condutor elétrico, cujo valor é dado por:

$$B(r,t) = \frac{\mu_0 \times i(t)}{2\pi r}$$

Como $i = i(t) = 300 \times \cos(\omega t)$, assim:

$$B(r,t) = \frac{\mu_0}{2\pi r} \times 300 \times \cos(\omega t)$$

Como $f = 60 Hz$, a frequência angular ω é dada por:

$$\omega = 2\pi f = 2\pi \times 60 \to \omega = 120\pi s^{-1}$$

Dessa forma,

$$B(r,t) = \frac{\mu_0}{2\pi r} \times 300 \times \cos(120\pi t)$$

Podemos, neste caso, considerar o campo magnético dentro do toroide aproximadamente constante e dado por:

$$B(R_M,t) = \frac{\mu_0}{2\pi \times R_M} \times 300 \cos(120\pi t)$$

$$B(t) = \frac{\mu_0}{2\pi \times 0,1} \times 300 \cos(120\pi t)$$

$$B(t) = \frac{\mu_0}{\pi}\, 1500 \cos(120\pi t)$$

Agora, aplicando a lei de Faraday, temos que:

$$\varepsilon_{total}(t) = 500 \times \varepsilon(t) = -500 \times \frac{d\Phi(t)}{dt}$$

$$\varepsilon_{total}(t) = -500 \times \frac{d}{dt}\left[\int_S \vec{B}(t)\cdot d\vec{A}\right]$$

Como $\vec{B}(t)$ é considerado constante na superfície de integração, tomada como a área transversal da bobina toroidal, que vale

$$A_B = \pi R_m^2 = \pi(0,05)^2 \rightarrow A_B = 7,9\times10^{-3}\,\mathrm{m}^2,$$

temos que:

$$\int_S \vec{B}(t)\cdot d\vec{A} = B(t)\times A_B \rightarrow$$

$$\int_S \vec{B}(t)\cdot d\vec{A} = \frac{1500}{\pi}\mu_0 \times \cos(120\pi \times t)\times 7,9\times10^{-3}$$

Dessa forma, encontramos a *fem* induzida total na bobina toroidal,

$$\varepsilon_{total} = -500 \times \frac{d}{dt}\left[3,75\mu_0 \times \cos(120\pi t)\right]$$

$$\varepsilon_{total} = -500 \times 3,75\,\mu_0 \times \cos(120\pi \times t)\times 120\pi$$

$$\varepsilon_{total} = 7,07\times10^5\,\mu_0 \,\mathrm{sen}(120\pi t)$$

$$\varepsilon_{total} = 7,07\times10^5 \times 4\pi\times10^{-7}\,\mathrm{sen}(120\pi t)$$

$$\varepsilon_{total} = 8,88\times10^{-1}\,\mathrm{sen}(120\pi t)\,\mathrm{volt}$$

Essa tensão é perfeitamente mensurável e é diretamente proporcional à corrente elétrica que circula no condutor elétrico. Na prática, mesmo realizando o cálculo exposto acima, o toroide construído pode ser testado e ter uma curva de calibração, confrontando a corrente elétrica no condutor e a *fem* induzida total. Por que é preciso e desejável fazer isso? Todo o cálculo em física é sustentado por um modelo, aproximações e idealizações da realidade; assim, sempre há uma diferença entre o calculado e o medido. Para maior proximidade com a realidade, podemos fazer uma curva de calibração.

Na prática, para maior facilidade na montagem, podemos construir um toroide de menor diâmetro e aberto, para poder facilmente inserir nele ou remover dele o condutor. Temos, como aplicação das ideias aqui alinhavadas, a bobina de Rogowsky, muito utilizada para a medição de corrente. O estudante pode pesquisar sobre ela. Muitas medições elétricas são realizadas a partir das propriedades da indução eletromagnética.

Concluímos aqui este capítulo, que desenvolve uma das quatro equações de Maxwell, e enfatizamos que, das leis que constituem o eletromagnetismo, a lei de Faraday é a que nos permite mais aplicações.

EXERCÍCIOS COM RESPOSTAS

1) Defina e discuta em detalhe a grandeza campo magnético. Como pode ser obtido um campo magnético? O campo magnético constante pode alterar o estado energético de uma partícula carregada? E se o campo magnético for variável no tempo?

2) Defina fluxo magnético e interprete o seu significado físico. De uma forma mais geral, considere um campo vetorial, explique passo a passo como determinar o seu fluxo. Em particular, discuta como considerar a superfície para o cálculo do fluxo de um campo vetorial.

3) Explique em detalhe a lei de Lenz. Por que a lei de Lenz pode ser considerada complemento à lei de Faraday?

4) Enuncie e discuta a lei de Faraday. Pesquise sobre alguns equipamentos que têm o seu princípio de funcionamento baseado dessa lei. Qual é uma diferença básica entre um campo elétrico obtido a partir de uma distribuição estática de cargas elétricas e o campo elétrico criado por meio da variação temporal do fluxo magnético?

5) Considere uma espira em formato retangular de lados 35 cm e 20 cm. A espira gira completando 800 rotações

por minuto. Veja o desenho abaixo. Há um campo magnético constante com intensidade $B = 5 \times 10^{-2}\,\text{T}$. Determine a *fem* induzida na espira. E se colocássemos 50 espiras para formar uma bobina?

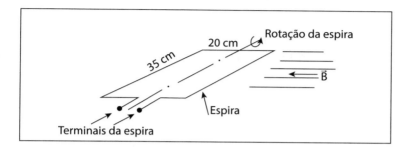

Figura 8.36

Faça uma pesquisa sobre a maneira de conectar os terminais da espira, para que possa ser utilizada a *fem* induzida. Quando a espira alimenta um resistor de $3 \times 10^{+2}\,\Omega$, qual a corrente elétrica que circula pela espira? Considere a espira sem resistência elétrica e com resistência elétrica de $7 \times 10^{+1}\,\Omega$. Discuta a relação gerador ideal *versus* gerador real.

Respostas:

$\varepsilon(t) = 29{,}3\ \text{sen}\ (83{,}6\,t)\ \text{V}$

$50\,\varepsilon(t) = 1465\ \text{sen}\ (83{,}6\,t)\ \text{V}$

$i(t) = 4{,}9\ \text{sen}\ (83{,}6\,t)\ \text{A}$

$i(t) = 4{,}0\ \text{sen}\ (83{,}6\,t)\ \text{A}$

6) Descreva em detalhe o funcionamento do transformador elétrico. Deduza as relações básicas do transformador elétrico ideal. Faça uma pesquisa sobre as forças de dissipação de energia elétrica em um transformador real. O que são perdas por histerese e correntes parasitas? Como mitigá-las nos transformadores elétricos?

7) Em qual das duas situações teremos maior *fem* induzida em um aro circular: para um aro em repouso sendo atravessado perpendicularmente por campo magnético variável no tempo, iniciando em $3 \times 10^{-3}\,\text{T}$ e chegando a $3 \times 10^{-2}\,\text{T}$ após 2 segundos, ou iniciando em $5 \times 10^{-2}\,\text{T}$ em 1 segundo? Explique em detalhes os resultados.

Resposta:

Na segunda situação, pois a taxa de crescimento é maior.

8) Defina indutância e autoindutância. Como a indutância e a autoindutância se inserem para considerar a explicação do transformador elétrico? Usamos neste capítulo a lei de Faraday para encontrar as relações básicas do transformador elétrico ideal. Agora, use os conceitos de indutância e autoindutância para o mesmo propósito.

9) Determine a autoindutância de um solenoide toroidal com as seguintes dimensões: raio maior (R_M) igual a 35 cm e raio menor (R_m) igual a 2 cm. Veja o desenho esquemático.

Figura 8.37

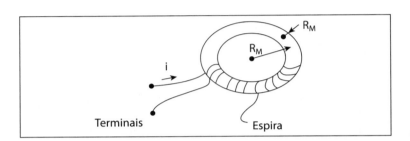

Há 300 espiras formando a bobina. O seu núcleo é de ar. Calcule também o fluxo magnético produzido pela bobina ao se estabelecer uma corrente elétrica de 1,4 A. Faça as suposições simplificadoras pertinentes. Calcule também o módulo do campo magnético. Agora, se em vez de núcleo de ar, fossem as espiras enroladas em núcleos de ferro-silício, quais seriam os valores de L, Φ e B?

Respostas:

$B(r) = \dfrac{8,4 \times 10^{-5}}{r}$ T

$\Phi = 2,6 \times 10^{-10}$ T$\times$m^2, aproximadamente

$M = 3,2 \times 10^{-5}$ H, aproximadamente

$B(r) = \dfrac{6 \cdot 10^{-1}}{r}$ T, aproximadamente

$\Phi = 1,8 \times 10^{-6}$ T$\times$m^2, aproximadamente

$M = 2,2 \times 10^{-3}$ H, aproximadamente.

10) Considere um solenoide toroidal de núcleo de ar com $R_M = 30$ cm e $R_m = 1$ cm. Há 400 espiras formando a bobina. Há corrente elétrica circulando na bobina que segue a seguinte expressão:

$$i(t) = 0,2 + 4 \times 10^{-2} \times t$$

Para $0 \le t \le 100$ s

Determine a *fem* autoinduzida na bobina. Calcule o fluxo magnético e o campo magnético.

Respostas:

$\varepsilon = fem = 3,1 \times 10^{-9}$ V

$\Phi(t) = 1,6 \times 10^{-8} + 3,1 \times 10^{-9}\, t$ $\ T \times m^2$

$B(t) = 5,2 \times 10^{-5} + 10^{-5}\, t$ $\ T$

Francisco Tadeu Degasperi

9.1 INTRODUÇÃO

Temos estudado ao longo deste livro o eletromagnetismo e suas aplicações na tecnologia. Vimos que há duas grandezas fundamentais: o campo elétrico e o campo magnético criado por cargas elétricas em movimento ou em repouso.

Na mecânica da partícula e do corpo rígido, os objetos em estudo tinham tamanho e massa definidos, e, na mecânica clássica, determinamos as posições e as velocidades dos corpos em função do tempo. Na termodinâmica, o sistema em análise é especificado por meio de poucas grandezas, tais como pressão, temperatura, massa, volume, e outras. Essas grandezas são obtidas diretamente e estão muito associadas à nossa sensibilidade direta. Como vimos no Volume 2, a termodinâmica considera exclusivamente variáveis e grandezas macroscópicas em sua estrutura teórica; não faz suposição alguma sobre a estrutura atômica da matéria. A mecânica clássica também considera os corpos, tanto os sólidos como os fluidos, como sendo contínuos.

No eletromagnetismo, a teoria é baseada na existência de cargas elétricas de dois tipos, a positiva e a negativa, dando origem a campos elétricos e campos magnéticos que interagem com a matéria.

Aprendemos a calcular campos eletromagnéticos de distribuições diversas de cargas elétricas, tanto em repouso como em movimento. Vimos que os campos eletromagnéticos preenchem todo o espaço (em alguns casos, o campo eletromagnético fica confinado em uma região pequena do espaço, por exemplo, o campo elétrico em um capacitor ideal). Dessa forma, a formulação do eletromagnetismo é diferente da formulação da mecânica clássica e da termodinâmica.

Ocorre que muitas situações de cálculo no eletromagnetismo seriam extremamente difíceis ou mesmo impossíveis. Por exemplo, determinar a corrente elétrica que circula em um resistor considerando o movimento de cada elétron interagindo com o campo magnético "canalizado" pelo condutor seria algo difícil de ser realizado. Imagine, ainda, considerar o projeto de um transformador a partir de cada partícula carregada interagindo com os campos eletromagnéticos! Dessa maneira, podemos considerar a abordagem de uma grande parte das situações e aplicações do eletromagnetismo a partir de partes descontínuas percorridas por correntes elétricas e acopladas magneticamente: são os circuitos elétricos com os vários tipos de componentes. Assim, o chuveiro elétrico pode ser considerado parte de um circuito elétrico contendo a fonte elétrica, a chave de contato e o resistor. O transformador elétrico pode ser considerado como sendo formado por partes discretas contendo a fonte elétrica (do circuito primário), o indutor em série com o resistor (devido à resistência elétrica do circuito primário) acoplado magneticamente por meio da mútua indutância com o indutor do circuito secundário (e sua respectiva resistência elétrica). Há ainda uma série de outros componentes elétricos que apresentam comportamentos ainda mais complicados, como os diodos, os transistores, válvulas eletrônicas de potência, e muitos outros. Mas sempre é possível, no mínimo, fazer uma análise a partir dos circuitos elétricos. Este é o propósito deste capítulo: estudar alguns circuitos elétricos considerando a tensão elétrica e a corrente elétrica variando com o tempo. No Capítulo 5 foram estudados circuitos elétricos tendo a tensão elétrica e a corrente elétrica constantes no tempo. No caso, foram tratados os circuitos de corrente contínua. Neste capítulo trataremos dos circuitos de carga e descarga de capacitores e indutores, e circuitos de corrente alternada com resistor, indutor e capacitor.

9.2 COMPONENTES ELÉTRICOS DISCRETOS

A análise e o cálculo de sistemas físicos eletromagnéticos, por meio da abordagem dos circuitos elétricos, pressupõem os componentes elétricos. Há vários tipos de componentes elétricos: da eletrotécnica, da eletrônica, das telecomunicações.

A eletrotécnica se ocupa das grandes potências. Ela lida com a geração, a transmissão e a transformação de energia elétrica em energia mecânica, térmica, luminosa e outras formas de energia, sempre em grandes quantidades. Os seus componentes são os alternadores, os dínamos, os motores, os transformadores, as linhas de transmissão, os fornos, as redes de iluminação, as chaves e disjuntores, os para-raios, e outros. Nesse caso, em geral, altas tensões e altas correntes elétricas estão presentes.

A eletrônica se ocupa da eletricidade voltada aos sinais; em geral, potências elétricas muito pequenas estão presentes. Temos como suas principais aplicações sistemas de áudio e imagem, os computadores e os microprocessadores, e os dispositivos envolvidos na telefonia. Os seus componentes são: os diodos, os transistores e seus variantes, os microcircuitos da microeletrônica, os sensores e atuadores, os osciladores, os amplificadores operacionais, e a eletrônica envolvida na instrumentação em geral. Na maior parte dos casos, tanto tensões elétricas de baixa, média e altas intensidades estão presentes. As correntes elétricas são pouco intensas. São encontradas tanto correntes contínuas como alternadas, assim como pulsos elétricos curtos e ultracurtos e também baixas e altas frequências.

As telecomunicações se ocupam do eletromagnetismo voltado à geração, à transmissão e à recepção de sinais de áudio e imagem, e em processamento de informação em geral. Há também os equipamentos geradores, amplificadores, transmissores e receptores de ondas de rádio (as micro-ondas). Nesse caso, temos tanto baixas e altas tensões, e baixas e altas correntes elétricas envolvidas nos componentes elétricos. Particular atenção deve ser dada aos ruídos elétricos, em especial à área relativamente recente que é a compatibilidade eletromagnética, uma vez que um sinal eletromagnético interfere no funcionamento de circuitos eletroeletrônicos em geral. Você certamente ouviu falar das restrições do uso de equipamentos celulares e de computadores a bordo de aviões, pois tal uso pode interferir nos aviônicos, prejudicando a segurança do voo.

Apesar da enorme variedade de componentes elétricos, há aqueles que praticamente sempre estão presentes em qualquer circuito elétrico, desde a instalação elétrica residencial ou industrial ou, ainda, os grandes computadores e os aviônicos. Todos os circuitos elétricos têm fontes, resistores, indutores, capacitores, chaves etc.

Dessa forma, apresentamos na Figura 9.1 um elenco dos símbolos dos componentes elétricos comuns a praticamente todos os circuitos elétricos.

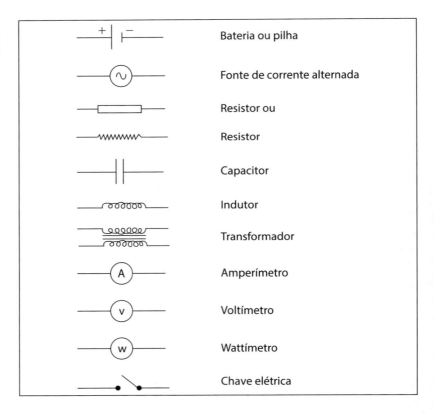

Figura 9.1
Componentes elétricos comumente presentes nos circuitos elétricos.

Neste capítulo, estudaremos os circuitos elétricos básicos com corrente elétrica variável no tempo, presentes nos mais simples e nos mais sofisticados equipamentos elétricos e eletrônicos. Cabe mencionar que circuitos eletrônicos, mesmo os mais complexos, como um receptor de rádio ou um computador, são geralmente feitos por módulos, que apresentam funções específicas. Assim, por exemplo, um transmissor de ondas médias (transmissor AM) tem os seguintes módulos: microfone, pré-amplificador de sinal, amplificador de sinal, oscilador de radiofrequência, amplificador de radiofrequência, amplificador de potência de radiofrequência modulada, unidade de sintonização de antena e antena. Esses módulos têm configuração padrão, não obstante, são projetados para certas faixas de potência. Os módulos recebem e emitem sinais de outros módulos; assim, os circuitos eletrônicos têm configuração específica.

A disposição dos módulos, que têm funções específicas, é chamada diagrama de bloco. Cabe aos estudantes entender que mesmo os mais elaborados circuitos eletrônicos têm a sua base de funcionamento naqueles circuitos elétricos estudados no Capítulo 5 e neste capítulo. Mais ainda, um trabalho em tecnologia exige clareza dos conceitos básicos. Dessa forma, diferença de potencial, força eletromotriz, corrente elétrica, resistência elétrica e potência elétrica têm definições e conceitos próprios que devem ser bem entendidos. Apesar de esses conceitos estarem relacionados entre si, eles são conceitos diferentes. Da mesma forma que em mecânica, os conceitos de velocidade e aceleração estão intimamente ligados entre si, mas são completamente diferentes. O mesmo ocorre com os conceitos de temperatura e calor, intimamente relacionados, mas diferentes entre si.

9.3   AS LEIS DOS CIRCUITOS ELÉTRICOS

Dissemos que a aplicação direta das equações básicas do eletromagnetismo para projetar e construir sistemas elétricos pode ser uma tarefa no mínimo árdua e, em muitos casos, torna-se quase impossível montar o problema e certamente impossível também solucioná-lo. Há muitas situações envolvendo tanto a eletricidade como o magnetismo, cujos componentes e partes podem ser tratados de forma discreta, considerando as grandezas *fem*, ddp, corrente elétrica, resistência elétrica e outras grandezas macroscópicas, ou seja, podemos analisar e modelar os sistemas elétricos sem fazer uso direto de campos elétricos e campos magnéticos. Assim, por meio dos circuitos elétricos podemos, em princípio, conhecer as grandezas importantes para muitos sistemas elétricos, sem conhecer a distribuição de cargas elétricas e suas interações fundamentais.

Dessa forma, projetar sistemas elétricos resume-se inicialmente a identificar quais são os componentes elétricos em estudo e como eles estão conectados entre si, e ainda quais são as ddp aplicadas. Como resultado da análise empreendida no estudo do sistema elétrico, temos a determinação das correntes elétricas, das ddp nos terminais de cada componente do circuito e, com isso, a determinação da potência elétrica demandada por eles. Como exemplo, considere a seguinte situação que faz parte do nosso cotidiano. Ligamos lâmpadas elétricas, chuveiro, televisor, aparelho de som, forno de micro-ondas, torradeira elétrica, geladeira, carregadores de bateria, computador, e muitos outros equipamentos elétricos, mas, por meio de um voltímetro e um amperímetro, podemos conhecer muito bem qual a potência elétrica consumida em nossa residência. Imagine aplicar as leis do eletromagnetismo (leis de Gauss, de circuitação de Ampère – Maxwell e Faraday) para calcular a energia demandada por uma lâmpada, um ferro de passar roupa, um televisor, e para toda a residência! Podemos, no mínimo, dizer que seria uma tarefa difícil, talvez impossível. O exemplo lançado anteriormente defende o ponto de vista de que a análise e o cálculo de muitos sistemas eletromagnéticos são facilitados por meio da concepção e da construção física dos circuitos elétricos.

Não obstante o alcance dos circuitos elétricos, deve ficar claro que há limitações em sua aplicação. Assim, por exemplo, para determinar o campo eletromagnético criado por uma antena parabólica, ou ainda a propagação de um feixe de luz, ou o campo de radiação em um forno de micro-ondas, as equações de Maxwell (Capítulo 10) são imprescindíveis. Cabe ao tecnólogo, na sua atividade profissional, procurar a melhor forma de calcular e analisar os sistemas tecnológicos, buscando obter soluções para os problemas de forma econômica e detalhada. Para se alcançar esse objetivo, ao longo desta coleção de livros realçamos a necessidade de o estudante dominar os conceitos básicos da física.

Para analisar e calcular as grandezas importantes a partir dos circuitos elétricos, lançamos mão das regras que regem os circuitos elétricos. No Capítulo 5, os conceitos fundamentais para a análise de circuitos elétricos de corrente contínua foram estudados: diferença de potencial (ddp), corrente elétrica, e outros. Para relacionar essas grandezas, foi introduzida a lei de Ohm, que relaciona ddp, corrente elétrica e resistência elétrica, $\Delta V = i \times R$. Esta lei não é suficiente para analisar circuitos elétricos mais elaborados; assim, foram vistas as leis de Kirchhoff, capazes de relacionar as correntes elétricas às respectivas ddp nos componentes.

As leis de Kirchhoff podem ser estendidas para os circuitos elétricos com diferenças de potencial e correntes elétricas variando no tempo, e com componentes elétricos quaisquer, como capacitores, indutores, diodos, transistores etc.

Dessa forma, acompanhando e seguindo o mesmo desenvolvimento feito no Capítulo 5, temos as leis de Kirchhoff para o caso geral, em que $i = i(t)$ e $ddp = ddp(t)$, com quaisquer componentes elétricos.

Lei das malhas (ou lei das voltagens): a soma algébrica de todas as diferenças de potenciais em uma malha é zero, isto é, $\sum_{j=1}^{n} V_j = 0$.

Assim, na malha (que é uma rede elétrica fechada) mostrada esquematicamente na Figura 9.2, podemos escrever a equação:

$$V_1(t) + R_2 \times i_4(t) + \frac{Q(t)}{C} - R_4 \times i_3(t) + V_2(t) -$$

$$L \times \frac{d i_2(t)}{dt} - R_6 \times i_2(t) - R_7 \times i_2(t) = 0$$

Adotam-se as mesmas convenções estabelecidas no Capítulo 5, isto é:

a) Quando um componente elétrico em uma malha é percorrido no mesmo sentido da corrente elétrica, ao atravessar esse componente elétrico teremos uma diferença de potencial elétrico negativa. No sentido oposto da corrente elétrica, teremos uma diferença de potencial elétrico positiva.

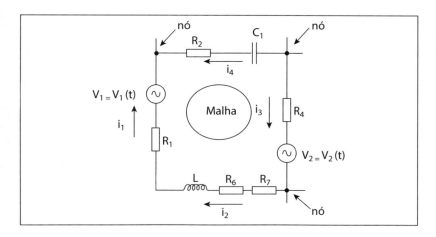

Figura 9.2
Malha elétrica (rede elétrica fechada).

b) Quando uma fonte de força eletromotriz é atravessada no sentido de ε, teremos $+\varepsilon$, e no sentido contrário, $-\varepsilon$. Continuando, vejamos a outra lei de Kirchhoff.

Lei dos nós (ou lei das correntes elétricas): a soma algébrica das elétricas em um nó é zero, isto é, $\sum_{j=1}^{n} i_j = 0$. Assim, no nó (que é a junção de três ou mais ramos de um circuito elétrico) mostrado esquematicamente na Figura 9.3, podemos escrever a seguinte equação:

$$i_1(t) - i_2(t) + i_3(t) + i_4(t) - i_5(t) = 0$$

Figura 9.3
Nó elétrico.

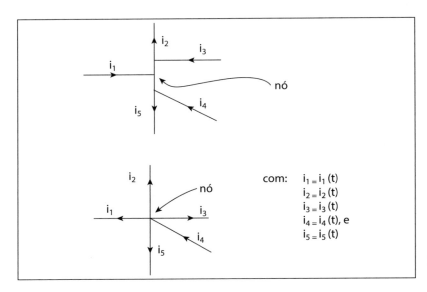

Adotamos a mesma convenção do Capítulo 5.

c) As correntes elétricas que convergem para um nó serão consideradas positivas, e aquelas que divergem serão consideradas negativas. A melhor maneira de estudar os circuitos elétricos é apresentar as configurações básicas, aplicar as leis de Kirchhoff e obter as soluções. Os problemas mais simples, porém não menos importantes, trataremos neste capítulo. Aos futuros tecnólogos, que farão seus cursos voltados aos sistemas elétricos, disciplinas especializadas aprofundarão os circuitos elétricos mais avançados. Nesses casos, há técnicas de cálculo mais aprimoradas e capazes de enfrentar tais situações. Como exemplo importante temos os circuitos elétricos trifásicos, que são os mais usados nas plantas elétricas de potência.

Cabe mencionar que, mesmo presente e disponível toda a teoria eletromagnética, e ainda as leis concernentes aos circuitos elétricos, encontramos configurações cujas soluções matemáticas analíticas são difíceis ou até mesmo impossíveis de serem obtidas. Para esses casos, bastante comuns na prática, foram desenvolvidos os simuladores elétricos. Estes são programas computacionais para analisar e calcular circuitos elétricos em geral. O estudante deve ter claro que, mesmo de posse desses programas computacionais, o conhecimento da teoria envolvendo os circuitos elétricos é fundamental. Para usar o programa computacional é preciso montar o circuito e, uma vez obtida a solução, é preciso interpretá-la. O resultado em torno do circuito elétrico é uma das etapas de um projeto elétrico. Assim, nada substitui o conhecimento teórico sobre o assunto a ser trabalhado, mais ainda quando as inovações estão presentes.

Iniciaremos tratando circuitos elétricos envolvendo carga e descarga de capacitores, utilizando baterias elétricas. Em seguida, estudaremos circuitos elétricos alimentados por baterias elétricas com indutor e resistor. Continuando, estudaremos os circuitos elétricos alimentados por correntes elétricas alternadas (variando senoidalmente no tempo) contendo resistores, indutores e capacitores. Veremos o que ocorre com alguns circuitos elétricos com variação da frequência.

Cabe lembrar que na área tecnológica é muito comum o uso de termos para conceitos físicos que foram criados ao longo dos anos e fazem parte do dia a dia das atividades profissionais. Assim, os termos voltagem e tensão elétrica são usados para designar diferença de potencial. O uso desses termos não deve prejudicar demasiadamente os conceitos físicos que eles representam. Fique atento!

9.4 CIRCUITO ELÉTRICO TRANSIENTE RC

Apesar de sua simplicidade, o circuito elétrico transiente RC constitui a configuração básica de muitos circuitos eletrônicos temporizadores e para formação de pulsos. Um pulso é um sinal elétrico, em geral de curta duração, podendo ter de alguns poucos segundos até pulsos ultracurtos de 10^{-15} segundos. A produção de pulsos é todo um tema importante na eletrônica. Os pulsos podem ter desde frações de volts até alguns kV.

Iniciaremos estudando a carga de um capacitor, de capacitância C, tendo um resistor de resistência elétrica R em série, estando em série com uma bateria de voltagem (ddp) V. Na Figura 9.4, temos um circuito RC (resistor com capacitor) em série. A chave ch pode ser posicionada em a, e, nesse caso, o resistor e o capacitor são alimentados pela bateria de voltagem V.

Consideremos que, inicialmente, o capacitor esteja totalmente descarregado (sem carga em desequilíbrio em suas placas). Apesar de as placas de um capacitor serem separadas entre si por um isolante elétrico, quando alimentado por uma bateria, as cargas elétricas se movimentam até a voltagem no capacitor se igualar à voltagem V da bateria (*fem* da bateria). Estamos considerando a bateria sem resistência elétrica interna. Veja que o resistor R será uma limitação ao valor da corrente elétrica $i = i(t)$ durante a carga no capacitor.

Figura 9.4
Circuito transiente carga e descarga RC série.

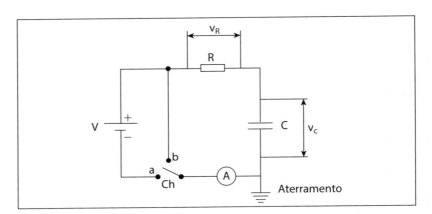

Quando a chave ch é colocada na posição a, nesse instante $t = 0$, a corrente elétrica será $\dfrac{V}{R}$; a partir desse instante, a corrente elétrica começa a decrescer no tempo até atingir o valor zero; isso ocorrerá quando a voltagem v_c (nos terminais do capacitor) se igualar à voltagem V. Essa descrição mostra que devemos sempre procurar realizar uma análise qualitativa antes de iniciar os cálculos. Muitas vezes ela nos fornece uma boa compreensão do comportamento físico geral do sistema em estudo; é um bom exercício intelectual. Porém, algumas vezes, somos enganados por uma análise errada. Cuidado, o terreno da física está repleto de armadilhas!

Vamos aplicar as leis de Kirchhoff ao circuito RC-Série. Temos que:

$$V = v_r + v_c,$$

sendo $v_r = v_r(t)$ e $v_c = v_c(t)$. A queda de voltagem no resistor é dada por $v_r(t) = R \cdot i(t)$, e a queda de voltagem no capacitor é dada por $v_c(t) = \dfrac{q(t)}{C}$, com $q = q(t)$ a carga positiva ou negativa acumulada no capacitor. Assim,

$$V = v_r + v_c = R \cdot i(t) + \frac{q(t)}{C}$$

Agora, temos uma equação e duas incógnitas $i(t)$ e $q(t)$; precisamos de uma outra equação. A equação que liga a corrente elétrica com a carga elétrica é a própria definição de corrente elétrica, ou seja,

$$i(t) = \frac{q(t)}{dt}$$

Assim sendo, temos:

$$V = R \times i(t) + \frac{q(t)}{C}$$

Derivando ambos os membros em relação ao tempo, ficamos com:

$$\frac{dV}{dt} = R \times \frac{di(t)}{dt} + \frac{1}{C} \frac{dq(t)}{dt}$$

$$0 = R \times \frac{di(t)}{dt} + \frac{i(t)}{C},$$

uma vez que a voltagem V da bateria é constante. Temos, assim, uma equação diferencial ordinária de primeira ordem com coeficientes constantes. Uma equação diferencial relaciona uma função a ser determinada com suas derivadas e outras funções. Em geral, elas não apresentam soluções simples e, na maior parte dos problemas tecnológicos, não há solução matemática analítica. Isso quer dizer que não conseguimos obter solução da equação diferencial por meio de funções matemáticas conhecidas. Com a utilização dos métodos numéricos, podemos obter soluções das equações diferenciais construindo uma tabela que relaciona o valor da variável independente com o valor da variável dependente. Apesar de as soluções analíticas serem exatas e concisas, a resolução por métodos numéricos não constitui limitação prática. O conhecimento sobre o assunto é sempre fundamental, para que possamos criticamente avaliar e interpretar os resultados obtidos por meio de ferramentas numérico-computacionais.

Voltando à equação diferencial obtida para o circuito RC-Série, temos:

$$R \times \frac{di(t)}{dt} + \frac{i(t)}{C} = 0$$

$$\frac{di(t)}{dt} + \frac{1}{RC} \times i(t) = 0$$

A solução do problema exige que especifiquemos o valor da corrente elétrica para o instante inicial, no caso $t = 0$. No instante $t = 0$, o capacitor está descarregado, e ele é praticamente um curto-circuito; assim, a corrente elétrica para $t = 0$ vale $i(0) = \dfrac{V}{R}$. Esta é a chamada condição inicial do problema, imposta nos problemas físicos por meio de uma análise puramente física; temos que "dizer" para a equação diferencial como o sistema físico se encontra no instante inicial.

Voltemos à equação diferencial e vamos inspecioná-la. Perguntamos: qual a função que, derivada uma vez, retorna a ela mesma a menos da constante $\dfrac{1}{RC}$? A função cuja derivada é ela mesma é a função exponencial $y(x) = e^x$. Temos um ponto de partida. Em uma folha de rascunho, tentamos funções em torno da função exponencial. Depois de algumas tentativas, temos a função:

$$i(t) = k \times e^{-\frac{1}{RC}t},$$

sendo k uma constante a ser determinada. Vejamos se a função $i(t) = k \cdot e^{-\frac{1}{RC}t}$ é solução da equação diferencial do circuito RC-Série. Fazendo:

$$\frac{di(t)}{dt} = k \times -\frac{1}{RC} \times e^{-\frac{t}{RC}}$$

Assim:

$$\frac{di(t)}{dt} + \frac{1}{RC} i(t) = 0$$

$$k \times -\frac{1}{RC} \times e^{-\frac{t}{RC}} + \frac{1}{RC} \times k \times e^{-\frac{t}{RC}} = 0$$

para qualquer valor $t \geq 0$. Assim, é solução da equação diferencial. Vamos agora determinar a constante k e, assim, particularizar a solução geral para o problema específico. Temos que, para $t = 0$ (instante inicial, quando a chave ch é acionada na posição a, com o capacitor descarregado), a corrente elétrica é $i(0) = \dfrac{V}{R}$. Assim,

$$i(0) = k \times e^{-\frac{0}{RC}} = k = \frac{V}{R}$$

Com a determinação da constante k, a solução do problema está completa. Dessa forma:

$$i(t) = \frac{V}{R} \times e^{-\frac{t}{RC}}$$

para $t \geq 0$.

Podemos agora encontrar a queda de voltagem (ou a ddp) nos terminais do resistor e do capacitor.

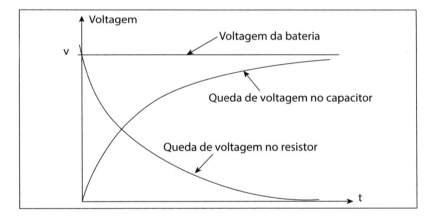

Figura 9.5
Voltagem no tempo no circuito RC-Série.

No resistor, temos $v_r(t) = R \times i(t) = R \times \frac{V}{R} \times e^{-\frac{t}{RC}}$
$v_r(t) = V \cdot e^{-\frac{t}{RC}}$. No caso do capacitor, temos:

$$v_c(t) = V - v_r(t) = V - V \times e^{-\frac{t}{RC}} \Rightarrow v_c(t) = V \times \left(1 - e^{-\frac{t}{RC}}\right)$$

Por meio da Figura 9.5, vemos o que ocorre durante a carga do capacitor. A voltagem no capacitor cresce com o tempo até atingir o valor da voltagem na bateria. No resistor ocorre o inverso do que ocorre no capacitor: para $t = 0$, a queda de voltagem no resistor é igual ao valor da voltagem na bateria. Com o passar do tempo a queda de voltagem no resistor decresce até o valor zero.

Veja que, somando as quedas de voltagem no resistor e no capacitor, temos a voltagem na bateria (voltagem constante). Este último resultado é a própria lei das malhas de Kirchhoff.

Podemos agora fazer um gráfico da corrente elétrica em função do tempo. Como estamos tratando de um circuito série, a corrente elétrica é a mesma em todos os pontos do circuito elétrico. Na Figura 9.6, temos o gráfico da corrente elétrica $i = i(t)$.

Vemos que a corrente elétrica no circuito parte do valor $\dfrac{V}{R}$ como suposto, baseado em uma análise física.

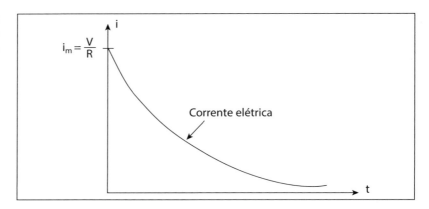

Figura 9.6 Corrente elétrica no circuito RC-Série.

Cabe aqui uma explicação sobre a última frase. Nos problemas físicos, apesar de serem formulados em termos matemáticos, a matemática não é suficiente para resolvê-los. Por meio de uma análise física do problema, conhecendo o comportamento físico das partes que o compõem, somos capazes de especificar uma situação em um caso particular; a partir daí, a matemática determina a evolução do sistema. Assim, dissemos que, no instante inicial, o capacitor descarregado funciona como um curto-circuito, e isto é física! Em seguida, com a obtenção da solução matemática da equação diferencial (esta também foi obtida conhecendo-se o comportamento físico de suas partes e do todo), obtivemos o comportamento do sistema físico.

Analisando simultaneamente as Figuras 9.5 e 9.6, vemos que, à medida que a queda de voltagem cresce no capacitor (isso ocorre porque ele está sendo carregado), a corrente elétrica decresce. Assim, vemos coerência nos resultados: conforme o capacitor está sendo carregado, a ddp em seus terminais e a ddp na bateria vão se igualando, e menos corrente elétrica circula no circuito. Por meio da expressão:

$$i(t) = \dfrac{V}{R} \times e^{-\tfrac{t}{RC}}$$

temos que, transcorrido o intervalo de tempo RC, a corrente elétrica cai do fator $e^{-1} \cong 0,368$ e, à medida que temos 2RC, 3RC, e assim por diante, a corrente elétrica cairá do fator 0,368 do valor anterior. O fator RC é chamado de constante de tempo do circuito elétrico RC. Podemos também escrever a relação $i(t) = \frac{V}{R} \times e^{-\frac{t}{RC}}$ em termos da carga elétrica, sabendo-se que: $i(t) = \frac{dq(t)}{dt}$, ficamos com $\frac{dq(t)}{dt} = \frac{V}{R} \times e^{-\frac{t}{RC}}$. Dessa forma, integrando em relação ao tempo, encontramos:

$$q(t) = \int_o^t \frac{V}{R} \times e^{-\frac{t'}{RC}} dt = \frac{V}{R} \times \int_0^t e^{-\frac{t'}{RC}} dt \Rightarrow q(t) = \frac{V}{R} \times RC \times e^{-\frac{t}{RC}} \Rightarrow$$

$$\Rightarrow q(t) = VCe^{-\frac{t}{RC}} q(t) = q_0 \times e^{-\frac{t}{RC}},$$

sendo q_0 a carga elétrica total acumulada pelo capacitor. Comparando as expressões $i(t) e q(t)$, chegamos ao resultado:

$$i_m = \frac{V}{R} = \frac{q_0}{RC}$$

Continuando, estudaremos agora a descarga do capacitor. Uma vez o capacitor carregado, colocamos a chave ch, na Figura 9.4, na posição b. Nesse caso, temos uma corrente elétrica percorrendo o circuito até o capacitor ficar totalmente descarregado (isso ocorre uma vez que os elétrons fluem da placa carregada negativamente à placa carregada positivamente). Usando as leis de Kirchhoff, temos que:

$$v_r + v_c = 0$$

$$R \cdot i + \frac{q(t)}{C} = 0$$

$$R \times \frac{di(t)}{dt} + \frac{1}{C} \times \frac{dq(t)}{dt} = 0$$

$$R \times \frac{di(t)}{dt} + \frac{1}{C} i(t) = 0$$

$$\frac{di(t)}{dt} + \frac{1}{RC} i(t) = 0$$

Seguindo o mesmo raciocínio no caso da carga no capacitor, chegamos à solução:

$$i(t) = \frac{V}{R} e^{-\frac{t}{RC}},$$

sendo V a ddp no capacitor inicialmente totalmente carregado com a bateria de ddp igual a V. Vemos que a corrente elétrica na carga e na descarga do capacitor varia da mesma forma, e, quanto menor o valor de R, maior será a corrente inicial. Na prática, temos que encontrar valores de R para que a corrente elétrica não tenha valores elevados, capazes de danificar o capacitor. Sabemos que as placas dos capacitores têm resistência elétrica, uma vez que são construídas de material condutor. Assim, intrinsecamente, há uma resistência elétrica associada a um capacitor real. Vemos que, na solução apresentada para a corrente elétrica, tanto na carga como na descarga do capacitor, o fator $\dfrac{V}{R}$ representa a corrente elétrica máxima (no instante $t = 0$). Mesmo que não haja um resistor em série com o capacitor deliberadamente instalado, a limitação da corrente elétrica inicial será determinada pelas resistências elétricas dos fios das ligações e das placas do capacitor. Realçando, as correntes elétricas elevadas podem danificar partes do circuito elétrico, inclusive a bateria, quando da carga do capacitor. Uma análise prévia do sistema físico é sempre uma prática desejável, que o tecnólogo deve fazer permanentemente.

Voltando ao circuito elétrico, uma vez de posse da expressão da corrente elétrica, podemos determinar as quedas de voltagem no resistor e no capacitor. Usando as leis das malhas (queda de voltagem) de Kirchhoff, encontramos que:

$$v_r + v_c = 0$$

$$R \times i(t) + \frac{q(t)}{C} = 0$$

Assim,

$$v_r(t) = R \times i(t) = R \times \frac{V}{R} \times e^{-\frac{t}{RC}}$$

$$v_r(t) = V \times e^{-\frac{t}{RC}}$$

E a queda de voltagem no capacitor é dada por:

$$v_c(t) = -v_r(t) = -V \times e^{-\frac{t}{RC}},$$

com polaridade oposta à queda de voltagem no resistor. Podemos, ainda, encontrar a queda de voltagem no capacitor, a partir da definição da capacitância $C = \dfrac{Q}{V}$; assim, na descarga do circuito elétrico RC-Série, temos:

$$v_c(t) = \frac{q(t)}{C} = \frac{1}{C} \times \int_0^t i(t')dt'$$

$$v_c(t) = \frac{1}{C} \int_0^t \frac{V}{R} \times e^{-\frac{t'}{RC}} dt'$$

$$v_c(t) = -V \times e^{-\frac{t}{RC}},$$

que é a mesma expressão obtida anteriormente. Para finalizar, vamos considerar a energia no circuito elétrico, na carga e na descarga. Por meio da expressão:

$$V = R \times i(t) + \frac{q(t)}{C},$$

obtida da carga do capacitor, podemos multiplicar ambos os membros por $i(t)$, assim:

$$V \times i(t) = R \times i^2(t) + \frac{q(t)}{C} \times i(t)$$

Identificamos o termo $V \times i(t)$ como sendo a potência elétrica fornecida pela bateria, e o termo $R \times i^2(t)$, o termo da potência elétrica transformada em energia térmica no resistor (que chamamos de potência elétrica dissipada no resistor). Dessa forma, o termo $\dfrac{q(t)}{C} \times i(t)$ deve ser o termo referente à potência elétrica no capacitor. Para chegar a essa conclusão, partimos da validade do princípio de conservação de energia. Assim:

$$\frac{dE_c(t)}{dt} = \frac{q(t)}{c} \times i(t),$$

sendo E_c a energia elétrica no capacitor. Matematicamente, temos que:

$$\frac{dE_c(t)}{dt} = \frac{1}{C} q(t) \times \frac{dq(t)}{dt}$$

$$\frac{dE_c(t)}{dt} = \frac{1}{C} \times \frac{1}{2} \times \frac{d}{dt} \times \left[q^2(t) \right]$$

$$\frac{dE_c(t)}{dt} = \frac{1}{2C} \times \frac{dq^2(t)}{dt}$$

Chegando à relação:

$$E_c(t) = \frac{1}{2} \times \frac{q^2(t)}{t},$$

já obtida no Capítulo 4, ao estudar os capacitores. Complementando, como $C = \dfrac{q}{v_c}$, temos a relação:

$$E_c(t) = \frac{1}{2} \times \frac{C^2 v_c^{\,2}(t)}{C}$$

$$E_c(t) = \frac{1}{2} \times C \times v_c^{\,2}(t)$$

Estudamos com certo detalhe o assunto devido à sua grande aplicação em muitos circuitos elétricos e eletrônicos, extensamente usados na tecnologia.

Exemplo I

Considere o circuito RC- Série. Encontre a corrente elétrica na carga e na descarga do capacitor. Determine a queda da voltagem no resistor, tanto na carga como na descarga. Qual a potência elétrica dissipada no resistor (na carga e na descarga do capacitor)? Discuta o que ocorre com a energia no capacitor, na carga do capacitor (chave na posição a).

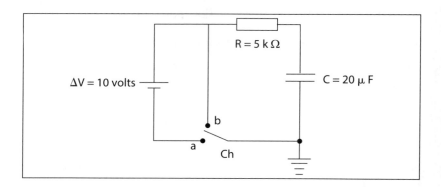

Solução:

Do desenvolvimento da teoria, temos a corrente elétrica dada por:

$$i(t) = \frac{V}{R} \times e^{-\frac{t}{RC}}$$

$$i(t) = \frac{10}{5 \times 10^3} \times e^{-\frac{t}{5 \times 10^3 \times 20 \times 10^{-6}}}$$

$$i(t) = 2 \times 10^{-3} \times e^{-10 \times t} \, (ampères)$$

E, como vimos, é a mesma expressão tanto para a carga como para a descarga do capacitor. A queda de voltagem no resistor é dada por:

$$v_r(t) = R \times i(t) = 5 \times 10^3 \times 2 \times 10^{-3} \times e^{-10t}$$

$$v_r(t) = 10 \times e^{-10t} \, (volts)$$

A queda de voltagem no capacitor é dada por:

$$v_c(t) = V \times \left(1 - e^{-\frac{t}{RC}}\right)$$

$$v_c(t) = 10 \times (1 - e^{-10t})$$

Note que é verificada a relação oriunda da lei das malhas (das leis de Kirchhoff):

$$V = v_c(t) + v_r(t)$$

$$v_c(t) = V - v_r(t) = 10 - 10 \times e^{-10t}$$

$$v_c(t) = 10 \times (1 - e^{-10t})$$

Temos que a constante de tempo do circuito analisado é dada por:

$$\tau = RC = 5 \times 10^3 \times 20 \times 10^{-6}$$

$$\tau = 0,1 \, s.$$

Podemos construir o gráfico das quedas de voltagem nos componentes elétricos do circuito, como mostramos a seguir.

Vemos que, após o tempo transcorrido de 0,1 s, a queda de voltagem no resistor é de $v_r(0,1) = 10 \times e^{-1} (volts)$ e no capacitor é de $v_c(0,1) = 10(1 - e^{-1})(volts)$.

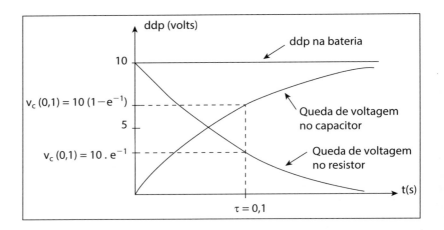

O gráfico da corrente elétrica no tempo segue a mesma forma da queda da voltagem no resistor, uma vez que $i(t) = \dfrac{v_r(t)}{R}$. Continuando, a potência elétrica desenvolvida na bateria é dada por:

$$P_b(t) = V \times i(t)$$

$$P_b(t) = 10 \times 2 \times 10^{-3} \times e^{-10 \times t}$$

$$P_b(t) = 2 \times 10^{-2} \times e^{-10t} \, (\text{W})$$

A potência elétrica desenvolvida no resistor é dada por:

$$P_R(t) = R \times i^2(t)$$

$$P_R(t) = 5 \times 10^3 \times [2 \times 10^{-3} \times e^{-10t}]^2$$

$$P_R(t) = 2 \times 10^{-2} \times e^{-20t} \, (\text{W}),$$

com a potência elétrica sendo convertida em potência térmica. A potência elétrica no capacitor é dada por:

$$P_c(t) = P_b(t) - P_R(t) =$$

$$= 2 \times 10^{-2} \times e^{-10t} - 2 \times 10^{-2} \times e^{-20t},$$

sendo que, para $t = 0$, $P_c(0) = 0$.

Vemos que, quando o tempo tende ao infinito (isto é matemática!), na prática, para um tempo suficientemente grande (tempo grande, neste caso, significa 5 ou 6 vezes a constante de tempo RC), temos o capacitor já carregado completamente, ou descarregado completamente.

Assim, temos que, na expressão $P_c(t) = P_b(t) - P_R(t)$, com o tempo suficientemente grande, a potência no capacitor tende a zero. Isso não significa que não há energia armazenada nele; quando ele está completamente carregado, a potência nele é zero. Não se esqueça que potência é a taxa de variação de energia no tempo. O mesmo raciocínio é válido na descarga do capacitor.

Completando, o circuito RC-Série estudado é bastante utilizado em filtros elétricos. Estes são circuitos elétricos que deixam fluir correntes elétricas de alta frequência, ou de baixa frequência, ou, ainda, de faixa (banda) de frequência. Esses circuitos elétricos também são usados em fontes de alimentação com a função de estabilizar a voltagem de saída da fonte. Na prática, há configurações de circuitos filtros operando em conjunto com indutores. Para os estudantes de tecnologia, em cursos da área elétrica, haverá disciplinas especializadas em filtros, tendo-se a oportunidade de aprofundar os conhecimentos obtidos nesta introdução.

9.5 CIRCUITO ELÉTRICO TRANSIENTE RL

Estudaremos agora outro circuito elétrico muito utilizado nos dispositivos eletrônicos e elétricos em geral. Trata-se do circuito RL-Série. Assim como ocorre com os circuitos RC-Série, os circuitos RL-Série também podem ser usados na formatação de pulsos temporizadores elétricos. Geralmente os indutores são mais difíceis de serem fabricados e custam mais caro que os capacitores. Outro aspecto inerente aos indutores refere-se ao campo magnético por eles criado. Nesse caso, atenção com relação ao campo magnético espúrio criado pelo indutor, que pode interferir com circuitos elétricos ao seu redor. Vemos na Figura 9.7 um esquema de um circuito RL-Série. Para iniciar o estudo desse circuito elétrico, alimentado por uma bateria de ddp V, consideremos inicialmente a chave elétrica ch aberta. Estamos admitindo a bateria sem resistência interna (as baterias de fato têm resistência interna, e neste caso consideramos associadas em série a resistência interna da bateria com o resistor R).

Com a chave elétrica fechada, verificamos a passagem da corrente elétrica $i = i(t)$ no circuito. Para determinar a corrente elétrica, devemos aplicar a lei das malhas (leis de Kirchhoff) ao circuito. Podemos primeiramente analisar fisicamente o que ocorre quando fechamos a chave ch.

Figura 9.7
Circuito RL-Série alimentado por uma bateria.

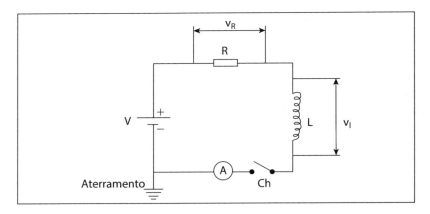

Sabemos do estudo da indução eletromagnética, realizado no Capítulo 8, que a variação do campo magnético no tempo induz uma força eletromotriz. Assim, a corrente elétrica circulando no circuito elétrico com indutor induzirá uma *fem* no próprio indutor, que é a força eletromotriz autoinduzida. Dessa forma, a corrente elétrica encontrará uma oposição à sua passagem. Então, de forma qualitativa, esperamos que a corrente elétrica circule inicialmente com valor próximo de zero, depois cresça, até atingir o valor constante $i_m = \dfrac{V}{R}$. Nesse caso, como a corrente elétrica atinge um valor constante, ela não gerará *fem* autoinduzida e, assim, o valor de corrente elétrica, para um tempo suficientemente grande, será dado por $\dfrac{V}{R}$. Note que V é a diferença de potencial da bateria. Como fizemos no caso do circuito RC-Série, uma análise física qualitativa é recomendável, fazendo com que pensemos no problema considerando os aspectos físicos na sua essência, sem o poderoso ferramental matemático. Mesmo que a nossa análise física prévia venha a se mostrar errada após os cálculos matemáticos, podemos aprender com o erro cometido. O aprendizado e a conquista do conhecimento se dão dessa forma.

Podemos agora aplicar a lei das malhas no circuito elétrico. Temos que:

$$V = v_R + v_L,$$

sendo $v_R = V_R(t)$, $v_L = v_L(t)$. Pela lei de Ohm e pelo comportamento elétrico do indutor, escrevemos:

$$v_R(t) = R \times i(t) \text{ e } v_L(t) = -L\dfrac{di(t)}{dt}$$

Assim,

$$V = R \times i(t) + L\frac{di(t)}{dt},$$

que é uma equação diferencial ordinária de primeira ordem com coeficientes constantes. Escrevemos:

$$\frac{di(t)}{dt} + \frac{R}{L}i(t) = \frac{V}{L}$$

Cabe uma explicação sobre a montagem da última equação diferencial. Ao aplicarmos a lei das malhas ao circuito elétrico RL-Série, temos que o potencial elétrico diminui de $R \cdot i(t)$; dessa forma, ao seguir o circuito no sentido horário, devido à polaridade da bateria, teremos uma variação no potencial elétrico de $-R \cdot (t)$. No caso do indutor, a situação é mais sutil. Conforme varia a corrente elétrica, há o surgimento de uma *fem* autoinduzida no indutor. Considerando o sentido de $i = i(t)$, temos, ao seguir o circuito elétrico no sentido de i, que o potencial elétrico muda de $-L \times \dfrac{di(t)}{dt}$.

Assim, pela lei das malhas, temos que:

$$-R \times i(t) - L \times \frac{di(t)}{dt} + V = 0$$

Sugerimos ao estudante recordar a lei de Lenz e a lei de Faraday, no circuito RC-Série. Note que esta equação diferencial é um pouco mais difícil de resolver do que aquelas que representam a carga e a descarga do capacitor. Não obstante, sem fazer uso da teoria das equações diferenciais, podemos propor uma solução, tentando algumas funções que representem a corrente elétrica no circuito RL-Série. Note que a derivada da função que devemos encontrar (a solução do problema!) está na equação diferencial junto com a função, o que sugere que a função exponencial deve estar presente. Vamos propor a seguinte função como solução:

$$i(t) = \frac{V}{R}(1 - e^{-\frac{R}{L}t})$$

Temos que, para $t = 0, i(0) = 0$, que satisfaz a condição inicial do problema físico, e para um tempo suficientemente grande, a corrente elétrica deve convergir para o valor $i(t \to \infty) = \dfrac{V}{R}$; com isso, o indutor não terá mais presença no circuito elétrico.

O indutor somente tem importância caso a corrente elétrica varie no tempo (com isso, o campo magnético no indutor induzirá *fem*, segundo a lei de Faraday). É importante notar que, mesmo de posse da teoria dos circuitos elétricos, o conhecimento dos conceitos básicos do eletromagnetismo é também necessário, a fim de estabelecer o comportamento elétrico magnético dos componentes elétricos. Verifiquemos se a função é solução da equação diferencial:

$$i(t) = \frac{V}{R}(1 - e^{-\frac{R}{L}t})$$

Assim:

$$\frac{di(t)}{dt} + \frac{R}{L}i(t) = \frac{V}{L}$$

$$\frac{d}{dt}\left[\frac{V}{R}(1 - e^{-\frac{R}{L}t})\right] + \frac{R}{L} \times \frac{V}{R}\left(1 - e^{-\frac{R}{L}t}\right) = \frac{V}{L},$$

que confere para qualquer instante $t \geq 0$. Assim, é solução. Para resolver circuitos elétricos mais sofisticados, métodos matemáticos mais poderosos são necessários; até o momento, uma inspeção nas equações diferenciais foi suficiente para alcançar a solução. Isso é raro de acontecer.

Na Figura 9.8 temos o gráfico da corrente elétrica no circuito RL-Série.

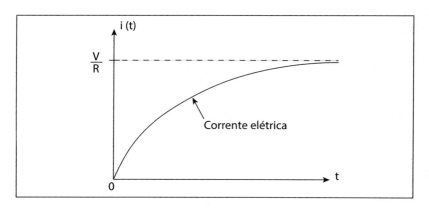

Figura 9.8 Corrente elétrica em função do tempo no circuito RL-Série.

Complementando, podemos encontrar as quedas de voltagem no resistor e no indutor. Temos que:

$$v_R(t) = R \times i(t) = R \times \frac{V}{R}\left(1 - e^{-\frac{R}{L}t}\right)$$

$$v_R(t) = V\left(1 - e^{-\frac{R}{L}t}\right)$$

e

$$v_L(t) = L \times \frac{di(t)}{dt} = L \times \frac{d}{dt}\left[V \times \left(1 - e^{-\frac{R}{L}t}\right)\right]$$

$$v_L(t) = L \times -\frac{V}{R} \times -\frac{R}{L} \times e^{-\frac{R}{L}t}$$

$$v_L(t) = +V \times e^{-\frac{R}{L}t}$$

Note que a *fem* autoinduzida no indutor é $ddp = -L \times \dfrac{di(t)}{dt}$; porém, a queda de voltagem em seus terminais, considerando a orientação da corrente elétrica, é $v_L(t) = +V \times e^{-\frac{R}{L}t}$.

Aplicando a lei de Kirchhoff da queda de voltagem, temos a relação:

$$v_R(t) + v_L(t) = V \times \left(1 - e^{\frac{R}{L}t}\right) + v \times e^{\frac{R}{L}t} = V,$$

o que confere com a lei das malhas.

Vemos assim que, ao fechar a chave elétrica, a súbita elevação da corrente faz aparecer uma intensa *fem* autoinduzida nos terminais do indutor. A taxa de crescimento da corrente elétrica, em $t = 0$, é alta mesmo sendo nula a corrente elétrica em $t = 0$. À medida que o tempo passa, a corrente elétrica começa a percorrer o circuito, com taxa de crescimento cada vez menor, até atingir assintoticamente o valor máximo $\dfrac{V}{R}$, estabilizando-se nesse valor.

Cabe mencionar que, quanto maior o termo $\dfrac{L}{R}$, chamado de constante de tempo, maior é o tempo para a corrente elétrica atingir seu máximo valor. Note a similaridade com o caso do circuito RC-Série.

Quando ocorre a abertura da chave elétrica, temos que a energia magnética armazenada no indutor será convertida em energia elétrica circulando pelo circuito. Detalhando: quando a corrente elétrica circulando no circuito é $\dfrac{V}{R}$, temos que o campo magnético existente na bobina, de indutância L, é constante.

Dessa forma, não há indução eletromagnética. Quando abrimos o circuito elétrico, a corrente elétrica tende a parar de circular, mas a sua diminuição faz também diminuir o campo magnético no indutor, e essa variação leva à indução de uma *fem*. Assim, a corrente elétrica não diminui abruptamente para zero, mas leva certo tempo, devido à ação do indutor. O tempo de queda da corrente elétrica depende da constante de tempo $\tau = \dfrac{L}{R}$; quanto maior $\dfrac{L}{R}$, mais demorada é a diminuição da corrente elétrica.

Resolvendo a equação diferencial para o caso do circuito RL-Série sem bateria, temos que:

$$i(t) = \frac{V}{R} e^{-\frac{R}{L}t},$$

com $i(0) = \dfrac{V}{R}$.

No caso do circuito RC-Série, a energia é armazenada no campo elétrico do capacitor, e no caso do indutor, a energia é armazenada no campo magnético do indutor.

Como consequência da existência de indutores nos circuitos elétricos em geral (devido às bobinas), quando ocorrem aberturas e fechamentos das chaves, levando a grandes variações da corrente elétrica, há a indução de altas *fem*, ocasionando faíscas elétricas. Os equipamentos e as pessoas devem ser protegidos dos efeitos da indução eletromagnética.

Uma forma de conter as faíscas elétricas, ou mesmo eliminá-las, é instalar um capacitor de valor adequado em paralelo com a bobina do equipamento elétrico. Dessa forma, quando ocorrer a variação rápida da corrente elétrica, a *fem* autoinduzida na bobina carregará o capacitor, em vez de provocar a descarga elétrica.

Todas as máquinas elétricas, motores de corrente contínua e de corrente alternada, alternadores, dínamos, transformadores, e qualquer equipamento que apresente bobinas, apresentam o efeito de indução eletromagnética; assim, eles podem ser considerados como componentes elétricos indutivos nos circuitos. Na geração e transmissão de energia elétrica, e também nas instalações residenciais e, principalmente, nas indústrias, os indutores são muito mais presentes que os capacitores.

Complementando, sabemos que no indutor, pela sua configuração geométrica, há a formação de campo magnético devido à circulação de corrente elétrica. Como visto em capítulos anteriores, há energia estocada no campo magnético (assim como no campo elétrico). Voltando à relação:

$$Ri(t) + L \times \frac{di(t)}{dt} = V$$

e, multiplicando ambos os membros por $i(t)$, temos:

$$R \times i^2(t) + Li(t)\frac{di(t)}{dt} = V \times i(t)$$

Identificamos como sendo $R \times i^2(t)$ a potência elétrica dissipada (energia elétrica é transformada em energia térmica) pelo resistor, e $V \times i(t)$, a potência elétrica disponibilizada pela bateria. Assim, pelo princípio de conservação de energia, $Li(t)\frac{di(t)}{dt}$ é a potência elétrica desenvolvida no indutor. Note que podemos escrever $Li(t)\frac{di(t)}{dt}$ como:

$$Li(t)\frac{di(t)}{dt} = \frac{1}{2}L\frac{di^2(t)}{dt}$$

Assim,

$$\frac{dE_L(t)}{dt} = \frac{1}{2}L\frac{di^2(t)}{dt}$$

$$E_L = \int_0^i \frac{1}{2}Li'di'$$

$$E_L = \frac{1}{2}Li^2,$$

que é a energia magnética no indutor.

Na prática, os indutores são construídos de fios, e estes apresentam resistência elétrica. Assim, intrinsecamente, os indutores têm associado a eles sua indutância e sua resistência elétrica.

Exemplo II

Considere o circuito RL-Série. Encontre a corrente elétrica. Determine a queda de voltagem no resistor e no indutor. Determine a potência dissipada no resistor. Comente sobre a potência no resistor. O que ocorre com a energia no indutor? Estude o posicionamento da chave elétrica em b.

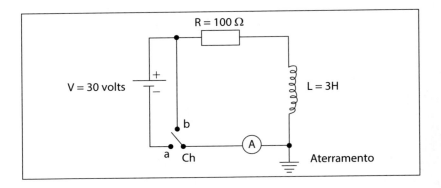

Solução:

Aplicando a teoria desenvolvida para o circuito RL-Série, temos que a corrente elétrica que circula no circuito, quando a chave elétrica *ch* é colocada na posição *a*, é dada por:

$$i(t) = \frac{V}{R}\left(1 - e^{-\frac{R}{L}t}\right)$$

Assim:

$$i(t) = \frac{30}{100} \times \left(1 - e^{-\frac{100}{3}t}\right)$$

$$i(t) = 0,3 \times \left(1 - e^{33,33t}\right) [A].$$

As quedas de voltagem no resistor e no indutor estão a seguir.

Resistor:

$$v_R(t) = R \times i(t) =$$

$$100 \times 0,3\left(1 - e^{-33,33t}\right)$$

$$v_R(t) = 30\left(1 - e^{-33,33t}\right) [V]$$

Indutor:

$$v_L(t) = L \times \frac{di(t)}{dt}$$

$$v_L(t) = L \times -\frac{V}{R} \times -\frac{R}{L} \times e^{-\frac{R}{L}t}$$

$$v_L(t) = V \times e^{-\frac{R}{L}t} = 30 \times e^{-33,33t}$$

Para verificar a lei das malhas, temos que:

$$v_R(t) + v_L(t) = 30 \times \left(1 - e^{-33,33t}\right) + 30 \times e^{-33,33t}$$

$$v_R(t) + v_L(t) = 30 - 30 \times e^{-33,33t} + 30 \times e^{-33,33t} = 30 \, \text{volts},$$

como esperado.

Podemos agora determinar as potências elétricas desenvolvidas nos componentes do circuito elétrico. No resistor, temos:

$$P_R(t) = R \times i^2(t) = 100 \times [0,3(1 - e^{-33,33t})]^2 = 100 \times 0,3^2 (1 - e^{-33,33t})^2$$

$$P_R(t) = 9(1 - e^{-33,33t})^2 \, [\text{W}]$$

No indutor, temos:

$$P_L(t) = \frac{1}{2} \times L \frac{di^2(t)}{dt} = L \times i(t) \frac{di(t)}{dt} =$$

$$= 3 \times 0,3\left(1 - e^{-33,33t}\right) \times \frac{d}{dt}\left[0,3\left(1 - e^{-33,33t}\right)\right] =$$

$$= 30 \times 0,3\left(1 - e^{-33,33t}\right) \times (-0,3)\left(e^{-33,33t}\right) \times (-33,33) =$$

$$P_L(t) = 9\left(1 - e^{-33,33t}\right) [\text{W}]$$

A potência elétrica no resistor é transformada em potência térmica, ou seja, o resistor se aquece. Dizemos, nesse caso, que há dissipação de potência elétrica. No caso do indutor, a potência elétrica é transformada em potência magnética, que é armazenada no campo magnético do indutor. Quando a corrente elétrica se estabiliza no valor $\dfrac{V}{R}$, a energia magnética armazenada no indutor atinge seu valor máximo, para esse valor de corrente elétrica.

Ao posicionar a chave elétrica (muito rapidamente, em um tempo menor que a constante de tempo $\tau = \dfrac{L}{R}$), a corrente elétrica de valor

$$i(t) = \frac{V}{R} \times e^{-\frac{R}{L}t}$$

$$i(t) = 0,3e^{-33,33t} \, [\text{A}]$$

fluirá pelo circuito elétrico.

Certamente, essa corrente elétrica circulando no resistor fará dissipar energia elétrica. Temos que a energia magnética armazenada no campo magnético no indutor será transformada em energia elétrica, e esta, em energia térmica (no resistor). É interessante verificar como há coerência nos conceitos e ideias da física, e mais, como a conservação de energia é obedecida.

O corpo teórico da física, no caso do eletromagnetismo, é amplamente confirmado experimentalmente.

Como no caso do circuito RC-Série, verificamos também que, no caso do circuito elétrico RL-Série, além das configurações em paralelo, são extensamente empregados nos circuitos elétricos de potência e nos circuitos eletrônicos. Sugerimos aos estudantes que consultem livros de eletrotécnica e eletrônica e verifiquem por si próprios a sua utilização. O material desenvolvido neste capítulo, assim como em todo o livro, faz parte intensiva de nosso cotidiano.

9.6 CORRENTE ELÉTRICA ALTERNADA

Vimos até o momento, neste livro, o desenvolvimento do estudo de circuitos elétricos utilizando fontes de força eletromotriz (*fem*) com valor constante (a menos da resistência interna da bateria). Não obstante a importância dessas fontes de energia elétrica, temos fontes de energia elétrica com *fem* variáveis no tempo.

Grande parte dos circuitos eletrônicos tem suas fontes de alimentação elétrica (fontes de energia elétrica) com ddp constante; inclusive, parte importante da qualidade de muitos circuitos eletrônicos está na estabilidade e constância no valor da voltagem fornecida pelas suas fontes de alimentação. Há várias configurações de fontes de alimentação elétrica com ddp constante nos circuitos elétricos contendo indutores e capacitores.

Agora, praticamente todas as fontes de alimentação elétrica residenciais e industriais são de voltagem variável no tempo; no caso, a sua variação é senoidal. Como visto no Capítulo 8, variações temporais de campo magnético induzem *fem*. Assim, tendo *fem* variáveis no tempo, estas produzem correntes elétricas também variáveis no tempo, e estas produzem campos magnéticos variáveis no tempo, podendo induzir *fem*. Então, uma grande vantagem em voltagens dependentes do tempo é a possibilidade de produzir facilmente vários valores de *fem*. As correntes alternadas são as mais utilizadas para os propósitos práticos.

Chamamos de correntes alternadas aquelas que têm seus sentidos variando no tempo. Dessa forma, os terminais de uma fonte de alimentação elétrica mudam de polaridade com o tempo. Ao contrário, as fontes de alimentação elétrica de corrente contínua têm os seus terminais sempre com a mesma polaridade. Essas fontes elétricas também podem ter o seu valor de *fem* e ddp variáveis no tempo.

Podemos ver na Figura 9.9 vários exemplos de correntes elétricas contínuas e alternadas. Os gráficos 9.9a, 9.9b, 9.9c e 9.9g são representações de correntes contínuas. Os outros gráficos representam correntes alternadas.

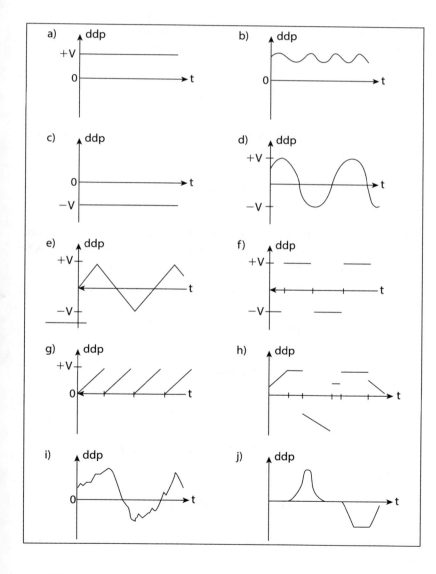

Figura 9.9
Várias formas de ddp.

Nesse contexto, estudaremos os fundamentos da corrente alternada senoidal. A sua importância está no fato de que toda a geração e grande parte da transmissão e da utilização da energia elétrica é feita com corrente alternada senoidal. No Brasil, a frequência da rede elétrica é de 60 Hz. Há países com frequência de rede elétrica de 50 Hz. A geração de corrente alternada senoidal é conseguida, em princípio, de forma bastante simples. Como visto em detalhe no Capítulo 8, a lei de Faraday declara que *fem* induzida pode ser conseguida a partir da variação temporal do fluxo magnético concatenado em uma espira.

Na Figura 9.10, vemos esquematizada a configuração básica de uma fonte de força eletromotriz baseada no conceito de indução eletromagnética. Pela lei de Faraday, determinamos a *fem* induzida na espira devido à variação do fluxo magnético concatenado nela. Assim, a ddp induzida é:

$$\varepsilon = -\frac{d\Phi(t)}{dt} = -\frac{d}{dt}\left[\int_S \vec{B} \cdot d\vec{A}\right]$$

Vemos que, à medida que a espira gira, há a variação de fluxo magnético nela. Então:

$$\varepsilon = -\frac{d}{dt}(B \times A \times \cos\theta),$$

sendo A a área da espira e θ o ângulo formado na reta normal ao plano da espira e a orientação da intensidade de campo magnético (veja em particular o Exercício com Resposta 4).

Dessa forma, a *fem* induzida na espira tem a forma:

$$\varepsilon(t) = -\frac{d}{dt}(B \times A \times \cos\theta)$$

Como $\theta = \theta(t) = \omega t + \theta_0$, ficamos com:

$$\varepsilon(t) = -\frac{d}{dt}[B \times A \times \cos(\omega t + \theta_0)],$$

cujo valor máximo da *fem* induzida é $\varepsilon_M = \omega AB$

Assim:

$$\varepsilon(t) = \varepsilon_M \times \text{sen}(\omega t + \theta).$$

Vemos que a *fem* induzida na espira varia senoidalmente no tempo.

Figura 9.10
Alternador monofásico.

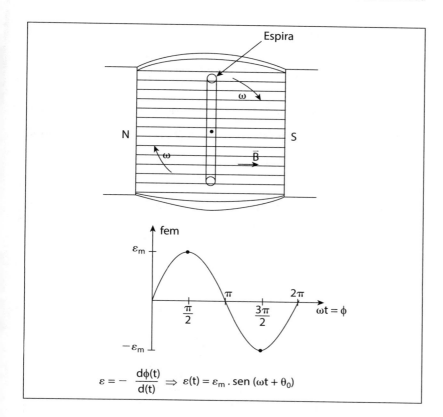

Note que, aumentando o número de espiras, formando uma bobina, teremos o crescimento proporcional da *fem* induzida.

Seguindo a ideia básica mostrada anteriormente, na prática é utilizada na geração, na transmissão e nas instalações industriais a chamada corrente alternada trifásica. Essa configuração traz vantagens em todas as etapas envolvendo a energia elétrica. Note que na configuração mostrada na Figura 9.10 há muito espaço não utilizado no rotor do alternador. Podemos acrescentar algumas novas espiras vizinhas distanciadas de 120°, por exemplo, tendo como configuração aquela mostrada na Figura 9.11.

Vemos que cada espira tem em seus terminais a *fem* induzida dada pelas expressões a seguir.

Para a espira A:

$$\varepsilon_A(t) = \varepsilon_M \times \text{sen}\ (\omega t + \varphi_A)$$

Para a espira B:

$$\varepsilon_B(t) = \varepsilon_M \times \text{sen}\ (\omega t + \varphi_A + \frac{2}{3}\pi)$$

Para a espira C:

$$\varepsilon_c(t) = \varepsilon_M \times \text{sen } (\omega t + \varphi_A + \frac{4}{3}\pi)$$

Dessa forma, a *fem* $\varepsilon_B(t)$ está $\frac{2}{3}\pi$ defasada da *fem* $\varepsilon_A(t)$, e a *fem* $\varepsilon_c(t)$ está $\frac{4}{3}\pi$ defasada da *fem* $\varepsilon_A(t)$. As formas de onda estão mostradas na Figura 9.11, na qual podemos ver a defasagem de $\frac{2}{3}\pi$.

Além da vantagem na geração de energia elétrica, que está na utilização mais otimizada do campo magnético, temos que na transmissão não há a necessidade de utilizar o condutor neutro.

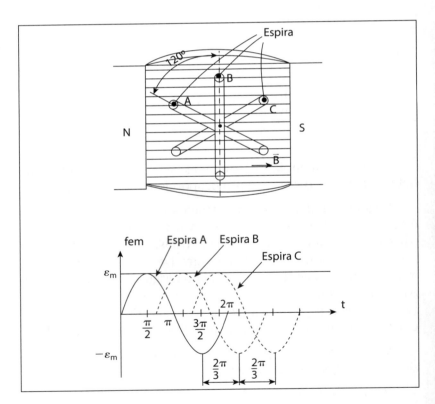

Figura 9.11
Alternador trifásico.

Note que as três fases são completamente independentes entre si. Cabe mencionar que os motores elétricos, em geral com potência superior a 5 HP (5 × 745,7 V), são alimentados com corrente alternada trifásica. Verificamos que a potência (mecânica) na ponta do eixo é mais estável que aquela desenvolvida pela corrente alternada monofásica. Além disso, para o

Circuitos elétricos transientes e de corrente alternada

mesmo tamanho do motor elétrico, considerando a quantidade de ferro-silício do circuito magnético, obtemos mais potência e maior rendimento com a corrente alternada trifásica.

Complementando, podemos realizar algumas ligações entre si com as 3 fases da corrente alternada trifásica. Entre as mais importantes temos a ligação estrela (simbolizada por Y) e a ligação triângulo (simbolizada por Δ).

Uma definição de muita importância para a corrente alternada senoidal (e também para outras formas de configuração de corrente alternada) é a de valor eficaz.

Você já deve ter observado alguém medir o valor da voltagem (ddp) nos terminais de uma tomada, para confirmar se ela está, por exemplo, com 127 V ou com 220 V. Mas veja que, como dissemos, a rede elétrica no Brasil tem frequência de 60 Hz, com variação senoidal no tempo. Podemos representá-la matematicamente como:

$$v(t) = V_o \times \text{sen } (2\pi f \times t + \varphi_o)$$

$$v(t) = V_o \times \text{sen}(2\pi \times 60 + \varphi_o) \text{ [volts]}$$

Vem a questão: qual valor devemos atribuir a V_o? E, ainda, quando dizemos que a tomada é de 127 V ou 220 V, como é possível atribuir um valor de voltagem a uma tomada se os valores de voltagem nela estão variando no tempo? Daí a necessidade do conceito de valor eficaz de uma voltagem alternada.

Definimos o valor eficaz de uma corrente alternada como sendo aquele valor que, se substituído por uma corrente contínua constante, produza a mesma dissipação de energia em um resistor.

A fim de garantir a definição física acima imposta, matematicamente temos a expressão:

$$i_c^2 \times R = \int_0^T i^2(t) \times R\,dt,$$

sendo i_c o valor da corrente contínua constante, i o valor eficaz da corrente alternada, e T o período dado por $T = \dfrac{1}{f}$. Assim,

$$i_c^2 \times R = \int_0^T \left[I_0 \times \text{sen}(\omega t + \varphi)dt \right]^2 R\,dt$$

$$i_c^2 \times R = R \times I_0^2 \int_0^T \text{sen}^2(\omega t + \varphi)dt = R \times I_0^2 \times \left[\frac{t}{2} - \frac{\text{sen}^2 2\omega t}{4\omega} \right]\Big|_0^T$$

$$i_c^2 \times R = R \times I_0^2 \times \frac{1}{2}$$

$$i_c^2 = I_0^2 \times \frac{1}{2}$$

Portanto,

$$i_c = \frac{I_0}{\sqrt{2}}$$

Para conseguir esse valor de corrente elétrica percorrendo o resistor, o valor de ddp deve ser:

$$v_c = i_c \times R = \frac{I_0}{\sqrt{2}} \times R = \frac{V_0}{\sqrt{2}}$$

Assim, o valor de voltagem (ddp) eficaz é o valor máximo da voltagem dividido por $\sqrt{2}$. Note que esse valor é para o caso senoidal. Cada tipo de corrente alternada tem seu valor constante.

Dessa forma, a expressão da voltagem em uma tomada de 127 V é a seguinte:

$$v(t) = 127\sqrt{2} \times \operatorname{sen}\left(2\pi 60 \times t + \varphi_0\right)$$

$$v(t) = 179,605 \times \operatorname{sen}\left(365,9908 \times t + \varphi_0\right)$$

(Note que φ_0 é uma constante que depende do início da contagem do tempo. Este fato, em geral, não tem importância para os casos práticos.)

Exemplo III

Represente matematicamente a voltagem oferecida na rede elétrica da cidade de São Paulo, tanto monofásica (voltagem eficaz de 127 V) como trifásica (voltagem eficaz de 380 V).

Solução:

A voltagem monofásica na cidade de São Paulo, e também na maior parte das cidades brasileiras, tem valor eficaz de 127 V. Há alguns anos a voltagem eficaz era de 110 V e, por isso, em muitas indicações, mantém-se erradamente esse valor. Assim, podemos representar matematicamente o valor de voltagem eficaz de 127 V como sendo:

$$v(t) = V_0 \times \operatorname{sen}\left(\omega t + \varphi_0\right),$$

com $\omega = 2\pi f = 2\pi 60 = 376,991 \ s^{-1}$. Assim,

$$v(t) = \sqrt{2} \times 127 \, \text{sen} \ (376,991 \times t + \varphi_0)$$

$$v(t) = 179,605 \times \text{sen}(376,991 \times t + \varphi_0)$$

Em geral, a fase inicial φ_0 não interfere no cálculo de situações envolvendo a análise de circuitos elétricos. Além disso, a fase inicial depende do instante em que iniciamos a contagem do tempo, e, na maior parte dos casos de interesse prático, o cálculo de grandezas elétricas se dá considerando um intervalo de tempo.

Outra questão a que devemos estar atentos é quanto à isolação elétrica no caso de correntes alternadas. Note, por exemplo, na situação da voltagem de valor eficaz de 127 V, que o máximo de voltagem é 179,6 volts; assim, o dielétrico deve ser especificado pelo valor máximo.

No caso da corrente alternada senoidal trifásica, a representação matemática é dada para cada uma das fases, como:

Fase 1: $v_1(t) = V_0 \times \text{sen}(\omega t + \varphi_0)$,

Fase 2: $v_2(t) = V_0 \times \text{sen}\left(\omega t + \varphi_0 + \dfrac{2}{3}\pi\right)$, e

Fase 3: $v_3(t) = V_0 \times \text{sen}\left(\omega t + \varphi_0 + \dfrac{4}{3}\pi\right)$,

sendo $V_0 = \sqrt{2} \times v_{ef} = \sqrt{2} \times 380$ ou $V_0 = 537,40$ volts, e, ainda, a frequência angular $\omega = 2\pi f = \omega = 376,99 s^{-1}$. Assim, escrevemos:

Fase 1: $v_1(t) = 537,40 \times \text{sen}(376,99 \times t + \varphi_0)$,

Fase 2: $v_2(t) = 537,40 \times \text{sen}\left(376,99 \times t + \varphi_0 + \dfrac{2}{3}\pi\right)$, e

Fase 3: $v_3(t) = 537,40 \times \text{sen}\left(376,99 \times t + \varphi_0 + \dfrac{4}{3}\pi\right)$

Como observado para a voltagem monofásica, a fase inicial, em geral, não é importante nas considerações práticas.

Os circuitos elétricos são um capítulo à parte no estudo da eletrotécnica e da eletrônica. É um assunto muito importante, com livros excelentes, bastante detalhados. Em particular, a corrente alternada senoidal está presente na geração, na transmissão, na distribuição e na utilização da energia elétrica.

9.7 CIRCUITO ELÉTRICO DE CORRENTE ALTERNADA SENOIDAL RC

Assim como no caso dos circuitos de corrente contínua constante, e também nos circuitos transientes, há os circuitos de corrente alternada senoidal, que são básicos e fazem parte dos circuitos elétricos mais complexos e de uso prático em geral.

Iniciaremos o estudo dos circuitos de corrente alternada (CA) senoidal, que chamaremos simplesmente de CA, com o circuito RC-Série de CA. Como nas análises feitas em outros circuitos elétricos, aplicaremos a lei de Kirchhoff das malhas, construindo, então, a relação entre a voltagem de alimentação e as quedas de voltagem nos componentes elétricos.

Figura 9.12
Circuito de corrente alternada senoidal RC-Série.

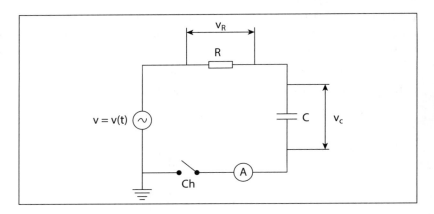

Temos que:

$$v(t) = v_R(t) + v_C(t)$$

As quedas de voltagem no resistor e no capacitor são dadas respectivamente pelas expressões:

$$v_R(t) = R \times i(t) \text{ e}$$

$$v_C(t) = \frac{q(t)}{C}$$

Assim,

$$v(t) = R \times i(t) + \frac{q(t)}{C}$$

Porém, a corrente elétrica e a carga elétrica estão ligadas pela relação $i(t) = \dfrac{dq(t)}{dt}$ (que é a própria definição de corrente elétrica!). Dessa forma, derivando ambos os membros da relação $v(t) = R \times i(t) + \dfrac{q(t)}{C}$, temos que:

$$\frac{dv(t)}{dt} = R \times \frac{di(t)}{dt} + \frac{1}{C} \times \frac{dq(t)}{dt}$$

$$\frac{dv(t)}{dt} = R \times \frac{di(t)}{dt} + \frac{1}{C} \times i(t)$$

Impomos uma CA senoidal escrita como:

$$v(t) = V_0 \times \operatorname{sen}(\omega t)$$

(consideremos a fase inicial $\varphi_0 = 0$). Assim,

$$\frac{d}{dt}\left[V_0 \times \operatorname{sen}(\omega t) \right] = R \times \frac{di(t)}{dt} + \frac{1}{C} i(t)$$

$$V_0 \times \cos(\omega t) \times \omega = R \frac{di(t)}{dt} + \frac{1}{C} i(t),$$

que é uma equação diferencial ordinária não homogênea. Pela teoria das equações diferenciais, temos a função $i(t) = I_0 \times \operatorname{sen}(\omega t + \Phi)$ como proposta de solução. Substituindo essa função na equação diferencial ordinária, temos que:

$$V_0 \omega \cos(\omega t) = R\omega I_0 \cos(\omega t + \Phi) + \frac{1}{C} I_0 \operatorname{sen}(\omega t + \Phi)$$

Aplicando as relações trigonométricas da soma, ficamos com:

$$V_0 \omega \cos(\omega t) = I_0 R\omega \left[\cos(\omega t) \times \cos\Phi - \operatorname{sen}(\omega t) \times \operatorname{sen}\Phi \right] +$$

$$\frac{1}{C} I_0 \left[\operatorname{sen}(\omega t) \times \cos\Phi + \cos(\omega t) \times \operatorname{sen}\Phi \right]$$

$$\frac{V_0}{I_0} \times \cos(\omega t) = R \left[\cos(\omega t) \times \cos\Phi - \operatorname{sen}(\omega t)\operatorname{sen}\Phi \right] +$$

$$\frac{1}{\omega C} \times \left[\operatorname{sen}(\omega t) \times \cos(\omega t) \times \operatorname{sen}\Phi \right]$$

Trabalhando com a expressão anterior, chegamos à relação:

$$\left[-\frac{V_0}{I_0} + R\cos\Phi + \frac{1}{\omega C}\operatorname{sen}\Phi\right] \times \cos\omega t +$$

$$\left(\frac{1}{\omega C} \times \cos\Phi - R \times \operatorname{sen}\Phi\right) \times \operatorname{sen}\omega t = 0,$$

que deve ser verificada para todo t, em particular para $t = 0$; assim, $\operatorname{sen}\omega \times 0 = 0$ e, então, a expressão acima deve satisfazer a igualdade:

$$\frac{1}{\omega C} \times \operatorname{sen}\Phi + R\cos\Phi = \frac{V_0}{I_0}$$

para a expressão se igualar a zero para todo t. Da mesma forma, para $\omega_t = \dfrac{\pi}{2}$, temos que $\cos(\omega t) = \cos\dfrac{\pi}{2} = 0$, e ficamos com a relação: $\dfrac{1}{\omega C}\cos\Phi - R \times \operatorname{sen}\Phi = 0$, que permite chegar à relação:

$$R\operatorname{sen}\Phi = \frac{1}{\omega C} \times \cos\Phi$$

$$\frac{\operatorname{sen}\Phi}{\cos\Phi} = \frac{1}{\omega RC}$$

$$\operatorname{tg}\Phi = \frac{1}{\omega RC}$$

Logo,

$$\Phi = \operatorname{arctg}\left(\frac{1}{\omega RC}\right)$$

Essa relação fornece a defasagem da voltagem $v = v(t)$ com relação à corrente elétrica $i = i(t)$, uma vez que $v(t) = V_0 \times \operatorname{sen}(\omega t)$ e $i(t) = I_0 \times \operatorname{sen}(\omega t + \Phi)$. Vejamos agora a relação obtida $\dfrac{1}{\omega C} \times \operatorname{sen}\Phi + \cos\Phi = \dfrac{V_0}{I_0}$. Definindo as grandezas reatância capacitiva $X_C = \dfrac{1}{\omega_C}$ e impedância $Z = \sqrt{R^2 + X_C^{\,2}}$, temos que $\operatorname{sen}\Phi = \dfrac{X_C}{Z}$ e $\cos\Phi = \dfrac{R}{Z}$. Assim,

$$\operatorname{tg}\Phi = \frac{\operatorname{sen}\Phi}{\cos\Phi} = \frac{X_C}{Z} \times \frac{Z}{R} = \frac{X_C}{R} = \frac{1}{\omega CR}$$

Por meio da expressão

$$\frac{1}{\omega C} \times \text{sen}\,\Phi + R \times \cos\Phi = \frac{V_0}{I_0},$$

temos:

$$\frac{1}{\omega C} \times \frac{X_C}{Z} + R \times \frac{R}{Z} = \frac{V_0}{I_0}$$

$$\frac{X_C^{\,2}}{Z} + \frac{R^2}{Z} = \frac{V_0}{I_0}$$

$$\frac{X_C^{\,2} + R^2}{Z} = \frac{Z^2}{Z} = \frac{V_0}{I_0}$$

$$V_0 = I_0 \times Z$$

Como $v_{ef} = \dfrac{V_0}{\sqrt{2}}$ e $i_{ef} = \dfrac{I_0}{\sqrt{2}}$, ficamos com $v_{ef} = i_{ef} \times Z$, que é a extensão da lei de Ohm para o circuito RC-Série com CA senoidal.

Interpretamos a impedância Z como sendo a oposição que o circuito RC-Série oferece à passagem da corrente elétrica. Na mesma linha de raciocínio, consideramos a reatância capacitiva X_C como sendo a oposição que o capacitor oferece à passagem da corrente elétrica. Note também um aspecto interessante: a composição do resistor com o capacitor, no circuito RC-Série, produz uma grandeza impedância que se calcula como sendo $Z = \sqrt{R^2 + X_C^{\,2}}$, relação interpretada como um triângulo retângulo, conforme esquematizado na Figura 9.13a.

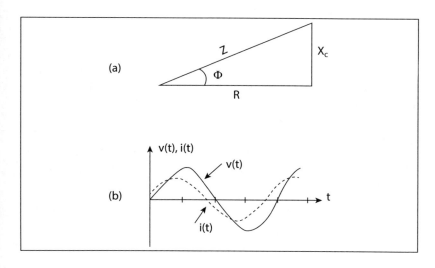

Figura 9.13
(a) Representação esquemática da impedância (Z), reatância capacitiva (X_c) e resistência (R). (b) Representação da defasagem entre a voltagem da fonte de alimentação elétrica e a corrente elétrica no circuito.

Podemos verificar que a corrente elétrica $i(t) = I_0 \times \text{sen } (\omega t + \Phi)$ está adiantada da fase Φ em relação à voltagem da fonte de alimentação CA $v(t) = V_0 \times \text{sen } (\omega t)$, na Figura 9.13b.

Se tivéssemos no circuito elétrico o resistor com $R = 0$, a corrente elétrica estaria $\dfrac{\pi}{2}$ adiantada da voltagem, pois $\text{tg}\Phi = \dfrac{X_C}{R} = \infty$. Ao contrário, se a reatância capacitiva fosse muito pequena (tendendo a zero), o circuito elétrico CA seria quase que puramente resistivo. Dessa forma, Φ seria igual a zero, e a corrente elétrica estaria em fase com a voltagem.

O fato de a corrente elétrica estar fora de fase nos circuitos CA senoidal traz consequência para o cálculo da potência desenvolvida no circuito elétrico. No caso do resistor, a queda de voltagem e a corrente elétrica estão em fase e a potência elétrica desenvolvida é dada por:

$$P_A = v_{ef} \times i_{ef} \times \cos\Phi,$$

chamada potência ativa.

No caso da potência elétrica desenvolvida no capacitor,

$$P_{Re} = v_{ef} \times i_{ef} \times \text{sen}\Phi,$$

chamada potência reativa.

E a potência elétrica desenvolvida no circuito elétrico como um todo,

$$P_{ap} = v_{ef} \times i_{ef},$$

chamada potência aparente.

As três potências elétricas obedecem à relação:

$$P_{ap}{}^2 = P_A{}^2 + P_{Re}{}^2$$

O cosseno do ângulo Φ (cos Φ) é chamado de fator de potência. Notamos que os circuitos elétricos CA senoidal trazem aspectos muito diferentes dos circuitos elétricos de corrente contínua constante. A diferença básica está na defasagem da corrente elétrica e da tensão elétrica; no caso do circuito elétrico também ocorrerá algo similar se o circuito contiver capacitores (e veremos que também ocorrerá algo muito similar se contiver indutores).

Há três casos marcantes no circuito CA senoidal RC-Série:

- Se houver apenas o capacitor, a carga elétrica será puramente reativa. Não haverá potência ativa. Nesta situação, a potência fornecida pelo gerador será devolvida integralmente a ele pelo capacitor (não se esqueça de que o capacitor armazena energia em seu campo elétrico). O fator de potência será igual a zero.

- Se a carga elétrica for puramente resistiva, toda a potência elétrica é ativa (não há potência reativa). O fator de potência é cos Φ e será igual a 1.

- No caso de o fator de potência ser $0 < \cos\Phi < 1$, teremos potência ativa (devido à presença do resistor) e potência reativa (devido à presença do capacitor).

Cabe mencionar que, nas instalações elétricas em geral, mas principalmente nas instalações elétricas industriais, devido às maiores potências desenvolvidas, há a exigência de o fator de potência ser maior do que 0,8. Esse fato alivia a corrente elétrica na linha de transmissão, reduzindo o efeito Joule.

Exemplo IV

Considere o circuito RC-Série, alimentado por uma voltagem alternada de frequência 50 Hz e de valor eficaz 100 volts. Analise as potências elétricas desenvolvidas no circuito elétrico. Discuta o que ocorre quando a chave é inicialmente aberta e, em seguida, fechada.

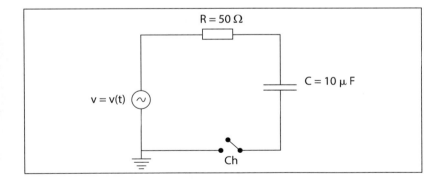

Solução:

Considerando a teoria desenvolvida para o circuito RC-Série, alimentado por corrente alternada senoidal, com frequência de 50 Hz, a representação da voltagem na alimentação elétrica é dada pela expressão:

$$v(t) = V_0 \times \operatorname{sen}\ (\omega t),$$

sendo

$$V_0 = \sqrt{2} \times v_{ef} = \sqrt{2} \times 100$$

$$V_0 = 141,4 \text{ volts}$$

e a frequência angular

$$\omega = 2\pi f = 2\pi 50$$

$$\omega = 314,2\ s^{-1}$$

Assim,

$$v(t) = 141,4 \times \operatorname{sen}(342,2 \times t)$$

Podemos determinar a reatância capacitiva e a impedância do circuito elétrico como segue.

$$X_C = \frac{1}{\omega C} = \frac{1}{2\pi f C} = \frac{1}{314,2 \times 10 \times 10^{-6}}$$

$$X_C = 31,8\Omega$$

Então,

$$Z = \sqrt{R^2 + X_C^{\,2}} = \sqrt{50^2 + 31,8^2}$$

$$Z = 59,3\Omega$$

O fator de potência é dado por:

$$\cos\Phi = \frac{X_C}{Z} = \frac{31,8}{59,3}$$

$$\cos\Phi = 0,536$$

assim, a defasagem entre a voltagem da fonte de alimentação CA e a corrente elétrica é de:

$$\operatorname{arc}\cos\Phi = 1,004\,(rad)$$

(note que esse número não é o ângulo em graus!).

A corrente elétrica no circuito elétrica é dada por:

$$i(t) = \frac{v(t)}{Z} = \frac{141,4}{59,3} \times \text{sen}(314,2t + 1,004)$$

$$i(t) = 2,38 \times \text{sen}(314,2t + 1,004),$$

sendo seu valor eficaz $i_{ef} = 1,69\,\text{A}$.

A potência ativa pode ser determinada como:

$$P_A = v_{ef} \times i_{ef} \times \cos\Phi = 100 \times 1,69 \times 0,536$$

$$P_A = 90,6\,\text{W}$$

A potência reativa é dada por:

$$P_{Re} = v_{ef} \times i_{ef} \times \text{sen}\,\Phi = 100 \times 1,69 \times 0,844$$

$$P_{Re} = 142,7\,\text{VAR}$$

sen Φ pode ser determinado por $\text{sen}\,\Phi = \sqrt{1 - \cos^2\Phi}$, pois $\text{sen}^2\Phi + \cos^2\Phi = 1$. E, ainda, a unidade VAR é volt-ampère reativo. A potência aparente é dada por:

$$P_{ap} = v_{ef} \times i_{ef} = 100 \times 1,69$$

$$P_{ap} = 169\,\text{VA},$$

sendo a unidade VA (volt-ampère).

Note que: $P_{ap}{}^2 = P_A{}^2 + P_{Re}{}^2$

$$169^2 = 90,6^2 + 142,7^2,$$

o que confere!

A queda de voltagem eficaz no resistor é dada por $v_r = i_{ef} \times R = 1,69 \times 50 \Rightarrow v_r = 84,5\,\text{V}$. No capacitor, a queda de voltagem eficaz é dada pela expressão:

$$v_{ef}{}^2 = v_R{}^2 + v_C{}^2$$

$$v_C = \sqrt{v_{ef}{}^2 - v_R{}^2} = \sqrt{100^2 - 84,5^2}$$

$$v_C = 53,5\,\text{volts}$$

Vemos que o circuito elétrico sendo alimentado por CA, tendo capacitor em sua malha, apresenta cálculo bem diferente daquele feito com corrente contínua (CC) constante. Podemos listar as diferenças e características mais marcantes:

- Há defasagem da função corrente elétrica e a função voltagem da fonte de alimentação elétrica.

- A voltagem da fonte de alimentação CA do circuito elétrico RC-Série é composta das quedas de voltagem no resistor e no capacitor, por meio da expressão:

$$v(t)^2 = v_R^{\ 2}(t) + v_C^{\ 2}(t)$$

Assim, se você medir a queda da voltagem no resistor e no capacitor, não poderá simplesmente adicioná-las. O comportamento é inesperado e bem diferente daquele obtido no circuito CC constante. Veremos que esse comportamento traz consequências importantes nos circuitos ressonantes.

- Há três tipos de potência elétrica desenvolvida no circuito RC-Série. Há uma potência elétrica desenvolvida no capacitor, que ora o capacitor absorve (e armazena em seu campo elétrico) e ora devolve à fonte de alimentação elétrica CA. Durante um ciclo completo, não há absorção de potência pelo capacitor (no caso de o capacitor ser ideal; o capacitor real apresenta resistência elétrica em suas placas). Essa potência é chamada de potência reativa. Há a potência absorvida pelo resistor em um ciclo completo, com transformação de energia elétrica em energia térmica. A potência, nesse caso, é chamada potência ativa. A composição dessas duas potências é chamada potência aparente. A expressão que conecta esses três tipos de potência é dada por $P_{ef} = 0,7\,\text{W}\,(\text{valor eficaz})$.

- O fator de potência é dado por cos Φ, sendo Φ o ângulo de defasagem entre a corrente elétrica e a voltagem da fonte de alimentação elétrica. Note que a queda de voltagem no resistor está em fase com a corrente elétrica. Por sua vez, a queda de voltagem no capacitor está $\dfrac{\pi}{2}$ fora de fase com a corrente elétrica (ela se encontra adiantada de $\dfrac{\pi}{2}$ em relação à queda de voltagem).

- A reatância capacitiva, que é a oposição que o capacitor oferece à passagem da corrente elétrica, depende da capacitância do capacitor e também da frequência da CA. E, aumentando-se a frequência, diminui a reatância capacitiva.

- Os diagramas elétricos relevantes para o circuito RC-Série são dados a seguir:

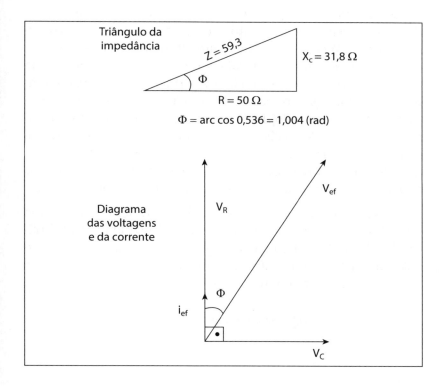

9.8 CIRCUITO ELÉTRICO DE CORRENTE ALTERNADA SENOIDAL RL

Dando continuidade ao estudo básico de circuitos elétricos de corrente alternada senoidal, consideraremos agora o caso de o circuito elétrico composto por um resistor e um indutor conectados em série e alimentados por uma fonte de voltagem alternada senoidal. Assim como o caso do circuito RC-Série, o circuito RL-Série é a base de muitos circuitos elétricos de potência e eletrônicos importantes. Ele aparece no circuito elétrico que modela um transformador, ou um motor trifásico, e nos circuitos eletrônicos que integram uma fonte chaveada. Os indutores existem intrinsecamente em praticamente todas as máquinas elétricas e em uma série de outros equipamentos de potência elétrica.

Seguiremos a linha de raciocínio adotada para a análise do circuito elétrico RC-Série. Veremos que praticamente todas as definições e a forma de análise adotada para o circuito elétrico RC-Série serão usadas para tratar o circuito RL-Série, que, também neste caso, alimentaremos com CA senoidal.

Complementando, nesta introdução aos circuitos elétricos básicos CA, estamos considerando os casos em que os componentes elétricos estão associados em série. Note que a abordagem de análise dos circuitos elétricos, tanto os de corrente contínua (CC) como os de corrente alternada (CA), é a aplicação das leis de Kirchhoff (malhas e nós) a todas as partes do circuito elétrico em questão. Dessa forma, teremos um conjunto de equações (algébricas ou diferenciais) a serem resolvidas. Apesar de este capítulo tratar de alguns poucos circuitos elétricos CA, a forma de análise feita é geral, e, certamente, para um estudo posterior e mais aprofundado, o estudante deve lançar mão de livros sobre o assunto. Será o caso daqueles estudantes de cursos de tecnologia voltados às áreas eletroeletrônicas.

Assim, vamos à análise do circuito RL-Série, alimentado por CA senoidal, conforme esquematizado na Figura 9.14. Aplicando a lei de Kirchhoff à malha elétrica, construímos a relação entre a voltagem da fonte de alimentação com as quedas de voltagem nos componentes elétricos. Temos:

$$v_R(t) = R \times i(t) \; e \; v_{L(t)} = L \times \frac{di(t)}{dt}$$

Assim,

$$v(t) = R \times i(t) + L \times \frac{di(t)}{dt}$$

Temos uma equação diferencial ordinária de primeira ordem.

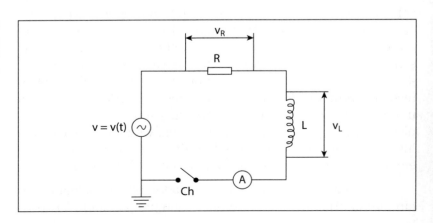

Figura 9.14 Circuito de corrente alternada senoidal RL-Série.

Impomos uma voltagem na fonte de alimentação CA senoidal dada pela expressão:

$$v(t) = V_0 \operatorname{sen}(\omega t + \Phi)$$

(considerando que há uma fase inicial Φ).

Assim, temos:

$$v(t) = V_0 \operatorname{sen}(\omega t + \Phi) = R \times i(t) + L \times \frac{di(t)}{dt},$$

que é uma equação diferencial ordinária linear não homogênea de primeira ordem. É razoável assumir (uma proposta!) uma possível corrente elétrica $i(t)$ da seguinte forma: $i(t) = I_0 \times \operatorname{sen}(\omega t)$. Dessa forma,

$$v(t) = V_0 \times \operatorname{sen}(\omega t + \Phi) = R \times I_0 \operatorname{sen}(\omega t) + L \times \frac{d}{dt}\left[I_0 \operatorname{sen}(\omega t)\right]$$

$$v(t) = V_0 \times \operatorname{sen}(\omega t + \Phi) = R \times I_0 \operatorname{sen}(\omega t) + L \times \omega \times I_0 \cos(\omega t)$$

Utilizando a relação de soma de funções trigonométricas, chegamos à expressão:

$$V_0 \times \operatorname{sen}(\omega + \Phi) = I_0 \times \sqrt{R^2 + (\omega L)^2} \times \operatorname{sen}(\omega t + \Phi),$$

sendo Φ dado pela relação:

$$\Phi = \operatorname{arctg}\frac{\omega L}{R}$$

Vemos que, para manter a igualdade da relação, V_0 deve ser igual a $I_0 \times \sqrt{R^2 + (\omega L)^2}$ para todo t. Assim,

$$V_0 = I_0 \times \sqrt{R^2 + (\omega L)^2},$$

que é a lei de Ohm para o circuito RL-Série, definindo a impedância desse circuito elétrico como $z = \sqrt{R^2 + (\omega L)^2}$. Ainda, definimos a reatância indutiva (que é a oposição que o indutor de indutância L oferece à passagem da corrente elétrica) como sendo:

$$X_L = \omega L = 2\pi f L$$

Note que, quanto maior a frequência, maior a reatância indutiva.

Temos que:

$$\operatorname{tg}\Phi = \frac{\omega L}{R} = \frac{X_L}{R}$$

e, assim,

$$\operatorname{tg}\Phi = \frac{\operatorname{sen}\Phi}{\cos\Phi} = \frac{X_L}{R} = \frac{X_L}{Z} \cdot \frac{Z}{R}$$

Ainda, $v_{ef} = \frac{V_0}{\sqrt{2}}$ e $i_{ef} = \frac{I_0}{\sqrt{2}}$, que são os valores eficazes respectivamente da voltagem e da corrente elétrica, fornecendo:

$$v_{ef} = z = \sqrt{R^2 + (\omega L)^2} \times i_{ef}$$

Essa é a expressão da lei de Ohm para o circuito RL-Série com os valores eficazes.

Da mesma forma que no circuito RC-Série, interpretamos a impedância Z como sendo a oposição à passagem da corrente elétrica que o circuito RL-Série oferece.

Mais ainda, note que a resistência elétrica R e a reatância indutiva X_L são compostas como em um triângulo retângulo, esquematizado na Figura 9.15a, sendo que a hipotenusa é dada por $z = \sqrt{R^2 + (\omega L)^2}$.

Ao contrário do que ocorre com a corrente elétrica no circuito RC-Série, no circuito RL-Série a corrente elétrica está sempre atrasada de ângulo Φ em relação à voltagem da fonte de alimentação elétrica, fato este esquematizado na Figura 9.15b.

Figura 9.15
(a) Representação esquemática da impedância (Z), reatância capacitiva (X_c) e resistência (R). (b) Representação da defasagem entre a voltagem da fonte de alimentação elétrica e a corrente elétrica no circuito.

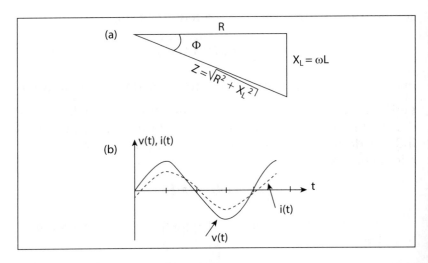

Se tivéssemos no circuito elétrico o resistor com resistência elétrica R = 0, teríamos a corrente elétrica atrasada de $\frac{\pi}{2}$ em relação à queda de voltagem no indutor (que, neste caso, seria igual à voltagem da fonte de alimentação).

Comparando as duas funções que representam a voltagem da fonte de alimentação CA e a corrente elétrica, temos respectivamente:

$$v(t) = V_0 \times \operatorname{sen}(\omega t + \Phi) \text{e}$$

$$i(t) = I_0 \times \operatorname{sen}(\omega t),$$

expondo explicitamente o fato de a voltagem da fonte de alimentação elétrica estar adiantada de Φ em relação à corrente elétrica. É importante observar que a queda de voltagem no resistor está em fase com a corrente elétrica, e que a queda de voltagem no indutor está $\frac{\pi}{2}$ defasada em adiantamento, em relação à corrente elétrica.

Assim como no caso do circuito RC-Série, o fato de a corrente elétrica estar também defasada em relação à voltagem da fonte de alimentação no circuito RL-Série traz consequências para o cálculo da potência elétrica. No resistor, a queda de voltagem e a corrente elétrica estão em fase, sendo a potência elétrica nele desenvolvida dada por:

$$P_A = v_{ef} \times i_{ef} \times \cos\Phi,$$

chamada potência ativa.

No indutor, a potência elétrica desenvolvida nele é:

$$P_{Re} = v_{ef} \times i_{ef} \times \operatorname{sen}\Phi,$$

chamada potência reativa.

Agora, no caso da potência elétrica desenvolvida no circuito elétrico RL-Série (como um todo),

$$P_{ap} = v_{ef} \times i_{ef},$$

chamada potência aparente.

As três potências elétricas são conectadas pela relação:

$$P_{ap}{}^2 = P_A{}^2 + P_{Re}{}^2$$

Neste circuito elétrico, o cosseno do ângulo Φ é chamado de fator de potência. E, reforçando o que já estudamos no circuito RC-Série, verificamos que os circuitos elétricos em geral CA senoidal trazem aspectos diferentes dos circuitos de corrente contínua constante.

Há também no circuito RL-Série três casos marcantes a serem considerados.

- Havendo apenas o indutor ideal (sem resistência elétrica), a potência elétrica será puramente reativa, não havendo potência ativa. Nessa situação, a potência elétrica fornecida pela fonte de alimentação será devolvida integralmente a ela pelo indutor (não se esqueça de que o indutor armazena energia em seu campo magnético). O fator de potência será igual a zero (cos $\Phi = 0$).

- No caso de o fator de potência ser $0 < \cos\Phi < 1$, teremos potência ativa (devido à presença do resistor) e potência reativa (devido à presença do indutor).

Cabe enfatizar que, nas instalações elétricas em geral, e ainda mais nas instalações elétricas industriais, os indutores estão muito presentes, devido à presença de motores, geradores, transformadores e outros dispositivos elétricos, fazendo com que o fator de potência seja significativamente menor do que 1. Nesse caso, as empresas distribuidoras de energia elétrica exigem providências dos usuários para correção do fator de potência (correção significa aumentar o fator de potência).

Cabe enfatizar ao estudante que muitos aspectos estudados tanto no circuito RC-Série como no circuito RL-Série são iguais, considerando a diferença básica da defasagem entre a voltagem da fonte de alimentação e a corrente elétrica.

Exemplo V

Determine a corrente elétrica no circuito RL-Série e as potências desenvolvidas nos componentes elétricos. Admita a voltagem da fonte de alimentação dada pela expressão $v(t) = 180 \times \text{sen } (\omega t)$, com frequência de 60 Hz. Discuta em detalhe o circuito elétrico. Apresente aplicações na tecnologia de circuitos RL-Série.

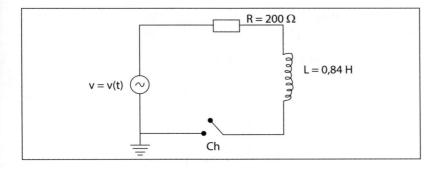

Solução:

Apoiado na teoria desenvolvida sobre o circuito RL-Série, alimentado por corrente alternada senoidal de frequência 60 Hz, temos os seguintes resultados alcançados.

Com a voltagem da fonte de alimentação sendo dada por:

$$v(t) = 180 \times \text{sen } (\omega t),$$

com $\omega = 2\pi f = 2\pi 60 = 377 s^{-1}$, assim
$v(t) = 180 \times \text{sen}(377t)[\text{volts}]$.

O valor eficaz da voltagem da fonte de alimentação é dado por:

$$v_{ef} = \frac{V_0}{\sqrt{2}} = \frac{180}{\sqrt{2}} \Rightarrow v_{ef} = 127 \text{ volts}$$

Determinamos a reatância indutiva e a impedância do circuito elétrico como sendo:

$$X_L = \omega L = 2\pi f \times L = 377 \times 0,8$$

$$X_L = 301,6 \Omega$$

$$Z = \sqrt{R^2 + X_L^2}$$

$$Z = \sqrt{200^2 + 301,6^2}$$

$$Z = 361,9 \Omega$$

O fator de potência é calculado como:

$$\cos \Phi = \frac{X_L}{Z} = \frac{301,6}{361,9}$$

$$\cos \Phi = 0,833$$

Dessa forma, a defasagem entre a voltagem da fonte de alimentação CA senoidal e a corrente elétrica é de:

$$\text{arc cos } \Phi = \text{arc cos } 0{,}833 = 0{,}586 \ [rad]$$

(mais uma vez, note que esse não é um ângulo em graus!).

A corrente elétrica é dada por:

$$i(t) = \frac{v(t)}{Z} = \frac{180}{361{,}9} \times \text{sen}(377t - 0{,}586)$$

$$i(t) = 0{,}5\,\text{sen}(377t - 0 \times 586) \ [A],$$

sendo o seu valor eficaz dado por:

$$i_{ef} = \frac{I_0}{\sqrt{2}} = \frac{0.5}{\sqrt{2}} = 0{,}35 \ [A]$$

A potência ativa é determinada por:

$$P_A = v_{ef} \times i_{ef} \times \cos \Phi = 127 \times 0{,}35 \times 0{,}833 = 37[\text{W}]$$

A potência reativa é dada por:

$$P_{Re} = v_{ef} \times i_{ef} \times \text{sen}\,\Phi = 127 \times 0{,}35 \times 0{,}553 = 24{,}6\,\text{VAR}$$

Não se esqueça da relação trigonométrica $\text{sen}^2\Phi + \cos^2\Phi = 1$. A potência aparente é dada por:

$$P_{ap} = v_{ef} \times i_{ef} = 127 \times 0{,}35 = 44{,}5\,\text{VA}$$

Podemos certificar os valores obtidos com a verificação da relação:

$$P_{ap}^{\ 2} = P_A^{\ 2} + P_{Re}^{\ 2} = 37^2 + 24{,}6^2$$

$$P_{ap} = 44{,}5\,\text{VA}$$

E confere!

A queda de voltagem eficaz no resistor é dada por:

$$v_R = i_{ef} \cdot R = 0{,}35 \times 200$$

$$v_R = 70\,\text{V}$$

No indutor, a queda de voltagem é dada pela expressão:

$$v_{ef}^2 = v_R^2 + v_L^2$$

$$v_L = \sqrt{v_{ef}^2 - v_R^2} = \sqrt{127^2 + 70^2}$$

$$v_L = 106\,\text{V}$$

Note que todas as observações feitas no final da resolução do circuito RC-Série são perfeitamente aplicáveis no caso do circuito RL-Série, considerando apenas as especificidades relativas ao atraso da corrente elétrica em relação à voltagem da fonte de alimentação CA no circuito RL-Série.

Os diagramas elétricos importantes para o circuito elétrico ora analisado são mostrados a seguir.

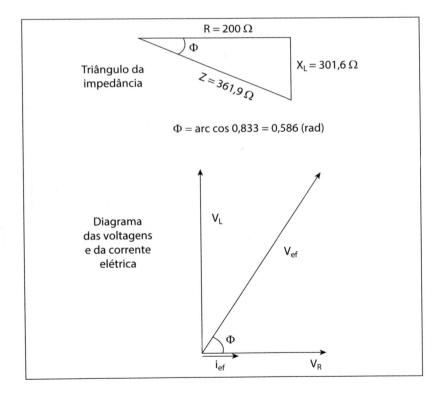

Também no caso do circuito RL-Série, desconsideramos os efeitos transientes, adotando a solução estacionária do circuito elétrico em análise. A solução obtida é suficiente para a maioria das situações práticas, não obstante, há casos em que os efeitos transientes devem ser considerados. Nas instalações industriais, os motores elétricos de alta potência, quando acionados ou quando desligados, geram intensa voltagem, podendo criar efeitos transientes prejudiciais à rede de alimentação e afetando o funcionamento de equipamentos elétricos, principalmente os eletrônicos.

Esse efeito elétrico de criação de sinais espúrios é chamado comumente de "sujar" a linha de alimentação. Providências devem ser tomadas para que não ocorra esse efeito, em geral, muito prejudicial à instrumentação tanto industrial como tecnológica-científica. Instrumentação, em geral, tem linha de alimentação separada e exclusiva, completamente desacoplada da alimentação elétrica de potência.

Neste caso, os efeitos transientes não podem ser negligenciados. Para o seu cálculo e modelagem, programas computacionais especializados são ferramentas de trabalho imprescindíveis.

9.9 CIRCUITO ELÉTRICO DE CORRENTE ALTERNADA SENOIDAL RLC: DISCUSSÃO QUALITATIVA

Estudamos os circuitos elétricos RC-Série e RL-Série; vimos como a análise desses circuitos elétricos é bem diferente daquela realizada nos circuitos elétricos de corrente contínua constante (estudada no Capítulo 5). Vimos que conceitos referentes à voltagem adiantada e atrasada em relação à corrente elétrica estão presentes e fazem parte dos circuitos elétricos contendo indutores e capacitores. A frequência da fonte de alimentação elétrica deve ser considerada, pois vimos que as grandezas reatância capacitiva e reatância indutiva dependem dela, como se pode ver nas expressões:

$$X_C = \frac{1}{\omega C} = \frac{1}{2\pi f C} \text{ ,e}$$

$$X_L = \omega L = 2\pi f L$$

Outro aspecto interessante e longe de ser óbvio (na verdade, não há nada óbvio!) é o fato de a composição de resistências elétricas e reatância ser efetuada como se fossem vetores. Apontamos e calculamos também as diferenças entre os três tipos de potência elétrica presentes nos circuitos RL-Série e RC-Série. Enfim, novos conceitos foram desenvolvidos para a análise dos circuitos elétricos de CA senoidal.

Dando continuidade, podemos alertar os estudantes de que há, ainda, os circuitos elétricos RC-Paralelo, RL-Paralelo, além de outras associações possíveis, em geral apresentando e envolvendo cálculos matemáticos mais sofisticados. Certamente, os estudantes, futuros tecnólogos, se especializando na área da eletrônica industrial, eletrotécnica e eletrônica, se depararão com circuitos elétricos mais complexos; porém, o que estudamos fixa solidamente as bases para estudos posteriores.

Há também uma composição de circuito elétrico de CA senoidal importante, que é constituída por resistor, indutor e capacitor associados em série. É o circuito RLC-Série (há também o circuito RLC-Paralelo), que vemos esquematicamente na Figura 9.16. Faremos apenas uma breve discussão sobre ele, e veremos que o que fizemos no estudo do RL-Série e RC-Série é suficiente, em parte, para se calcular grandezas elétricas importantes no circuito RLC-Série.

Aplicando a lei de Kirchhoff das malhas, escrevemos:

$$v(t) = v_R(t) + v_C(t) + v_L(t),$$

sabendo-se que

$$v_R(t) = R \times i(t),$$

$$v_C(t) = \frac{1}{C} \times q(t), \text{ e}$$

$$v_L(t) = L \frac{di(t)}{dt}$$

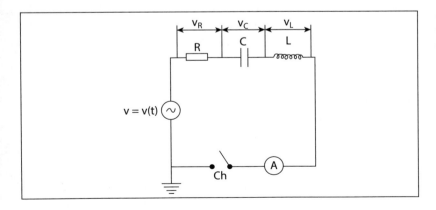

Figura 9.16
Circuito de corrente alternada senoidal RLC-Série.

Considerando que $i(t) = \dfrac{dq(t)}{dt}$, por definição, temos:

$$\frac{dv(t)}{dt} = L \times \frac{d^2 i(t)}{dt^2} + R \times \frac{di(t)}{dt} + \frac{1}{C} i(t),$$

que é uma equação diferencial ordinária (EDO) de segunda ordem não homogênea com coeficientes constantes.

De posse da solução dessa EDO, podemos estudar a fundo o circuito elétrico. Somente citando, sem entrar no mérito matemático do problema, podemos considerar os aspectos mais importantes:

- A reatância indutiva e a reatância capacitiva se anulam em parte, pois estão π fora de fase. Este fato traz como consequência importante, e com inúmeras aplicações práticas, o fato de poderem se anular (em parte ou totalmente) a reatância capacitiva com a reatância indutiva. Por exemplo, se uma indústria tem motores em excesso com fator de potência menor do que 0,8, a instalação de bancos de capacitores faz com que seja corrigido o fator de potência, dentro dos níveis exigidos pelas empresas distribuidoras de energia elétrica.

Como um dos resultados importantes da análise dos circuitos de CA senoidal é:

$$X_C = \frac{1}{2\pi f C} \quad \text{e} \quad X_L = 2\pi f L,$$

as oposições oferecidas pelo capacitor e pelo indutor à passagem da corrente elétrica dependem da frequência. E, ainda, no caso do capacitor, quanto maior a frequência, menor é a reatância capacitiva; por outro lado, no caso do indutor, quanto maior a frequência, maior é a reatância indutiva.

Graficamente, podemos representar, apenas mencionando, as reatâncias indutiva e capacitiva em conjunto com a resistência do resistor mostradas na Figura 9.17. A expressão para o cálculo da impedância no circuito RLC-Série é dada por:

$$Z = \sqrt{R^2 + (X_L - X_C)^2}$$

Por meio dos diagramas, vemos que as grandezas reatâncias capacitiva e indutiva e a resistência elétrica são tratadas e operadas como se fossem vetores. Uma propriedade interessante e de muita importância está no fato de que a oposição à passagem da corrente elétrica devido à ação do capacitor é anulada pela oposição à passagem da corrente elétrica devido à ação do indutor. Apesar de não termos desenvolvido fortemente a teoria concernente ao circuito RL-Série, vemos que podemos tratar os três componentes conforme os cálculos das reatâncias capacitiva e indutiva já vistos e considerar a reatância total $X_T = X_L - X_C$. A partir daí, verifica-se se há efeito capacitivo ou efeito indutivo, e segue-se com a teoria vista. Coloca-se uma questão: e se X_C for igual a X_L?

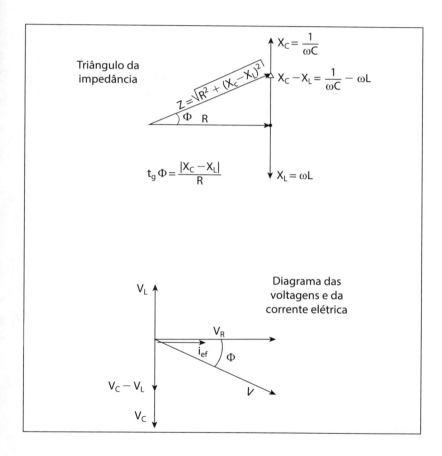

Veremos a seguir. Esse é um dos fenômenos mais importantes existentes na natureza.

9.10 CIRCUITO ELÉTRICO RESSONANTE: DISCUSSÃO QUALITATIVA

Apresentaremos agora uma breve exposição qualitativa de um dos mais importantes fenômenos observados na natureza e presente em todas as áreas, inclusive no eletromagnetismo e nos circuitos elétricos. Trata-se da ressonância.

O estudante já viu no Volume 2 desta coleção a ressonância nos sistemas oscilatórios mecânicos (Capítulo sobre Ondas). O mesmo ocorre nos sistemas elétricos sob certas circunstâncias específicas. É interessante citar que a matemática envolvida, tanto nos sistemas elétricos como nos sistemas mecânicos, no estudo da ressonância é a mesma; porém, os fenômenos físicos são completamente distintos.

Veja o circuito elétrico mostrado a seguir. Nele, uma bateria carrega o capacitor, uma vez fechada a chave elétrica cha (chb está aberta). Depois, abrimos cha e fechamos chb. Verificamos que, por algum intervalo de tempo (que pode ser fração de milissegundos), há a passagem de corrente elétrica ora em um sentido, ora em outro sentido.

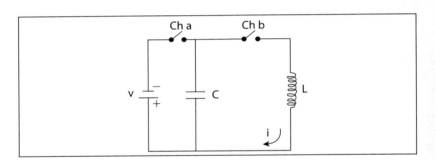

Figura 9.17
Circuito ressonante LC.

A frequência angular da oscilação elétrica é dada por:

$$\omega = \frac{1}{\sqrt{LC}}$$

com a frequência igual a

$$f = \frac{1}{2\pi\sqrt{LC}}$$

É interessante notar que há, a cada ciclo, a alternância por duas vezes da energia totalmente magnética (devido ao indutor) para totalmente elétrica (devido ao capacitor).

Comparando, é como no sistema massa-mola, em que ora temos a energia mecânica totalmente como energia potencial de mola, e ora a energia mecânica totalmente como energia cinética. Note que, mesmo considerando que não houvesse transformação de energia elétrica em energia térmica (efeito Joule), observaríamos cessar a corrente elétrica. Mas como? Ocorre que radiação eletromagnética (ondas eletromagnéticas) é produzida. É um fenômeno intrínseco ao circuito oscilante. Essa é a base dos circuitos ressonantes dos transmissores e receptores de ondas de rádio.

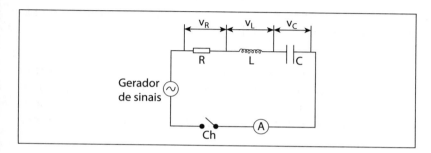

Figura 9.18
Circuito elétrico RCL-Série com fonte elétrica alternada senoidal com frequência variável.

Na Figura 9.18, vemos esquematicamente um circuito RLC--Série com fonte elétrica CA senoidal, com possibilidade de variar a frequência da sua voltagem. Isso é conseguido por meio dos geradores de sinais, geralmente existentes nos laboratórios didáticos de física.

Neste momento, cabe mencionar que todos os circuitos elétricos tratados neste capítulo podem perfeitamente ser construídos e medidos nos laboratórios; para tanto, um osciloscópio é instrumento que torna capaz visualizar os efeitos aqui tratados teoricamente.

Voltando ao circuito esquematizado na Figura 9.18, vemos que deve haver uma frequência na qual há reatância indutiva; assim, matematicamente:

$$X_L = X_C$$

$$2\pi f L = \frac{1}{2\pi f C}$$

$$f^2 = \frac{1}{4\pi^2 LC}$$

$$f = \frac{1}{2\pi\sqrt{LC}}$$

ou, ainda,

$$\omega = \frac{1}{\sqrt{LC}}$$

Nesta frequência, com reatância indutiva igual à reatância capacitiva, vemos que as quedas de voltagem no indutor e no capacitor se anularão entre si. Com isso, o circuito RLC-Série (na frequência $f = \dfrac{1}{2\pi\sqrt{LC}}$) funciona como se não estivessem no circuito elétrico nem o capacitor nem o indutor, sendo o resistor a única oposição à passagem da corrente elétrica. Dizemos que o circuito elétrico está em ressonância com a fonte de alimentação. Nessa situação, há a maior recepção de energia pelo circuito.

É interessante notar que as quedas de voltagem no indutor e no capacitor podem atingir valores muito maiores do que o valor da voltagem da fonte de alimentação. Mas note que a queda de tensão no capacitor está π fora de fase com relação à queda de voltagem no indutor.

Cuidados devem ser tomados com as frequências próximas à ressonância (e certamente na própria frequência de ressonância).

Longe de apresentar um desenvolvimento teórico à altura da importância sobre o fenômeno da ressonância, apenas alinhamos algumas ideias qualitativas sobre o assunto dentro do circuito elétrico básico LC alimentado por uma bateria e do circuito elétrico RLC-Série ressonante.

Circuitos elétricos com resistores, indutores e capacitores podem ser formados de várias maneiras, sendo sua análise geralmente sofisticada e mais difícil.

Para os estudantes que querem aprofundar-se no assunto, há literatura muito boa disponível.

9.11 CONSIDERAÇÕES FINAIS

Para concluir este capítulo, podemos dizer que, mesmo diante de toda a sofisticação da teoria eletromagnética, com o ferramental matemático analítico e numérico disponível, a abordagem de situações eletromagnéticas baseada em elementos discretos, formando os circuitos elétricos, é adequada e muito útil.

Apresentamos uma pequena parte da teoria dos circuitos elétricos, lançando as bases, mostrando que efeitos novos ocorrem nos circuitos elétricos, quando alimentados por corrente alternada senoidal, em comparação aos circuitos elétricos alimentados por corrente contínua constante.

Ao tratar os circuitos elétricos RC-Série e RL-Série alimentados por CA senoidal, novos conceitos e grandezas surgiram, como reatância indutiva, reatância capacitiva, impedância, defasagem entre voltagem e corrente elétrica, os três tipos de potência e outros.

A análise de circuitos elétricos que apresentam correntes elétricas variando no tempo, assim como aqueles com voltagem da fonte de alimentação dependentes do tempo, introduzem dificuldades nos cálculos. Porém, a importância dos circuitos elétricos, em geral, justifica plenamente o seu estudo e, ainda, seu aprofundamento àqueles que abraçarem a área elétrica.

EXERCÍCIOS COM RESPOSTAS

1) Faça uma pesquisa e apresente exemplos de circuitos elétricos de potência, de amplificadores de áudio e transmissores de rádio. Por meio de livros especializados em circuitos eletroeletrônicos, identifique os componentes e os circuitos elétricos vistos neste capítulo.

2) Apresente as leis de Kirchhoff e explique fisicamente o seu enunciado. Como você aplica as leis de Kirchhoff para resolver os circuitos elétricos? A partir das leis básicas do eletromagnetismo, como se chega às leis de Kirchhoff? Uma vez que temos a teoria eletromagnética, formulada com os campos elétricos e magnéticos, por que a abordagem a partir dos circuitos elétricos é a mais apropriada para analisar e calcular muitos sistemas elétricos?

3) Dado o circuito elétrico a seguir, encontre a corrente elétrica, as quedas de voltagem nos componentes e as potências elétricas. Faça o gráfico da corrente elétrica e das voltagens. Discuta o efeito transiente no fechamento e na abertura da chave. Considere os valores $R = 100\ \Omega$, $L = 3$ H, $C = 7\ \mu F$, sendo a voltagem da rede elétrica monofásica da cidade de São Paulo.

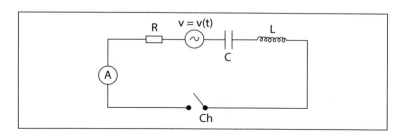

Respostas:

$$i(t) = 1{,}2 \times 10^{-1} \cos(376{,}8t)\,\text{A}$$

$$e_r(t) = 1{,}2\cos(376{,}8t)\,\text{V}$$

$$e_L(t) = 134\cos\left(376{,}8t + \frac{\pi}{2}\right)\text{V}$$

$$e_c(t) = 312\cos\left(376{,}8t - \frac{\pi}{2}\right)\text{V}$$

$$P_{ef} = 0{,}7\,\text{W}\,(\text{valor eficaz}).$$

4) Defina e discuta as seguintes grandezas elétricas, no contexto dos circuitos elétricos: diferença de potencial (ddp), indutância, reatância indutiva, capacitância, reatância capacitiva, resistência elétrica, corrente alternada senoidal, impedância, as potências elétricas e o ângulo de defasagem.

5) Determine a corrente elétrica no circuito RC-Série, alimentado por bateria, conforme mostrado a seguir. Faça uma análise detalhada do circuito elétrico e apresente aplicações na tecnologia. Pesquise o assunto. Analise a carga e a descarga do capacitor. Com: $V = 15$ volts, $C = 10\,\mu\text{F}$ e $R = 300\,\Omega$.

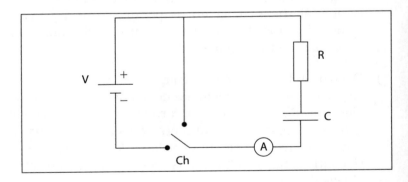

Respostas:

$$i(t) = 5 \times 10^{-2}\, e^{\frac{-t}{3 \times 10^{-3}}}\,\text{A}$$

$$v_R(t) = 15 e^{\frac{-t}{3 \times 10^{-3}}}\,\text{V}$$

$$v_c(t) = 15\left(1 - e^{\frac{-t}{3 \times 10^{-3}}}\right)\text{V}$$

$$\tau = 3 \times 10^{-3}\,\text{s}$$

6) Considere o circuito elétrico mostrado a seguir. A fonte de alimentação elétrica tem valor da voltagem constante, mas pode variar a frequência (voltagem senoidal). Represente qualitativamente as quedas de voltagem no resistor e no capacitor. Como varia a corrente elétrica no circuito? Faça uma pesquisa sobre filtros elétricos.

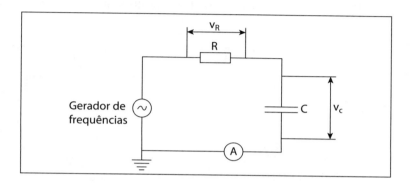

7) Estude o circuito elétrico em detalhe. Determine a corrente elétrica durante a carga e a descarga do capacitor. Faça os gráficos pertinentes. Com: $V = 25$ volts, $C = 15\,\mu F$, $R_1 = 100\,\Omega$ e $R_2 = 50\,\Omega$.

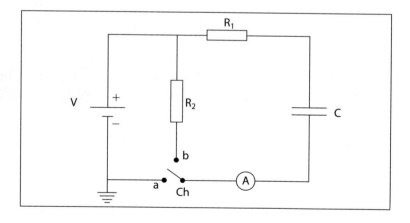

Respostas:

Carga $i_C(t) = 2{,}5 \times 10^{-1} e^{\frac{-t}{1{,}5 \times 10^{-3}}}$ A

Descarga $i_D(t) = 1{,}7 \times 10^{-1} e^{\frac{-t}{2{,}25 \times 10^{-3}}}$ A

8) No circuito elétrico mostrado a seguir, encontre a frequência de ressonância. Determine as quedas de voltagem nos componentes em função da frequência. Determine a corrente elétrica no circuito. Faça os gráficos importantes para representar o circuito elétrico. O valor da voltagem eficaz no gerador de frequência é de 20 volts. Os valores dos componentes são: $R = 12\,\Omega$, $C = 20\,\mu F$ e $L = 6H$. Pesquise sobre as aplicações dos circuitos ressonantes na tecnologia.

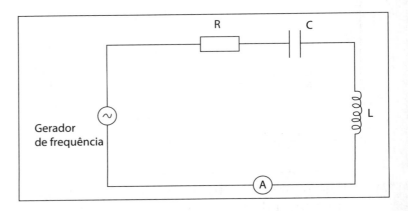

Respostas:

$f_{res} = 14,5\,\text{Hz}$

$i(t) = 1,7\,\text{A}$ valor eficaz.

---

9) Determine as grandezas elétricas importantes para a descrição detalhada dos circuitos elétricos mostrados a seguir.

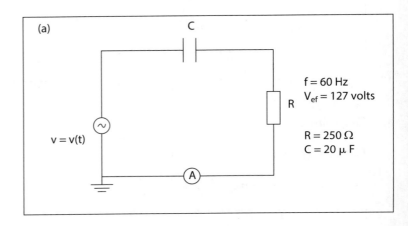

Circuitos elétricos transientes e de corrente alternada

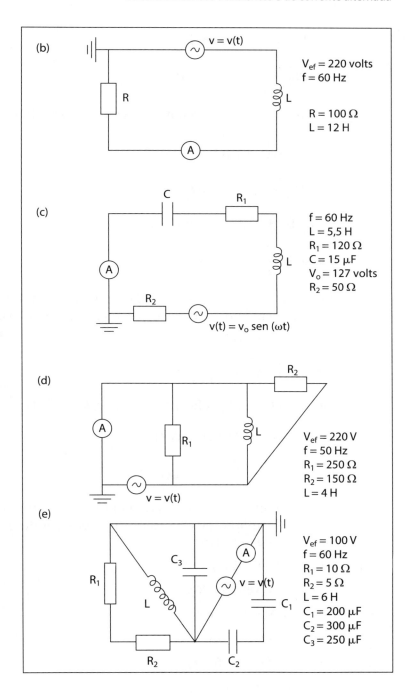

Respostas:

a) $v(t) = 179\,\text{sen}(376{,}8t)$

$$Z = \sqrt{R^2 + X_c^2} = 282\,\Omega$$

$$i_{ef} = 0,5\,\text{A}\left(\text{valor eficaz}\right)$$

$$\varphi = \text{arctg}\frac{X_c}{R} = \text{arctg}\,0,531$$

A corrente elétrica está adiantada em relação à tensão elétrica.

b) $v(t) = 310\,\text{sen}(376,8t)$

$$Z = \sqrt{R^2 + X_L^2} = 4523\,\Omega$$

$$i_{ef} = 4,9\times10^{-2}\,\text{A}\left(\text{valor eficaz}\right)$$

$$\varphi = \text{arctg}\frac{X_L}{R} = \text{arctg}\,45,2$$

A corrente elétrica está atrasada em relação à tensão elétrica. O circuito elétrico é quase totalmente indutivo.

c) $v(t) = 179\,\text{sen}(376,8t)$

$$Z = \sqrt{R^2 + \left(X_L - X_c\right)^2} = 1902,6\,\Omega$$

$$\text{com}\,X_c = 177\,\Omega, X_L = 2072\,\Omega, R_T = R_1 + R_2 = 170\,\Omega$$

$$i_f = 6,7\times10^{-2}\,\text{A}\left(\text{valor eficaz}\right)$$

$$\varphi = \text{arctg}\frac{|X_L - X_c|}{R} = \text{arctg}\,11,2$$

A corrente elétrica está atrasada em relação à tensão elétrica. O circuito elétrico tem característica de circuito elétrico indutivo.

d) $v(t) = 310\,\text{sen}(314t)$

$$i_{R_1} = 0,88\,\text{A}\left(\text{valor eficaz}\right)$$

$$i_{R_2} = 1,47\,\text{A}\left(\text{valor eficaz}\right)$$

$$X_L = 1256\,\Omega$$

$$i_L = 0,18\,\text{A}\left(\text{valor eficaz}\right)$$

$$i_T = 2,36\,\text{A}\left(\text{valor eficaz}\right)$$

Circuito elétrico pouco indutivo. A corrente elétrica total está atrasada em relação à tensão elétrica.

e) Apesar de aparente confusão no arranjo dos componentes elétricos, o circuito elétrico equivalente é de um circuito elétrico com os componentes em paralelo.

$v(t) = 141 \operatorname{sen}(376,8t)$

$R_T = 15\,\Omega$

$C_T = 370\,\mu F,\ X_c = 7,2\,\Omega,$

$L_T = 6\,H,\ X_L = 2261\,\Omega$

$Z = 2254\,\Omega$

Circuito elétrico dominantemente indutivo.

10) Faça um modelo físico de um transformador real sendo alimentado pela rede monofásica da cidade de São Paulo. Descreva o transformador monofásico real em termos de um circuito elétrico (resistência, indutância e capacitância, caso existam). Considere o transformador tendo uma carga resistiva sendo alimentada no seu secundário e o secundário aberto. Escreva as equações em detalhe.

11) Considere os dois problemas a seguir, um mecânico e um elétrico. Monte as equações diferenciais para cada um deles. Faça um estudo comparativo entre os casos elétricos e mecânicos. Pesquise o assunto. Há muitas aplicações na tecnologia em ambos os casos.

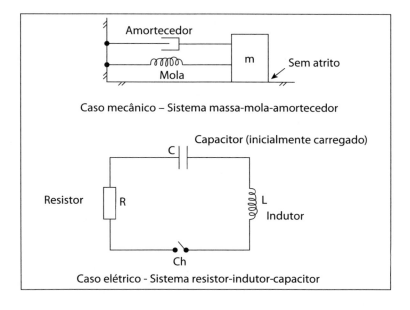

Caso mecânico – Sistema massa-mola-amortecedor

Caso elétrico - Sistema resistor-indutor-capacitor

10 EQUAÇÕES DE MAXWELL

Eduardo Acedo Barbosa

10.1 INTRODUÇÃO

No cenário da física da primeira metade do século XIX, destacam-se, entre outras, duas importantes descobertas, aparentemente sem qualquer conexão entre si. Por volta de 1805, o físico e médico inglês Thomas Young comprovou o caráter ondulatório da luz, ao demonstrar que ela sofria interferência ao passar por um par de fendas, numa experiência que se tornou uma das mais célebres da história. Poucos anos depois, Michael Faraday, na Inglaterra, e Joseph Henry, nos Estados Unidos, descobriram os efeitos de indução eletromagnética (vistos no Capítulo 8), verificando experimentalmente a conexão entre campo magnético e campo elétrico, e mostrando como o campo elétrico pode ser gerado a partir de um campo magnético dependente do tempo, e vice-versa.

Apesar da descoberta de Young, permanecia uma dúvida: se a luz é uma onda, que tipo de onda seria essa, afinal? As ondas conhecidas na época eram as mecânicas, como o som, as ondas produzidas em instrumentos de corda, enfim, as ondas produzidas em meios elásticos, que necessariamente propagam-se em meios materiais. Além disso, a despeito das descobertas de Faraday e Henry, e das descobertas de Ampère para o estudo da geração de campos magnéticos por correntes elétricas, até meados do século XIX não havia uma teoria que descrevesse satisfatoriamente os fenômenos de indução eletromagnética, nem uma descrição matemática da relação entre campo elétrico e campo magnético. Tampouco havia sequer uma suspeita a respeito da ligação entre fenômenos de indução eletromagnética e fenômenos ópticos.

Nesse contexto, a contribuição do físico escocês James C. Maxwell foi identificar uma origem comum entre esses fenômenos elétricos e magnéticos, e expressar as leis de Gauss, Faraday e Ampère de outra forma, a forma diferencial, o que permitiu estabelecer um vínculo, ou origem comum, entre campo elétrico e campo magnético. Com a unificação do magnetismo e da eletricidade, estava criada a *teoria eletromagnética*, pela qual foi possível concluir que a luz é uma onda eletromagnética, composta por campos elétrico e magnético oscilantes no tempo, propagando-se num dado meio com velocidade $(\varepsilon\mu)^{-1/2}$, sendo ε a permissividade elétrica e μ a permeabilidade magnética do meio. Avanços tecnológicos advindos da teoria eletromagnética ao longo do século XX levaram à constatação de que o espectro de ondas eletromagnéticas era, na verdade, muito mais amplo do que o composto apenas pela luz visível, indo da radiação infravermelha, de frequências menores que as da radiação visível, que inclui ondas de rádio, de telefonia, micro-ondas etc., até a radiação ultravioleta, da qual fazem parte o raio-X e a radiação gama, por exemplo.

O eletromagnetismo permitiu um sem-número de avanços à ciência e à tecnologia, muitos deles baseados na geração e na recepção de ondas eletromagnéticas, o que possibilitou a transmissão de informações por ondas de rádio, de TV, de telefonia, de micro-ondas para aplicações em sistemas de radar e por fibras ópticas, entre outras formas. Até o seu surgimento, a teoria eletromagnética foi capaz de explicar todos os efeitos ópticos conhecidos, como fenômenos de interferência de luz, difração, polarização, além de estar intimamente ligada a uma infinidade de dispositivos optoeletrônicos que fazem parte do nosso cotidiano, como telefones celulares (tanto na emissão/recepção de sinais como na construção dos *displays* de cristal líquido desses dispositivos), fornos de micro-ondas, *lasers*, aparelhos de TV, de rádio, computadores, unidades de controle remoto etc.

Neste capítulo, as equações de Maxwell serão abordadas tanto na sua forma integral quanto na sua forma diferencial, porém com o rigor matemático compatível com o nível deste livro. Como todas estas equações estão relacionadas ao fluxo dos campos elétrico ou magnético, elas serão estudadas abordando-se a relação entre fluxo e as formas das linhas de campo. Desta maneira, evitaremos uma abordagem matemática mais rigorosa, que está além do escopo deste texto, fornecendo uma visão mais geométrica, quase pictórica, dos fenômenos envolvidos.

10.2 CONSIDERAÇÕES SOBRE LINHAS DO CAMPO ELÉTRICO E MAGNÉTICO

Analisaremos a forma das linhas de campo elétrico e campo magnético em situações estacionárias, ou seja, em casos onde o campo elétrico é produzido por cargas constantes no tempo e em que o campo magnético é produzido por correntes que também não se alteram com o tempo.

10.2.1 CAMPO ELÉTRICO

Conforme já abordado no Capítulo 2, uma carga pontual, a forma mais simples de carga, produz um campo elétrico com simetria esférica e, portanto, com linhas de campo radiais que divergem da carga, se esta for positiva, ou convergem para ela, se ela for negativa. Qualquer distribuição de carga pode ser construída a partir de uma somatória ou sobreposição de cargas pontuais, e, dessa forma, o campo gerado por uma distribuição de cargas pode ser obtido a partir da soma vetorial dos campos oriundos de cada uma das cargas pontuais. Consequentemente, se campos elétricos divergem de cargas pontuais positivas e convergem para cargas pontuais negativas, campos elétricos que resultam de distribuições de cargas mais complexas comportam-se de forma análoga. A Figura 10.1a mostra as linhas de campo de uma carga pontual positiva, enquanto que a Figura 10.1b mostra as linhas de campo elétrico oriundas de uma formação contínua genérica de cargas positivas, ambas constantes no tempo. O que ambas as figuras têm em comum é o fato de que as linhas de campo necessariamente divergem das cargas que as produzem.

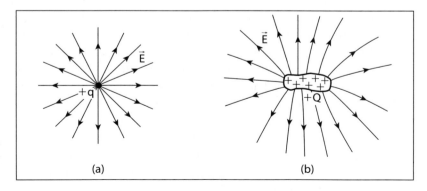

Figura 10.1

A geometria das linhas de campo produzidas por duas cargas pontuais de sinais opostos mostradas na Figura 10.2a podem, à primeira vista, sugerir um comportamento diferente do descrito no parágrafo anterior. Entretanto, uma análise mais cuidadosa mostra que cada linha que emerge de uma carga positiva encontra, necessariamente, a carga negativa, ou seja, linhas de campo elétrico ou emergem de cargas positivas, ou convergem para cargas negativas, ou ainda unem cargas de sinais opostos. Com efeito, esse raciocínio também se estende ao caso de duas placas carregadas com sinais opostos, mostradas na Figura 10.2b. Pode-se, dessa forma, concluir que linhas de campo elétrico em situações eletrostáticas nunca se fecham, ou seja, configurações de linhas de campo como a mostrada na Figura 10.2c NÃO se observam para o campo eletrostático, nem são previstas pela teoria.

Figura 10.2

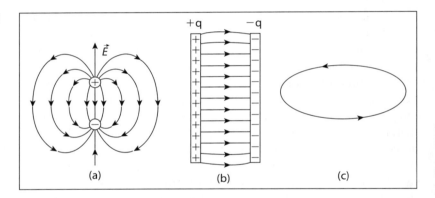

Essa propriedade das linhas de campo elétrico tem importantes relações com o fluxo de campo elétrico e com a determinação de diferenças de potencial por integrais de linha. Se as linhas de campo elétrico sempre divergem de uma carga possitiva ou sempre convergem para uma carga negativa, então o fluxo de campo elétrico $\oint \vec{E} \cdot d\vec{A}$ através de uma superfície fechada que encerra uma carga em seu interior nunca será nulo. Se a carga total é, por exemplo, positiva, haverá apenas linhas de campo saindo da superfície, de forma a haver sempre um fluxo líquido de campo elétrico pela superfície fechada, conforme mostra a Figura 10.3a. A única forma de haver fluxo de campo elétrico nulo por uma superfície fechada ocorre quando essa superfície não possui nenhuma carga em seu interior, como ilustrado na Figura 10.3b. É na relação entre fluxo de campo elétrico e existência de carga dentro da superfície fechada que se baseia a lei de Gauss, como já foi visto no Capítulo 2.

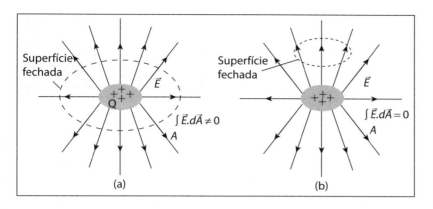

Figura 10.3
(a) A distribuição de cargas positivas produz um campo elétrico divergente cujo fluxo através da superfície fechada pontilhada é positivo, pois, por essa superfície, só há campo saindo. (b) Através da parte de baixo da superfície fechada desta figura, há fluxo de campo elétrico negativo, o que indica que o campo entra no volume encerrado pela superfície; pela parte superior dessa superfície há fluxo positivo de mesmo valor, indicativo de que o campo sai pela superfície. O fluxo líquido de campo elétrico pela superfície fechada pontilhada da Figura 10.3b é, portanto, nulo.

Outra consequência importante do fato de linhas de campo elétrico jamais se fecharem é que a integral calculada numa linha fechada $\oint \vec{E} \cdot d\vec{l}$ é sempre nula em situações eletrostáticas, não importando a forma da linha ou do campo. Esse comportamento é típico de campos conservativos, como é o campo elétrico. O mesmo ocorre, por exemplo, no campo gravitacional, já que o trabalho da força peso independe da trajetória. A Figura 10.4 ilustra alguns exemplos em que a integral $\oint \vec{E} \cdot d\vec{l}$ é calculada num laço fechado. Na Figura 10.4a, duas placas de um capacitor plano produzem um campo elétrico constante no tempo de módulo E, vertical e apontado para baixo; se a distância entre as placas é muito menor que o diâmetro de cada placa, podemos admitir que o campo elétrico é uniforme e que as linhas de campo são, portanto, retas e paralelas. Tomemos a integral de linha ao longo do caminho retangular fechado $abcd$, tal que $bc = da = H$ e $ab = cd = L$, mostrado na Figura 10.4. A integral $\oint \vec{E} \cdot d\vec{l}$ pode ser escrita como a soma de quatro integrais ao longo das linhas ab, bc, cd e da:

$$\oint_{abcd} \vec{E} \cdot d\vec{l} = \int_{ab} \vec{E} \cdot d\vec{l} + \int_{bc} \vec{E} \cdot d\vec{l} + \int_{cd} \vec{E} \cdot d\vec{l} + \int_{da} \vec{E} \cdot d\vec{l} \quad (10.1)$$

As integrais ao longo das linhas ab e cd são nulas porque o campo elétrico é perpendicular a elas, de modo que $\vec{E} \cdot d\vec{l} = 0$ em ambos os casos. Pode-se ver, pela Figura 10.4a, que $\int_{bc} \vec{E} \cdot d\vec{l} = E \times H = -\int_{da} \vec{E} \cdot d\vec{l}$, já que $\vec{E}$ e $d\vec{l}$ são paralelos no caminho bc, e antiparalelos no caminho da. Dessa forma, a integral de linha pelo caminho $abcd$ da Figura 10.4a será nulo.

Figura 10.4

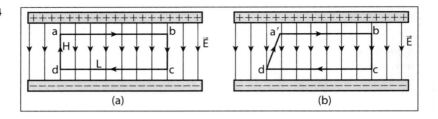

(a)　　　　　　　　　(b)

O fato de a integral de linha ser nula no laço $abcd$ não configura um caso particular para esse polígono retangular; ela vale para qualquer laço fechado, não importa qual seja a sua geometria. Para reforçar essa afirmação, tomemos, por exemplo, uma integral sobre um laço trapezoidal, como o mostrado pelo quadrilátero $a'bcd$ mostrado na Figura 10.4b. Já sabemos que as integrais ao longo das linhas $a'b$ e cd serão nulas, por serem perpendiculares ao campo elétrico; a integral pela linha da' pode ser calculada escrevendo-se o vetor $d\vec{l}_{da'}$ na forma $d\vec{l}_{da'} = d\vec{l}_{//} + d\vec{l}_{\perp}$, onde $d\vec{l}_{//}$ e $d\vec{l}_{\perp}$ são componentes paralela e perpendicular ao vetor campo elétrico, respectivamente. Dessa forma, a integral de linha em da' será $\int_{da'} \vec{E} \cdot d\vec{l} = \int \vec{E} \cdot d\vec{l}_{//} + \int \vec{E} \cdot d\vec{l}_{\perp}$. Por serem perpendiculares, o produto escalar dos vetores $\vec{E}$ e $d\vec{l}_{\perp}$ é nulo e, portanto, a integral pela linha da' será $\int_{da'} \vec{E} \cdot d\vec{l} = \int \vec{E} \cdot d\vec{l}_{//} = -E \times H$. Assim, a integral de linha no polígono fechado $a'bcd$ pode ser escrita como:

$$\oint_{a'bcd} \vec{E} \cdot d\vec{l} = \int_{a'b} \vec{E} \cdot d\vec{l} + \int_{bc} \vec{E} \cdot d\vec{l} + \int_{cd} \vec{E} \cdot d\vec{l} + \int_{da} \vec{E} \cdot d\vec{l} =$$
$$= 0 + E \times H + 0 - E \times H = 0$$

A relação $\oint \vec{E} \cdot d\vec{l} = 0$ também independe do fato de o campo elétrico ser ou não uniforme. A Figura 10.5a mostra as linhas de campo elétrico radiais produzidas por uma carga elétrica pontual; por conveniência, escolhemos uma linha circular com centro na carga, ao longo da qual a integral será calculada. Como o caminho escolhido é uma linha tangencial e o campo elétrico é radial, os vetores $\vec{E}$ e $d\vec{l}$ serão sempre perpendiculares, de forma que $\vec{E} \cdot d\vec{l} = 0$ ao longo de toda a linha. Na Figura 10.5b, a integral de linha pode ser calculada como a soma das integrais ao longo dos caminhos ab, bc, cd e da. Nos caminhos bc e da, as integrais de linha se anulam, enquanto que as integrais nos caminhos ab e cd são iguais em módulo, mas têm sinais opostos, de forma que a integral de linha na superfície fechada da Figura 10.5b também será nula.

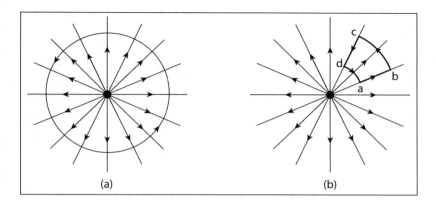

Figura 10.5
(a) Linha circular escolhida.
(b) Integral de linha no polígono fechado abcd.

10.2.2 CAMPO MAGNÉTICO

Assim como a fonte mais elementar de campo elétrico é uma carga pontual, a fonte mais elementar de campo magnético é uma carga pontual em movimento. No Capítulo 6, vimos que a partir da lei de Biot-Savart pode-se determinar o campo magnético produzido por uma carga pontual q, com velocidade $\vec{v}$, sobre um ponto P, de acordo com a expressão:

$$\vec{B} = \frac{\mu_0}{4\pi} \frac{q\vec{v} \times \hat{r}}{r^2}, \quad (10.2)$$

onde r é a distância da carga ao ponto P, e $\hat{r}$ é o versor associado ao vetor posição de P em relação à carga q. O produto vetorial da equação (10.2) mostra que o vetor campo magnético é perpendicular ao plano definido pelos vetores $\vec{v}$ e $\hat{r}$. Na Figura 10.6a, esses vetores estão contidos no plano do papel, de forma que o vetor $\vec{B}$ será perpendicular a esse plano, entrando nele. Escrevendo-se o módulo do campo magnético a partir da equação (10.2) como

$$B = \frac{\mu_0}{4\pi} \frac{qv}{r^2} \operatorname{sen}\theta, \quad (10.3)$$

nota-se que há vários pontos nos quais o campo magnético tem o mesmo módulo que em P. Esses pontos têm duas características em comum: todos estão a uma distância r da carga q, e o ângulo entre o versor $\hat{r}$ e o vetor $\vec{v}$ é θ. Dessa forma, todos esses pontos formam uma circunferência que é a base de um cone gerado pelo ângulo e cuja geratriz – a distância entre cada ponto da circunferência e o ápice do cone – vale r. A Figura 10.6b mostra a mesma situação da Figura 10.6a, mas em perspectiva, com a circunferência pontilhada em cujos pontos o valor do campo $\vec{B}$ é constante. Como consequência do produto vetorial da equação (10.2), o vetor campo magnético tangencia a circunferência, como se pode ver pelos vetores nos pontos P, Q, e R da Figura 10.6b. Por essa razão, a circunferência pontilhada se constitui na linha de campo magnético à distância r da carga, como mostra a Figura 10.6c. As linhas de campo geradas por uma carga em movimento serão, portanto, linhas circulares por cujo eixo de simetria a carga se movimenta.

Figura 10.6

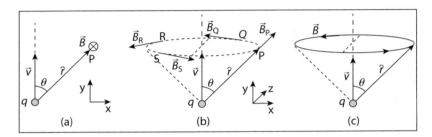

A forma das linhas de campo magnético mostradas na Figura 10.6c está de acordo, não por acaso, com as linhas de campo magnético geradas por um fio ou por um cilindro muito longo percorridos por corrente, mostrados nas Figuras 10.7a e 10.7b, e muito facilmente descritos pela lei de Ampère. Essas figuras mostram novamente linhas de campo magnético fechadas associadas a superfícies – de qualquer geometria – atravessadas por cargas em movimento.

Figura 10.7
Linhas de campo magnético produzidas por: (a) um fio percorrido por corrente; (b) um cilindro percorrido por corrente.

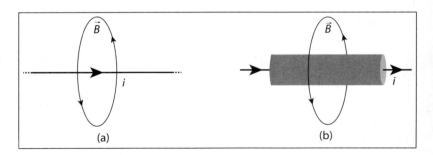

Nesse ponto cabe a pergunta: as linhas de campo magnético sempre seguem esse padrão, ou seja, são sempre fechadas e sempre circundam cargas em movimento (correntes elétricas), como nas Figuras 10.6 e 10.7? A resposta é: sim, linhas de campo magnético sempre formam laços fechados, e até hoje não se encontram evidências experimentais nem previsões teóricas em contrário. Linhas de campo magnético uniforme, como as geradas no interior de um solenoide longo percorrido por corrente, também obedecem a esse padrão, embora, à primeira vista, pareça o contrário. As linhas de campo, nesse caso, encontram-se no infinito, como sugere esquematicamente a Figura 10.8a, assim como as linhas formadas por um ímã, na Figura 10.8b. Dessa forma, se $\oint \vec{B} \cdot d\vec{l} \neq 0$ em qualquer situação com campo magnético não nulo, conclui-se que o campo magnético não é conservativo e, dessa forma, diferentemente do caso eletrostático, o trabalho da força magnética depende da trajetória tomada.

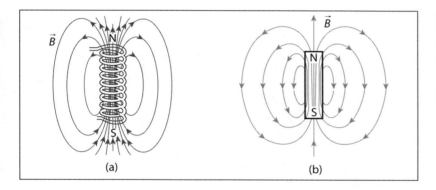

Figura 10.8
(a) Linhas de campo magnético produzido por um solenoide cilíndrico.
(b) Linhas de campo produzidas por uma barra imantada.

Consequentemente, pode-se identificar uma diferença crucial entre linhas de campo elétrico e linhas de campo magnético: enquanto as linhas de campo elétrico divergem de cargas positivas e/ou convergem para cargas negativas, as linhas de campo magnético não convergem, nem divergem de qualquer região, carga ou polo, formando sempre laços fechados. Essas propriedades das linhas de campo, estudadas de forma pioneira por Faraday, forneceram a base e a inspiração para o desenvolvimento matemático de Maxwell.

O fato de linhas de campo serem fechadas implica que o fluxo de campo magnético $\int_A \vec{B} \cdot d\vec{A}$ através de uma superfície fechada – como uma superfície de Gauss – será sempre nulo. Esse fenômeno é mostrado na Figura 10.9a, onde um fio longo é percorrido por uma corrente que sai do plano do papel. Podemos construir uma superfície de Gauss de forma esférica (superfície pontilhada da figura) e avaliar o fluxo de campo magnético por ela. Nota-se que as linhas de campo, por serem circulares, jamais atravessariam a superfície esférica, o que resulta num fluxo nulo. Pode-se argumentar que a escolha de uma superfície diferente poderia produzir outro resultado, o que não é verdade, como mostra a Figura 10.9b, com a escolha de um cubo como superfície de Gauss. Apesar de a figura mostrar a situação de forma apenas bidimensional, ela mostra claramente que, por qualquer das faces do cubo, há fluxo positivo de campo magnético, representado pelas linhas de campo que saem da superfície, na mesma quantidade do fluxo de campo negativo, com linhas de campo que penetram na superfície. Dessa forma, neste caso, o fluxo também por esta superfície fechada, e por qualquer outra, é nulo.

Figura 10.9
(a) O fluxo de campo magnético através da superfície de Gauss esférica é nulo. (b) Se uma superfície de Gauss cúbica for montada, o fluxo do campo magnético também será nulo, pois em cada face do cubo haverá campo entrando e saindo, na mesma intensidade.

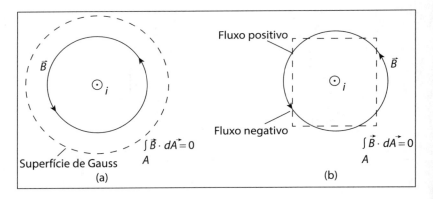

A Tabela 10.1 resume as propriedades do campo elétrico e do campo magnético frente às integrais de fluxo e integrais de linha, em situações estáticas. Nota-se pela tabela uma interessante relação de complementaridade.

Tabela 10.1

Campo elétrico	Campo magnético
$\oint \vec{E} \cdot d\vec{l} = 0$	$\oint \vec{B} \cdot d\vec{l} \neq 0$
$\oint_A \vec{E} \cdot d\vec{A} \neq 0$	$\oint_A \vec{B} \cdot d\vec{A} = 0$

10.3 FORMULAÇÃO DE MAXWELL PARA A LEI DE FARADAY

Como visto no Capítulo 8, as leis de Faraday e de Lenz descrevem o surgimento de uma corrente numa espira ou circuito fechado, devido à variação do fluxo do campo magnético nesse circuito. A essa corrente está associada uma tensão elétrica ou força eletromotriz ε, dada por

$$\varepsilon = -\frac{d\Phi}{dt}, \tag{10.4}$$

onde Φ é o fluxo de campo magnético na região. O fluxo do campo magnético ocorre na superfície encerrada pela espira, podendo, portanto, ser escrito como:

$$\Phi = \int \vec{B} \cdot d\vec{A} \tag{10.5}$$

Pela teoria eletrostática, vista no Capítulo 2, a força eletromotriz na espira pode ser dada pela expressão $\varepsilon = \oint \vec{E} \cdot d\vec{l}$, de modo que, pelas equações (10.4) e (10.5), tem-se:

$$\oint \vec{E} \cdot d\vec{l} = -\frac{d\Phi}{dt} = -\frac{d\int \vec{B} \cdot d\vec{A}}{dt}$$

Supondo-se o fluxo do campo magnético por uma espira de área constante no tempo, pode-se escrever a relação acima como:

$$\oint \vec{E} \cdot d\vec{l} = -\int \frac{d\vec{B}}{dt} \cdot d\vec{A} \tag{10.6}$$

A lei de Faraday expressa na forma da equação (10.6) foi obtida por Maxwell em 1861 no artigo "On Physical Lines of Force" do periódico *Philosophical Magazine and Journal of Science*. Faraday demonstrou a existência de uma força eletromotriz causada pela variação do fluxo eletromagnético numa espira.

Pela equação (10.6), se o campo magnético depende do tempo, conclui-se que $\oint \vec{E} \cdot d\vec{l} \neq 0$, o que representa uma clara contradição em relação à 1ª equação da Tabela 10.1, $\oint \vec{E} \cdot d\vec{l} = 0$, que mostra, por sua vez, que o campo eletrostático é conservativo. Isso nos leva à conclusão de que o campo elétrico originado da equação (10.6) *não é conservativo*, por não ter uma origem eletrostática, ou seja, por não ser produzido por cargas em repouso. A Figura 10.10 mostra uma situação na qual um campo magnético dependente do tempo gera um campo elétrico (não eletrostático) formado por linhas circulares concêntricas.

Figura 10.10

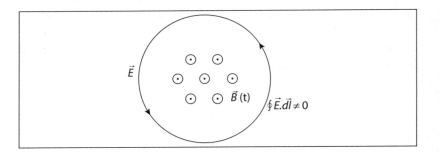

A equação (10.6) obtida por Maxwell representa um avanço significativo em relação aos trabalhos de Faraday, ampliando a sua abrangência, na medida em que estabelece uma relação direta entre campo elétrico e campo magnético. Antes de Maxwell, acreditava-se que cargas elétricas seriam a única fonte de campo elétrico, de acordo com as leis de Coulomb e Gauss; a equação (10.6) dá um passo adiante, mostrando que um campo elétrico também pode ser originado por um campo magnético dependente do tempo.

10.4 FORMULAÇÃO DE MAXWELL PARA A LEI DE AMPÈRE

De acordo com as propriedades da integral de linha de um campo magnético descritas anteriormente neste capítulo, e como foi visto no Capítulo 6, a lei de Ampère permite determinar, sob determinadas condições de simetria, o campo magnético nas proximidades de um condutor percorrido por corrente, de acordo com a expressão:

$$\oint \vec{B} \cdot d\vec{l} = \mu_0 i$$

A formulação para a lei de Ampère expressa na forma acima mostrou-se válida para situações estacionárias, onde a corrente é constante no tempo, mas revelou algumas inconsistências em determinadas situações, que violavam um importante princípio físico, o princípio de conservação de carga. Como exemplo, tomemos o processo de descarga de um capacitor de placas paralelas, mostrado na Figura 10.11. Se o capacitor é descarregado, cargas positivas deslocam-se pelo fio a partir da placa positivamente carregada. Para se determinar o campo magnético produzido pelo fio, calcula-se a integral $\oint \vec{B} \cdot d\vec{l}$ ao longo da linha circular 1 de raio R mostrada na Figura 10.11, de modo que o módulo do campo magnético a uma distância R do fio será $B = \mu_0 i / 2\pi R$, onde i é a corrente que atravessa a superfície circular delimitada pela linha 1. Pela lei de Ampère, esse resultado não deve depender da forma da superfície pela qual a corrente passa, desde que ela esteja atrelada à linha 1. Mas, se tomamos a superfície curva entre as placas do capacitor, também associada à linha 1, vemos que a corrente que a atravessa é nula, e, portanto, o campo magnético deveria ser nulo. Dessa forma, duas maneiras diferentes de se calcular o mesmo campo magnético levam a resultados diferentes e, portanto, contraditórios. Além disso, resultados experimentais mostram que há campo magnético entre as placas de um capacitor durante processos de carga ou descarga. Portanto, a lei de Ampère na sua forma original revela-se inconsistente para casos em que a corrente não é constante no tempo.

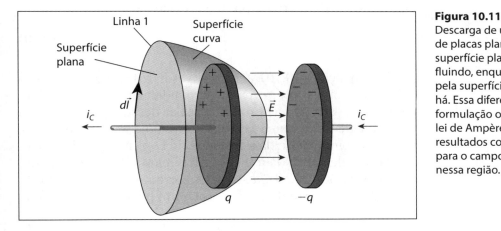

Figura 10.11
Descarga de um capacitor de placas planas. Pela superfície plana há cargas fluindo, enquanto que, pela superfície curva, não há. Essa diferença, pela formulação original da lei de Ampère, leva a dois resultados contraditórios para o campo magnético nessa região.

Para eliminar essa ambiguidade, Maxwell propôs a existência da chamada *corrente de deslocamento* i_D, que, somada à corrente i produzida pela passagem das cargas, permitiu a generalização da lei de Ampère, garantindo que o fluxo de carga deve vir de alguma fonte. Com efeito, considerando que a carga do capacitor relaciona-se com o campo elétrico uniforme entre as placas pela relação $q = EA\varepsilon_0$ (ver Capítulo 2), e lembrando que a carga no capacitor varia durante esse processo transiente, temos, derivando-se essa equação em relação ao tempo,

$$\frac{\partial q}{\partial t} = A\varepsilon_0 \frac{\partial E}{\partial t} = i_D, \qquad (10.7)$$

de forma que a lei circuital de Ampère assume a sua forma mais completa:

$$\oint \vec{B} \cdot d\vec{l} = \mu_0 \left(i + i_D \right) \tag{10.8}$$

A corrente de deslocamento dada pela equação (10.7) não constitui uma corrente no sentido convencional do termo, uma vez que, na região entre as placas do capacitor, não há, de fato, fluxo de cargas. No entanto, ela recebe esse nome por ter como efeito a geração de um campo magnético.

Uma forma conveniente de expressar a corrente é através da densidade de corrente J, grandeza vetorial, cujo módulo é definido como a quantidade de corrente di que flui por uma seção dA:

$$J = \frac{di}{dA}, \tag{10.9}$$

de forma que a corrente pode ser entendida como o fluxo de densidade de corrente por uma região de área dA:

$$i = \int \vec{J} \cdot d\vec{A} \tag{10.10}$$

Na equação (10.10) acima, o vetor $d\vec{A}$ é definido como $d\vec{A} = \hat{n} dA$, onde $\hat{n}$ é o versor perpendicular à superfície infinitesimal de área dA. O produto escalar dessa equação reforça o caráter de fluxo que a corrente tem, pois $\vec{J} \cdot d\vec{A}$ indica que apenas a componente da densidade de corrente que é perpendicular ao elemento de área contribui para o fluxo. De acordo com a equação (10.10), a soma da corrente da movimentação de cargas e da corrente de deslocamento pode ser dada como:

$$i + i_D = \int \left(\vec{J} + \vec{J}_D \right) \cdot d\vec{A}, \tag{10.11}$$

onde $\vec{J}_D$ é a densidade de corrente de deslocamento. Pela equação (10.7), podemos escrever $i_D/A = \varepsilon_0 \, \partial E/\partial t$. Essa relação é um caso particular, no qual a densidade de corrente de deslocamento é espacialmente constante na área do capacitor. Ela pode ser generalizada para se obter J_D como:

$$J_D = \frac{di_D}{dA} = \varepsilon_0 \frac{\partial E}{\partial t} \tag{10.12}$$

Substituindo-se a equação (10.12) na (10.11), e esta na equação (10.8), obtém-se a formulação de Maxwell para a lei de Ampère, levando em conta a corrente de deslocamento:

$$\oint \vec{B} \cdot d\vec{l} = \mu_0 \int \left(\vec{J} + \varepsilon_0 \frac{\partial \vec{E}}{\partial t} \right) \cdot d\vec{A} \qquad (10.13)$$

A equação (10.13) tem uma particularidade extremamente interessante e importante. Ela mostra que o campo magnético pode ser gerado não somente por uma corrente elétrica, como descoberto por Ampère, mas também por meio de um campo elétrico dependente do tempo. Outra característica intrigante que essa equação revela é a possibilidade de gerar campo magnético mesmo na ausência de cargas em movimento, por exemplo, no vácuo. Basta haver campos elétricos dependentes no tempo, que se observam também campos magnéticos. No vácuo, como não há cargas, $\vec{J} = \vec{0}$, e a equação (10.13) toma a forma:

$$\oint \vec{B} \cdot d\vec{l} = \mu_0 \varepsilon_0 \int \frac{\partial \vec{E}}{\partial t} \cdot d\vec{A} \qquad (10.14)$$

A obtenção da corrente de deslocamento por meio das equações (10.7) e (10.12) não constitui a abordagem geral, sendo apenas um caso particular. A forma mais geral de obtenção da corrente de deslocamento usa o conceito de conservação e continuidade de carga, e utiliza uma abordagem matemática cujo nível está acima do escopo deste livro.

10.5 EQUAÇÕES DE MAXWELL NA FORMA INTEGRAL

Nossa análise sobre linhas de campo elétrico e campo magnético e sua relação com as leis da eletricidade e do magnetismo pode ser resumida na Tabela 10.2, que mostra as equações de Maxwell na sua forma integral. A primeira expressa a lei de Gauss em sua forma original, na qual o fluxo do campo elétrico por uma superfície fechada é não nulo quando esta encerra uma carga em seu interior. A segunda equação, chamada por alguns autores de lei de Gauss para o campo magnético, mostra que não existem cargas magnéticas ou monopolos magnéticos, ou como um ímã não pode ter seu polo norte separado de seu polo sul, uma vez que o fluxo do campo magnético por uma superfície fechada é sempre nulo. A forma como Maxwell expressou a lei de Faraday, na terceira equação, mostra explicitamente como o campo elétrico pode ser criado a partir de um campo magnético, sendo este dependente do tempo. Para obter uma forma mais geral da lei de Ampère, expressa na quarta equação, Maxwell introduziu o conceito de corrente de deslocamento,

Física com aplicação tecnológica – Volume 3

além de demonstrar que o campo magnético pode ser originado de um campo elétrico variável no tempo, mesmo quando não há cargas em movimento.

Tabela 10.2

$$\int_A \vec{E} \cdot d\vec{A} = \frac{Q}{\varepsilon_o}$$	Gauss
$$\int_A \vec{B} \cdot d\vec{A} = 0$$	"Gauss"
$$\oint_L \vec{E} \cdot d\vec{l} = -\int_A \frac{\partial \vec{B}}{\partial t} \cdot d\vec{A}$$	Faraday
$$\oint \vec{B} \cdot d\vec{l} = \mu_0 \int \left(\vec{J} + \varepsilon_0 \frac{\partial \vec{E}}{\partial t} \right) \cdot d\vec{A}$$	Ampère

Ao perfilar abaixo as equações (10.6) e (10.14), podemos observar uma notável simetria nos comportamentos dos campos elétrico e magnético. Por serem válidas na ausência de matéria e/ou de cargas livres, elas mostram que, sob determinadas condições, campo elétrico pode gerar campo magnético, e vice-versa. Essa descoberta representou um extraordinário avanço para a ciência, por mostrar que esses campos possuem uma origem comum, e caracterizou a unificação das teorias da eletricidade e do magnetismo. Isso permitiu que fenômenos elétricos e fenômenos magnéticos, até então encarados como efeitos isolados, pudessem ser estudados a partir de um todo mais abrangente, a teoria eletromagnética, ou *eletromagnetismo*.

$$\oint_L \vec{E} \cdot d\vec{l} = -\int_A \frac{\partial \vec{B}}{\partial t} \cdot d\vec{A}$$

$$\oint \vec{B} \cdot d\vec{l} = \mu_0 \varepsilon_0 \int \frac{\partial \vec{E}}{\partial t} \cdot d\vec{A}$$

Exemplo I

Campo magnético produzido por campo elétrico variável no tempo

Considere um capacitor de placas circulares paralelas de raio R, que forma um campo elétrico uniforme em seu interior.

Se a carga do capacitor oscila senoidalmente com o tempo na forma $Q = Q_0 \text{sen}(\omega t)$, onde ω é a frequência angular da oscilação, determine o campo magnético entre as placas em função da distância r em relação ao eixo de simetria do capacitor.

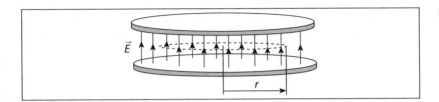

Figura 10.12

Solução:

Para este problema, a lei de Ampère na sua forma original é ineficaz, pois não há fluxo de cargas entre as placas do capacitor. Entretanto, podemos determinar o campo magnético no interior do capacitor através da equação (10.14) se determinarmos a corrente de deslocamento, ou, de forma equivalente, a dependência temporal do campo elétrico entre as placas. Aplicando a lei de Gauss na região entre as placas do capacitor, temos o campo elétrico dado por:

$$E = \frac{\sigma}{\varepsilon_0}$$

Para um capacitor de carga Q e área πR^2, $\sigma = Q/\pi R^2$, de forma que

$$E = \frac{Q}{\pi R^2 \varepsilon_0} = \frac{Q_0 \text{sen}(\omega t)}{\pi R^2 \varepsilon_0}$$

A derivada temporal do campo elétrico será, pois,

$$\frac{\partial E}{\partial t} = \frac{Q_0 \omega \cos(\omega t)}{\pi R^2 \varepsilon_0}$$

Como o campo elétrico é espacialmente uniforme, o fluxo de sua derivada temporal por uma seção reta localizada entre as placas do capacitor toma simplesmente a forma

$$\int \frac{\partial \vec{E}}{\partial t} \cdot d\vec{A} = \frac{\partial E}{\partial t} \pi r^2 = \frac{Q_0 \omega \cos(\omega t)}{\varepsilon_0} \frac{r^2}{R^2}$$

Como o fluxo de $\partial E/\partial t$ foi calculado através de uma superfície circular de raio r com centro no eixo de simetria do capacitor (mostrada pela linha pontilhada na Figura 10.12), a integral de linha do campo magnético deve ser calculada ao longo da circunferência que delimita essa superfície circular. Se assumirmos um comportamento tangencial do campo magnético (o que se faz, de costume, ao se determinar o campo magnético gerado por um fio percorrido por corrente), temos que a integral de linha do membro esquerdo da equação (10.14) será:

$$\oint \vec{B} \cdot d\vec{l} = B2\pi r$$

Dessa forma, combinando os resultados de fluxo e da integral de linha na equação (10.14), chegamos a

$$\oint \vec{B} \cdot d\vec{l} = \mu_0 \varepsilon_0 \int \frac{\partial \vec{E}}{\partial t} \cdot d\vec{A} \Rightarrow B2\pi r = \mu_0 \varepsilon_0 \frac{Q_0 \omega \cos(\omega t)}{\varepsilon_0} \frac{r^2}{R^2},$$

que fornece o resultado:

$$B = \frac{\mu_0 Q_0 \omega \cos(\omega t)}{2\pi R^2} r$$

Exemplo II

Campo elétrico produzido por campo magnético variável no tempo

Um campo magnético espacialmente uniforme é produzido por um solenoide longo, de raio R e com n espiras por unidade de comprimento, percorrido por uma corrente elétrica que varia no tempo de acordo com a expressão $i(t) = i_0 e^{-\alpha t}$, onde α é uma constante real. Calcule o campo elétrico gerado por esse campo magnético em função da distância r em relação ao eixo de simetria do solenoide.

Solução:

Para resolver este problema, podemos usar a forma integral da lei de Faraday, dada pela equação (10.6):

$$\oint \vec{E} \cdot d\vec{l} = -\int \frac{d\vec{B}}{dt} \cdot d\vec{A}$$

O campo magnético B é dado por:

$$B = \mu_0 n i = \mu_0 n i_0 e^{-\alpha t}$$

O fluxo da derivada temporal do campo magnético deve ser calculado através de uma superfície circular de raio r, no interior do solenoide, que seja normal ao campo magnético. Como o campo magnético é espacialmente uniforme, a integral de fluxo da equação (10.6) toma a forma:

$$\int \frac{d\vec{B}}{dt} \cdot d\vec{A} = \frac{d\vec{B}}{dt} \pi r^2 = -\alpha\mu_0 n i_0 e^{-\alpha t} \pi r^2$$

Como não há cargas no interior do solenoide, e devido à simetria cilíndrica do problema, o campo elétrico é tangencial à superfície circular, sendo, portanto, constante a uma distância r do eixo de simetria. Assim, a integral de linha da equação (10.6) pode ser escrita simplesmente como:

$$\oint \vec{E} \cdot d\vec{l} = E2\pi r$$

Substituindo as duas relações anteriores na equação (10.6), chegamos a:

$$E2\pi r = \alpha\mu_0 n i_0 e^{-\alpha t} \pi r^2 \Rightarrow E = \frac{\alpha\mu_0 n i_0 e^{-\alpha t}}{2} r$$

Vale reforçar que esse campo não tem origem eletrostática, pois não é decorrente de cargas, não sendo, portanto, conservativo.

10.6 EQUAÇÕES DE MAXWELL NA FORMA DIFERENCIAL

A forma integral das equações de Maxwell tem aplicabilidade limitada, por envolver a igualdade de integrais com variáveis de integração diferentes. A forma diferencial das equações de Maxwell é mais útil para estabelecer a relação direta entre campo elétrico e campo magnético, e por permitir resultados pontuais. Para isso, recorremos a teoremas cuja demonstração está além do escopo deste texto.

Pelo *teorema da divergência*, também conhecido como teorema de Gauss, a integral do divergente de uma função vetorial $\vec{F}$ em um volume V é igual ao fluxo de $\vec{F}$ pela superfície que encerra esse volume:

$$\int_V div\vec{F}dV = \int_A \vec{F} \cdot d\vec{A} , \tag{10.15}$$

onde o operador divergente em coordenadas cartesianas é definido como:

$$div\vec{F} = \frac{\partial F_x}{\partial x} + \frac{\partial F_y}{\partial y} + \frac{\partial F_z}{\partial z}$$

Essa relação permite expressar a lei de Gauss de outra maneira. O fluxo do campo elétrico pela superfície de Gauss assume então a forma:

$$\int_A \vec{E} \cdot d\vec{A} = \int_V div\vec{E} \times dV$$

Escrevendo a carga Q na forma $Q = \int \rho dV$, onde o volume em questão é da região onde a carga Q está encerrada (ver Capítulo 2), teremos:

$$\int_A \vec{E} \cdot d\vec{A} = \frac{Q}{\varepsilon_0} \Rightarrow \int_V div\vec{E} \, dV = \int_V \frac{\rho}{\varepsilon_0} \, dV$$

Da igualdade dos integrandos, chegamos à forma diferencial de lei de Gauss:

$$div\vec{E} = \frac{\rho}{\varepsilon_0} \tag{10.16}$$

Podemos empregar este raciocínio para obter a forma diferencial da equação $\int_A \vec{B} \cdot d\vec{A} = 0$; aplicando o teorema de Gauss ao campo magnético, temos:

$$\int_A \vec{B} \cdot d\vec{A} = \int_V div\vec{B} \, dV$$

Na seção 10.2.3, e analisando a Figura 10.9, vimos que o fluxo do campo magnético por uma superfície fechada é nulo, de modo que

$$\int_V div\vec{B} \, dV = 0 \, ,$$

de onde obtemos:

$$div\vec{B} = 0 \tag{10.17}$$

Ao estabelecer que o divergente do campo magnético é nulo, a equação (10.17) mostra que esse campo não diverge de uma fonte, nem converge para ela, o que reforça o conceito de que o campo magnético não é originado por um único polo, ou por uma "carga magnética".

Pelo *teorema de Stokes*, a integral de linha de uma função vetorial num laço L fechado é igual ao fluxo do rotacional dessa função através da superfície A delimitada pelo laço:

$$\int_L \vec{F} \cdot d\vec{l} = \int_A rot\vec{F} \cdot d\vec{A} \tag{10.18}$$

O rotacional da função $\vec{F}$ é definido pelo produto vetorial:

$$rot\vec{F} = \begin{vmatrix} \vec{i} & \vec{j} & \vec{k} \\ \dfrac{\partial}{\partial x} & \dfrac{\partial}{\partial y} & \dfrac{\partial}{\partial z} \\ F_x & F_y & F_z \end{vmatrix}$$

Através desse teorema, podemos reescrever a forma integral da lei de Faraday como

$$\int_L \vec{E} \cdot d\vec{l} = -\int_A \frac{\partial \vec{B}}{\partial t} \cdot d\vec{A} \Rightarrow \int_A rot\vec{E} \cdot d\vec{A} = -\int_A \frac{\partial \vec{B}}{\partial t} \cdot d\vec{A} \,,$$

o que leva ao resultado:

$$rot\vec{E} = -\frac{\partial \vec{B}}{\partial t} \tag{10.19}$$

Podemos raciocinar de maneira análoga para a equação de Maxwell que expressa a lei de Ampère. O teorema de Stokes aplicado à integral de linha do campo magnético toma a forma:

$$\int_L \vec{B} \cdot d\vec{l} = \int_A rot\vec{B} \cdot d\vec{A}$$

Ao aplicarmos esse resultado à forma integral da lei de Ampère, obtemos

$$\oint \vec{B} \cdot d\vec{l} = \int_A rot\vec{B} \cdot d\vec{A} = \mu_0 \int \left(\vec{J} + \varepsilon_0 \frac{\partial \vec{E}}{\partial t} \right) \cdot d\vec{A} \,,$$

o que fornece a quarta equação de Maxwell na forma diferencial:

$$rot\vec{B} = \mu_0 \vec{J} + \mu_0 \varepsilon_0 \frac{\partial \vec{E}}{\partial t} \tag{10.20}$$

A Tabela 10.3 resume as equações de Maxwell na forma diferencial.

Tabela 10.3

$div\vec{E} = \dfrac{\rho}{\varepsilon_0}$	Gauss
$div\vec{B} = 0$	"Gauss"
$rot\vec{E} = -\dfrac{\partial \vec{B}}{\partial t}$	Faraday
$rot\vec{B} = \mu_0 \vec{J} + \mu_0 \varepsilon_0 \dfrac{\partial \vec{E}}{\partial t}$	Ampère

Exemplo III

Mostre que, numa região em que o campo elétrico é uniforme, a densidade volumétrica de cargas é nula.

Solução:

Se o campo elétrico é espacialmente uniforme, temos $div\vec{E} = \dfrac{\partial E_x}{\partial x} + \dfrac{\partial E_y}{\partial y} + \dfrac{\partial E_z}{\partial z} = 0$. Com esse resultado, pela equação (10.16), temos que $\rho = 0$.

Podemos interpretar esse resultado conceitualmente: o fato de o campo elétrico ser uniforme em uma determinada região do espaço significa que as linhas de campo nem convergem para essa região, nem divergem dela. Sabemos que um campo só converge ou diverge de uma região quando originado por uma carga, ou por uma distribuição de cargas (ver Figura 10.3). Se ele é uniforme, não há convergência nem divergência de linhas de campo e, portanto, não há cargas.

Exemplo IV

Mostre que o divergente do campo magnético gerado por um fio longo percorrido por corrente elétrica é nulo.

Solução:

No Capítulo 7, vimos que, pela lei de Ampère, o campo magnético produzido por um fio percorrido por corrente, a uma distância r deste, é dado por $B = \mu_0 i/(2\pi r)$. Podemos expressar esse campo vetorialmente, na forma:

$$\vec{B} = \frac{\mu_0 i}{2\pi r}\hat{e}_\Phi,$$

onde $\hat{e}_\Phi$ é um vetor unitário na direção tangencial. O cálculo que iremos fazer neste exemplo pode ser feito muito facilmente se empregarmos o divergente em coordenadas cilíndricas, cuja simetria encaixa-se muito bem ao problema em questão. Entretanto, obter o operador divergente em coordenadas cilíndricas está além do escopo deste texto, de forma que podemos nos contentar em abordar o problema usando o sistema de coordenadas cartesianas. Nesse sistema, $\hat{e}_\Phi$ pode ser expresso como:

$$\hat{e}_\Phi = \frac{-y\vec{i} + x\vec{j}}{\sqrt{x^2 + y^2}}$$

Note que o produto escalar entre o vetor $-y\vec{i} + x\vec{j}$ e o vetor radial $x\vec{i} + y\vec{j}$ é nulo, de onde se conclui que ambos são perpendiculares e que, por isso, $-y\vec{i} + x\vec{j}$ tangencia uma circunferência de raio $r = \sqrt{x^2 + y^2}$. Esse termo no denominador de $\hat{e}_\Phi$ garante seu módulo unitário. Dessa forma, o vetor campo magnético pode ser expresso em coordenadas cartesianas como:

$$\vec{B} = \frac{\mu_0 i}{2\pi\sqrt{x^2 + y^2}}\left(\frac{-y\vec{i} + x\vec{j}}{\sqrt{x^2 + y^2}}\right) = \frac{\mu_0 i}{2\pi}\left(\frac{-y\vec{i} + x\vec{j}}{x^2 + y^2}\right)$$

Sendo $B_x = \dfrac{\mu_0 i}{2\pi}\left(\dfrac{-y}{x^2 + y^2}\right)$, $B_y = \dfrac{\mu_0 i}{2\pi}\left(\dfrac{x}{x^2 + y^2}\right)$ e $B_z = 0$, o divergente de $\vec{B}$ será:

$$div\vec{B} = \frac{\partial B_x}{\partial x} + \frac{\partial B_y}{\partial y} + \frac{\partial B_z}{\partial z} = \frac{\mu_0 i}{2\pi}\left[\frac{2xy - 2xy}{\left(x^2 + y^2\right)^2}\right] = 0$$

Exemplo V

Considere o campo elétrico obtido no Exemplo II:

$$E = \frac{\alpha\mu_0 n i_0 e^{-\alpha t}}{2}r$$

Através da forma diferencial da lei de Faraday, obtenha o campo magnético correspondente.

Solução:

Como o campo elétrico é tangencial, convém que o expressemos na forma vetorial de maneira análoga ao que foi feito no exemplo anterior:

$$\vec{E} = \frac{\alpha\mu_0 ni_0 e^{-\alpha t} r}{2} \hat{e}_\Phi$$

Sendo $r = \sqrt{x^2 + y^2}$ e $\hat{e}_\Phi = \dfrac{-y\vec{i} + x\vec{j}}{\sqrt{x^2 + y^2}}$, temos:

$$\vec{E} = \frac{\alpha\mu_0 ni_0 e^{-\alpha t}}{2}\left(-y\vec{i} + x\vec{j}\right)$$

O rotacional do campo elétrico pode ser expresso como:

$$rot\vec{E} = \begin{vmatrix} \vec{i} & \vec{j} & \vec{k} \\ \partial/\partial x & \partial/\partial y & \partial/\partial z \\ E_x & E_y & E_z \end{vmatrix} = \frac{\alpha\mu_0 ni_0 e^{-\alpha t}}{2}\begin{vmatrix} \vec{i} & \vec{j} & \vec{k} \\ \partial/\partial x & \partial/\partial y & \partial/\partial z \\ -y & x & 0 \end{vmatrix} =$$

$$= \frac{\alpha\mu_0 ni_0 e^{-\alpha t}}{2}\left(\frac{\partial x}{\partial x} - \frac{\partial(-y)}{\partial y}\right)\vec{k} \Rightarrow rot\vec{E} = \alpha\mu_0 ni_0 e^{-\alpha t}\vec{k}$$

De acordo com a equação (10.19), temos

$$rot\vec{E} = -\frac{\partial\vec{B}}{\partial t} = \alpha\mu_0 ni_0 e^{-\alpha t}\vec{k}$$

O campo magnético pode ser determinado pela integração a seguir:

$$\vec{B} = \int\frac{\partial\vec{B}}{\partial t}dt = -\int\alpha\mu_0 ni_0 e^{-\alpha t}dt\ \vec{k},$$

que fornece o resultado:

$$\vec{B} = \mu_0 ni_0 e^{-\alpha t}\ \vec{k}$$

Não por acaso, este é exatamente o campo magnético que, no Exemplo II, produziu o campo elétrico $E = \dfrac{\alpha\mu_0 ni_0 e^{-\alpha t}}{2}r$.

Exemplo VI

O campo magnético de uma onda eletromagnética plana propagando-se no vácuo é dado pela expressão $\vec{B}(x,t) = B_o \cos(kx - \omega t)\vec{k}$. Obtenha o vetor campo elétrico associado.

Solução:

Como a onda propaga-se no vácuo, a densidade de corrente J é nula, de modo que a lei de Ampère – equação (10.20) – para este caso toma a forma

$$rot\vec{B} = \mu_0 \varepsilon_0 \frac{\partial \vec{E}}{\partial t}$$

O rotacional do campo magnético será:

$$rot\vec{B} = -\frac{\partial B_z}{\partial x}\vec{j} = kB_0 \text{sen}(kx - \omega t)\vec{j} = \mu_0 \varepsilon_0 \frac{\partial \vec{E}}{\partial t}$$

Analogamente ao procedimento do Exemplo V, o campo elétrico será obtido por:

$$\vec{E} = \int \frac{\partial \vec{E}}{\partial t}dt = \int \frac{kB_0 \text{sen}(kx - \omega t)}{\mu_0 \varepsilon_0}dt\,\vec{j}\,,$$

de onde finalmente se obtém

$$\vec{E}(x,t) = \frac{k}{\omega\mu_0\varepsilon_0}B_0 \cos(kx - \omega t)\vec{j}$$

Um dos resultados mais importantes do eletromagnetismo é a descrição das ondas eletromagnéticas, entre as quais a luz. Pelas equações de Maxwell, pode-se mostrar que cargas aceleradas produzem um campo elétrico $\vec{E}(t)$ oscilante no tempo; esse campo, por sua vez, dá origem a um campo magnético $\vec{B}(t)$ que também oscila no tempo, como mostram as equações (10.19) e (10.20); a equação (10.6) mostra que esse campo magnético gera um campo elétrico oscilante no tempo. Esse processo recíproco e cíclico, onde um campo gera o outro a partir de uma carga oscilante, dá origem à onda eletromagnética. Essa onda, no espaço livre, é composta de um campo elétrico e de um campo magnético, perpendiculares entre si, ambos com comportamento ondulatório, e que se propagam ao longo da mesma direção, como mostra esquematicamente a Figura 10.13.

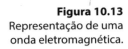

Figura 10.13
Representação de uma onda eletromagnética.

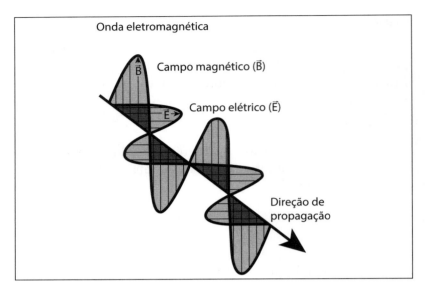

11 FENÔMENOS DE SUPERFÍCIE

Francisco Tadeu Degasperi
João Mongelli Netto

11.1 INTRODUÇÃO

Concluiremos este terceiro volume de *Física com Aplicação Tecnológica* expondo uma iniciação aos fenômenos físicos que ocorrem nas superfícies dos materiais. Nos assuntos referentes à mecânica e à termodinâmica, nos capítulos dos Volumes 1 e 2 desta série, voltados ao estudo da Física, o volume ocupado pelos corpos era o que importava. Nada ocorria de especial com a superfície dos corpos. A superfície dos corpos não tinha nada de especial, apenas era considerada como a fronteira do corpo com o meio externo. A realidade, no entanto, é bem diferente. Nos processos que ocorrem na natureza, a superfície dos corpos desempenha um papel fundamental e essencial. Por meio e através dela é que a energia e a matéria são trocadas com a vizinhança.

E, ainda, a superfície não é apenas uma barreira a ser vencida ou transposta para haver troca de energia e matéria do corpo com o ambiente. Ela é palco de inúmeros efeitos e fenômenos físicos interessantes, quando considerados os princípios básicos e as interações fundamentais entre os átomos e moléculas que compõem o corpo material. Há a abordagem termodinâmica que, como vimos no Volume 2 desta série, considera as grandezas macroscópicas, como pressão, temperatura, área, volume, massa, energia interna, e outras grandezas. A termodinâmica faz uso das propriedades macroscópicas da matéria sem considerar a sua estrutura íntima, ou seja, os átomos e as moléculas, com suas interações fundamentais.

Como sabemos, há quatro interações básicas na natureza: gravitacional, eletromagnética, nuclear fraca e nuclear forte.

Em poucas palavras:

- A interação gravitacional está presente sempre que houver massa, e se estende até o infinito. Tem intensidade pequena, em geral, entre os corpos que estamos acostumados a manusear. A força gravitacional é importante na presença de grandes massas, por exemplo, entre corpos celestes: planetas, estrelas, e galáxias. É a força gravitacional que mantém o universo coeso. Cabe mencionar que a energia, por exemplo, a luz, também sofre a força gravitacional. Esse é um dos resultados mais importantes da teoria da relatividade de Einstein.

- A interação eletromagnética ocorre devido à existência de cargas elétricas. Para um dado referencial inercial, as cargas elétricas podem estar em repouso ou em movimento, podendo, assim, criar campos elétricos e também campos magnéticos. Esse é o assunto deste Volume 3 de *Física com Aplicação Tecnológica*. A força eletromagnética (devido aos campos elétrico e magnético) é a responsável pela coesão da matéria ao nosso redor: do próprio átomo ao agrupamento de átomos, formando moléculas. A existência dos metais e de suas ligas é devida à força eletromagnética. Podemos afirmar o mesmo para os polímeros em geral e, ainda, a existência das moléculas bioquímicas e da própria célula se deve à força eletromagnética. Neste capítulo nos debruçaremos sobre alguns fenômenos que têm origem na interação eletromagnética entre átomos e moléculas. Analisaremos os fenômenos da força de atrito de escorregamento e de rolamento, a tensão superficial e outras manifestações da interação eletromagnética.

- A interação fraca ocorre nos processos nucleares relacionados com o chamado decaimento beta, importante mecanismo que acontece no interior das estrelas. Ao contrário das duas interações mencionadas anteriormente, não temos uma percepção direta sobre ela.

- A interação nuclear ocorre com as partículas prótons e nêutrons. Ela é responsável por manter o núcleo atômico coeso, apesar da repulsão elétrica entre os prótons. A geração de energia nas estrelas, devido à fusão nuclear, e a energia gerada nos reatores nucleares, devido à fissão nuclear, têm origem na interação nuclear, a mais intensa de todas as interações vistas até aqui.

Cabe mencionar que, com a descoberta experimental do bóson de Higgs, temos uma melhor compreensão da interação gravitacional, pois essa partícula se liga à massa de um corpo. Colocadas as interações fundamentais até agora identificadas na natureza, dizemos que todos os processos e fenômenos que acontecem, em todas as escalas, desde o muito pequeno até o muito grande, se devem a elas. Nosso propósito neste capítulo é expor alguns fenômenos importantes que ocorrem ao nosso redor, e que encontram explicação na interação eletromagnética. Como exemplo, temos o bem estabelecido fenômeno da formação de uma bolha de sabão, ou de uma gota de água na superfície de uma placa de vidro. Por que a água não se espalha uniformemente na superfície da placa de vidro? E, ainda, o que faz com que existam espumas e bolhas de sabão? Do ponto de vista cinético-molecular, esses fenômenos e outros da mesma origem são de muito difícil explicação e modelagem, requerendo ainda conhecimentos de mecânica quântica, de propriedades da matéria e, também, profunda familiaridade com a física clássica em geral. Os fenômenos relacionados à superfície são, por excelência, interdisciplinares e abrangem várias áreas da física.

11.2 ABRANGÊNCIA DOS FENÔMENOS DE SUPERFÍCIE

A superfície dos materiais, como dissemos, é mais que uma fronteira entre o volume do corpo em estudo e o meio externo (a vizinhança como definimos em termodinâmica). O que há de especial na superfície dos corpos? Ocorre que, no volume dos corpos, distante a poucas camadas da superfície, os átomos e moléculas que compõem a matéria interagem praticamente em todas as direções. Considerando uma porção de líquido, como na Figura 11.1, os átomos e moléculas no interior desse líquido têm suas interações eletromagnéticas nas várias direções anulando-se mutuamente. Ao contrário, na interface líquido-gás, há um plano que divide a parte de cima da parte de baixo da superfície do líquido, apresentando interações, em geral, com intensidades muito diferentes. Veja que as moléculas do líquido e do gás acima da interface são diferentes entre si, bem como suas densidades. Como sabemos, a densidade dos líquidos é bem maior que a densidade dos gases.

Detalhando: a molécula A interage, em média, com a mesma intensidade com suas vizinhas. Dessa forma, o fluido líquido em repouso não apresenta comportamento distinto ao longo de seu volume. Ao contrário, na superfície de separação líquido-gás há um desequilíbrio de forças.

Figura 11.1
As moléculas no interior do líquido são atraídas igualmente, em média, por todas as suas vizinhas. Na superfície, as moléculas são atraídas para o interior do volume do líquido.

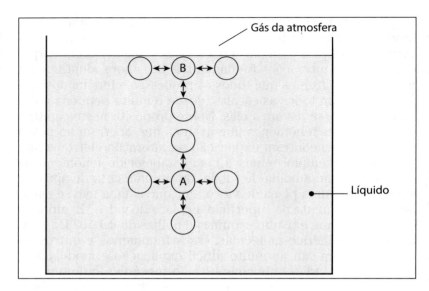

Esse fato confere à superfície propriedades inusitadas e com comportamento muito distinto daquele observado no volume do líquido. Dessa forma, as moléculas que se encontram na superfície do líquido em contato com o gás tendem a ser puxadas para o volume do líquido. A superfície de separação líquido-gás tem um comportamento parecido como o de uma membrana.

Observamos que as superfícies de separação líquido-gás tendem a formar uma superfície de área minimizada. Podemos observar que a gota de um líquido que cai no campo gravitacional, em queda livre, tem a forma esférica. A esfera é a figura geométrica que, para um dado volume, apresenta a menor área superficial.

Os fenômenos de superfície estão presentes em situações importantes na Física, na Biologia, na Química e na área ambiental. Citando brevemente, temos a formação de filmes finos metálicos em superfícies sólidas, extensamente utilizados na indústria e na pesquisa tecnológica. Como exemplo, temos a fabricação de superfícies refletoras, os faróis e lanternas metalizadas a vácuo. Na biologia, como exemplo, temos os fenômenos envolvendo a capilaridade, essenciais para o transporte de alimentos nas plantas. Na química temos, por exemplo, os processos da indústria alimentícia e de detergentes, nos quais se realiza a formação de bolhas. Nesses casos, os conceitos referentes à tensão superficial devem ser compreendidos com clareza e profundidade. No caso de fenômenos ambientais que, no fundo, são fenômenos físicos, químicos e biológicos, a superfície desempenha um papel essencial. Entre os efeitos variados na natureza, podemos citar a formação de espuma, a sustentação de insetos na superfície dos líquidos, a formação de gotas de orvalho, o transporte de líquidos através de fendas e tubos naturais etc.

Em muitos casos, os efeitos que ocorrem na natureza são de pequena intensidade, porém, o resultado global é relevante para processos ambientais em grande escala. Para iniciar a exposição de efeitos de superfície, podemos citar uma gota de água, ou outro líquido qualquer, quando descansa sobre uma superfície sólida. Na Figura 11.2 vemos, por exemplo, uma gota de água sobre uma superfície de vidro engordurado. Notamos que a gota de água fica concentrada em uma pequena região da superfície de vidro.

Figura 11.2
Pequena porção de líquido em uma superfície sólida, com ar em torno dela.

Considerando a mecânica estudada, ao se derramar uma pequena porção de água, ou de qualquer outro líquido em uma superfície, o líquido deveria se espalhar por toda a superfície, pois não há nenhuma força com componente horizontal que garanta o seu acúmulo. Porém, não observamos a água se espalhar, mas se acumular em pequenas porções. Neste caso, deve haver forças com componentes horizontais capazes de sustentá-las, como se fossem barragens, para que elas fiquem confinadas. Essas forças decorrem das chamadas tensões superficiais, que dão origem a uma série de efeitos muito bonitos que ocorrem na natureza. A sua natureza é de origem elétrica, devido à interação entre as cargas elétricas dos átomos e moléculas que compõem o líquido, a superfície sólida e o ar da atmosfera.

Assim, o exemplo ilustra o efeito geral que ocorre com as superfícies, tanto de líquidos como de sólidos. Podemos ter, de forma completa, interface com líquidos diferentes, interface de sólidos diferentes; e, ainda, interface sólido-líquido, sólido-gás, líquido-gás. Este último é o caso de uma gota de líquido em uma placa sólida, na atmosfera. Voltando à Figura 11.2, vemos que há uma interface sólido-líquido, uma interface sólido-gás e uma interface líquido-gás. Vemos também que há uma linha, a borda da gota, que une o gás, o líquido e o sólido. Continuando, podemos expor a importância relativa da superfície em relação ao volume de um corpo considerando o seguinte exemplo. Seja um corpo em formato cúbico. Vemos que, para um dado volume, temos uma área da superfície que separa o corpo do meio externo. Se agora dividirmos o corpo cúbico pela metade, o seu volume total permanece o mesmo, mas a área da sua superfície cresce. Podemos continuar dividindo o corpo e, com isso, a sua área superficial crescerá. É razoável supor que, à medida que os corpos fiquem cada vez menores em seu volume, a superfície terá cada vez um papel mais importante para o corpo.

Veja a seguinte situação: você come um pedaço de queijo parmesão do tamanho de um cubo de 1 cm de aresta. Ao colocá-lo na boca, o gosto ainda não é acentuado. À medida que o mastigamos, a área exposta do pedaço de queijo aumenta, aumentando assim a área de contato com a boca, o que acentua o seu sabor. Poderíamos intensificar de imediato o sabor do queijo, ralando-o. Nesse caso, veja que a sua área é muito grande frente a um volume relativamente pequeno.

A área dos alvéolos em nossos pulmões tem centenas de metros quadrados. Dessa forma, a captação de oxigênio é feita em quantidade suficiente para a manutenção da vida.

Temos ainda os seguintes exemplos na tecnologia cujo efeito principal se dá na superfície dos materiais.

- A aderência de gás nos sólidos: neste caso, temos os efeitos de adsorção. Os gases se ligam à superfície sólida. Esses efeitos são importantíssimos para os sistemas de alto-vácuo. A aplicação da metalização a vácuo, por exemplo, na fabricação de superfícies refletoras (faróis e lanternas automotivas) é realizada por evaporação de alumínio que se deposita em uma superfície sólida.

- A aderência de líquidos nos sólidos: neste caso, temos o importante efeito da capilaridade. A capilaridade desempenha um papel fundamental em vários processos físicos e biológicos. Também podemos citar a formação de filmes finos.

- A aderência de sólidos em sólidos: neste caso, podemos ter a formação de metais em grãos compactados formando uma peça. Podemos ter ainda partes sólidas presas a outras partes sólidas, como é o caso dos processos de filtração.

Nesses poucos exemplos apresentados, vemos a importância da superfície em muitos processos das atividades tecnológicas. Acrescentando, vemos que a moderna tecnologia caminha no sentido dos nanodispositivos, pois já temos muito bem desenvolvidos os microdispositivos. A microeletrônica, os microssensores e outros dispositivos já estão presentes em nosso cotidiano. Eles apresentam grandes áreas para volumes bastante pequenos. São praticamente geometrias quase planares, com espessuras de poucas camadas atômicas, predominando os efeitos de superfície sobre os de volume. Nesses casos, os sistemas físicos são muito complexos em sua compreensão.

Vamos iniciar o estudo macroscópico de alguns sistemas cuja área tem papel essencial. Como este é um assunto negligenciado nos últimos 50 anos nas disciplinas de física básica no ensino superior, pretendemos apresentá-lo para salientar a sua importância e, posteriormente, faremos um painel com os principais efeitos de superfície, envolvendo principalmente líquidos, e, finalmente, apresentaremos alguns resultados quantitativos para possíveis aplicações tecnológicas.

Cabe mencionar que, dos textos atuais destinados à física básica de nível universitário, este capítulo pretende resgatar o assunto referente à física de superfície, que interessa não somente à tecnologia, mas também à própria física básica, assim como nas áreas de química, biologia e ciências ambientais.

11.3 ATRITO DE ESCORREGAMENTO (DESLIZAMENTO) E DE ROLAMENTO

A força de atrito é muito presente em nosso cotidiano. Em quase todas as situações em que deparamos com a força de atrito, ela é apresentada como uma força que só atrapalha o movimento, fazendo dissipar a energia mecânica, e, desgastando os mecanismos, provoca uma perda de desempenho. Ou seja, a força de atrito é sempre, ou quase sempre, apresentada como a "força vilã". A situação, na realidade, não é bem assim. A força de atrito é útil e, em muitos casos, essencial. Por exemplo, é ela que faz com que um carro se movimente. Você pode imaginar: se as rodas do carro estivessem em uma poça com lama, as rodas patinariam e o carro não sairia do lugar. Experimente ainda andar em cima de um sabão de coco em um piso de granito molhado (não faça isso, será perigoso!). Assim, vemos que, sem o atrito do nosso calçado com o piso, nós não sairíamos do lugar.

É o atrito que faz com que possamos nos deslocar ou segurar alguma coisa. Há ainda a transmissão de energia por meio da força de atrito, como ocorre no caso de uma correia de transmissão. O que mantém um nó atado é a força de atrito. Assim, há inúmeros casos em que a presença da força de atrito faz toda a diferença. Certamente, quando partes se movem entre si, com a presença da força de atrito trabalhando, pode ocorrer a transformação de energia mecânica em energia térmica, provocando a degradação de energia e, consequentemente, o aumento de entropia do universo. Vamos considerar a força de atrito de escorregamento (algumas vezes também chamada de força de atrito de deslizamento ou, ainda, força do atrito de arraste). Há força de atrito de escorregamento quando os pontos de um corpo ficam em contato com pontos de outro corpo que se move em relação ao primeiro. Na Figura 11.3, a placa B se desloca relativamente à placa A, suposta em repouso.

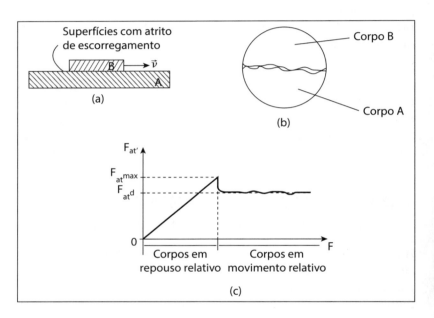

Figura 11.3 (a) Dois corpos em contato; neste caso a força de atrito se opõe ao movimento. (b) Ampliação de uma pequena parte no contato dos corpos, mostrando os pontos de contato efetivo. (c) Variação da força de atrito em resposta a uma força solicitante de intensidade F.

Há movimento relativo entre as duas superfícies e, nesse caso, o trabalho da força de atrito transforma energia mecânica em energia térmica. Esfregando uma mão contra a outra, sentimos um aumento de temperatura. Diminuindo o coeficiente de atrito entre as duas superfícies, por exemplo, lubrificando-as, teremos uma diminuição da força de atrito. Se passarmos um creme nas mãos, teremos que esfregar com mais intensidade para esquentá-las. Como estudado em dinâmica (Capítulo 4 do volume 1), a intensidade da força de atrito é dada por:

$$F_{at} = \mu \times N,$$

onde μ é o coeficiente de atrito e N é a força de contato normal às superfícies.

Temos dois tipos de atrito seco, o atrito estático e o atrito dinâmico. O atrito estático é, em geral, maior do que o atrito dinâmico.

A Figura 11.3b mostra a ampliação de uma pequena região do contato entre os corpos A e B. Nela podemos perceber que o contato efetivo entre os corpos se dá em pequenas áreas. Nestas, pode ocorrer interpenetração de matéria. Um átomo da parte inferior pode ter um ou mais de seus elétrons na parte superior, por exemplo. Surgem, assim, forças de atração entre os corpos. Ao se tentar deslizar um dos corpos em relação ao outro, é necessário quebrar essas ligações elétricas, além de vencer obstáculos naturais que surgem nas saliências e depressões das superfícies (imperfeições das superfícies). Essa é a razão pela qual é mais difícil iniciar o movimento relativo do que dar continuidade a ele.

Aumentando o valor da força normal de contato, ocorre o aumento das áreas de contato efetivo, tornando-se maior o valor de F_{at} e, portanto, dificultando o escorregamento entre os corpos. A Figura 11.3c representa a variação da força de atrito, em resposta a uma força solicitante, de intensidade F. Da figura se percebe que a força de atrito estático pode assumir qualquer valor entre zero e um valor máximo, que é igual a $\mu_e \cdot N$. Já a força de atrito dinâmico, independente da velocidade do corpo, tem intensidade $\mu_d . N$.

Suponha que um homem exerça força horizontal de grande intensidade na tentativa de mover uma grande caixa colocada no plano horizontal. Expliquemos o porquê de se conseguir mais facilmente o seu intento quando a força aplicada, tendo a mesma intensidade que a anterior, forma um ângulo, por exemplo, de 20° com a horizontal, para cima. Nessa segunda situação, há uma redução no valor na força normal de contato entre a caixa e a superfície e, portanto, diminui o valor de F_{at} máximo ($\mu_e \cdot N$). Por outro lado, a força normal entre o homem e a superfície aumenta o atrito e, com isso, aumenta a dificuldade de ele escorregar.

Veja que as expressões dos atritos apresentadas foram obtidas experimentalmente, de forma fenomenológica. Mas qual é a natureza básica da força de atrito? Qual é a sua origem primeira? Temos, na interação entre as duas superfícies atritantes entre si, forças de natureza eletromagnética entre os átomos e moléculas que compõem as placas que se atritam. Podemos imaginar que não deva ser tarefa simples obter a expressão da força de atrito a partir de primeiros princípios, isto é, da consideração da existência de átomos e moléculas e da interação eletromagnética que ocorre entre eles. A área da ciência e tecnologia que estuda o atrito e a ação dos lubrificantes é chamada de tribologia, área muito importante para a mecânica, em nível avançado. Da experiência, temos os seguintes resultados sobre o atrito de escorregamento:

- A força de atrito é proporcional à força normal que atua entre as duas superfícies atritantes.

- A força de atrito depende do estado de lubrificação entre as superfícies atritantes. Também depende do estado de acabamento entre as superfícies que se atritam.

- A força de atrito não depende da extensão do corpo, desde que tenham o mesmo coeficiente de atrito e a mesma força normal. Este resultado deve ser considerado com reservas. No caso de as superfícies estarem sujeitas a pressões muito grandes, a ponto de ocorrer alguma interpenetração entre as superfícies, este último resultado deixa de ser observado.

- A força de atrito antes de os corpos serem colocados em movimento relativo (força de atrito estático) é, em geral, maior do que a força de atrito com os corpos em movimento relativo (força de atrito dinâmico). Portanto, o coeficiente de atrito estático é, em geral, maior do que o coeficiente de atrito dinâmico, assim, $\mu e \geq \mu d$. Sabemos da nossa experiência que, ao empurrar uma caixa, por exemplo, precisamos fazer mais força antes de a caixa começar a se deslocar e, ao entrar em movimento, podemos imprimir uma força menor para vencer o atrito.

Exemplo I

Estude a condição de sustentação de um corpo utilizando uma ventosa.

Solução:

Ventosas são peças construídas em plásticos flexíveis ou em borracha, utilizadas para a sustentação de pequenas cargas. Elas podem ser utilizadas em ambientes domésticos, tanto na cozinha como em banheiros. São usadas para sustentar toalhas, panos de prato, sabonetes, e outras cargas de até aproximadamente 3 N (peso de massas de aproximadamente 0,3 kg). O desenho a seguir mostra uma ventosa instalada em uma superfície vertical, digamos uma porta de vidro ou outro material liso, como um azulejo vitrificado. O mecanismo de fixação da ventosa à parede lisa é descrito mais adiante.

Iniciamos a solução do problema mecânico considerando que, para haver a sustentação do pano de prato, na superfície de contato se deve aplicar uma $\vec{F}$ capaz de equilibrar o peso do pano de prato $\vec{P}$. Como surge a força $\vec{F}$? Essa é a pergunta que deve ser respondida para a solução do problema. A ventosa é um dispositivo suficientemente flexível, capaz de, quando apertado de fora para dentro, expulsar parte do ar contido em seu interior. Como o material de que é construída a ventosa tem certa rigidez, a tendência da ventosa é retornar à sua forma em repouso.

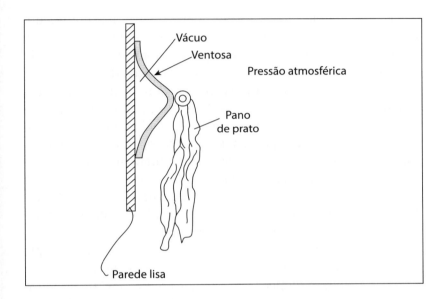

Dessa maneira, aumentando o volume da câmara da ventosa, para uma quantidade de ar existente quando ela foi comprimida contra a parede, a pressão torna-se menor do que a pressão atmosférica local. Assim, a intensidade da força que atua na ventosa, contra a parede, é $(Patm - Pventosa) \times A$, sendo $Patm$ a pressão local, $Pventosa$ a pressão no volume da ventosa, e A a área da parede lisa e plana que delimita a borda da ventosa. Veja que esta é a força normal à superfície lisa e plana. A superfície lisa da parede e a superfície da borda da ventosa devem apresentar atrito. A força de atrito $\vec{F}$ tem intensidade máxima $\mu_e \times (Patm - Pventosa) \times A$; se a carga a ser sustentada ultrapassar esse valor, a ventosa e a carga deslizarão para baixo. É interessante observar como o atrito é importante neste caso.

Na verdade, ele é fundamental: se a parede e a ventosa tivessem pequeno atrito, não haveria como equilibrar o peso. Faça a experiência usando uma ventosa e uma superfície de vidro liso e seco; unte a superfície com óleo de cozinha e veja o que ocorre. Mas veja que a parede lisa é importante para haver uma boa vedação entre as superfícies da parede e da ventosa, assim, mantendo o vácuo no volume da ventosa. Dois aspectos, à primeira vista conflitantes ou antagônicos, devem ser satisfeitos: de um lado, as duas superfícies devem ser lisas para promover boa vedação, a fim de conservar o vácuo no volume da ventosa. Por outro lado, as duas superfícies devem ter um coeficiente de atrito suficientemente grande para dar origem a uma força de atrito suficiente para suportar a carga.

Esse exemplo mostra como uma situação aparentemente simples impõe, na realidade, um estudo mais detido e com certa profundidade. Esse tipo de situação é comum no cotidiano do trabalho tecnológico, ou seja, há vários pontos de vista que se deve analisar nos problemas e projetos. Sem falar nos aspectos econômicos envolvidos, que são também fundamentais para a visibilidade do projeto. Cabe também mencionar que as ventosas não são utilizadas apenas para suportar pequenas cargas no âmbito doméstico; elas são utilizadas em ambientes industriais. Na troca de vidros dos veículos e mesmo para o transporte de grandes placas metálicas e de vidro, as ventosas são muito utilizadas. No transporte de peças e componentes eletrônicos delicados, as ventosas são a melhor opção. O motivo de utilização de ventosas para o transporte de cargas está no fato de que o contato é distribuído, e não localizado, e assim os riscos de agressão e quebra da peça são bastante reduzidos. Há situação de utilização de ventosas metálicas, portanto não flexíveis. Nesses casos, uma bomba de vácuo se faz necessária para baixar a pressão no volume da ventosa. Desse exemplo simples podemos tirar várias lições, além do aspecto físico certamente:

- Como um sistema físico aparentemente simples apresenta detalhes que precisam ser observados para um bom funcionamento.

- À medida que analisamos com maior profundidade os sistemas tecnológicos, verificamos que a complexidade aumenta, inclusive colocando questões que inicialmente não foram consideradas.

- A escolha de materiais adequados na fabricação das ventosas é uma tarefa importante, pois tanto o aspecto técnico como o econômico devem ser analisados.

Estudaremos agora o atrito de rolamento. Esse tipo de atrito ocorre quando colocamos para rolar, por exemplo, um tubo cilíndrico em uma superfície plana. Observamos que, após certo tempo, o cilindro estaciona. Temos que considerar a seguinte sutileza: o atrito de escorregamento deve estar presente durante o rolamento do cilindro em uma superfície plana. Justamente o fato de haver atrito no ponto de contato instantâneo é o que faz com que o cilindro não deslize simplesmente, mas role. Em geral, o coeficiente de atrito de rolamento é bem menor que o coeficiente de atrito de escorregamento. Nos trilhos de estradas de ferro, o coeficiente de atrito de rolamento é da ordem de 10^{-3}, representando, com isso, uma enorme economia de combustível. Também se dá preferência aos mancais com rolamentos em relação aos mancais de deslizamento. Os rolamentos com elementos de esferas, cônicos e cilíndricos são extensamente utilizados na mecânica. Os rolamentos e os lubrificantes são áreas da tecnologia com extensa atividade de pesquisa, constituindo assuntos sofisticados e difíceis. Neste texto apresentamos alguns rudimentos sobre este assunto. Sabemos da experiência diária que, quando precisamos deslocar uma carga, é muito mais fácil deslocá-la sobre roletes rígidos do que deslizando-a. Esse fato é conhecido e usado há milênios. O mecanismo do atrito de rolamento é bem diferente daquele do deslizamento.

Caso as superfícies em contato fossem rígidas, sem deformação, o contato entre elas ocorreria em um ponto, ou no máximo em uma linha. Mas isso não ocorre. Na realidade, durante a rolagem há uma deformação entre as superfícies; nessa deformação está a origem física do atrito de rolamento. Estamos considerando deformação elástica, isto é, não há deformação permanente entre as partes em contato. Consideremos esquematicamente o que ocorre quando um corpo cilíndrico rola em uma superfície plana horizontal, como mostrado na Figura 11.4. A deformação está representada de forma estilizada (fora de escala).

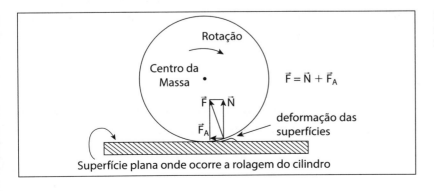

Figura 11.4
Cilindro rolando sobre uma superfície plana.

O desenho mostra de forma exagerada a deformação do cilindro na região do contato mecânico. A deformação elástica introduz forças dissipativas no processo de rolagem do corpo. Na região da deformação, a componente horizontal da forca $\vec{F}$ freia o cilindro, diminuindo a velocidade do seu centro de massa, por isso o cilindro chega a parar. Agora a componente vertical da força $\vec{F}$ e o peso do cilindro provocam um torque que exige do motor uma potência adicional para manter a velocidade angular. Verificamos que, em geral, o coeficiente de atrito de rolamento é bem inferior ao coeficiente de deslizamento. Isso faz com que os transportes utilizando rodas sejam bem mais eficientes do que aqueles baseados no deslizamento. São ainda mais eficientes quando os materiais envolvidos são metais duros, como o aço nas ferrovias. Também é o caso da utilização desses materiais em mancais e nos rolamentos de esferas, cônicos ou cilíndricos. Na Figura 11.4, apresentamos apenas a base deformando-se devido ao rolamento do cilindro. Na verdade, os dois corpos se deformam.

A deformação está relacionada à dureza do material. Tecnologicamente falando, podemos escolher materiais tais que, trabalhando entre si, haja desgaste maior em um deles. Do ponto de vista energético, mesmo considerando materiais muito duros, a deformação elástica é a dominante (temos uma parcela muito pequena de deformação plástica), e haverá dissipação de energia mecânica devido às sucessivas deformações elásticas. Assim, vemos que, mesmo utilizando rolamentos de alta qualidade, devidamente dimensionados, os mancais que abrigam os rolamentos se aquecem durante o uso. Esse fato explica por que um cilindro, ou uma esfera, rolando em uma superfície lisa e horizontal para depois de certo tempo. Na Figura 11.4, vemos que há uma componente de força horizontal contrária ao movimento do centro de massa, que diminui a sua velocidade de translação. Dada a pertinência e importância do assunto, aprofundaremos mais o estudo sobre o atrito. Vamos considerar o seguinte problema.

Exemplo II

Seja um ioiô que rola, sem deslizar, em um plano horizontal, conforme mostrado no desenho a seguir.

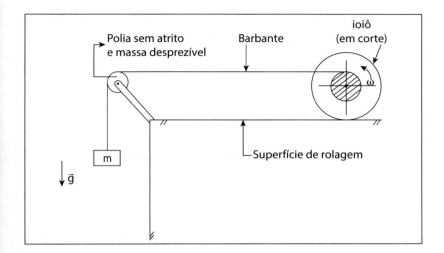

Consideramos a polia de massa desprezível; com isso, o seu momento de inércia também terá valor desprezível (o seu raio também é pequeno). O cilindro que rola sem deslizar tem o formato de um ioiô, conforme esquematizado a seguir.

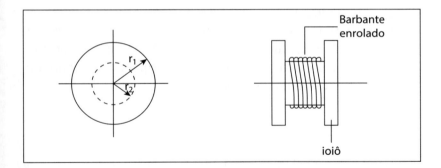

O que se deseja é a intensidade da força de atrito que age no ioiô, e uma discussão sobre a situação física apresentada. A solução do problema mecânico é iniciada considerando as forças que agem no corpo em estudo.

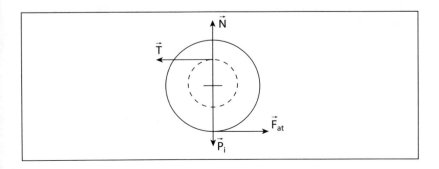

Veja que estamos diante de um corpo rígido que translada e gira. Agora, as forças que agem no corpo de massa m são mostradas a seguir.

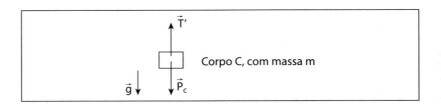

A força $\vec{P}$ tem intensidade $P = m \times g$, e a força $\vec{T}'$, devido à tração do barbante, é de mesma intensidade que a força $\vec{T}$; assim, $|\vec{T}'| = |\vec{T}|$. Estamos considerando que a polia tem momento de inércia de valor que não interfere apreciavelmente nos movimentos dos dois corpos. O movimento do centro de massa do ioiô somente ocorre no plano horizontal; dessa forma, devemos ter $\vec{P}_i = -\vec{N}$. Não há movimento do ioiô na direção vertical. Na direção horizontal, temos as forças $\vec{T}$ e $\vec{F}_{at}$ agindo nele; como essas forças têm intensidades constantes, porém, $|\vec{T}| > |\vec{F}_{at}|$, o seu movimento é retilíneo com aceleração constante. Considerando que o ioiô partiu do repouso e da origem do movimento, temos que a equação horária é:

$$x_i(t) = \frac{1}{2} a_i \times t^2$$

Sendo a_i a aceleração do ioiô e x_i a sua posição. Veja que o sentido positivo do eixo x_i é da direita para a esquerda. O corpo de massa m tem o seu movimento ocorrendo exclusivamente na direção vertical, e podemos escrever que:

$$\vec{P} + \vec{T}' = m \times \vec{a},$$

sendo a a aceleração do corpo. Na direção vertical, escrevemos, portanto,

$$P - T' = m \times a$$

$$m \times g - T' = m \times a$$

Para o ioiô, a 2ª lei de Newton é escrita como:

$$\vec{T} + \vec{F}_{at} + \vec{P}_i + \vec{N} = m_i \times \vec{a}_i,$$

com $\vec{a}_i$ a aceleração do centro de massa do ioiô, e m_i a sua massa. Como dissemos, $\vec{P}_i = -\vec{N}$. Assim,

$$\vec{T} + \vec{F}_{at} = m_i \times \vec{a}_i$$

Na direção horizontal,

$$T - F_{at} = m_i \times a_i$$

Por meio do conceito de centro instantâneo de rotação (estudado no Volume 1 desta série), temos que:

$$v = \omega(r_1 + r_2),$$

sendo ω a velocidade de rotação do ioiô, r_1 e r_2 os raios notáveis (veja figura do ioiô) e v a velocidade linear no ponto onde se desenrola o barbante. Ressaltando, o conceito de centro ou eixo instantâneo de rotação é fundamental para este estudo (recorde-o no Volume 1, Capítulo 8). Veja que $\omega \times r_1$ é a velocidade do centro de massa do ioiô. Fazendo:

$$v = v(t) = \omega(t) \times r_1 + \omega(t) \times r_2$$

(enfatizando, $v = v(t)$ é a velocidade linear no ponto onde se desenrola o barbante), e integrando no tempo, temos que a posição do corpo C em função do tempo é dada por:

$$x(t) = \theta(t) \times r_1 + \theta(t) \times r_2,$$

pois

$$x(t) = \int_0^t v(t')dt' \text{ e } \theta(t) = \int_0^t \omega(t')dt'$$

As acelerações podem ser determinadas imediatamente, como segue:

$$\frac{d^2 x(t)}{dt^2} = r_1 \times \frac{d^2 \theta(t)}{dt^2} + r_2 \times \frac{d^2 \theta(t)}{dt^2}$$

Assim,

$$a = r_1 \times \gamma + r_2 \times \gamma = (r_1 + r_2) \times \gamma,$$

sendo γ a aceleração angular da rotação do ioiô. Temos ainda que:

$$a_i = \gamma \times r_1 \Rightarrow \gamma = \frac{a_i}{r_i}$$

Assim, como:

$$a = (r_1 + r_2)\gamma = (r_1 + r_2) \times \frac{a_i}{r_1}$$

$$\Rightarrow a - a_i + \frac{r_2}{r_1} \times a_i = \left(1 + \frac{r_2}{r_1}\right) \times a_i$$

Agora, temos ainda que:

$$T - F_{at} = m_i \times a_i \quad e \quad m \times g - T' = m \times a$$

Mas $T = T'$, então:

$$T - F_{at} = m_i \times a_i \quad e \quad m \times g - T = m \times a$$

Fazendo $T = m \times g - m \times a$, e substituindo

$$m \times g - m \times a - F_{at} = m_i \times a_i \Rightarrow F_{at} = +m \times g - m \times a - m_i \times a_i,$$

assim,

$$F_{at} = m \times g - m \times \left(1 + \frac{r_2}{r_1}\right) \times a_i$$

$$\Rightarrow F_{at} = m \times g - \left[m_i + m\left(1 + \frac{r_2}{r_1}\right)\right] \times a_i$$

Experimentalmente, determinando a aceleração linear do centro de massa do ioiô, podemos determinar a força de atrito, certamente tendo conhecidas as outras grandezas da expressão acima.

11.4 OS FENÔMENOS DE SUPERFÍCIE NA TECNOLOGIA

Após considerar alguns aspectos ligados às forças de atrito, bastante comentadas e presentes nos estudos e projetos na mecânica, sobretudo nos projetos de máquinas e dispositivos, vamos apresentar algumas aplicações dos fenômenos de superfície. Com a tendência cada vez maior de diminuição das dimensões dos componentes e dispositivos, constatamos a relevância da superfície e de efeitos associados a ela.

Os fenômenos de superfície devem ser considerados tanto no sentido de serem um benefício ao processo em estudo, por exemplo, nos efeitos envolvendo a catálise, como no sentido de serem um malefício ao processo, por exemplo, nos efeitos da corrosão. As reações químicas envolvendo átomos e moléculas de uma superfície são, em geral, bem diferentes das reações químicas no volume. Um motivo da possível diferença está nas variadas formas de energia de ativação mais baixas. Cabe mencionar que uma das linhas de pesquisa mais importantes na atualidade envolve materiais microporosos, reações químicas e outros processos físico-químicos, a utilização de eletrodos e as pesquisas envolvendo a degradação de material biológico agressivo à saúde humana e também prejudicial ao meio ambiente.

Podemos citar, também, materiais emissores de elétrons de sua superfície, por exemplo, os catodos aquecidos e as superfícies emissoras por efeito de campo. Nesses casos, o estado da superfície é determinante para uma eficiente emissão eletrônica; verificamos que superfícies oxidadas levam à diminuição acentuada da corrente eletrônica, causando danos ao dispositivo. Outras situações em que os efeitos de superfície são primordiais: válvulas geradoras e amplificadores de micro-ondas; chaves de alta-tensão a vácuo; processos e instrumentos envolvendo a microscopia eletrônica de varredura ou de transmissão. Nesses dispositivos, o vácuo, com pressões entre 10^{-6} mbar e 10^{-9} mbar, é essencial para o seu alto desempenho.

Continuando, um dos fenômenos mais importantes que ocorrem devido aos efeitos de superfície é o da capilaridade, responsável pela subida de líquidos em paredes de materiais sólidos mergulhados em líquidos. O estudo da capilaridade é muito útil para conhecermos como os nutrientes percorrem toda a extensão dos vegetais. Os capilares, que são tubos de diâmetros menores que o milímetro, são o meio de passagem da seiva para alimentar toda a planta.

Nos processos de secagem em geral, o transporte do material a ser removido deve percorrer a sua extensão por meio de capilaridade. Na indústria química em geral, seja na produção de alimentos, seja na produção de cosméticos e de produtos de limpeza, ou ainda na produção de medicamentos e bebidas, a formação de espuma se dá graças exclusivamente a efeitos de superfície. Por exemplo, a adição de detergente em água faz com que o líquido percorra mais eficientemente a superfície a ser limpa. O fato de se adicionar o detergente em água quente faz com que a mistura atue mais eficientemente na superfície a ser limpa. Tecnicamente, dizemos que houve diminuição da tensão superficial. É interessante mencionar que a formação de espuma é indesejável em muitos casos, mas há situações em que a espuma é desejável, por exemplo, em certas bebidas, durante o banho ou na lavagem de cabelos. Apesar de a ação da limpeza não depender da formação de espumas, as pessoas gostam de ver e de sentir a espuma, tendo a impressão de melhor limpeza. Seja para se produzir espumas ou para se evitar a sua formação, um estudo detalhado se faz necessário.

11.5 PAINEL DOS PRINCIPAIS FENÔMENOS DE SUPERFÍCIE ENVOLVENDO LÍQUIDOS

Iniciaremos um estudo sistemático dos efeitos de superfície em várias situações, de forma a contemplar a física envolvida, considerando as forças que surgem nos fenômenos associados à superfície. Como em outras áreas da física, partimos de algumas definições e conceitos para a compreensão da física de superfície. Como vimos no estudo da termodinâmica, no Volume 2, os três estados de agregação da matéria podem ser entendidos a partir da relação entre as forças que atuam mutuamente nas moléculas e suas energias cinéticas. Vimos que a temperatura é a grandeza física que expressa a energia cinética média de translação das moléculas. Sabemos que um bloco de gelo, isto é, a água na fase sólida, para se tornar água na fase líquida, deve receber energia suficiente para essa mudança de fase, por exemplo, por aquecimento, ou por outro tipo de energia. Numa dada temperatura, por exemplo, à temperatura ambiente típica de 20 °C, consideremos três porções de matéria: uma sólida, uma líquida e uma no estado gasoso. Consideremos ainda que a pressão seja a pressão atmosférica local, em torno de 700 torr. Certamente, as três porções de matéria, nos diferentes estados de agregação da matéria, podem ser de materiais diferentes, por exemplo, um bloco de alumínio, um copo de água e um recipiente com nitrogênio. Guardaremos essas situações.

Agora, vamos definir força de coesão e força de repulsão. Como sabemos, as forças atuantes entre os vários átomos e moléculas em seus estados de agregação são de origem eletromagnética. Os átomos e moléculas vizinhos interagem, pois possuem cargas positivas (os núcleos dos átomos) e cargas negativas (os elétrons nas eletrosferas). Os núcleos interagem com os núcleos vizinhos e também com as eletrosferas e, desse conjunto de interações, surge um potencial elétrico que dá origem à energia potencial do sistema físico. Considerando também a energia cinética do mesmo sistema, temos a energia total do sistema físico. Não estamos considerando a energia nuclear e possíveis interações devido a campos de forças externos ao sistema em estudo. A energia total do sistema é a energia potencial de todas as moléculas devido às interações mútuas, adicionada à energia cinética de todas as moléculas. Para complementar, há vários potenciais intermoleculares mais utilizados; um desses é o potencial de Lennard-Jones. Na Figura 11.5, vemos um gráfico típico do potencial de Lennard-Jones.

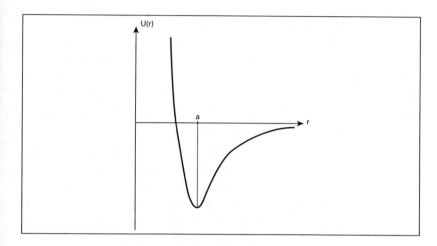

Figura 11.5
Gráfico típico do potencial de Lennard-Jones.

Do gráfico, para distâncias atômicas (ou moleculares médias) maiores que d, a força entre moléculas é atrativa. Para distâncias menores que d, a força molecular é fortemente repulsiva. No estudo de mecânica e do eletromagnetismo, vimos que a intensidade da força com potencial definido por $U = U(r)$ é dada por:

$$F(r) = -\frac{dU_r}{dr}$$

Na Figura 11.5 vemos que, para $r = d$, temos o mínimo de energia potencial e, nele, um ponto de equilíbrio. Para entendermos os fundamentos dos fenômenos de superfície, temos que inicialmente compreender a origem das interações entre átomos e moléculas. Na Figura 11.6, vemos como se comportam basicamente porções de líquidos diferentes em uma superfície sólida.

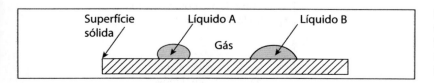

Figura 11.6
Os líquidos A e B têm formas diferentes quando colocados em uma dada superfície sólida.

A Figura 11.6 representa duas formas diferentes de porções de líquidos descansando em uma superfície sólida. No caso da porção à esquerda, ela tem a geometria mais esférica, não se espalhando pela superfície. No caso da porção à direita, de geometria mais achatada, ela procura se espalhar pela superfície sólida. A geometria da porção líquida na superfície sólida depende do tipo de líquido, do material da superfície sólida e de seu estado de limpeza, da temperatura e também das condições do gás em torno da porção líquida. Como no caso da formação de gotas líquidas, a formação de bolhas de sabão e, ainda, a formação de porções líquidas em superfícies sólidas nos dão a impressão de que há uma membrana elástica que responde pelas formas acima mencionadas. A origem dessas formas está na interação eletromagnética entre as moléculas que compõem as partes envolvidas e sua vizinhança.

Alertamos que, apesar de as superfícies líquidas formadas parecerem envoltas por uma membrana elástica, na verdade o comportamento físico da superfície líquida não é o de uma membrana elástica. Na descrição da experiência a seguir, este último fato será explicitado, e nela introduziremos o conceito de tensão superficial, conceito este que explica muitos dos efeitos observados. Considere o seguinte arranjo experimental: uma estrutura feita em arame em forma de U, como na Figura 11.7.

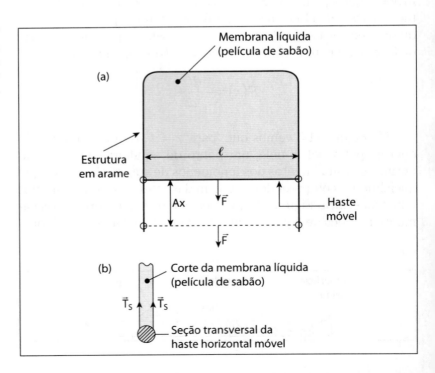

Figura 11.7
Esquema básico de um arranjo experimental para a determinação da tensão superficial.

Nos dois braços verticais da estrutura em U, corre uma barra de arame. No retângulo formado pelas partes feitas em arame, fazemos com que seja criada uma superfície líquida, por exemplo, uma bolha de sabão. Veja que uma bolha de sabão nada mais é que uma fina espessura de líquido, que tem duas superfícies!

Na Figura 11.7, vemos o aro em arame com a formação de uma membrana de sabão (película de sabão). A instalação do arranjo experimental é feita na posição vertical. Verificamos da experiência que, para manter a haste horizontal móvel em equilíbrio, é necessária a aplicação de uma força $\vec{F}$ orientada de cima para baixo, conforme esquematizado nas Figuras 11.7b e 11.8.

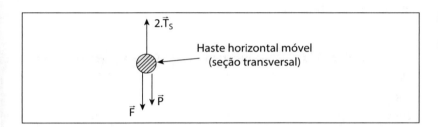

Figura 11.8
Forças atuantes na haste horizontal móvel.

Para que a haste horizontal esteja em equilíbrio, temos a condição expressa pela lei da inércia:

$$\sum_{i=1}^{n} \vec{F}_i = \vec{0}$$

No caso,

$$2 \times \vec{T}_s + \vec{P} + \vec{F} = \vec{0}$$

Como todas as forças estão agindo na mesma direção, considerando o centro de massa da haste horizontal, podemos tratar o problema vetorial como um problema algébrico imediato, como segue:

$$-2 \times T_s + F + P = 0$$

$$2 \times T_s = F + P$$

Veja que escrevemos $2 \times T_s$, pois cada lado da membrana líquida exerce força na haste móvel horizontal. Assim, a força exercida pela membrana de líquido na haste horizontal móvel vale:

$$T_\gamma = 2 \times T_s$$

Dessa forma,

$$T_\gamma = 2 \times T_s = F + P$$

O comprimento da haste móvel horizontal é l. Definimos tensão superficial, representada pela letra γ (gama), como sendo:

$$\gamma = \frac{T_s}{l} = \frac{T_\gamma}{2 \times l} = \frac{F+P}{2 \times l}$$

T_s é a intensidade da força devido à tensão superficial agindo em um lado da membrana de líquido. A unidade da tensão superficial no SI é $N \cdot m^{-1}$. Experimentalmente, a força T_γ é determinada, pois os dois lados da membrana atuam simultaneamente ao puxar a haste horizontal móvel.

A tensão superficial depende da natureza do líquido e da temperatura ambiente em que é medida. A Tabela 11.1 mostra alguns valores típicos:

Tabela 11.1 Alguns valores de tensão superficial.

Líquido	Temperatura (°C)	Tensão superficial (N/m)
álcool etílico	20	0,022
glicerina	20	0,063
água + detergente	20	0,026
água pura	0	0,076
água pura	20	0,073
água pura	60	0,066
mercúrio	20	0,465
oxigênio	−193	0,016

Considere agora a Figura 11.9, que mostra uma porção de líquido em repouso.

Figura 11.9 Forças atuantes em moléculas na gota. Nas moléculas próximas à superfície da gota há componentes que puxam a superfície para o interior do líquido.

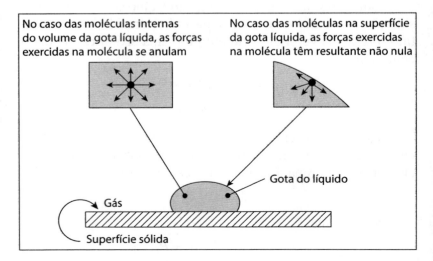

As moléculas no interior da gota líquida têm força resultante praticamente nula. Já nas moléculas próximas à superfície há uma força resultante puxando-as para dentro da porção líquida, ou seja, há uma força resultante tendendo a aproximar toda a porção líquida para um volume pequeno, conforme sugerido pela figura anterior. Por esse motivo, uma gota de líquido que cai no campo gravitacional tem a forma esférica. A forma esférica apresenta a menor área superficial para um dado volume. A superfície formada por um líquido, devido às forças moleculares atrativas de natureza elétrica que atuam na superfície, tem o aspecto de uma membrana elástica. Essa comparação deve ser feita com cuidado.

Explicando: na Figura 11.7a esquematizamos um arranjo experimental simples para mostrar a fenomenologia do comportamento de uma membrana líquida, no caso, mistura de água e sabão (a mesma que as crianças usam para fazer as bolinhas de sabão). É fundamental explicitar que a membrana formada não tem comportamento igual ao de uma membrana de borracha (como um balão de borracha). Sabemos que, ao puxar ou ao esticar uma membrana de borracha, à medida que ela aumenta, maior força é exigida para ser aumentada; a borracha age com comportamento próximo ao de uma mola. Já a membrana líquida não; puxando a haste horizontal móvel, a força necessária $\vec{F}$ é constante! A película de sabão tem esse comportamento, a natureza age dessa forma!

Esse fato é coerente com o mencionado sobre a origem física da tensão superficial, isto é, força de natureza elétrica que age na superfície do líquido (interface líquido-ar). À medida que aumentamos a área da película de sabão, a força que age na superfície do líquido não muda e, por isso, a sua tensão superficial é constante, para uma dada temperatura. Na Figura 11.7b, vemos que a película ou membrana líquida tem determinada espessura; aumentando a área da película, ao se puxar a haste horizontal móvel para baixo, ocorrerá uma diminuição na espessura da película do líquido, mas a força por unidade de comprimento, isto é, a tensão superficial, permanece constante.

Veja que, do ponto de vista energético, como estamos puxando com força constante, há a realização de trabalho. Para onde vai a energia que estamos fornecendo à película de líquido? A energia se conserva. Como vimos no Capítulo 7 do Volume 2, sobre a primeira lei da termodinâmica, se estamos realizando trabalho, que é uma forma de termos energia em movimento, de um corpo para outro, a energia que cedemos deve ir para a película. Como? Ocorre que parte do líquido que estava na região interna da película (fora das superfícies), agora, como aumentou a área das superfícies da película (são duas superfícies), aumentou a sua energia. Por que aumentou a energia acumulada na película (membrana de líquido)? Dissemos que as moléculas no interior da membrana têm suas forças resultantes nulas em média, e as moléculas que estão na superfície e aquelas que estão bem próximas à superfície têm suas forças não nulas na direção perpendicular à superfície no sentido de fora para dentro do volume do líquido. Dessa forma, para levar moléculas que estão no volume da membrana para a superfície da membrana foi necessária a realização de trabalho e, decorrente disso, ocorre o aumento de energia da membrana líquida. Podemos representar esquematicamente a situação física na Figura 11.10, como segue.

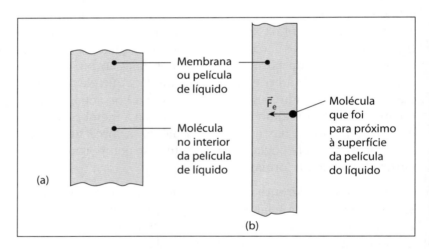

Figura 11.10 Aumento do tamanho da película líquida. Para a conservação da massa, com aumento da área, deve haver redução da camada líquida.

Veja que a molécula está se deslocando no sentido contrário à força $\vec{F}_e$. Como essa força é de natureza elétrica e é conservativa, temos um aumento da energia potencial do sistema. Assim, aplicando a força $\vec{F}$ na haste horizontal móvel mostrada no arranjo experimental da Figura 11.7a e promovendo o seu deslocamento, há realização de trabalho, armazenando-se energia na superfície total da membrana do líquido. Complementando: qualquer segmento de reta desenhado na superfície de uma membrana líquida apresenta o mesmo valor de tensão superficial. Do exposto, vemos que a energia armazenada em uma película líquida varia linearmente com a área da membrana líquida.

Na Figura 11.11a, vemos esquematicamente um arranjo experimental para verificar diretamente a ação da força devido à existência da tensão superficial nos líquidos. Podemos mergulhar uma moldura em uma solução de água com sabão e depois removê-la totalmente da solução. Teremos a formação de um filme, uma película de líquido em toda a extensão da moldura. Depois, rompemos a membrana de líquido (mistura de água e sabão). A força devido à tensão superficial puxará o aro de barbante no sentido do interior do aro para o seu exterior. A força peso, dependendo da massa de um pedaço do barbante, é geralmente muito menor do que a força exercida nesse pedaço devido à ação da tensão superficial.

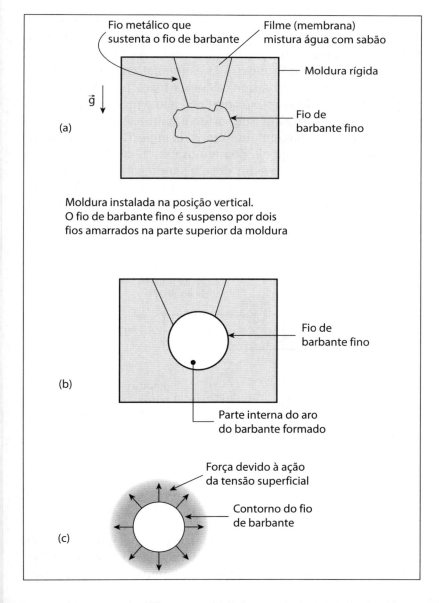

Figura 11.11
Aro do barbante sob ação da força de tensão superficial.

O barbante é vigorosamente puxado de forma a criar um círculo. A força que age em um elemento do fio de barbante, de comprimento Δl, é perpendicular a esse elemento e tem intensidade:

$$\left|\Delta \vec{F}\right| = \gamma \times 2 \times \Delta l$$

O fator 2 é devido à ação da tensão superficial nos dois lados da película formada. Outra manifestação interessante da tensão superficial é observada quando um pequeno objeto mais denso que a água, como uma agulha, por exemplo, é colocado cuidadosamente em sua superfície. Como estudamos na hidrostática (Capítulo 3 do volume 2), quando a densidade de um corpo é maior do que a densidade da água (ou outro fluido, líquido ou gasoso), o corpo afunda. Assim, como é possível ocorrer a situação mostrada esquematicamente na Figura 11.12? A explicação é que, além da força peso que age no corpo e da força de empuxo (que no caso é menor que a força peso), há outra força que tem origem na tensão superficial do líquido. Assim, a imagem que temos da superfície de um líquido, formando uma espécie de membrana, é bastante boa para o caso. A agulha parece estar descansando sobre uma película plástica transparente (como se fosse uma almofada de plástico inflada). Vemos na Figura 11.12a o esquema de forças que age na agulha.

Figura 11.12
Agulha sobre a superfície de água líquida com as forças atuantes.

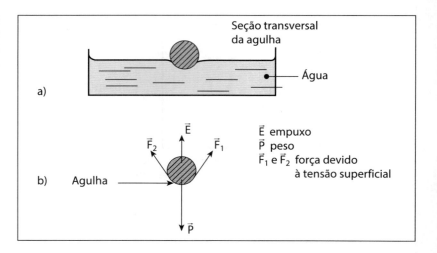

Pequenos insetos conseguem ficar parados em superfícies de rios e lagos. Da mesma forma, depositando uma fina placa metálica cuidadosamente, a superfície líquida consegue sustentá-la. A placa metálica deve descansar horizontalmente, ficando paralela à superfície de água.

Nas Figuras 11.13a e 11.13b estão expostas duas formas possíveis de uma porção líquida sobre uma superfície sólida. Quando a porção líquida encontra uma situação de equilíbrio com uma geometria mais "espalhada", dizemos que o líquido molha a superfície. Em linguagem mais apropriada, a molhabilidade do líquido no sólido considerado é alta, e temos uma tensão superficial baixa. Caso a porção líquida se encontre numa situação de geometria mais "concentrada", dizemos que o líquido não molha a superfície. Em linguagem mais formal, a molhabilidade do líquido no sólido é baixa e a tensão superficial do líquido é alta.

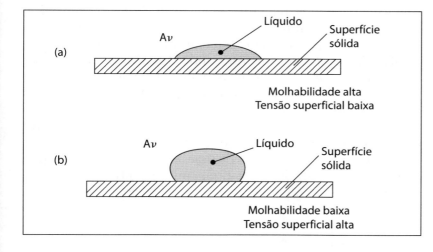

Figura 11.13
Gota em superfície sólida e a relação entre molhabilidade e tensão superficial.

Definimos a grandeza ângulo de contato do líquido com o sólido, como sendo o ângulo que é formado entre o plano tangente à superfície líquida e a superfície sólida, no ponto onde ocorre o contato, com o ar em torno. As Figuras 11.14a e 11.14b mostram as situações de molhabilidade alta e molhabilidade baixa, respectivamente. No caso da molhabilidade alta, o ângulo de contato θ é menor do que 90°. Agora, no caso de molhabilidade baixa, o ângulo de contato θ é maior do que 90°. Se aumentarmos a temperatura, verificamos que a tensão superficial diminui, portanto, a tendência é o líquido se espalhar na superfície sólida. Esse é o motivo pelo qual lavar roupa com água aquecida é mais eficiente: como aumenta a molhabilidade, o líquido penetra melhor nas fibras do tecido.

Figura 11.14
Gota em uma superfície sólida. Na figura (a), o líquido molha a superfície. Na figura (b), não molha a superfície. Há ar em torno das gotas.

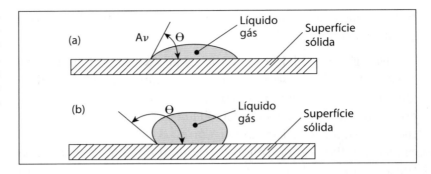

Vamos explicar mais profundamente o que ocorre no que é mostrado nas Figuras 11.1 e 11.9. As moléculas próximas à superfície estão em movimento caótico devido ao efeito da própria energia térmica (macroscopicamente temos a temperatura). Como comportamento médio, essas moléculas estão em equilíbrio. Quando ocorre uma tendência de se afastar da superfície que forma a membrana líquida, surge uma força na direção perpendicular à superfície, cuja tendência é fazer com que a molécula seja atraída novamente à superfície. No equilíbrio (macroscópico), a pressão interna equilibra as forças no sentido da compressão. E, colocando sabão na água, a tensão superficial diminui, melhorando o processo de lavagem. Aumentando-se a temperatura, a eficiência na lavagem aumenta bastante. Outro efeito interessante e importante ocorre quando colocamos um bastão dentro do líquido. As Figuras 11.15a e 11.15b mostram as situações possíveis frequentemente encontradas. No caso da Figura 11.15a, o líquido molha a superfície sólida e a água "sobe" em parte do bastão de vidro. A água "procura molhar" o bastão; essa é uma situação que chamamos hidrofílica, isto é, o material do bastão atrai a água.

Figura 11.15
Bastão de vdro colocado: (a) em água; e (b) em mercúrio.

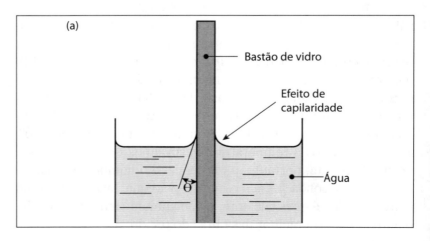

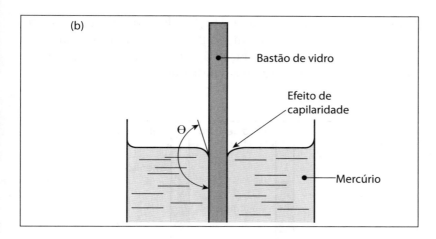

Figura 11.15
Bastão de vidro colocado: (a) em água; e (b) em mercúrio.

No caso, o ângulo de contato é menor do que 90°. Este efeito é chamado de capilaridade. Na Figura 11.15b, temos o bastão mergulhado em mercúrio. Nesse caso, o mercúrio não molha a superfície de vidro, e o ângulo de contato é maior do que 90°. O mercúrio se afasta do bastão de vidro. O estudo das situações exemplificadas acima ocupa um espaço importante tanto na ciência como na tecnologia. Temos, por exemplo, os coloides hidrofóbicos, aqueles que não sofrem interação com a água, como é o caso de suspensões de gordura na água (situação do leite) e da água na gordura (situação da maionese). Denominamos coloides hidrofílicos aqueles que sofrem interação com a água, por exemplo, a gelatina. Como sabemos, aumentando a temperatura ocorre a diminuição da tensão superficial. No aquecimento do leite, a gordura do leite terá a tendência de se unir às outras porções de gordura, ocorrendo a coagulação, observando-se assim a formação de nata na superfície do leite.

Materiais porosos, como é o caso do carvão ativado ou da zeólita, apresentam enormes áreas devido aos seus poros. Nesse caso, os efeitos de superfície são pronunciados. Devido às propriedades espetaculares de suas superfícies, esses materiais são usados intensamente para absorver impurezas, tanto de líquidos como de gases. Também são usados na filtração da água. Vamos analisar o caso da Figura 11.16b, que mostra a água dentro de um tubo de vidro.

Vamos considerar um tubo de vidro contendo água. Caso não houvesse o efeito de capilaridade, cuja causa é a existência da tensão superficial, teríamos a situação mostrada na Figura 11.16a, isto é, a água estaria no tubo e sua superfície seria plana. Como temos o efeito de capilaridade, há a formação de uma superfície curva e, neste caso, a água tende a "subir" pela superfície do tubo de vidro. Na Figura 11.17, vemos em maior detalhe o efeito da capilaridade da água dentro do tubo de vidro; e, agora, o tubo dentro de um recipiente com água. Olhando em detalhe, vemos na Figura 11.18 a água "subindo" a parede de vidro; isso exemplifica um caso hidrofílico.

Figura 11.16
Tubo de vidro contendo água, mostrando: (a) se não houvesse a tensão superficial; e (b) o caso real.

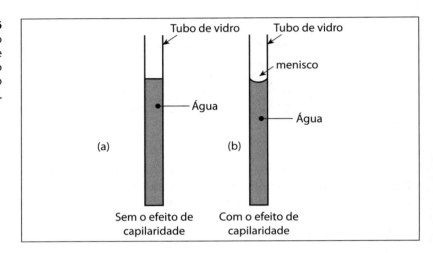

Figura 11.17
Elevação por capilaridade no tubo devido à tensão superficial.

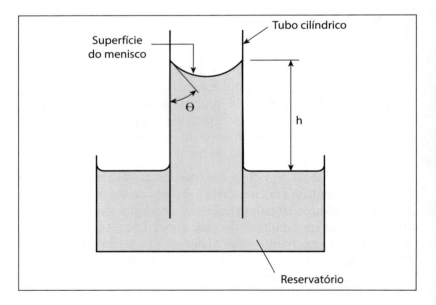

Cabe mencionar que o vidro deve estar limpo e sem gordura, caso contrário, teremos uma mudança no ângulo de contato. Do ponto de vista mecânico, para haver equilíbrio, a porção do líquido que sobe até a altura h, conforme a Figura 11.17, tem peso aproximadamente igual a $P = m \times g = \rho \times Ah \times g$, sendo P o peso da coluna de água, A a área transversal do tubo de vidro, ρ a densidade da água e g a aceleração da gravidade. Estamos desprezando o pequeno espaço vazio devido à curvatura da superfície do líquido (essa curvatura é chamada de menisco). Em detalhe, vemos mecanicamente a situação mostrada na Figura 11.19.

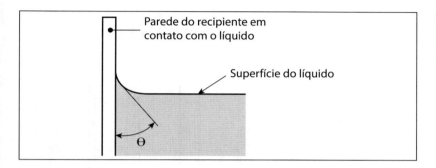

Figura 11.18
Detalhe da elevação do líquido na parede do recipiente.

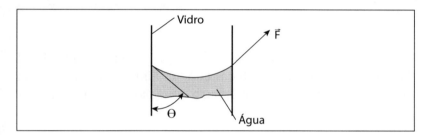

Figura 11.19
Força de tensão superficial agindo na coluna de água.

A força $\vec{F}$, devido à tensão superficial, age em toda a borda da água que molha o vidro e que está também em contato com o ar. A força é tangente à superfície do líquido em contato com o vidro, e está formando justamente o ângulo de contato θ. A componente horizontal da força $\vec{F}$ em um trecho da borda é cancelada pela força que ocorre no lado oposto. Agora, a soma de todas as componentes verticais das forças que agem em cada trecho de comprimento Δl (pequeno arco de circunferência de comprimento Δl) é que equilibra o peso da coluna de água; matematicamente,

$$F \times \cos\theta = \gamma(2\pi R) \times \cos\theta = \rho A \times hg,$$

sendo $F \times \cos\theta$ a componente vertical da força total $\vec{F}$ devido à tensão superficial, R o raio do tubo de vidro e γ a tensão superficial da água. Manipulando a equação, temos:

$$\gamma \times 2\pi R \times \cos\theta = \rho \times \pi \times R^2 \times h \times g \Rightarrow$$

$$h = \frac{2\gamma}{\rho \times g \times R} \times \cos\theta,$$

que é o quanto se eleva a coluna de água em relação ao nível de água no reservatório. Vemos pela expressão que, quanto menor o diâmetro do tubo, maior é a altura atingida pela coluna de água. Teremos a situação mostrada na Figura 11.20.

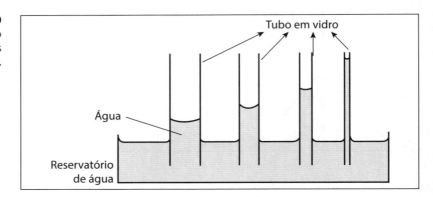

Figura 11.20 Elevação do líquido em tubos de diferentes diâmetros.

Veja que, se aquecermos o conjunto, a tensão superficial diminuirá e a altura de subida da água diminuirá. No caso de termos mercúrio em vez de água, a situação é mostrada na Figura 11.21.

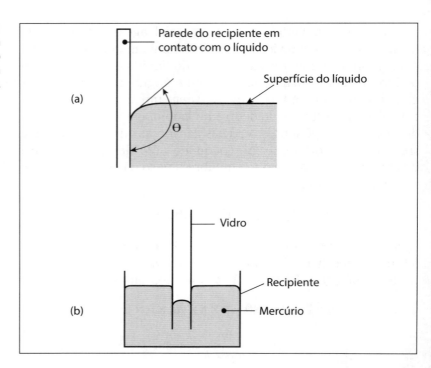

Figura 11.21 Situação que ocorre com mercúrio em contato com vidro. (a) Detalhe na parede. (b) Tubo de vidro.

Vemos na Figura 11.21b que o mercúrio no tubo de vidro tem a sua superfície (o menisco) em formato curvo em forma diferente daquela da água, e também está abaixo da linha do mercúrio no recipiente. O ângulo de contato é maior do que 90°. A força de tensão superficial tende a afastar o mercúrio da superfície do vidro, puxando a coluna de mercúrio no tubo de vidro para baixo. O equilíbrio se dá devido à pressão hidrostática no reservatório de mercúrio. A expressão obtida para o cálculo de h no caso da água também é válida no caso do mercúrio, observando que:

$$\cos \theta < 0 \text{ para } 90° < \theta < 180°, \text{ dando } h < 0$$

Complementando, caso tenhamos placas em vidro conforme as mostradas nas Figuras 11.22 e 11.23, ocorrem as situações mostradas.

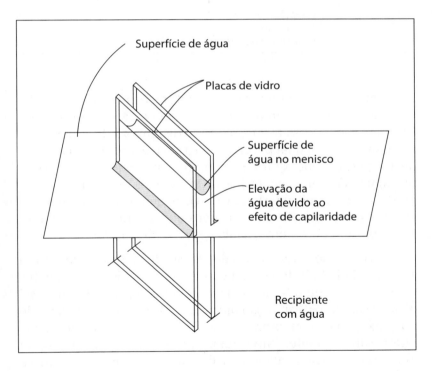

Figura 11.22
Placas de vidro paralelas entre si, mergulhadas parcialmente em água.

Vemos na Figura 11.23 a montagem de placas de vidro de forma a fazer um ângulo pequeno entre si. No lado com menor distância entre as placas, a força devido à tensão superficial é mais intensa (mesmo raciocínio do tubo de vidro: com menor diâmetro, o líquido atinge maiores alturas). Para todas as situações tratadas, temos que considerar primordialmente a superfície.

Figura 11.23
Placas de vidro não paralelas entre si, mas verticais, mergulhadas parcialmente em água.

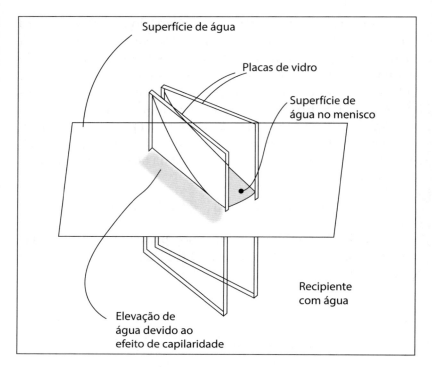

A origem do fenômeno deve-se às interações de natureza elétrica que ocorrem com as moléculas que estão bem próximas às superfícies. Dessa forma, o estado de limpeza da superfície é fundamental. Em uma placa de vidro suja de gordura, na verdade a superfície que estará em contato com o líquido, por exemplo, água, não será a superfície de vidro, mas uma superfície de gordura (uma película de gordura). Sabemos que a água não escorre por completo em um prato engordurado. Mas, depois de limpo com detergente, a água escorre facilmente.

Certos tecidos recebem a deposição de material que torna a sua superfície hidrofóbica e, nesse caso, o tecido não se molha. O mesmo tipo de interação faz com que a água molhe o papel e, no caso, temos a situação hidrofílica. A mesma coisa, quando nos enxugamos com uma toalha. Temos ainda outro problema interessante e muito importante, que surge, por exemplo, na indústria química de alimentos: é quanto à formação e controle de bolhas e gotas. A partir da teoria desenvolvida sobre a tensão superficial, podemos determinar algumas propriedades relacionadas à formação e à estabilidade mecânica de bolhas e gotas. Vamos considerar inicialmente uma bolha de sabão (mistura de água com sabão). A Figura 11.24a mostra esquematicamente uma bolha de sabão e, na Figura 11.24b, há a bolha de sabão desenhada em corte, com um plano passando pelo centro da bolha.

Fenômenos de superfície

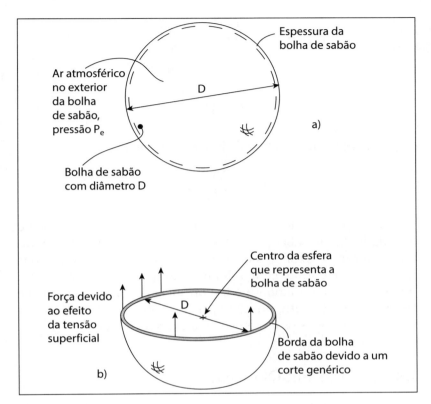

Figura 11.24
Bolha de água e sabão. (a) Vista inteira. (b) Em corte.

A situação física de equilíbrio é dada pela resultante nula das forças que agem na bolha de sabão. Além da força exercida pela pressão externa à bolha, que é a pressão atmosférica local, temos ainda a força de tensão superficial, que age de forma a esmagar a bolha de sabão (como é o caso da força devido à pressão que também tenta esmagar a bolha de sabão). Ao se formar a bolha de sabão, a tendência, devido à força da tensão superficial, é fazer diminuir o volume da bolha. Mas, ao diminuir o volume, a pressão interna P_i tende a aumentar. O tamanho que a bolha de sabão atinge é aquele em que as forças se equilibram; matematicamente, considerando a Figura 11.24b, temos:

$$p_e \times A_s = p_i \times A_s + 2\left[\gamma \times (\pi \times D)\right],$$

sendo A_s a área da seção passando pelo centro da bolha, com limites na borda da bolha. Deve-se verificar que na bolha há duas superfícies que exercem força devido à tensão superficial. Como a espessura da bolha de sabão é muito menor que o seu raio, consideramos A_s de mesmo valor externa e internamente. Dessa forma:

$$(p_e - p_i) \times A_s = 2\gamma \times \pi D \Rightarrow$$

$$p_e - p_i = \frac{2\gamma}{A_s} \times \pi D = \frac{2\gamma \pi D}{\dfrac{\pi D^2}{4}} = \frac{8\gamma}{D}$$

$$\Rightarrow p_i = p_e + \frac{8\gamma}{D}$$

Ou, em termos do raio R da bolha de sabão,

$$p_i = p_e + \frac{8\gamma}{2R} = p_e + \frac{4\gamma}{R}$$

Da expressão acima vemos que, à medida que decresce o raio da bolha de sabão, as pressões internas podem atingir valores enormes, explicitando o mencionado e reiterado várias vezes neste capítulo: com a diminuição do volume dos corpos, aumenta vertiginosamente a importância da superfície, que se torna preponderante, em geral, nos fenômenos. Como extensão, consideremos os exemplos dos exercícios a seguir.

EXERCÍCIOS RESOLVIDOS

1) Sejam bolhas de sabão com os seguintes raios: 2 cm, 1 cm, 3 mm, 0,3 mm. Qual a pressão interna às bolhas de sabão, considerando que elas são formadas na cidade de São Paulo?

Solução:

A solução do problema é simples considerando a expressão disponível:

$$p_i = p_e + \frac{4\gamma}{R}$$

Temos a necessidade de encontrar a pressão atmosférica na cidade de São Paulo, que é $p_e = 9,3 \times 10^4\,\text{Pa}$. Esse valor pode ser obtido a partir das informações meteorológicas. Adotamos esse valor médio, uma vez que a cidade de São Paulo tem alturas variadas, e depende também das condições do microclima. Outra informação necessária é a tensão superficial da água com sabão; adotamos o valor $\gamma = 2,5 \times 10^{-2}\,\text{N} \times \text{m}^{-1}$ à temperatura de 20°C. Assim, para os vários raios temos a pressão interna na bolha de sabão.

Para $R = 2$ cm $= 2 \times 10^{-2}$ m:

$$p_i = 9,3 \times 10^4 + \frac{4 \cdot 2,5 \times 10^{-2}}{2 \times 10^{-2}}$$

$$p_i = \left(9{,}3 \times 10^4 + 5\right)\text{Pa}$$

Para $R = 1$ cm $= 1 \times 10^{-2}$ m:

$$p_i = \left(9{,}3 \times 10^4 + 10\right)\text{Pa}$$

Para $R = 3$ mm $= 3 \times 10^{-3}$ m:

$$p_i = \left(9{,}3 \times 10^4 + 33\right)\text{Pa}$$

E, para $R = 0{,}3$ mm:

$$p_i = \left(9{,}3 \times 10^4 + 333\right)\text{Pa}$$

Vemos que, à medida que diminui o raio da bolha de sabão, aumenta sua pressão interna. Como uma extensão natural do resultado obtido para a bolha de sabão, consideraremos o cálculo da pressão interna de uma gota de líquido. No caso da gota líquida, há somente a sua superfície externa que atua no sentido de criar um aumento da pressão interna na gota líquida. Dessa forma, a expressão fica:

$$p_i = p_e + \frac{4\gamma}{D} = p_e + \frac{2\gamma}{R}$$

2) Determine a pressão interna às gotas de água, à temperatura ambiente de 20 °C, para os seguintes valores de seus raios: 1 cm, 1 mm, 0,1 mm e 10^{-4} mm.

Solução:

A água tem tensão superficial, à temperatura de 20 °C, igual a $\gamma = 7{,}3 \times 10^{-4}\,\text{N} \times \text{m}^{-1}$. Dessa forma, o cálculo pode ser realizado. Considerando mais uma vez a cidade de São Paulo.

Para $R = 1$ cm $= 10^{-2}$ m:

$$p_i = p_e + \frac{2\gamma}{R} = 9{,}3 \times 10^4 + \frac{2 \times 7{,}3 \times 10^{-2}}{10^{-2}}$$

$$p_i = \left(9{,}3 \times 10^4 + 14{,}6\right)\text{Pa}$$

Para $R = 1$ mm $= 10^{-3}$ m:

$$p_i = \left(9{,}3 \times 10^4 + 146\right)\text{Pa}$$

Para $R = 0,1$ mm $= 10^{-4}$ m:

$$p_i = (9,3\times 10^4 + 1,46\times 10^3)\text{Pa}$$

Para $R = 10^{-4}$ mm $= 10^{-7}$ m ($0,1$ μm):

$$p_i = (9,3\times 10^4 + 1,46\times 10^6)\text{Pa}$$

A pressão interna na gota de água resulta aproximadamente 15 vezes a pressão atmosférica, mais uma vez expondo a participação dramática da superfície no corpo. A superfície, também no caso da gota de água, age como se fosse uma membrana elástica apertando o volume do corpo.

Para finalizar o estudo sobre a participação da superfície nos corpos, vamos considerar a formação de gotas. Da nossa experiência diária, vemos inúmeras situações em que gotas de líquido são formadas. Por exemplo, ao se derramar azeite em uma salada, vemos a formação de gota na ponta do gotejador. O conta-gotas é usado como instrumento de medição de volume ao dosar remédios.

Considere um tubo de raio r_{cg} em cuja passagem há a formação de gotas de um líquido, com tensão superficial γ. Na extremidade do tubo começa a ocorrer o acúmulo de líquido, com a porção de líquido aumentando, mas se mantendo presa ao tubo. A situação é mostrada na Figura 11.25. Temos a seguinte condição mecânica do equilíbrio: o peso da gota, na iminência do seu desprendimento do tubo, deve ser igual à força que se deve à tensão superficial. Essa força age em toda a borda da gota e tem intensidade:

$$F_\gamma = \gamma \times 2\pi r_{cg}$$

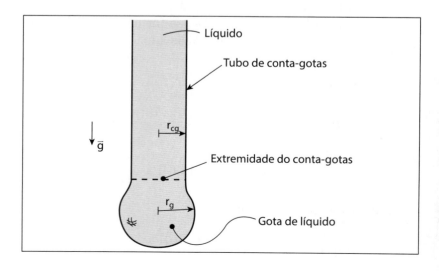

O peso máximo que a gota pode ter, considerando sua forma esférica, vale:

$$P = m \times g$$

sendo m a massa da gota esférica. Em termos da densidade ρ e o volume V:

$$P = \rho \times V \times g$$

Assim, o volume máximo da gota pode ser calculado:

$$\rho \times V \times g = \gamma \times 2\pi r_{cg}$$

$$\Rightarrow V = \frac{2\pi r_{cg} \times \gamma}{\rho \times g}$$

Com r_g o raio da gota formada:

$$\frac{4}{3}\pi r_g^3 = \frac{2\pi r_{cg} \times \gamma}{\rho \times g}$$

$$\Rightarrow r_g = \sqrt[3]{\frac{3r_{cg} \times \gamma}{2\rho g}}$$

Vemos que o volume máximo de uma gota que se forma depende do diâmetro do tubo por onde escorre o líquido. Dessa forma, fica claro que o conta-gotas pode ser usado como dosador de líquido, pois o volume de uma gota formada é função do diâmetro do dosador.

Este breve estudo sobre os fenômenos de superfície mostrou que os efeitos observados encontram explicações em muitas situações cotidianas. Os efeitos de superfície são uma manifestação sutil das interações eletromagnéticas da matéria em nosso redor. Muitos dos fenômenos que ocorrem na natureza, sejam físicos, químicos, biológicos ou ambientais, têm sua origem nos fenômenos básicos envolvendo as interações eletromagnéticas, entre partículas dispostas nas superfícies dos corpos. Estudamos os efeitos de superfície a partir de considerações de equilíbrio entre partes macroscópicas.

Propusemos uma explicação qualitativa para o surgimento dos efeitos de superfície, no caso, as interações entre as partes básicas que compõem os átomos e moléculas, com cargas elétricas negativas e positivas. Apresentamos alguns efeitos de fenômenos de superfície e algumas expressões matemáticas para determinar quantitativamente algumas situações práticas. Estamos longe, porém, de apresentar uma teoria microscópica quantitativa para explicar em detalhe os fenômenos de superfície. Esse empreendimento foge ao escopo e ao alcance deste capítulo. A teoria molecular dos fenômenos de superfície é um assunto muito complexo e sofisticado, exigindo também conhecimento matemático elaborado e profundo.

Procuramos, ao longo do capítulo, mostrar as aplicações tecnológicas com base nos fenômenos de superfície. A aplicação desta teoria é muito vasta, sendo determinante, também, em muitas outras ocorrências na natureza. Mencionamos a força de atrito, comentamos a sua ocorrência em geral. Também mencionamos as forças relativas à tensão superficial e sua importância no estudo das emulsões, coloides, suspensões e em outros efeitos que ocorrem nos mais variados segmentos da indústria. Cabe mencionar que os estudos que apresentamos foram realizados considerando algumas simplificações e idealizações. Enfatizamos o estado de limpeza das superfícies, para podermos considerar os materiais envolvidos nos estudos. Assim, vidro limpo é diferente de vidro sujo.

Mais um aspecto importante pode ser depreendido do estudo deste capítulo: o assunto tratado envolve o conhecimento de várias áreas da física, e sua aplicação se estende por todas as áreas das ciências naturais, da tecnologia e da produção industrial. Os estudantes devem perceber neste capítulo a importância do domínio das áreas da física: mecânica, eletromagnetismo e termodinâmica, para uma compreensão profunda dos fenômenos ligados à superfície. Vimos apenas uma parte muito pequena, porém expressiva deste assunto, geralmente esquecido pelos autores de livros de física básica, infelizmente. Procuramos resgatá-lo neste capítulo.

EXERCÍCIOS COM RESPOSTAS

1) Explique em detalhe o que são atrito de deslizamento (escorregamento) e atrito de rolamento. Pesquise a importância do assunto para a tecnologia. Descreva em detalhe o que são força de atrito estático e força de atrito dinâmico (ou cinético). Dada a importância do tema, faça uma

pesquisa sobre óleos e graxas utilizados na lubrificação de mecanismos. Procure e liste os materiais e acabamentos superficiais que apresentam os menores coeficientes de atrito.

---

2) Elabore o esquema de um arranjo experimental simples e confiável para determinar os coeficientes de atrito estático e atrito dinâmico entre duas superfícies sólidas. Monte as equações de movimento, se for o caso, e expresse o coeficiente de atrito em termos das grandezas medidas. Analise criticamente o procedimento experimental proposto e mencione as suas limitações. Analise o grau de incerteza que você espera obter a partir do arranjo experimental proposto. Aprofunde o seu futuro profissional de tecnólogo e faça este trabalho – assim como qualquer outro – de forma completa.

Resposta:

Pode ser, por exemplo, a partir de um plano inclinado.

---

3) Faça uma pesquisa sobre os tipos de rolamento mais importantes encontrados no mercado. Compare os rolamentos esféricos, cilíndricos e cônicos. Qual o papel do atrito de rolamento no desempenho desse componente?

---

4) A força de atrito sempre atrapalha o movimento? Comente e discuta o conteúdo físico da pergunta. Em complemento, a força de atrito sempre dissipa energia mecânica? Comente também essa pergunta. E no caso de uma esfera rolando em um plano inclinado, qual o papel da força de atrito?

Resposta:

Pense no caso: o que faz você andar? Imagine-se em cima de dois pedaços de sabão de coco andando em piso de mármore molhado.

---

5) Descreva em detalhe o conceito de tensão superficial. O que é molhabilidade de um líquido em uma superfície sólida? Faça uma pesquisa sobre a importância do conceito de molhabilidade nos processos tecnológicos de fabricação de superfícies recobertas com filmes finos. Pesquise os processos tecnológicos nos quais o conceito de molhabilidade é de importância.

---

6) Pesquise sobre o método de determinação experimental da tensão superficial a partir de um aro molhado. Faça o seu modelo físico em detalhe, deduzindo a expressão que

466 Física com aplicação tecnológica – Volume 3

fornece a tensão superficial em função das grandezas físicas pertinentes. Compare o seu resultado com a expressão apresentada neste capítulo. Faça uma pesquisa acerca da dependência da tensão superficial com a temperatura e explique fisicamente.

7) Determine o diâmetro e a massa de uma gota de água formada por um conta-gotas de diâmetro igual a 3 mm. Se aumentarmos a temperatura do líquido, o que ocorrerá com a gota formada? Discuta com detalhe e abrangência a questão e pesquise a importância desse fenômeno na tecnologia.

Resposta:

$r_{gota} = 2,5$ mm

Aumentando a temperatura diminui a tensão superficial.

8) Considere um tubo de vidro de diâmetro igual a 3 mm, colocado parcialmente dentro de um recipiente contendo álcool etílico. Ocorrerá elevação ou depressão do líquido no tubo de vidro? Pesquise. De quanto é o desnível entre as superfícies? Qual é o formato do menisco? O que ocorre quando é aumentada a temperatura?

9) Pesquise a formação de espuma na fabricação de sabões e detergentes. Qual a função de um detergente no processo de lavagem? Como podemos fazer com que um detergente apresente menos formação de espuma? O que ocorre quando se varia a temperatura?

10) Qual a pressão interna em uma gota de água de diâmetro de 0,1 mm, em queda livre? E se o diâmetro fosse de 0,01 mm? Qual a origem do aumento de pressão no interior da gota em relação à pressão externa? E se a gota fosse de acetona?

Respostas:

Para $r = 0,1$ mm, $p_i = 9,5 \times 10^4$ Pa

Para $r = 0,01$ mm, $p_i = 1,5 \times 10^5$ Pa

BIBLIOGRAFIA

ATKINS, P.; PAULA, J. de. *Físico-química*. Rio de Janeiro: LTC, 2006. Volume 2.

CASTELLAN, G. W. *Físico-química*. 2. ed. Addison: Wesley Iberoamericana, 1987

FRISH, S.; TIMONEVA, A. *Curso de física geral*. Tomo I. Moscou: Editorial Mir, 1967.

GERTHSEN, C.; KNESER; VOGEL, H. *Física*. 2. ed. Lisboa: Fundação Calouste Gulbenkian, 1998.

KIKOIN, A. K.; KIKOIN, J. K. *Física molecular*. 2. ed. Moscou: Editorial Mir, 1979.

MATVÉEV, A. N. *Física molecular*. Moscou: Editorial Mir, 1987.

NETZ, P. A.; ORTEGA, G. G. *Fundamentos de físico-química*. Porto Alegre: Artmed, 2008.

BIBLIOGRAFIA GERAL

ALEXANDER, C. K.; SADIKU, M. N. O. *Fundamentals of electric circuits*. 5. ed. Columbus: McGraw-Hill, 2013.

AMALDI, U. *Imagens da Física*: as ideias e as experiências do pêndulo aos quarks. Tradução de Fernando Trotta. São Paulo: Scipione, 1997.

BROPHY, J. J. *Basic electronics for scientists*. 5. ed. Columbus: McGraw-Hill International Editions, 1990.

GASPAR, A. *Física*. São Paulo: Ática, 2000. Volume 3.

HALLIDAY, D.; RESNICK, R. *Física*. 4. ed. Rio de Janeiro: LTC, 1996. Volume 3.

HALLIDAY, D.; RESNICK, R.; WALKER, J. *Fundamentos de Física*. 9. ed. Rio de Janeiro: LTC/Grupo GEN, 2012. Volumes 1, 2 e 3.

MÁXIMO, A.; ALVARENGA, B. *Física: ensino médio*. São Paulo: Scipione, 2007. Volumes 1, 2 e 3.

Mc KELVEY, J. P.; GROTCH, H. *Física*. São Paulo: Harper & Row, 1979. Volumes 1, 2 e 3.

NUSSENZVEIG, H. M. *Curso de Física Básica*. 2. ed. São Paulo: Blucher, 2015. Volume 3.

RONAN, C. A. História ilustrada da ciência. Rio de Janeiro: Jorge Zahar Editor, 1984. Volumes 1 a 4.

SERWAY, R.; JEWETT, J. W. Jr. *Princípios de física*. São Paulo: Thomson, 2003. Volumes 1 a 4.

TELLES, D. D.; MONGELLI NETTO, J. *Física com aplicação tecnológica*. São Paulo: Blucher, 2013. Volumes 1 e 2.

TIPLER, P. A.; MOSCA, G. *Física para cientistas e engenheiros*. 6. ed. Rio de Janeiro: LTC, 2009. Volumes 1, 2 e 3.

TOOLEY, M. *Circuitos eletrônicos-fundamentos e aplicações*. 3. ed. São Paulo: Campus: Elsevier, 2007.

YOUNG, H. D.; FREEDMAN, R. A. *Física*. 10. ed. São Paulo: Editora Pearson/Addison Wesley, 2007. Volumes 1, 2 e 3.

Pré-impressão, impressão e acabamento

grafica@editorasantuario.com.br
www.editorasantuario.com.br
Aparecida-SP